JSP Web技术及应用教程

第3版·微课视频版

王春明　史胜辉◎主编

清華大学出版社
北京

内 容 简 介

本书由浅入深、循序渐进地介绍了 JSP Web 的技术原理，对每个知识点都配有实例说明，并以网上书店为典型应用案例贯穿项目设计学习过程。

本书共 11 章，内容包括 Web 的基本原理、HTML 基础、Java Web 开发环境搭建、JSP 技术基础、JSP 访问数据库、JavaBean 技术、Servlet 基础知识、过滤器、EL 与 JSTL、JSP 自定义标签等。最后一章安排了两个 JSP 实际案例，用于提高和拓展读者对 JSP 的掌握与应用，也可作为课程设计的参考。

本书注重项目实践，内容安排科学合理，体系结构清晰自然，语言描述简练顺畅，可满足既要有扎实的理论基础，又要达到应用型人才培养目标的教学要求。本书可作为高等院校计算机及相关专业的教材，也可作为 JSP 技术开发人员的参考书。

图书在版编目(CIP)数据

JSP Web 技术及应用教程：微课视频版/王春明，史胜辉主编. —3 版. —北京：清华大学出版社，2023.9
(2024.7重印)
(清华科技大讲堂丛书)
ISBN 978-7-302-60840-0

Ⅰ. ①J… Ⅱ. ①王… ②史… Ⅲ. ①JAVA 语言—网页制作工具—教材 Ⅳ. ①TP312.8 ②TP393.092.2

中国版本图书馆 CIP 数据核字(2022)第 080247 号

策划编辑：魏江江
责任编辑：王冰飞
封面设计：刘　键
责任校对：时翠兰
责任印制：杨　艳

出版发行：清华大学出版社
网　　址：https://www.tup.com.cn, https://www.wqxuetang.com
地　　址：北京清华大学学研大厦 A 座　　**邮　　编**：100084
社 总 机：010-83470000　　**邮　　购**：010-62786544
投稿与读者服务：010-62776969，c-service@tup.tsinghua.edu.cn
质量反馈：010-62772015，zhiliang@tup.tsinghua.edu.cn
课件下载：https://www.tup.com.cn，010-83470236
印 装 者：三河市君旺印务有限公司
经　　销：全国新华书店
开　　本：185mm×260mm　　**印　　张**：20.75　　**字　　数**：545 千字
版　　次：2014 年 9 月第 1 版　2023 年 9 月第 3 版　　**印　　次**：2024 年 7 月第3次印刷
印　　数：29801～31800
定　　价：59.80 元

产品编号：094929-01

前言

党的二十大报告指出：教育、科技、人才是全面建设社会主义现代化国家的基础性、战略性支撑。必须坚持科技是第一生产力、人才是第一资源、创新是第一动力，深入实施科教兴国战略、人才强国战略、创新驱动发展战略，开辟发展新领域新赛道，不断塑造发展新动能新优势。高等教育与经济社会发展紧密相连，对促进就业创业、助力经济社会发展、增进人民福祉具有重要意义。

JSP(Java Server Pages)是由 Sun 公司倡导、许多公司一起参与建立的一种动态网页技术标准，是一种强大的服务器端动态网页开发技术，是目前在中国乃至全球极为流行、应用广泛的软件开发技术之一。JSP 与 Microsoft 公司的 ASP 技术非常相似，二者都提供在 HTML 代码中混合某种程序代码、由语言引擎解释执行程序代码的能力。

JSP 技术是 J2EE 技术的核心之一，是基于 Java Servlet 以及整个 Java 体系的 Web 开发技术，利用这一技术可以建立安全、跨平台的先进动态网站。JSP 使用的是 Java 语言，以 Java 技术为基础，又在许多方面做了改进，具有动态页面与静态页面分离、能够脱离硬件平台的束缚以及编译后运行等优点。需要强调的是，要想真正地掌握 JSP 技术，必须有较好的 Java 语言基础，以及 HTML 方面的知识。

本书从 JSP 基本的语法和规范入手，结合 Servlet 的最新规范，由浅入深、循序渐进地介绍 JSP Web 的技术原理，深入浅出地讲解 JSP 开发中的问题。

Web 的基本工作原理和 HTML 是 JSP 技术的基础内容之一，本书在前两章对它们进行了介绍，作为读者进行普通网站设计的重要参考。对于 JSP 开发中常遇到的工程实际问题，在相关章节也做了详细介绍。

全书共 11 章。第 1 章为 Web 的基本原理，主要介绍常用的 Web 服务器、IIS Web 服务器配置等相关技术。第 2 章为 HTML 基础，主要介绍 HTML 文件的基本结构、常用标记和事件，对 DIV+CSS 布局和 JavaScript 语言也做了简要介绍，为 JSP 页面设计做了基础性准备。第 3 章为 Java Web 开发环境搭建，主要介绍 JSP Web 的工作原理、JSP 项目的创建与发布，并对 Tomcat 服务器的安全性进行了详细讨论。第 4 章为 JSP 技术基础，详细介绍了 JSP 标准语法、JSP 编译指令，重点介绍了 JSP 内置对象及其使用方法。第 5 章为 JSP 访问数据库，介绍了 JDBC 的工作原理和使用方法，对数据库连接池技术也做了详细介绍。从这一章开始引入网上书店实际工程项目的设计，随着课程的推进，逐步完成项目的设计任务。第 6 章为 JavaBean 技术，对 JavaBean 的定义与应用方法做了详细介绍。第 7 章是关于 Servlet 技术的介绍，这也是 JSP 技术的核心内容。这一章结合 Servlet 在验证码功能与文件上传两个典型案例中的实际应用，有利于读者加深对 Servlet 的理解。同时，在网上书店项目中也大量采用了 Servlet 进行业务逻辑处理，使读者体会到 Servlet 在项目开发中至关重要的作用。第 8 章对过滤器做了专门讨论，给出了多个过滤器实用案例。第 9 章对 EL 和 JSTL 做了介绍。第 10 章介绍了 JSP 自定义标签的设计方法。第 11 章给出了聊天室和网上投票系统两个 JSP 应用项目实例，以便巩固读者对JSP技术原理的掌握。

全书由讲授JSP课程的教师在总结多年教学经验和项目开发经验的基础上精心编写而成。他们在内容结构、知识衔接、关键知识点的讲解、典型案例的分析等方面进行了精心安排。本书用例环境要求JDK 1.7、MyEclipse 8.x＋Tomcat 8.x、MySQL 6.0以上版本。

为便于教学，本书提供丰富的配套资源，包括教学大纲、教学课件、习题答案、程序源码和1300分钟的微课视频。

资源下载提示

素材（源码）等资源：扫描目录上方的二维码下载。

微课视频：扫描封底的文泉云盘防盗码，再扫描书中相应章节的视频讲解二维码，可以在线学习。

本书由王春明、史胜辉主编，史胜辉、陆培军、邱建林、王岩、宋伟、高婷玉、沈学华、王则林、朱浩、严燕、王丹丹、魏晓宁、蒋峥峥、袁鸿燕等参与了本书的编写及代码测试，全书由王春明负责统稿。

限于作者水平，加之时间仓促，书中难免有不足之处，敬请读者批评指正。

编　者

2023年7月

目录

源码下载

第1章

Web的基本原理

本章学习目标

- 掌握 Web 的工作原理。
- 了解常用的 Web 服务器。
- 熟练掌握 IIS Web 服务器的配置与使用。

Web 的应用架构是由英国人 Tim Berners-Lee 在 1989 年提出的。1990 年 11 月,第一个 Web 服务器开始运行,由 Tim Berners-Lee 编写的图形化 Web 浏览器第一次出现在人们面前。目前,与 Web 相关的各种技术标准都由著名的 W3C 组织管理和维护。

Web 的原意是编织网,自从互联网出现以后,Web 变成了 WWW(World Wide Web)的简称,也称为万维网。Web 的基本工作原理是请求与响应原理。它由遍布在互联网中的 Web 服务器和安装了 Web 浏览器的计算机组成,用于发布、浏览、查询网络信息。它是一种基于超文本方式工作的信息系统。作为一个能够处理文字、图像、声音、视频等多媒体信息的综合系统,它提供了丰富的信息资源,这些信息资源以 Web 页面的形式分别存放在各个 Web 服务器上,用户可以通过浏览器向服务器发出资源请求,服务器对请求作出处理和响应,将响应结果发给客户端,由浏览器解析显示所请求的结果信息。Web 的发展同时也推动了网络的不断发展,从而影响到社会及个人的生活。

Web 是一种典型的分布式应用架构,从技术层面上看,Web 架构的精华包括三方面:用超文本标记语言(HyperText Markup Language,HTML)技术实现信息文档的表示;用统一资源定位符(Uniform Resource Locator,URL)技术实现全球信息的精确定位;用超文本传输协议(HyperText Transfer Protocol,HTTP)实现分布式的信息传输。

Web 应用中的每次信息交换都要涉及客户端和服务器端两个层面,如图 1-1 所示。因此,Web 开发涉及的技术大体上被分为客户端技术和服务器端技术两大类。客户端主要是安装了浏览器的计算机;服务器端通常是保存网页等资源并提供 Web 服务的远程服务器。

图 1-1　Web 技术架构

1.1 常用的 Web 服务器

Windows 平台下最常用的服务器是微软公司的 IIS（Internet Information Server）。UNIX 和 Linux 平台下常用的服务器有 Apache、Tomcat、IBM WebSphere、Nginx、Lighttpd 等，其中应用最为广泛的是 Apache。

1. 微软公司的 IIS Web 服务器

IIS 是由微软公司提供的基于 Microsoft Windows 的互联网基本服务，它是目前最流行的 Web 服务器产品，很多著名的网站都是建立在 IIS 平台上的。IIS Web 服务组件包括 Web 服务器、FTP 服务器、NNTP 服务器和 SMTP 服务器，分别用于网页浏览、文件传输、新闻服务和邮件发送等方面，使得在网络上发布信息成了一件很容易的事。

2. Tomcat 服务器

Tomcat 服务器是一个免费的开放源代码的 Web 应用服务器，是 Apache 软件基金会的 Jakarta 项目中的一个核心项目，由 Apache、Sun 和其他一些公司及个人共同开发而成。由于有了 Sun 的参与和支持，最新的 Servlet 和 JSP 规范总是能在 Tomcat 服务器中得到体现。Tomcat 服务器技术先进，性能稳定，而且免费，因而深受 Java 爱好者的喜爱并得到了部分软件开发商的认可，成为目前流行的 Web 应用服务器之一。

3. Apache 服务器

Apache 服务器是世界使用排名第一的 Web 服务器软件，可以运行在广泛使用的各种计算机平台上。Apache 的模块支持非常丰富，虽然在速度、性能上不及其他轻量级 Web 应用服务器，属于重量级应用服务器，所消耗的内存也比其他 Web 服务器要高，但由于其跨平台和安全性而被广泛使用，是流行的 Web 服务器端软件之一。Apache 取自 a patchy server 的读音，意思是充满补丁的服务器。因为它是自由软件，所以不断有人来为它开发新的功能、新的特性，修改原来的缺陷。Apache 的特点是简单、速度快、性能稳定，并可用作代理服务器。

4. WebSphere 服务器

WebSphere 是 IBM 的软件平台，是一个基于 Java 的 Web 应用服务器，提供了丰富的电子商务应用程序部署环境，带有一整套应用程序服务，包括事务管理、安全性、群集、性能、可用性、连接性和可伸缩性功能。它构建在开放标准的基础之上，能帮助用户部署与管理从简单的 Web 站点到强大的电子商务解决方案的诸多应用程序。它遵循 J2EE 并为 Java 组件、XML 和 Web 服务提供了一个可移植的 Web 部署平台，这个平台能够与数据库交互并提供动态 Web 内容。

5. Lighttpd 服务器

Lighttpd 服务器是一个由德国人编写的开源软件，其目标是提供一个专门针对高性能网站，安全、快速、兼容性好并且灵活的轻量级 Web Server 环境。它具有内存开销低、CPU 占用率低、效能好，以及模块丰富等特点，支持 FastCGI、CGI、Auth、输出压缩（Output Compress）、URL 重写及 Alias 等重要功能。

扫一扫

视频讲解

1.2 IIS Web 服务器的配置

为了便于 Web 技术的入门，首先介绍 IIS Web 服务器的配置与使用方法，为后面的 JSP Web 技术的学习打下基础。第 2 章中介绍的 HTML 语法及示例都可以在 IIS Web 服务器中发布、运行。

IIS Web 服务器的配置步骤如下。

(1) 确认计算机上是否已安装 IIS。

可先尝试步骤(3),如果步骤(3)中的文件夹属性窗口中没有"Web 共享"选项卡,则表示该计算机未安装 IIS 服务组件。

如果计算机未安装 IIS 服务组件,可通过以下步骤安装 IIS 服务组件。

① 选择"控制面板"→"添加或删除程序"→"添加/删除 Windows 组件",勾选"Internet 信息服务(IIS)"复选框,如图 1-2 所示。

图 1-2 选中"Internet 信息服务(IIS)"复选框

② 单击"详细信息"按钮,在弹出的对话框中选中"FrontPage 2000 服务器扩展"复选框,单击"确定"按钮,如图 1-3 所示。安装过程中需要多次浏览之前已下载的 IIS 组件目录,以便安装程序能够找到所需要的安装文件。

(2) 编写 Web 网页程序。

这是第一个 IIS Web 例子,该网页作为 IIS Web 服务器资源,浏览器可以向 IIS Web 服务器请求打开这个 Web 页面。

在计算机 D 盘 myweb 文件夹下,创建 index.html 网页文件。

```
<html>
<head>
    <title>我的第一个网页</title>
    <bgsound src=111.mp3 loop=10> <!-- 背景音乐 -->
</head>
<body bgcolor=yellow>
        <font size=10 color="#FF0000">欢迎进入精彩的 Web 世界</font>
</body>
</html>
```

(3) Web 发布。

右击 myweb 文件夹,在弹出的菜单中选择"属性"命令。在弹出的对话框中,单击"Web 共享"选项卡,选择"共享文件夹"单选按钮,即可将该文件夹进行 IIS Web 发布,如图 1-4 和图 1-5 所示。

IIS Web 发布后,如果未设置匿名访问,则访问站点时需输入用户名和密码,即会出现如图 1-6 所示的对话框。实际上,对于一个站点的访问应该不需要输入用户名和密码,站点的访问都应该是匿名的,应该开放匿名账户的访问权限。

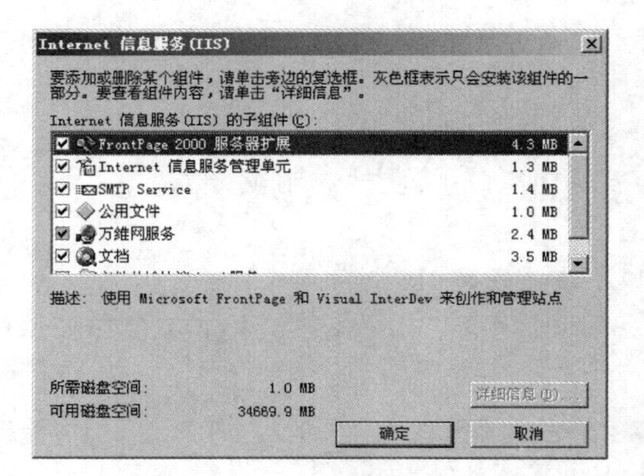

图 1-3 选中“FrontPage 2000 服务器扩展”复选框

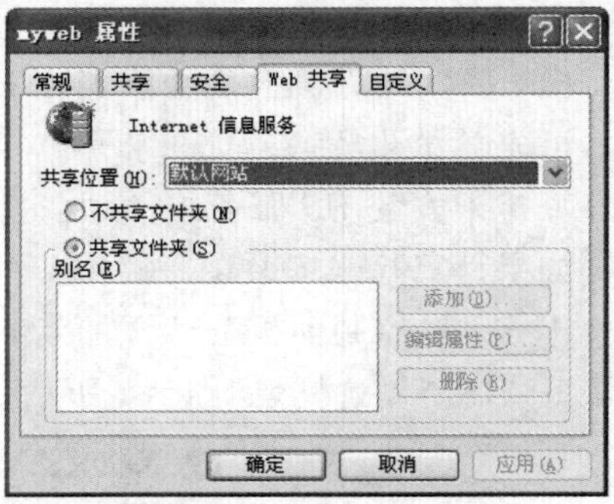

图 1-4 “Web 共享”选项卡

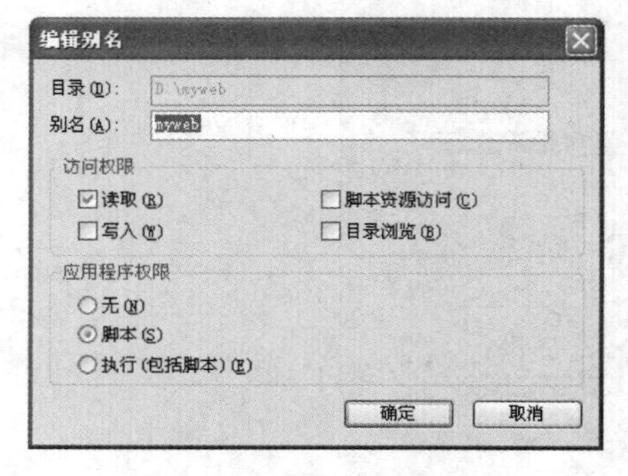

图 1-5 Web 共享目录设置

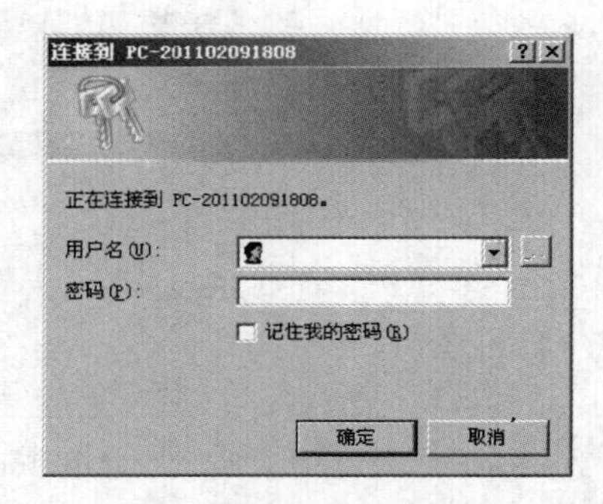

图 1-6 未设置匿名访问时需输入用户名和密码

开放匿名账户的访问权限的方法是，选择“控制面板”→“管理工具”→“Internet 信息服务”→“网站/默认站点”，右击站点名称 myweb，在弹出的菜单中选择“属性”，弹出“wyweb 属性”对话框，打开“目录安全性”选项卡，编辑“匿名访问和身份验证控制”。在“身份验证方法”对话框中选中“匿名访问”复选框，如图 1-7 所示。

（4）通过浏览器访问 Web 站点。

在浏览器的地址栏中输入 http://localhost/myweb/index.html，运行效果如图 1-8 所示。

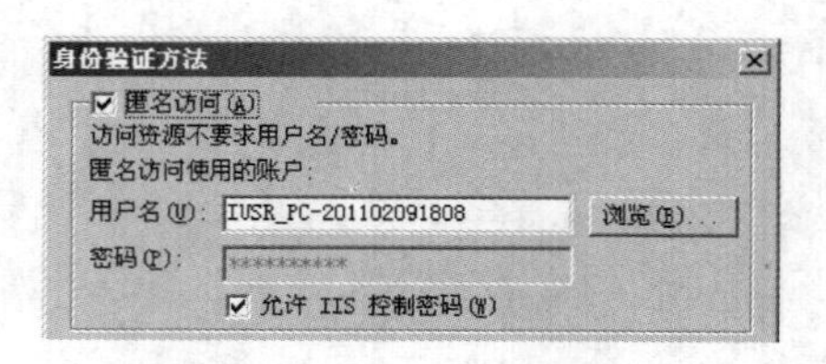

图 1-7 开放匿名账户的访问权限

图 1-8 第一个 Web 程序运行效果

浏览器地址栏中的 http://localhost/myweb/index.html 表示向服务器资源发出请求，请求信息含义为采用 HTTP，向 localhost（本地）服务器发出请求，请求的资源位于服务器中的 myweb 站点中，请求的资源名称为 index.html。可见，Web 服务器上存放的都是各种资源文件，供客户端请求访问。这些资源文件类型有静态 HTML 页面、动态页面、图片、音频和视频等。对于不同类别的 Web 服务器，其支持的资源类型区别较大。服务器对浏览器发来的各种请求做出处理和响应，将响应结果以 HTML 形式回送给客户端浏览器，浏览器将收到的 HTML 文件解析后显示给用户。

1.3 Windows 7 操作系统 IIS Web 服务器搭建

Windows 7 操作系统默认情况下未安装 IIS，在 Windows 7 操作系统中搭建 IIS Web 服务器比 Windows XP 操作系统更简便。可以通过下载并运行 Windows 7 IIS 安装包中的 iis7x_setup.bat 进行安装，也可以进入 Windows 7 操作系统的控制面板，通过“打开或关闭 Windows 功能”添加 IIS 功能。

在 Windows 7 操作系统中添加 IIS 功能的步骤如下。

(1) 进入 Windows 7 操作系统的控制面板，选择左侧的“打开或关闭 Windows 功能”，弹出“Windows 功能”窗口，选择 IIS 相关服务，如图 1-9 所示。

(2) 单击“确定”按钮完成安装后，再次进入控制面板，选择“管理工具”，双击“Internet 信息服务(IIS)管理器”选项，进行 IIS 设置。IIS 默认情况下提供了 Default Web Site，对于 ASP.NET 的用户可在此进行配置，如图 1-10 所示。

图 1-9 在“Windows 功能”窗口中选择 IIS 相关服务

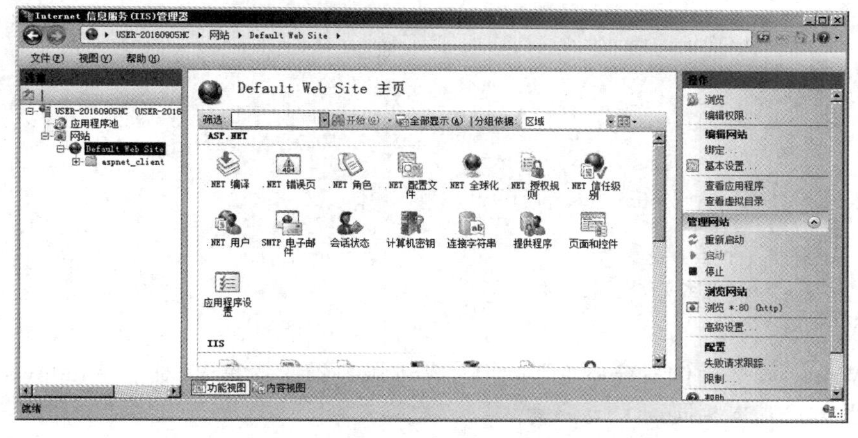

图 1-10 Internet 信息服务(IIS)管理器窗口

(3) 这里只简单应用 IIS Web 服务器进行纯 HTML 网站信息发布。首先删除默认的 Default Web Site 站点，然后添加自己的实验站点，此处站点位于 D:\myweb 目录中。右击“网站”，选择“添加网站”命令，在弹出的“添加网站”对话框中填写网站名称和物理路径，并添加虚拟目录，如图 1-11 所示。

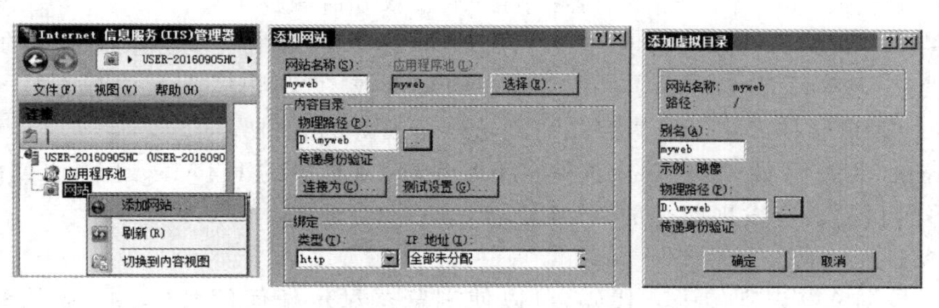

图 1-11 在 Internet 信息服务(IIS)管理器中添加网站和虚拟目录

（4）设置网站的默认文档。单击“默认文档”，添加网站的默认文档，如图 1-12 所示。

图 1-12 设置网站的默认文档

此时，在浏览器的地址栏中输入 http://127.0.0.1/myweb/访问刚才添加的默认文档时，可能会出现“HTTP 错误 500.19-Internal Server Error 无法访问请求的页面，因为该页的相关配置数据无效。”的错误信息，其错误原因是 IIS 中已经设置了默认文档为 default.aspx，这时候 ASP.NET 得到了另外一个相同 value 的 add 引发异常，解决方案是到站点文件夹(此处为 D:\myweb)中修改配置文件 web.config，在< add />之前插入一行< clear />即可。

web.config 文件修改示例如下：

```
<?xml version = "1.0" encoding = "UTF - 8"?>
< configuration >
    < system.webServer >
        < defaultDocument >
            < files >
                < clear />
                < add value = "aa.html" />
            </files >
        </defaultDocument >
    </system.webServer >
</configuration >
```

至此，Windows 7 操作系统环境下的 IIS Web 服务器配置完毕，对于 Windows 10 操作系统环境，设置方法基本相同。

（5）站点访问测试。在浏览器的地址栏中输入 http://127.0.0.1/myweb/，即可成功访问服务器上设置的默认文档。

1.4 客户端技术

无论采用何种 Web 技术，都涉及客户端技术和服务器端技术。

Web 客户端的主要任务是展现信息内容，而 HTML 语言是展现信息最有效的载体之一。最初的 HTML 语言只能在浏览器中展现静态的文本或图像信息，随后由静态技术向动态技术逐步转变。客户端技术用于为最终用户构造一个友好的人机界面。

从 Internet 诞生开始，客户端技术就在不断发展，从最早的 HTML 到 DHTML(Dynamic HTML)，再到目前最有发展前途的 XML 技术。

1. HTML

HTML 是浏览器识别的语言代码，可以使浏览器显示任何信息(文本、表格和图像等)。HTML 代码生成的是一种静态的页面，其优点是不用经过其他处理，而且可以被浏览器或代理服务器存储在缓存中，因此 HTML 页面请求的速度较快。HTML 代码可以通过一些网页编辑软件(如 FrontPage、Dreamweaver 等)，以所见即所得的方式生成和编辑，便于维护和修改。

2. DHTML

DHTML 是对 HTML 扩充的一种动态超文本标记语言。在 DHTML 中，HTML 页面上的所有元素都被当作对象来处理，它们有自己的属性和事件。对它们的控制是通过改变它们的属性和触发它们的某些事件来实现的，所有这些对象共同构成了 DOM(Document Object Model，文档对象模型)。DHTML 为 Web 应用提供了一种动态机制和一些简单的操作，可以在一定程度上减轻服务器的负荷，大大缩短响应的时间。

3. XML

XML(Extensible Markup Language，可扩展标记语言)是由 W3C 组织给出的一种可扩展的源标记语言。它是 SGML(Standard General Markup Language，标准通用标记语言)的一个简化子集，专为 Web 环境设计的。XML 通过在数据中加入附加信息的方式来描述结构化数据，但 XML 不像 HTML 只提供一组事先定义的标记，而是允许程序开发人员根据它所提供的规则，编写各种各样的标记语言。在 XML 中，标记的语法是通过文档类型定义(Document Type Definition，DTD)或 Schema 模式来描述的，描述什么是有效的标记，并定义标记语言的结构。为了明确各个标记的含义，XML 还使用与之相连的样式单(style sheet)来向浏览器提供如何处理显示的指示说明。

1.5 服务器端技术

与客户端技术从静态向动态的演进过程类似，Web 服务器端的开发技术也是由静态向动态逐渐发展、完善的。

最早的 Web 服务器简单地响应浏览器发来的 HTTP 请求，并将存储在服务器上的 HTML 文件返回给浏览器。

第一种真正使服务器能根据运行时的具体情况，动态生成 HTML 页面的技术是大名鼎鼎的 CGI(Common Gateway Interface，通用网关接口)技术。CGI 技术允许服务器端的应用程序根据客户端的请求，动态生成 HTML 页面，使客户端和服务器端的动态信息交换成为可能。

早期的 CGI 程序大多是编译后的可执行程序，其编程语言可以是 C、C++、Pascal 等任何通用的程序设计语言。为了简化 CGI 程序的修改、编译和发布过程，人们开始探寻用脚本语言实现 CGI 应用的可行方式。

1994 年，发明了专用于 Web 服务器端编程的 PHP 语言。PHP 语言是一种在服务器端执行的嵌入 HTML 文档的超文本预处理脚本语言，其语言风格类似于 C 语言，直到目前仍被广泛运用。PHP 语言将 HTML 代码和 PHP 指令合成为完整的服务器端动态页面，可以用一种更加简便、快捷的方式实现动态 Web 功能。1996 年，微软公司在其 Web 服务器 IIS 3.0 中引入了 ASP 技术。ASP 使用的脚本语言是 VBScript 和 JavaScript。1998 年，JSP 技术诞生。

随后，XML 及相关技术又成为主流。XML 对信息的格式和表达方法做了最大程度的规范，应用软件可以按照统一的方式处理所有 XML 信息。这样一来，信息在整个 Web 世界里的共享和交换就有了技术上的保障。

HTML 提供了控制超文本格式的信息，关心的是信息的表现形式，利用这些信息可以在用户的屏幕上显示出特定设计风格的 Web 页面。XML 关心的是信息本身的格式和数据内容。

Web 服务器使用 HTTP 超文本传输协议，将 HTML 文档从 Web 服务器传输到用户的 Web 浏览器上。

Web 技术的发展主要分为静态页面阶段、动态技术阶段和 Web 2.0 新时期三个阶段。

1. 静态技术阶段

Web 技术发展的第一阶段——静态页面阶段，主要是用于静态 Web 页面的浏览。用户使用客户端的 Web 浏览器，可以访问 Internet 上各个 Web 站点，在每一个站点上都有一个主页作为进入 Web 站点的入口。每一个 Web 页中都可以含有信息及超文本链接，超文本链接可以带用户到另一个 Web 站点或其他的 Web 页。从服务器端来看，每一个 Web 站点由一台主机、一台 Web 服务器及许多 Web 页所组成，以一个主页为首，其他的 Web 页为支点，形成一个树状的结构。每一个 Web 页都是以 HTML 的格式编写的。

在这一阶段，Web 服务器基本上只是一个 HTTP 的服务器，负责客户端浏览器的访问请求、建立连接、响应用户的请求、查找所需的静态 Web 页面，最后再将响应结果返回客户端。

随着互联网技术的不断发展以及网上信息呈几何级数的增加，人们逐渐发现手工编写包含所有信息和内容的页面，对人力和物力都是一种极大的浪费，而且几乎变得难以实现。此外，采用静态页面方式建立起来的站点只能简单地根据用户的请求传送现有页面，而无法实现各种动态的交互功能。具体来说，静态页面在以下几方面都存在明显的不足。

(1) 无法支持后台数据库。随着网上信息量的增加，以及企业和个人希望通过网络发布产品和信息的需求的增强，人们越来越需要一种能够通过简单的 Web 页面访问服务器端后台数据库的方式。这是静态页面不能实现的。

(2) 无法有效地对站点信息进行及时的更新。用户如果需要对传统静态页面的内容和信息进行更新或修改，只能够采用逐一更改每个页面的方式。在互联网发展初期网上信息较少的时代，这种做法还是可以接受的。但是，现在即使是网友们的个人站点也包含着各种各样的丰富内容，因此，及时、有效地更新页面信息也成为一个亟待解决的问题。

(3) 无法实现动态显示效果。所有的静态页面都是事先编写、一成不变的，因此访问同一页面的用户所看到的都是相同的内容，静态页面无法根据不同的用户显示不同的页面。

正是因为这些不足之处，才促使 Web 技术进入了发展的第二阶段，即动态技术阶段。

2. 动态技术阶段

为了克服静态页面的不足，人们将传统单机环境下的编程技术引入互联网，与 Web 技术相结合，从而形成新的网络编程技术。网络编程技术通过在传统的静态页面中加入各种程序和逻辑控制，在网络的客户端和服务器端实现了动态和个性化的交流与互动。人们将这种使用网络编程技术创建的页面称为动态页面。

动态网页与静态网页是相对应的，动态网页文件名后缀不仅可以是 htm、html、shtml、xml 等静态网页的常见形式，还可以是 jsp、asp、php、perl、cgi 等。这里所说的动态网页，与网页上的各种动画、滚动字幕等视觉上的“动态效果”没有直接关系。无论网页是否具有视觉上的动态效果，采用动态网络编程技术生成的网页都称为动态网页。动态网页的内容既可以是纯文字，也可以包含各种动画。

从网站浏览者的角度来看，无论是动态网页还是静态网页，都可以展示基本的文字和图片信息，但从网站开发、管理、维护的角度来看就有很大的差别。

(1) 动态网页以数据库技术为基础，可以大大降低网站维护的工作量。

(2) 采用动态网页技术的网站可以实现更多的功能，如用户注册、用户登录、在线调查、用户管理、订单管理等。

(3) 动态网页实际上并不是独立存在于服务器上的网页文件，只有当用户请求时，服务器才返回一个完整的网页。

其实，视觉上让 HTML 页面又酷又炫、动感无限的是 CSS(Cascading Style Sheets)和

DHTML(Dynamic HTML)技术。1996年,W3C组织提出了CSS的建议标准。同年,IE 3.0正式支持在HTML页面中插入ActiveX控件的功能,引入了对CSS的支持,这项技术使得开发者能够在Web页上更好地把握信息的展示。1997年,微软公司将动态的HTML标记、CSS和动态对象模型(DHTML Object Model)发展成了一套完整的客户端开发技术体系。该项技术无须启动Java虚拟机或其他脚本环境,仅在浏览器的支持下,同样可以实现HTML页面的动态展示,而且可以获得更好的效果。

从网页内容的显示角度看,动态网页引入了各项技术,使得网页的内容更多样化,引人入胜;从网站的开发管理和维护角度看,动态网页以数据库技术为基础,更利于网站的维护。

3. Web 2.0新时期

可以把第一阶段的静态页面时代称为Web 1.0,而把第二阶段的动态页面时代称为Web 1.0的升级——Web 1.5。Web技术发展的第三阶段是Web 2.0,它是以Flickr、Craigslist、Linkedin、Tribes、Ryze、Friendster、Del.icio.us、43Things.com等网站为代表,以Blog、TAG、SNS、RSS、wiki等社会软件的应用为核心,依据"六度分隔"、XML、AJAX等新理论和技术实现的新一代互联网模式。所谓"六度分隔",用最简单的话描述就是:在人际脉络中,要结识任何一位陌生的朋友,这中间最多只要通过6个朋友就能达到目的。"六度分隔"说明了社会中普遍存在的"弱纽带",但是却发挥着非常强大的作用。有很多人在找工作时会体会到这种"弱纽带"的效果。通过"弱纽带",人与人之间的距离变得非常"相近"。

在这一阶段,用户可以自己主导信息的生产和传播,从而打破了原先所固有的单向传输模式。

从Web 1.0到Web 2.0的转变,具体地说,从模式上,是从读向写、信息共同创造的一个改变;从基本结构上,是由网页向发表或展示演变;从工具上,是由互联网浏览器向各类浏览器、RSS阅读器等发展;在运行机制上,是自Client/Server向Web Services的转变;由此,互联网内容的缔造者也由专业人士向普通用户拓展。Web 2.0的精髓就是以人为本,提升用户使用互联网的体验。

如今,号称更加个性化、智慧型应用的互联网概念——Web 3.0已出现。人们把Web 3.0的特点概括为以下几方面:首先,网站内的信息可直接和其他网站相关信息进行交互,能通过第三方信息平台同时对多家网站的信息进行整合使用;其次,用户在互联网上拥有自己的数据,并能在不同网站上使用;第三,完全基于Web,用浏览器即可实现复杂的系统程序才具有的功能,即一种网络操作系统。

越来越多的人接触计算机,利用计算机上网,实际上就是运用基于Web技术提供的网络来实现信息交流的过程。Web技术的不断完善与发展,使得人们可以利用计算机网络便捷地获取自己想要的任何信息,同时,也可以利用网络来实现自己分享信息的需要。

未来,Web的发展必将是无可限量的,并且影响着计算机网络技术的发展。

习题1

1. 简述Web的工作原理。
2. 常用的Web服务器有哪些特点?
3. 简述IIS Web服务器的配置步骤。
4. 编写简单的HTML文件,并在IIS服务器上发布。
5. 客户端技术有哪些?
6. 简述服务器端技术的发展历程。

第2章

HTML基础

本章学习目标

- 熟悉 HTML 常用标记。
- 掌握 DIV+CSS 布局技术。
- 掌握 JavaScript 脚本语言及应用。

HTML 是一种解释性的超文本标记语言。HTML 文件是由 HTML 命令组成的描述性文本文件，文件的扩展名是.html 或.htm。HTML 文件可供浏览器解释浏览。

HTML 一直被用作万维网上的信息表示语言，能独立于各种操作系统平台。HTML 命令可以说明文字、图形、动画、声音、表格、链接等。

HTML 利用各种标记(tags)标识文档的结构以及标识超链接(hyperlink)的信息。标记语言由一系列标记组成，一个标记就是一种约定，按照约定完成一定的任务。HTML 的特点是简单、直观，用于显示图形界面特别方便，恰好这正是网页所需要的，网页中有大量图形界面需要显示，所以 HTML 得以在网页中大量流行。网页上的大多数文字、图形都是通过简单的 HTML 语句产生的。

虽然 HTML 描述了文档的结构格式，但并不能精确地定义文档信息必须如何显示和排列，而只是建议 Web 浏览器应该如何显示和排列这些信息，最终在用户面前的显示结果取决于 Web 浏览器本身的显示风格及其对标记的解释能力。这就是为什么同一文档在不同的浏览器中展示的效果会不一样。

HTML 是不区分大小写字母的，但是其他语言(如 XML、JSP 等)是区分大小写字母的。本章示例仅仅是为了配合 HTML 基础知识的教学，不必介意其中的内容。

2.1 HTML 文件的基本结构

一个完整的 HTML 文件由标题、段落、表格和文本等各种嵌入的对象组成，这些对象统称为元素，HTML 使用标记来分隔并描述这些元素。实际上，整个 HTML 文件就是由元素与标记组成的。

HTML 文件非常规范，每个 HTML 文件都由若干标记构成，以下是一个 HTML 文件的基本结构：

```
<html>
    <head>
        …
    </head>
    <body>
```

```
    …
  </body>
</html>
```

从上述结构可以看出，HTML 文件具有以下特点：

(1) HTML 文件以<html>标记开始，以</html>标记结束。

(2) 标记一般成对出现，一对尖括号构成一个标记。例如，<html>和</html>、<head>和</head>、<body>和</body>都是成对的标记。没有斜杠的是开始标记，有斜杠的是结束标记。除了成对标记外，也存在只有开始标记，没有结束标记的单一标记。

(3) 一般情况下 HTML 文件由文件头和文件体两部分组成。

<head>…</head>是文件头标记，放在它们之间的语句构成文件头。文件头中一般存放 TITLE 标记、META 标记等。

<body>…</body>是文件体标记，放在它们之间的语句构成文件体。

省略号表示放在文件头和文件体内的其他语句，不需要时也可以省略<html>、<head>、<body>标记的某一个或全部。

2.2 HTML 常用标记

扫一扫

视频讲解

1. <!DOCTYPE> 标记

<!DOCTYPE>标记声明必须位于 HTML 文档的第一行，放在<html>标记之前。此标记用于声明浏览器文档使用哪种 HTML 或 XHTML 规范。该标记可声明三种类型，分别是严格版本(strict)、过渡版本(transitional)以及基于框架的 HTML 文档(frameset)。

示例代码如下：

```
<!DOCTYPE HTML PUBLIC "-//W3C//DTD HTML 4.01//EN" "http://www.w3.org/TR/html4/strict.dtd">
```

2. <head> 标记

<head>标记用于定义文档的头部，是所有头部元素的容器。<head>中的元素可以引用脚本、指示浏览器在哪里找到样式表、提供元信息等。

文档的头部描述了文档的各种属性和信息，包括文档的标题、在 Web 中的位置以及和其他文档的关系等。绝大多数文档头部包含的数据都不会真正作为内容显示给读者。

搜索引擎(如 Google、Yahoo、Baidu 等)也会查找网页中的 head 信息。为了让搜索引擎能够收录网页，就要填写适当的 head 信息。

可用在 head 部分的标记包含<base>、<link>、<meta>、<script>、<style>以及<title>。

- <title>标记是最常用的 head 信息，不会显示在 HTML 网页正文中，而是显示在浏览器窗口的标题栏中。
- 在 HTML 中<meta>标记用来描述网页的有关信息。

<meta>标记对程序的运行没有什么影响，主要用于对网页的分类和宣传。目前几乎所有的搜索引擎都要对网页的<meta>标记进行搜索。主要搜索该标记中的描述(description)和关键词(keywords)的内容，通过这些内容对网页进行分类，并作为网页的摘要进行宣传。所以<meta>标记对于在互联网上宣传和介绍本网页有着重要作用。如果希望制作的网页能有更多用户浏览，就要将<meta>标记写好。

示例代码如下：

```
<meta name = "description" content = "HTML 中文教程">
<meta name = "keywords" content = "HTML,tutorials,source codes">
<meta name = "author" content = "晨晨">
```

利用< meta >标记中的 Refresh 还可以实现自动跳转页面的功能。例如，5 秒后自动转到淘宝网站，示例代码如下：

```
<meta http - equiv = "Refresh" content = "5;url = http://www.taobao.com ">
```

3. < font > 标记

< font >标记最为常用，是一个成对标记，它的格式为：

```
<font [size = ] [color = ] [face = ]> </font>
```

通过< font >标记可以规定字符的大小（字号）、颜色和字体。

示例代码如下：

```
<font color = #FF0000 size = 5 face = 行楷,隶书>文字</font>
<font color = blue size = 5 face = Bookman Old Style>文字</font>
```

< font >标记的属性说明如下：

- color 表示字符的颜色，可表示为 #RRGGBB。其中，RR、GG、BB 分别表示红、绿、蓝三种颜色，可取整数 0～255，分别代表 256 种颜色强度，数字越大强度越大。由于每种颜色都有 256 种强度，故三种颜色的混合，共有 256×256×256=16 777 216 种不同的颜色。例如，color= #FF0000 表示纯红色，FF 是十六进制数，等于 255。字符的颜色也可用名称表示，常用的颜色名称如表 2-1 所示。

表 2-1　常用的颜色名称

颜色	名称	颜色	名称
水绿色	Aqua	黄绿色	Lime
黑色	Black	栗色	Maroon
蓝色	Blue	深蓝色	Navy
棕色	Brown	橄榄色	Olive
青色	Cyan	紫色	Purple
深蓝	Darkblue	红色	Red
紫红色	Fuchsia	银白色	Silver
金色	Gold	浅青色	Teal
灰色	Gray	白色	White
绿色	Green	黄色	Yellow
浅绿	Lightgreen		

- size 表示文字的大小，共有 1、2、3、4、5、6、7 七种字号，数值越大，显示的字符越大。上述例子中设置 size=5 表示采用 5 号字体。
- face 表示字体，中文有“宋体”“楷体”“隶书”等，西文有 Times New Roman、Arial、Bookman Old Style 等。也可设置多种字体，两种字体之间用逗号隔开。第一种为首选字体，如果系统中没有第一种字体，便依次选用第二、第三种字体。如果所给字体都没有，便采用默认字体。

上述例子中设置“face=行楷，隶书”，表示首选行楷、次选隶书。

不是每个< font >标记都必须设置 size、color、face 等属性，可根据需要进行设置，可设置其中一项、两项或全部不设置。未设置的属性采用默认设置。

一对标记之间是所设置属性的范围，在标记之外的文字不受此设置的影响。

程序 smp001. html 给出了< font >标记的应用。

程序(\jspweb 项目\WebRoot\ch02\smp001. html)的清单：

```
<html>
    <head>
        <title>HTML 实例</title>
    </head>
    <body>
      <center>
        <font color = blue size = 5 face = Bookman Old Style>说明 HTML 文件 font 标记的功能</font>
      </center>
    </body>
</html>
```

4. < h >标题标记

除了< font >标记外，还可以用 6 个标题标记表示文字的大小。与< font >标记相反，标题标记的数字越小则字号越大。例如，以下 6 个标记中，以< h1 >标记的文字最大，< h6 >标记的文字最小。

```
<h1>最大标题</h1>
<h6>最小标题</h6>
```

5. 其他文字属性标记

其他文字属性标记如下：

```
<b>…</b>       粗体
<i>…</i>       斜体
<u>…</u>       下画线
<s>…</s>       删除线
<em>…</em>       倾斜显示
<strong>…</strong>     加强显示
<strike>…</strike>     加亮横线
<big>…</big>     放大显示
<dfn>…</dfn>     倾斜显示
```

6. 排版标记

1) < br >和< p >换行标记

换行标记< br >实际上就是换到下一行。< p >标记是段落标记，也就是换到下一段。和< br >不同，< p >是成对标记。在两个标记之间构成一个段落，而且段落前后各留一个空行。

2) < center >标记

< center >标记称为居中标记，是一个成对标记，该语句的格式为：

```
<center>内容居中</center>
```

3) < address >标记

< address >标记称为地址标记或签名标记。可用它表示地址和签名，在该行文字的前、后各有一个空行。

4) 注释标记

注释标记的格式为：

```
<!-- 注释的内容 -->
```

标记内的文字仅作为程序的注释，注释的目的是便于阅读和理解程序，程序运行时不显示其中内容。

5）<hr>标记

HR(Horizontal Rule)可译为水平线标记，它的功能是画一条水平线，该语句的格式为：

```
<hr [size = ] [width = ] [align = ] [color = ] [noshad ]>
```

<hr>是单个标记，方括号中的数据是属性设置。<hr>标记有以下属性。

- size：设置水平线的宽度，以像素为单位。像素是图像的最小单元。
- width：设置水平线的长度，以像素为单位。
- align：设置对齐方式，left、center、right 分别表示左对齐、居中、右对齐。
- color：设置水平线的颜色，以 #RRGGBB 表示。
- noshad：表示没有阴影，无此项设置则表示有阴影。

如果省略所有属性设置，表示各属性都取默认值，这时<hr>标记表示一条最细的黑色通栏水平线，在网页中用得很多。

6）符号“<”和“>”的表示

在 HTML 中，由“<”和“>”符号组成的一对尖括号表示一个标记。例如，
表示一个换行标记。

如果想显示以下一行文字：“HTML 中
是换行标记”，若直接将“
”符号写在程序中，则程序运行结果是：

```
HTML 中
是换行标记
```

这里，由于“<”和“>”号在 HTML 中是标记界定符，因此遇到
时执行了换行操作，不会显示“<”和“>”。为了解决这个问题，需要分别以“<”表示“<”，以“>”表示“>”。注意，开头的字符“&”和末尾的分号“;”都不能省略。其中 lt 是 light 的缩写，gt 是 great 的缩写。而将上述语句改为“HTML 中
是换行标记”，程序运行是：

```
HTML 中<br>是换行标记
```

7）空格标记“ ”

在 HTML 中，“ ”称为空格标记，表示一个空格，空格也是一个字符。开头的字符“&”和末尾的分号“;”都不能省略。

7. 文本区域标记

文本区标记、引用块标记和预定义文本标记是三个不同的处理文本区域的标记，它们的属性略有不同。

1）<textarea>标记

<textarea>标记称为文本区标记，该标记生成一个显示文字的文本区域，它的格式是：

```
<textarea> [rows = ] [cols = ] [name = ] </textarea >
```

该标记有以下属性。

- rows：设置行数，也就是文本区域的高度。
- cols：设置列数（字符数），也就是文本区域的宽度。

• name：设置文本区域的名称。

在文本区域内，
不再是换行标记，而是一个普通字符串。

2）<blockquote>标记

block是块，quote是引用，所以<blockquote>标记称为引用块标记。被标记的文字限制在一个矩形块内。该标记的格式为：

```
<blockquote>…</blockquote>
```

块的四周有一个边界，但不显示边界。块的大小随被显示的文字而定，像是一个无形的弹性边界，始终把文字包在其中。块前和块后各留有一个空行。

3）<pre>标记

<pre>标记的全名是Preformatted，称为预定义格式文本标记。预定义格式文本区域的前、后都留有一个空行，其格式为：

```
<pre>…</pre>
```

三个文本区域标记的区别：在<textarea>中可以直接显示换行标记
，在其他文本区域中只能用“
”表示换行标记“
”，但是小于号“<”、大于号“>”本身能在所有的文本区域中直接进行显示。

8. 列表标记

无序列表、有序列表、选择列表等各种列表标记用于以列表方式显示字符。

1）无序列表

无序列表是指没有编号的列表，其格式为：

```
<ul>
    <li [type = ] > 列表项 1
    <li [type = ] > 列表项 2
    <li [type = ] > 列表项 3
</ul>
```

type表示项目符号的类型，共有diac、circle、square三种类型，都必须小写，分别代表实心圆点(●)、空心圆点(○)和小方块形(■)三种项目符号。默认类型是diac(●)。

如果将ul换成dir或menu，则分别为目录列表和菜单列表，实际上无多大差别。例如，目录列表代码如下：

```
<dir>
      <li [type = ] > 列表项 1
      <li [type = ] > 列表项 2
      <li [type = ] > 列表项 3
</dir>
```

菜单列表代码如下：

```
<menu>
    <li [type = ] > 列表项 1
    <li [type = ] > 列表项 2
    <li [type = ] > 列表项 3
</menu>
```

2）有序列表

有序列表的格式和无序列表相近，不同之处是增加了表示编号的参数，其格式为：

```
<ol [start = ] [type = ]>
    <li > 列表项 1
    <li > 列表项 2
    <li > 列表项 3
</ol>
```

有序列表标记有以下属性。

start：等号右侧的整数表示起始编号。

type：表示编号式样，等号右侧可选 1、A、a、Ⅰ、i 5 种样式。

- 1 表示编号样式为 1、2、3 等阿拉伯数字。
- A 表示编号样式为 A、B、C 等大写英文字母。
- a 表示编号样式为 a、b、c 等小写英文字母。
- Ⅰ表示编号样式为Ⅰ、Ⅱ、Ⅲ等大写罗马数字。
- i 表示编号样式为 i、ii、iii 等小写罗马数字。

3）选择列表

选择列表带有滚动条，并可对表中项目进行选取，其格式为：

```
<select [name = ] [size = ] multiple>
    <option [value = ]>选项 1
    <option [value = ]>选项 2
    <option [value = ]>选项 3
</select>
```

选择列表标记有以下属性。

- name：等号右侧的字符串表示列表的名称。
- size：等号右侧的整数表示列表框的高度或行数，如 3 表示该列表有 3 行。
- multiple：表示可以对列表中的项目进行多选，如无此属性则表示只能单选。
- option 中的 value 为该选项的值。

下面是列表标记的应用示例，程序 smp002.html 给出了各种列表的应用，程序运行结果如图 2-1 所示。

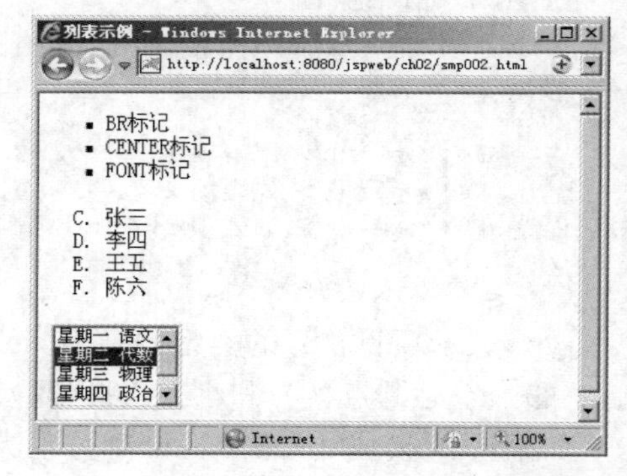

图 2-1 程序 smp002.html 的运行结果

程序（\jspweb 项目\WebRoot\ch02\smp002.html）的清单：

```
<html>
    <head><title>列表示例</title></head>
    <body>
        <ul>
            <li type = square> BR 标记
            <li type = square> CENTER 标记
            <li type = square> FONT 标记
        </ul>
        <ol start = 3 type = A>
            <li>张三
            <li>李四
            <li>王五
            <li>陈六
        </ol>
        <select name = tbl size = 4 multiple>
```

```
            <option value = 1 >星期一 语文
            <option selected value = 2 >星期二 代数
            <option value = 3 >星期三 物理
            <option value = 4 >星期四 政治
            <option value = 5 >星期五 英文
        </select >
    </body >
</html >
```

9. 框架标记

1）< frameset >标记

frameset 定义为一个框架集，可用< frameset >、< frame >标记来组织多个窗口，形成多窗口框架，同时每个部分的框架窗口都能获取独立的 URL。在框架集中，所有框架标记放在一个总的 HTML 文档中，这个总的文档只记录该框架如何划分，不会显示任何内容，所以该 HTML 文件不需要有< body >标记，浏览时首先读取的就是这个总的 HTML 框架文件。框架集使用< frameset >标记划分框架窗口，子窗口由< frame >标记定义。在 frameset 框架集中，top 属性表示顶层窗口框架，也称父窗口。self 属性表示当前正在操作的窗口，称为当前窗口。

< frameset >标记的格式为：

```
< frameset > … </frameset >
```

示例代码如下：

```
< frameset cols = "50 % , * ">
    < frame name = "hello" src = "info. html">
    < frame name = "hi" src = "memo. html">
</frameset >
```

此例中< frameset >标记把画面分成左右两个相等部分，左边窗口显示 info. html，右边窗口则显示 memo. html。< frame >标记所标示的框架窗口按由上而下、由左至右次序排列。

< frameset >标记有以下属性。

- border：设置边框宽度。
- frameborder：设置是否显示边框。
- cols：用“,”和“%”分割左右窗口，“ * ”号表示剩余部分。
- rows：用“,”和“%”分割上下窗口，“ * ”号表示剩余部分。

2）< frame >标记

< frame >标记定义一个框架，但是它不能单独存在，必须位于某个 frameset 框架集标记内。一个 frameset 框架集中可以包含若干 frame 框架。frame 框架是单个标记，没有结束标记。

< frame >标记有以下属性。

- name：设置框架的名称。
- frameborder：设置是否有边框，等号右侧的数字为 0 时表示没有边框，为 1 时则表示有边框。
- scrolling：设置是否有滚动条。yes 表示有滚动条，no 表示没有滚动条，auto 表示根据需要确定是否出现滚动条。
- noresize：若设置为 noresize，则窗口边界不能被鼠标拖动；若无此设置，则可以拖动边界。
- marginwidth：设置左右页边距宽度。
- marginheight：设置上下页边距宽度。

- src：指示加载的文件和它的 URL 地址。
- img src：指示加载的图片和它的 URL 地址。

<frame>标记使用示例代码如下：

```
<frame name = "top" src = "a.html" marginwidth = "5" marginheight = "5"
    scrolling = "auto" frameborder = "0" noresize framespacing = "6" bordercolor = "#0000FF">
```

- name="top"：设定这个框架窗口的名称。
- src="a.html"：设定此框架窗口中要显示的网页文件名称，每个窗口对应一个网页文件。可使用绝对路径或相对路径。
- marginwidth=5：表示框架宽度部分边缘所保留的空间。
- marginheight=5：表示框架高度部分边缘所保留的空间。
- scrolling="auto"：设定是否要显示滚动条，yes 表示显示，no 表示不显示，auto 表示视情况显示。
- frameborder=0：设定框架的边框，其值为 0 表示不显示边框，为 1 表示显示边框。
- noresize：设定不可改变这个窗口的大小；若没有设定此参数，则可以随意改变其大小。
- framespacing="6"：表示框架与框架间保留空白的距离。
- bordercolor="#0000FF"：设定框架的边框颜色。

下面是<frameset>和<frame>标记示例，文件 smp003.html 中给出了框架集和框架标记的应用，程序运行结果如图 2-2 所示。

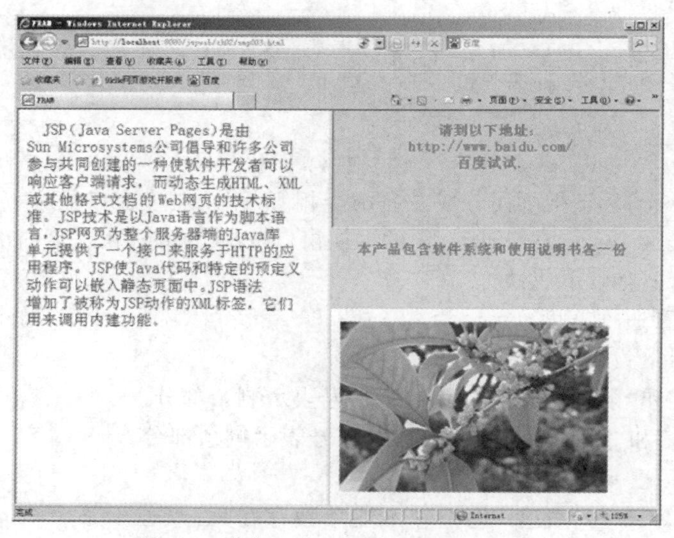

图 2-2　程序 smp003.html 的运行结果

程序(\jspweb 项目\WebRoot\ch02\smp003.html)的清单：

```
    <html>
    <head>
    <title> fram </title>
    </head>
1     <frameset cols = "350, * ">
2   <frame src = smp003a.html name = frame2 frameborder = 1
          scrolling = auto noresize = "noresize">
3       <frameset rows = "30 % , * ,50 % ">
4       <frame src = smp003b.html name = frame1 frameborder = 1 scrolling = auto >
5       <frame src = smp003c.html name = frame3 frameborder = 0 scrolling = no >
```

```
6          <frame img src = data/flower.jpg name = frame4 frameborder = 0 >
  </frameset >
    </frameset >
  </html >
```

程序(\jspweb 项目\WebRoot\ch02\smp003a.html)的清单：

```
<html>
<body bgcolor = lightyellow >< font color = #0000FF size = 4 >
    JSP(Java Server Pages)是由 Sun Microsystems 公司倡导和许多公司参与共同创建的一种使软件开
发者可以响应客户端请求,而动态生成 HTML、XML 或其他格式文档的 Web 网页的技术标准。JSP 技术是
以 Java 语言作为脚本语言,JSP 网页为整个服务器端的 Java 库单元提供了一个接口来服务于 HTTP 的应
用程序。JSP 使 Java 代码和特定的预定义动作可以嵌入静态页面中。JSP 语法增加了被称为 JSP 动作
的 XML 标签,它们用来调用内建功能。
    </body>
</html>
```

程序(\jspweb 项目\ch02\smp003b.html)的清单：

```
<html>
  <body bgcolor = lightblue text = "#ff0000">
    <center><h4> 请到以下地址：<br>
        http://www.baidu.com/ <br>
        百度试试.</h4> </center>
  </body>
</html>
```

程序(\jspweb\ch02\smp003c.html)的清单：

```
<html>
  <body bgcolor = lightgreen text = "#ff0000"><h4>
      本产品包含软件系统和使用说明书各一份</h4>
  </body>
</html>
```

在\jspweb\ch02\data\文件夹中保存有图片文件 flower.jpg。

前文指出,< frameset >标记不能和< body >标记同时存在,smp003.html 程序中采用< frameset >标记,所以没有< body >标记。

在程序中,语句 1 中的< frameset >标记设置了一个框架集。属性 cols＝"350, * "将框架集设置为左、右两部分。左半部分的宽度为 350 像素,剩下的属于右半部分。

语句 2 中的< frame >标记在左半部分设置了一个框架。src＝smp003a.html 表示要在该框架内加载文件 smp003a.html。属性 frameborder＝1 表示该框架具有边框,属性 scrolling＝auto 表示根据需要确定是否出现滚动条。属性 noresize＝"noresize"表示边界不能被鼠标拖动。

语句 3 中的< frameset >标记在右半部分设置了一个框架集。rows＝"30%, * ,50%"表示将框架集设置为上、中、下三部分,上半部分占 30%,下半部分占 50%,剩下的属于中间部分。

语句 4 中的< frame >标记在上部设置一个框架。属性 src＝smp003b.html 表示在该框架中加载文件 smp003b.html。

语句 5 中的< frame >标记在中部设置一个框架。属性 src＝smp003c.html 表示在该框架中加载文件 smp003c.html。属性 frameborder＝0 表示该框架没有边框,属性 scrolling＝no 表示该框架没有滚动条。

语句 6 中的<frame>标记在下部设置一个框架。属性 img src=data/flower.jpg 表示在该框架中加载子文件夹 data 中的图片 flower.jpg。

通过以上设置，程序运行结果如图 2-2 所示。各框架中显示的是加载文件的内容。应事先将 smp003a.html、smp003b.html、smp003c.html 等文件放在当前文件夹中，将图片 flower.jpg 存放在 data 子文件夹中。

10. <iframe>标记

<iframe>标记，又叫内联框架标记，它的作用是在网页中插入一个框架窗口以显示另一个文件，可以用它将一个 HTML 文档嵌入在另一个 HTML 中显示。它不同于<frame>标记的最大特征：这个标记所引用的 HTML 文件可以直接嵌入在另一个 HTML 文件中，并与这个 HTML 文件内容相互融合，成为一个整体。另外，还可以多次在一个页面内显示同一内容，而不必重复写内容，一个形象的比喻即"画中画"电视。<iframe>标记常用于 DIV+CSS 中部署文件。<iframe>标记的属性如表 2-2 所示。

表 2-2 <iframe>标记的属性

属性	值	描述
align	left、right、top、middle、bottom	规定如何根据周围的元素来对齐此框架，一般使用样式代替
frameborder	1、0	规定是否显示框架周围的边框
height	像素值	规定 iframe 的高度
width	像素值	定义 iframe 的宽度
longdesc	URL	规定一个页面，该页面包含了有关 iframe 的较长描述
marginheight	像素值	定义 iframe 的顶部和底部的边距
marginwidth	像素值	定义 iframe 的左侧和右侧的边距
name	框架名称	规定 iframe 的名称
scrolling	yes、no、auto	规定是否在 iframe 中显示滚动条
src	URL	规定在 iframe 中显示文档的 URL

frame 框架必须放在 frameset 框架之中，而<iframe>标记则可以放在<body>标记之中。

示例代码如下：

```
<html>
 <head><title>iframe</title></head>
 <body bgcolor = lightyellow>
     <iframe src = test.html scrolling = yes marginwidth = 1> </iframe>
 </body>
</html>
```

<iframe>标记的属性和<frame>标记相似，上述程序中给出了 marginwidth 属性的应用，marginheight 属性也可以这样用。

11. <body>标记

<body>标记包含文档的所有内容（如文本、超链接、图像、表格和列表等）。

示例代码如下：

```
<body bgcolor = lightblue text = "#0000ff">
```

<body>标记有以下属性。

- bgcolor：设置背景色。

- text：设置字符颜色。
- background：设置要加载的背景图片。
- bgproperties：设置不能滚动背景图。
- leftmargin：设置页面左边距。
- topmargin：设置页面上边距。
- link：设置未被点击(访问)过的超文本链接文字的颜色。
- alink：设置正被点击(正在访问)的超文本链接文字的颜色。
- vlink：设置已被点击(访问)过的超文本链接文字的颜色。
- onload：指定加载本 body 时调用的函数。
- onunload：指定卸载本 body 时调用的函数。

文件 smp004. html 中给出了这些属性的应用。

程序(\jspweb 项目\WebRoot\ch02\smp004. html)的清单：

```
< html >
    < head >
        < meta http - equiv = content - type content = "text/html; charset = gb2312">
        < title >添加背景图片</title ></head >
    < body background = "data/黄山迎客松.jpg" topmargin = 30 leftmargin = 20 >
        < h1 >< font color = white >黄山著名景点迎客松</font ></h1 >
    </body >
</html >
```

文件中加载的图片如果尺寸较大，将会影响程序的运行速度。在网页中不要使用过大的图片作为背景图片。

属性 topmargin=30 和 leftmargin=20 用于设置“黄山著名景点迎客松”几个字的位置。

语句：

```
< meta http - equiv = content - type content = "text/html; charset = gb2312">
```

说明本文件是一个 txt/html 文本文件，采用 GB2312 简体汉字。通常将< meta >标记和< title >标记放在< head >标记之中，构成文件头。

< body >标记的 onload、onunload 属性一般在动态网页中应用，不在静态网页中出现。

12. 表格标记

表格是网页的重要组成部分，除了极其简单的网页，一般网页中都会应用表格。网页中的表格远远超出了一般表格的功能，网页的页面布局往往是通过表格设计的。虽然页面上看不到表格，实际上大量地采用了表格。应用表格标记，可以方便地制作各种表格，从而对页面进行布局。

表格标记有< table >(表格)标记、< caption >(标题)标记、< th >(表头)标记、< tr >(行)标记、< td >(列或单元格)标记，如表 2-3 所示。

表 2-3 表格标记列表

名　称	起始标记	结束标记
表格	< table >	</table >
标题	< caption >	</caption >
表头	< th >	</th >
行	< tr >	</tr >
单元格	< td >	</td >

通过各种表格标记，可以很方便地进行表格设计。例如，通过程序 smp005.html 中的语句，即可设计如图 2-3 所示的表格。

程序(\jspweb 项目\WebRoot\ch02\smp005.html)的清单：

```
<html>
    <head><title>表格  </title></head>
<body>
    <table align=center bgcolor=#c0ffff width=400 border=1>
    <caption><b>表格实例</b></caption>
    <tr><th colspan="3">学生名册</th></tr>
    <tr><th>姓名</th><th>年龄</th><th>生源</th></tr>
    <tr>
        <td align="center">张三</td>
        <td align="center">18</td>
        <td align="center">北京市</td></tr>
    <tr>
        <td align="center">李四</td>
        <td align="center">17</td>
        <td align="center">上海市</td></tr>
    <tr>
        <td align="center">王五</td>
        <td align="center">16</td>
        <td align="center">天津市</td></tr>
      </table>
      </body>
</html>
```

程序运行结果如图 2-3 所示。

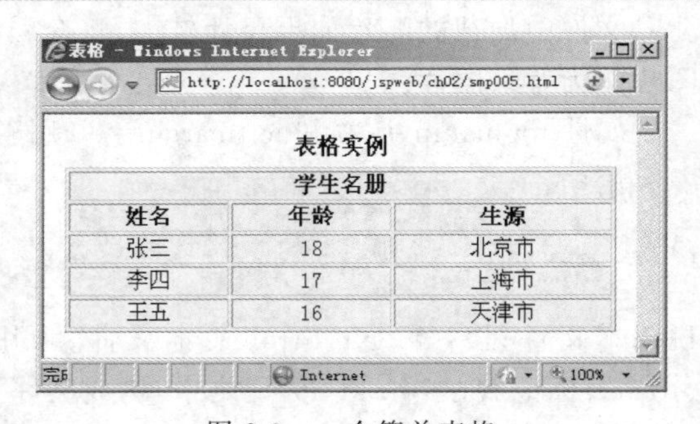

学生名册		
姓名	年龄	生源
张三	18	北京市
李四	17	上海市
王五	16	天津市

图 2-3 一个简单表格

<table>标记，标记了整个表格。这一对标记放在整个表格的最外层，标志表格的开始和结束。

<caption>标记，标记了表格的标题，“表格实例”就是表格的标题。<tr>标记，标记了表格的行。<th>标记，标记了表格的表头，“学生名册”“姓名”“年龄”“生源”等都是表格的表头。<td>标记，标记了表格的列即单元格。

当需要用<th>、<td>进行标记时，必须先用<tr>标记一行。一个<tr>标记后面有几个<th>或<td>标记，该行中就有几个表头或单元格。

任何复杂的表格，包括极不规则的表格在内，都可以通过<table>、<caption>、<tr>、<th>、<td>等标记产生。

下面分别说明表格各种标记的属性和应用。

1) <table>标记

<table>标记用于标记整个表格，<table>标记的格式为：

```
<table> …</table>
```

<table>标记有以下属性。

- align：设置对齐方式，可取的值有 left、right、center。
- width：设置表格的宽度，可用像素或百分数表示，如 60%表示表格宽为屏幕的 60%。
- cols：设置表格的列数。

- cellpadding：设置字符和边框的间距。
- cellspacing：设置单元格之间的距离。
- frame：指定要显示的外部边框阴影样式，可取 above、below、box、border、hsides、lhs、void、vsides 等值。
- rules：设置要显示的内部边框，可取 all、cols、rows、none、groups 等值。
- border：设置单元格边框的宽度，为 0 表示没有边框。
- bgcolor：设置表格的背景色，对于没有边框的表格，可用背景色标志表格的范围。
- background：指定作为背景图案的图像文件。
- bordercolor：设置边框的颜色。
- bordercolordark：设置边框的阴影色。
- bordercolorlight：设置是否高亮显示边框。

2）<caption>标记

<caption>标记表示处于表格上部的标题。<caption>标记的格式为：

```
<caption>…</caption>
```

<caption>标记有以下属性。

- font：设置字体。
- align：设置水平对齐方式，可取的值有 left、right、center。

3）<th>标记

<th>标记为表头标记。<th>标记的格式为：

```
<th>…</th>
```

<th>标记有 align、bgcolor、colspan、rowspan 属性。

4）<tr>标记

<tr>标记为行标记。<tr>标记的格式为：

```
<tr>…</tr>
```

<tr>标记有 align、bgcolor、rowspan、height 属性。

5）<td>标记

<td>标记为列(单元格)标记。<td>标记的格式为：

```
<td>…</td>
```

<td>标记有 align、bgcolor、colspan、width、height、valign 属性。

下面是一个可以响应双击表格单元格事件的例子，其中涉及的 JavaScript 函数将在 2.5 节介绍。

程序(\jspweb 项目\WebRoot\ch02\smp006.html)的清单：

```
<html>
 <head>
    <meta http-equiv="Content-Type" content="text/html; charset=gb2312">
    <title>TABLE 测试</title>
<script>
function updateHTML() {
    document.getElementById("dbclk").innerHTML = "双击测试成功";
```

```
    }
    var TableDblClick = function(evt) {
        evt = evt.target || event.srcElement;
        if (evt.tagName == 'TD' && evt.parentNode.tagName == 'TR') {
            var rowIndex = evt.parentNode.rowIndex + 1;
            var cellIndex = evt.cellIndex + 1;
            document.getElementById('result').innerHTML = '当前双击的是: 第' + rowIndex + '行,第' +
                cellIndex + '列<br /><br />单元格的内容是:' + evt.innerHTML;
            }
        }
    window.onload = function() {
            document.getElementById('tb').ondblclick = function(evt) {
             return function() { TableDblClick(evt); }
        }(event);
    }
    </script>
        </head>
        <body>
          <table border="1" width="100%" id="table1">
            <tr><td id="dbclk" ondblclick="updateHTML();">双击此处试试</td></tr>
          </table>
          <table id="tb" border="1">
            <tr><td>1</td><td>2</td><td>3</td></tr>
            <tr><td>4</td><td>5</td><td>6</td></tr>
            <tr><td>7</td><td>8</td><td>9</td></tr>
          </table>
        双击表格内容试试哦<br><br>
      <div id="result"></div>
     </body>
    </html>
```

程序运行结果如图 2-4 所示。

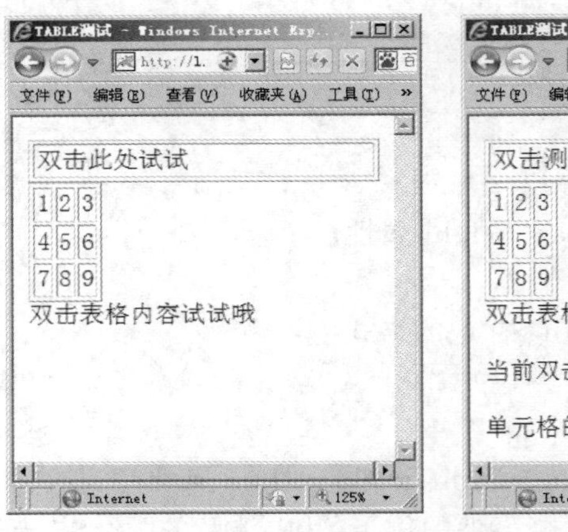

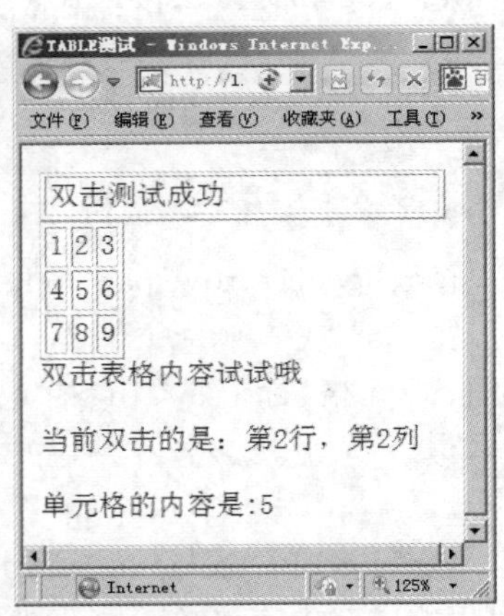

图 2-4 表格程序测试

13. 链接和加载标记

在 HTML 文件中经常需要链接到另一个文件,或在文件中加载图像、动画等。

1) <a>标记

<a>标记称为超文本链接标记或锚标记。在网页上每一个信息单元,如一段文字、一张图片等,称为一个节点,节点之间的链接称为超文本链接。

<a>标记有以下属性。

- href: 表示超文本链接的 URL。

- name：表示超文本链接的名称。
- target：表示目标浏览器窗口，如取值为"blank"，则新开一个浏览器窗口。
- title：设置链接时在窗口显示的信息。

例如，<a href="http://www.sina.com.cn">新浪</a>表示在单击"新浪"后，便链接到新浪网站的首页 http://www.sina.com.cn。

以下两个语句用到了<a>标记：

```
<a href = "mailto:callme@sina.com">联系我们</a>
<a href = "http://tech.sina.com.cn/down/">在此下载</a>
```

上述语句中用到了 href 属性。如果单击"联系我们"，便链接到发送电子邮件的软件，通过该软件可以发送电子邮件。如果单击"在此下载"，便可以下载新浪科技软件。"联系我们"和"在此下载"称为标识超链接文字。如果将鼠标移到它们上面，鼠标的光标便转变成一只小手。它们的颜色和普通文字也不同，单击它们进行链接后，颜色会发生变化，这些都是标识超链接文字的特征。

例如，设置<body>标记的属性为<body link=blue alink=green vlink=red>。其中属性 link=blue alink=green vlink=red 的含义如下。

- link：设置未被点击(访问)过的超文本链接文字的颜色。
- alink：设置正被点击(正在访问)的超文本链接文字的颜色。
- vlink：设置已被点击(访问)过的超文本链接文字的颜色。

2) <img>标记

<img>标记用于添加图像。<img>标记的格式为：

```
<img>
```

<img>标记有以下属性。

- src、dynsrc：分别表示要添加的图像、视频文件的 URL。
- width、height：分别表示图像的宽度、高度，以像素为单位。
- vspace、hspace：分别表示图像上下、左右空白区域的大小。
- align：表示图像与周围文字的对齐方式，有 left、right、top、middle、bottom 几种选项。
- alt：设置当鼠标移到图像时弹出的提示。
- border：表示图像的边框宽度。
- controls：设置视频文件是否可用。
- start：设置视频文件的播放方式。
- loop：设置视频文件的播放次数。

3) img 热点设置

图片热点链接的实质是把一幅图片划分为不同的热点区域，再在不同的热点区域添加超链接，可根据需要定义多个热点区域。图片热点在图形方式导航中的应用很普遍。

若完成图片热点区域超链接，要用到三种标记：<img>、<map>、<area>。

img 热点设置格式为：

```
<img src = "图形文件名" usemap = "#图的名称">
 <map name = "图的名称">
   <area shape = 形状 coords = 区域坐标列表 href = "URL 资源地址">
   <area shape = 形状 coords = 区域坐标列表 href = "URL 资源地址">
 </map>
```

其中，shape 定义了热点形状：

shape＝rect 为矩形。

shape＝circle 为圆形。

shape＝poly 为多边形。

coords 定义区域点的坐标：

• 矩形：必须使用四个数字，前两个数字为左上角坐标，后两个数字为右下角坐标。

例如：

```
<area shape = rect coords = 100,50,200,75 href = "URL">
```

• 圆形：必须使用三个数字，前两个数字为圆心的坐标，最后一个数字为半径长度。

例如：

```
<area shape = circle coords = 85,155,30 href = "URL">
```

• 多边形：将图形的每一转折点坐标依序填入。

例如：

```
<area shape = poly coords = 232,70,285,70,300,90,250,90,200,78 href = "URL">
```

图片热点示例程序如下。

程序(\jspweb 项目\WebRoot\ch02\smp007.html)的清单：

```
<html>
 <head>
  <meta http-equiv = "Content-Type" content = "text/html; charset = gb2312">
  <title>图片热点示例</title>
 </head>
  <body><p>
    <img src = "data/黄山迎客松.jpg" width = "850" height = "510" border = "0" usemap = "#Map" />
     <map name = "Map" id = "Map">
       <area shape = "circle" coords = "641,94,76" href = "aa.html" onFocus = "this.blur()"/>
       <area shape = "rect" coords = "21,8,210,170" href = "http://www.yahoo.com"/>
       <area shape = "poly" coords = "622,287,395,288,241,251,417,187" href = "bb.html"/>
     </map>
    </body>
</html>
```

area 元素永远嵌套在 map 元素内部。area 元素定义图像映射中的区域。<img>中的 usemap 属性可引用<map>中的 id 或 name 属性(取决于浏览器)，所以应同时向<map>添加 id 和 name 属性。

使用 FrontPage 等网页制作工具可以很方便地设置图片热点。可先粗略定义所需的热点<area>，再用鼠标拉动热点控制块进行精确设置，如图 2-5 所示。

4) <marquee>标记

<marquee>标记为滚动标记，<marquee>标记的格式为：

```
<marquee>…</marquee>
```

如果在上述标记之间放置某些文字或图标，程序运行后，这些文字或图标便进行滚动，像走马灯一样。

<marquee>标记有以下属性。

• align：指定对齐方式，可选值为 top、middle、bottom。

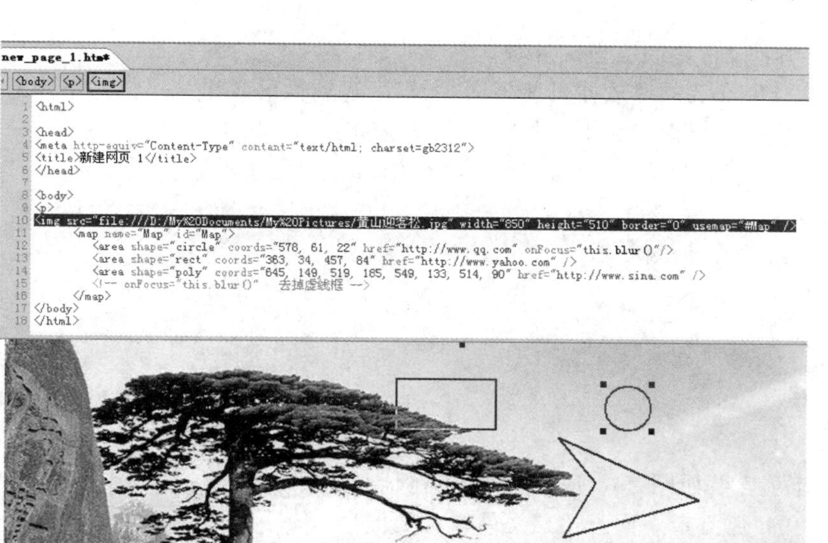

图 2-5 图片热点设置

- behavior：指定动画属性，可选值有 scroll(单向运动)、slide(一次性滑动)、alternate(往返运动)。
- bgcolor：设置背景色。
- direction：设置文字的移动方向，可选值为 left 和 right。
- loop：设置移动次数。
- height：设置字幕高度。
- width：设置字幕宽度。
- scrollamount：设置每次移动的距离，距离越大速度越快。
- scrolldelay：设置每次移动所用时间，时间越短滚动越快。
- hspace：设置字幕左右空白区。
- vspace：设置字幕上下空白区。

5) <embed>标记

<embed>为嵌入多媒体标记，是只有开始标记没有结束标记的单个标记。通过它可以加载和播放 mp3、wav、mid 等文件。<embed>标记的格式为：

```
<embed>
```

<embed>标记有以下属性。

- src：指定要加载的多媒体文件。
- autostart：设置是否自动播放，有 true、false 两种选择。
- loop：设置播放次数，true 表示无限循环，false 表示只播放一次，false 是默认设置。
- hiden：隐藏控制面板。
- starttime：设置开始播放的时间，如 1：30 表示从 1 分 30 秒处开始播放。
- volume：设置音量，可在 0～100 内选择。
- width：设置控制面板宽度。
- height：设置控制面板高度。
- align：设置控制面板的对齐方式，可取值为 top、bottom、center、baseline、left、right、textto、pmiddle、absmiddle、absbottom。

• controls：设置控制面板的外观。

由于计算机中安装的播放器可能不同，所以上述属性的效果也可能是不同的，究竟应采用哪些属性需视具体情况而定。下面的示例程序说明了<embed>标记的应用。

程序(\jspweb 项目\WebRoot\ch02\smp008.html)的清单：

```
<html>
<head><title>播放音乐</title></head>
<body>
    <center> <h5>音乐欣赏：潇洒走一回</h5>
    <embed src="data/潇洒走一回.mp3" width=300 height=100 autostart=true loop=false>
    </center>
</body>
</html>
```

程序的运行结果如图2-6所示，图中正在播放data文件夹中的“潇洒走一回.mp3”文件，如果计算机的声音系统正常，就可以听到动听的音乐。其中各按钮的功能请读者自行试用。

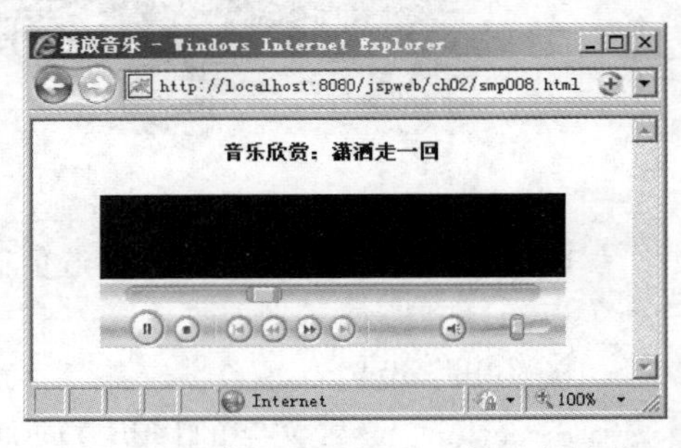

图 2-6　程序 smp008.html 的运行结果

6）<bgsound>标记

<bgsound>标记称为背景音乐标记，用于加载和播放背景音乐文件。该标记是一个只有开始标记没有结束标记的单个标记。

程序(\jspweb 项目\WebRoot\ch02\smp009.html)的清单：

```
<html>
<head><title>播放音乐</title></head>
<body>
  <center>
    <h5>背景音乐欣赏：二泉映月.mid</h5>
    <bgsound src="data/二泉映月.mid" loop=infinite>
  </center>
</body>
</html>
```

程序运行后便开始播放音乐，程序运行时界面上也没有播放控制面板。由于是背景音乐，因此选用mid音乐，其占用内存较小，且能播放较长时间。

14. <input>标记

<input>标记可定义输入域的开始，在其中用户可输入数据。<input>只有开始标记没有结束标记，是单个标记。

<input>标记具有以下属性。

• name：表示控件的名称。
• type：设置加载控件的类型，如button、submit、reset、radio、checkbox、text、password、hidden等。
• value：不同控件的value属性具有不同含义。对于button、submit、reset控件，value表示控件表面的文字(caption)；对于checkbox、radi控件，value表示控件的选项；对于text、password控件，value是文本框中的内容。
• align：设置对齐方式，可取值为top、bottom、middle。
• maxlength：设置允许输入的最大字符数。

- size：设置控件的宽度。
- src：指定插入的图像。

对于通常的表单控件，可以使用<input>标记来进行定义，其中包括文本字段、多选列表、可单击的图像和提交按钮等。虽然<input>标记中有许多属性，但是对每个元素来说，只有type属性和name属性是必需的(提交或重置按钮只有type属性)。

<input>标记的type属性如表2-4所示。

表2-4　<input>标记的type属性

值	描　述
button	定义可单击按钮(多数情况下，用于通过JavaScript启动脚本) 例如：<input type="button" value="Click me" onclick="msg()" />
checkbox	定义复选框，复选框允许用户在一定数目的选项中选取一个或多个选项 例如：<input type="checkbox" name="vehicle" value="Bike" />自行车 <input type="checkbox" name="vehicle" value="Car" /> 小汽车
file	定义输入字段和 "浏览"按钮，供文件上传 例如：<input type="file"/> 运行效果：[　　　　] 浏览...
hidden	定义隐藏的输入字段 例如：<input type="hidden" name="country" value="Norway" />
image	定义图像形式的提交按钮 例如：<input type="image" src="submit.gif" alt="Submit" />
password	定义密码字段，该字段中的字符被掩码 例如： 请输入密码：<input type="password" name="pswd"/> 运行效果： 请输入密码：●●●●●●
radio	定义单选按钮，允许用户选取给定数目的选项中的一个选项。同一组的name值相同
reset	定义重置按钮。重置按钮会清除表单中的所有数据
submit	定义提交按钮。提交按钮会把表单数据发送到服务器
text	定义单行的输入字段，用户可在其中输入文本。默认宽度为20个字符，size属性定义宽度

15. 表单

form称为表单或窗体。表单是一个容器，可在其中放置各种控件。前文介绍的内部控件都可以放在表单中。表单在HTML文本中具有很重要的地位，客户在网页中提供的数据和信息，大都通过表单传递给服务器。

<form>标记的格式如下：

```
<form>…</form>
```

<form>标记有以下属性。

- name：表示表单的名称。
- target：设置目标窗口，可选值为self、parent、top、blank，依次表示当前窗口、父窗口、顶层窗口、空白窗口。
- action：指定接收表单数据的文件。
- method：设置传递数据的方法，可选值为get、post。
- onsubmit：指定需要执行的函数。

表单中常见控件的介绍如下：

1) 表单按钮控件

button、submit、reset控件都是表单按钮控件。

button 按钮控件有 onclick 属性和 onfocus 属性。单击该按钮时，便调用 onclick 属性指定的函数。该按钮拥有焦点时，便执行 onfocus 属性指定的函数。这个按钮涉及函数调用。如果界面上有多个控件时，只有一个控件拥有焦点。鼠标移到某个控件上，该控件便拥有焦点。

button 控件例句：

```
< input type = "button" value = "Click me" onclick = "msg()" />
```

submit 按钮控件用于提交事务。单击该按钮，便将表单提交给< form >标记中 action 属性指定的文件。

reset 按钮控件用于复位设置。单击该按钮，便可删除< form >标记内设置的所有数据，以重新输入设置数据。

除以上属性外，三个按钮控件还具有以下属性。

- name：表示按钮的名称。
- value：表示在按钮上显示的文字。

2）text 控件

text 控件称为文本框控件。text 控件例句：

```
< input type = "text" name = "firstname" />
```

text 控件具有以下属性。

- name：表示文本框的名称。
- value：表示文本框中的文字。
- size：设置文本框的宽度。
- maxlength：设置允许输入的最大字符数。
- onchange：指定当文本内容发生变化时执行的函数。
- onselect：指定当文本内容被选中时执行的函数。
- onfocus：指定当控件拥有焦点时执行的函数。

3）password 控件

password 控件称为口令文本框控件，用于输入口令。

password 控件例句：

```
< input type = "password" name = "pwd" />
```

password 控件实际上就是一个文本框控件，但是出于保密需要，输入的字符都显示为“＊”号，传递给服务器时，“＊”号转变为实际字符。该控件还有以下属性：

- name：表示口令文本框的名称。
- value：表示口令文本框的内容。
- size：设置口令文本框的宽度。
- maxlength：设置允许输入的最大字符数。

4）file 控件

file 控件定义输入字段和“浏览”按钮，通常用于文件上传。

file 控件例句：

```
上传文件< input type = file >
```

运行效果如下：

上传文件 [   ] 浏览...

5）checkbox 和 radio 控件

checkbox 控件为复选框控件，用于多选。radio 控件为单选按钮控件，用于单选。它们具有以下属性：

- name：表示控件的名称。多个 checkbox 或多个 radio 共用相同名称时，表示这些 checkbox 或 radio 属于同一组。可根据控件的名称将这些控件分成多个组。同一组中的 radio 只能选中一个，提交后传递单个的值；而同一组中的 checkbox 可以多选，提交后传递的是一个数组。
- value：表示控件的值。
- checked：设置选取的初始状态。
- onclick：指定当控件被选取时所执行的函数。
- onfocus：指定当控件接受焦点时所执行的函数。

checkbox 和 radio 控件例句：

```
<form>
    <input type = "radio" name = "like" value = "喜欢" checked /> 喜欢
    <input type = "radio" name = "like" value = "不喜欢" /> 不喜欢
    <input type = "radio" name = "like" value = "无所谓" /> 无所谓<br>
    <input type = "checkbox" name = "ckbox" value = "篮球" checked />篮球
    <input type = "checkbox" name = "ckbox" value = "排球" />排球
    <input type = "checkbox" name = "ckbox" value = "跑步" />跑步<br>
</form>
```

运行效果如下：

○ 喜欢 ◉ 不喜欢 ○ 无所谓
☑篮球 ☐排球 ☑跑步

6）hidden 控件

hidden 控件称为隐藏控件，在页面上是看不到这个控件的，也不需要对它进行操作，它的功能是传递数据。

hidden 控件例句：

```
<input type = "hidden" name = "country" value = "china" />
```

hidden 控件有以下两个属性：

- name：表示控件的名称。
- value：表示控件的值，是要传递的数据。

当将本控件所在的文件发送给服务器后，服务器可以通过 hidden 控件的 name 属性，读取其 value 属性的值，将数据传递给服务器。由于该控件被隐藏了，是看不见的，因此便于保密。

7）textarea 控件

textarea 控件称为文本区控件，和 text 控件不同，text 控件只能输入单行文字，而 textarea 控件则允许输入多行文字。

textarea 控件具有以下属性：

- cols：垂直列。在没有做样式表设置的情况下，它表示一行中可容纳下的字节数。例如，cols=60 表示一行中最多可容纳 60 字节，也就是 30 个汉字。要注意的是，文本框的宽度就是通过 cols 属性来调整的，输入 cols 的数值，再定义输入文字字体的大小（不定义则采用默认值），那么文本框的宽度就确定了。
- rows：表示可输入或显示的行数。例如，rows=10 表示可显示 10 行。超过 10 行，则需要拖动滚动条来进行浏览。文本框的高度就是通过 rows 属性来控制的。

- name：文本框的名称，这项不可省，因为存储文本的时候必须用到。
- style：一个非常实用的参数，可以用来设置文本框的背景色、滚动条颜色及形式、边框颜色、输入字体的大小及颜色等。
- class：一般用来调用外部 CSS 里边的设置。
- onchange：指定当控件发生变化时所执行的函数。
- onselect：指定当控件内容被选取时所执行的函数。
- onfocus：指定当控件拥有焦点时所执行的函数。
- onblur：指定当控件失去焦点时所执行的函数。

textarea 控件例句：

- 设置文本框的列数为 40，行数为 10，名称为 text。

```
<textarea cols = 40 rows = 10 name = text></textarea>
```

- 取消文本框右边的滚动条。

```
<textarea cols = 40 rows = 10 name = text style = "overflow:auto"></textarea>
```

style="overflow:auto"表示当输入的文本超出设置的行数时才自动显示滚动条。

- 设置文本框的背景色。

```
<textarea cols = 40 rows = 10 name = text
style = "background - color:BFCEDC"></textarea>
```

另外，设置文本框的滚动条颜色、边框颜色，以及字体大小、颜色、行距等，都可以直接在 style 里设置。不过，这些一般习惯在 CSS 里设置。

8）select 控件

select 控件称为选择列表控件。选择列表也具有控件功能，除了具有< select >标记的属性，作为控件还有以下补充属性：

- onchange：指定当控件发生变化时所执行的函数。
- onfocus：指定当控件拥有焦点时所执行的函数。
- onblur：指定当控件失去焦点时所执行的函数。

从 textarea 和 select 两个控件的属性可以看出，在某个事件触发下，控件具有执行某个函数的功能，这是控件的动态特点。

文件 smp010.html 说明了< form >、< input >标记和各种控件的应用。该程序运行结果如图 2-7 所示。

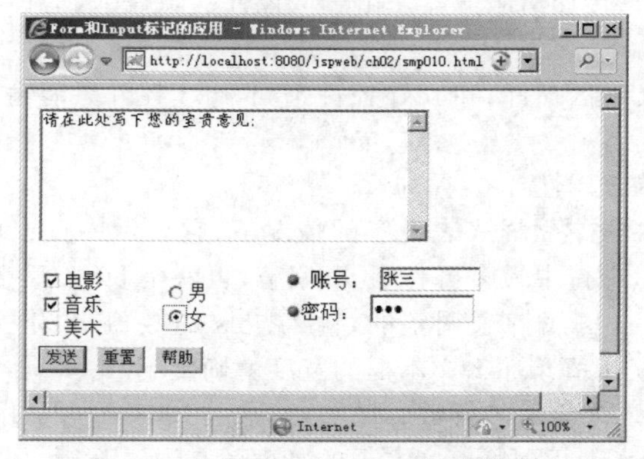

图 2-7 程序 smp010.html 的运行结果

程序(\jspweb 项目\WebRoot\ch02\smp010.html)的清单：

```
<html>
<head>
<title>Form 和 Input 标记的应用</title>
<meta http-equiv=content-type content="text/html; charset=gb2312">
</head>
<body>
1  <form action=data/abc.html method=post name=frm>
2    <textarea name=txarea rows=7 cols=42>请在此处写下您的宝贵意见:</textarea><br>
     <br>
3      <table cellspacing=0 cellpadding=0 width=480 border=0>
4    <tr>
5      <td width=100>
6              <input type=checkbox name=ckbx value="电影" checked>电影<br>
               <input type=checkbox name=ckbx value="音乐"checked>音乐<br>
               <input type=checkbox name=ckbx value="美术"checked>美术<br>
7        </td>
8      <td width=100>
9              <input type=radio name=rdo value="先生">男<br>
               <input type=radio name=rdo value="女士" checked>女<br>
10     </td>
11     <td>
12       <img src="data/spot.jpg" width=12 height=12> 账 号:
         <input type=text size=10 name=user value=张三><br>
13       <img src=data/spot.jpg width=12 height=12> 密 码:
         <input type=password size=10 name=pswd value=123><br><br>
14     </td>
15     </tr>
16   </table>
17       <input type=submit value=发送>
18       <input type=reset value=重置>
19       <input type=button value=帮助 onclick=alert("这里可以提供帮助")>
20       <input type=hidden name=hdn value=abc><br><br>
21     </form>
  </body>
</html>
```

语句1～语句21由一对<form>标记构成了一个表单。

除textarea和select控件外，表单中的控件都需要通过input加载。textarea和select控件通过它们自己的标记加载。例如，语句2通过<textarea>标记加载了一个文本区。

语句3～语句16由一对<table>标记创建了一个表格，通过这个表格对页面进行布局。语句4～语句15由一对<tr>标记构成了表格的一行，这是该表格唯一的行。语句5～语句7、语句8～语句10和语句11～语句14由三对<td>标记构建了这一行中的三个单元格。从左至右，第一个单元格中放置三个复选框，第二个单元格中放置两个单选按钮，第三个单元格中放置“账号”和“密码”两个文本框。

语句6中的“电影”“音乐”和“美术”复选框和语句9中的“女”单选按钮中都有checked属性，表明它们是预选项或默认选项。在图2-7中可以看到，它们已被预选取。单击其他选项，便可改变选项。

语句17～语句20表示在表格之外，它们加载的控件都在同一行上。语句19加载的是一个button控件，单击该按钮即可调用由onclick属性指定的一个函数。单击“帮助”按钮，则打开一个帮助文件。语句20加载的是一个hidden隐藏控件，不在图2-7中显示。

在<input>标记的属性说明中指出：对于button、submit、reset控件，value表示控件表面的文字；对于checkbox、radio控件，value表示控件的选项；对于text、password控件，value

表示文本框中的内容。

对照 smp010. html 的语句和图 2-7 就很清楚了。对于 submit、reset、button 控件，value 分别是“发送”“重置”“帮助”，就是按钮表面的文字。对于 checkbox、radio 控件，value 分别是“电影”“音乐”“美术”和“先生”“女士”，就是相应控件的选项。对于 text 和 password 控件，value 分别是“张三”和“123”，就是文本框中的内容。

当客户和服务器之间需要进行交流时，表单发挥着重要的作用。客户将表单填写完成后，单击“发送”按钮，便将表单中的有关信息发送给某一个文件。该文件名由< form >标记的 action 属性指定。从语句 1 看到，现在 action 属性指定的文件是 data/abc. html。单击“发送”按钮后，便将表单信息提交给服务器，服务器可以从发来的表单中提取信息，如提取 checkbox、radio、text、password 等控件的 value 值。这一功能不能由单一的 HTML 语言实现，本书后续章节将进行详细叙述。

扫一扫

视频讲解

2.3 HTML 事件

HTML 文本中可以接收鼠标、键盘和窗口等各种事件。

1. 鼠标事件

HTML 提供了许多鼠标事件，当鼠标进行相应的操作时触发。常用的鼠标事件如表 2-5 所示。

表 2-5 HTML 鼠标事件

鼠标事件	事件含义
onBlur	会在对象失去焦点时发生，如在用户离开输入框时执行
onClick	单击鼠标左键后执行
onDblClick	双击鼠标左键后执行
onFocus	在对象获得焦点时发生
onMouseDown	在鼠标按键被按下时发生
onMouseMove	在鼠标指针移动时发生
onMouseOut	在鼠标指针移出指定的对象时发生
onMouseOver	在鼠标指针移动到指定的对象时发生
onMouseUp	在鼠标按键被松开时发生

程序 smp011. html 说明了 onClick、onMouseDown、onMouseUp、onMouseOut 和 OnMouseOver 等鼠标事件的应用。

程序(\jspweb 项目\WebRoot\ch02\smp011. html)的清单：

```
<html>
<body>
<table border = 1 ><tr>
1  <td><input type = "text" value = "" size = "20" onMouseOver = "alert('mouse is Over');"><br>
2       <input type = "text" value = "" size = "20" onMouseDown = "alert('mouse is down');"><br>
3       <input type = "text" value = "" size = "20" onMouseUp = "alert('mouse is up');"></td>
4  <td><input type = "radio" name = rdo checked onMouseOut = "confirm('mouse is out');">星期六
<br>
5       <input type = "radio" name = rdo onMouseOut = "confirm('mouse is out');">星期日</td>
6  <td><input type = "checkbox" onClick = "alert('mouse is click');">五一<br>
7       <input type = "checkbox" onClick = "alert('mouse is click');">十一<br>
8       <input type = "checkbox" onClick = "alert('mouse is click');">春节 </td> </tr>
</table>
</body>
</html>
```

语句 1 表明，如果将鼠标在第一个文本框中移过，发生 onMouseOver 事件，便弹出一个 alert 对话框，其中显示 mouse is Over 信息，如图 2-8 所示。

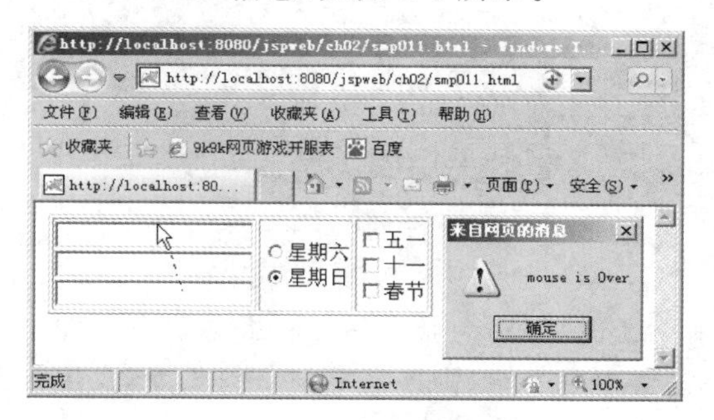

图 2-8 鼠标事件测试

语句 2 表明，如果在第二个文本框中按下鼠标按键，发生 onMouseDown 事件，便弹出一个 alert 对话框，其中显示 mouse is down 信息。

语句 3 表明，如果在第三个文本框中抬起鼠标键，发生 onMouseUp 事件，便弹出一个 alert 对话框，其中显示 mouse is up 信息。

语句 4 和语句 5 表明，如果鼠标从单选按钮上移开，发生 onMouseOut 事件，便弹出一个 confirm 对话框，其中显示 mouse is out 信息。

语句 6～语句 8 表明，如果鼠标单击复选框，发生 onClick 事件，便弹出一个 alert 对话框，其中显示 mouse is click 信息。

2. 键盘事件

HTML 提供了 onKeydown、onKeyup、onKeypress 等键盘事件。通过下列程序可对键盘事件进行观察。

程序(\jspweb 项目\WebRoot\ch02\smp012. html)的清单：

```
<html>
<body>
1  <input type="text" value="" size="20" onKeydown="alert('key is down');"><br>
2  <input type="text" value="" size="20" onKeyup="alert('key is up');"><br>
3  <input type="text" value="" size="20" onKeypress="alert('key pressed');">
</body>
</html>
```

语句 1 表明，在第一个文本框按下键盘上的某个键，发生 onKeydown 事件，便弹出一个 alert 对话框，其中显示 key is down 信息。

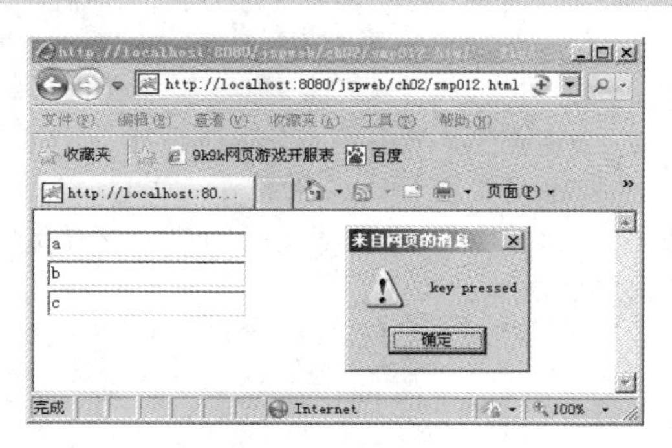

图 2-9 键盘事件测试

语句 2 表明，在第二个文本框释放键盘上的某个键，发生 onKeyup 事件，便弹出一个 alert 对话框，其中显示 key is up 信息。

语句 3 表明，在第三个文本框中按下某个键时，发生 onKeypress 事件，便弹出一个 alert 对话框，其中显示 key pressed 信息，如图 2-9 所示。

通过以下程序可对文本框获取或失去焦点事件进行观察。

程序(\jspweb 项目\WebRoot\ch02\smp013. html)的清单：

```
<html>
    <body>
        <input type = "text" value = "" name = "txt1" size = "20"
1           onFocus = "alert('txt1 is onfocus');"
2           onBlur = "alert('txt1 is onblur');"><br>
        <input type = "text" value = "" name = "txt2" size = "20"
3           onFocus = "alert('txt2 is onfocus');"
4           onBlur = "alert('txt2 is onblur');">
    </body>
</html>
```

程序中的 onFocus 和 onBlur 分别为获得焦点和失去焦点事件。

语句 1 表明，如果单击文本框 txt1，则该文本框获得焦点，发生 onFocus 事件，便弹出一个 alert 对话框，其中显示 txt1 is onfocus 信息。

语句 2 表明，如果单击文本框 txt2，则将发生两个事件。一是 txt2 文本框获得焦点；二是 txt1 失去焦点。这时语句 3 弹出 alert 对话框，显示 txt2 is onfocus 信息，如图 2-10 所示。语句 2 弹出的 alert 对话框，显示 txt1 is onblur 信息。它们都是模态对话框，即只有关闭先弹出的对话框后，才能弹出后一个对话框。

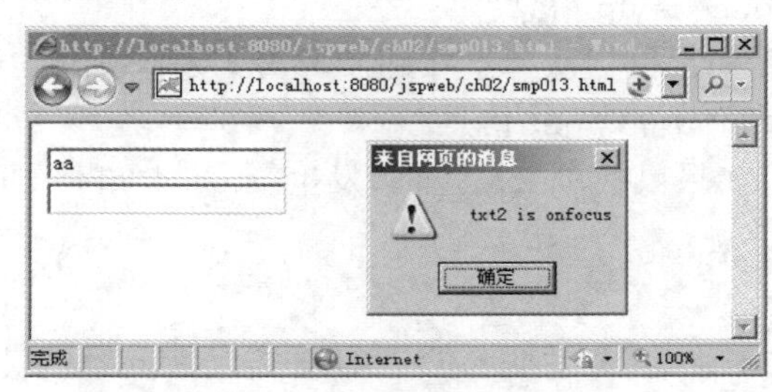

图 2-10　文本框焦点事件测试

3. 窗口事件

当运行某个程序时，将发生加载(load)事件。当某个程序结束运行时，将发生卸载(unload)事件。通过下面的程序可以对这两个事件进行观察。

程序(\jspweb 项目\WebRoot\ch02\smp014. html)的清单：

```
<html>
  <body onUnload = "alert('文件已卸载')"; onload = "alert('文件已加载')";>
    <br><h2>通过打开和结束本程序的运行<p>
         观看加载和卸载事件</h2><br>
  </body>
</html>
```

程序开始运行时加载 body，发生 onload 事件，弹出 alert 对话框，显示“文件已加载”信息，如图 2-11 所示。程序结束时卸载 body，发生 onUnload 事件，弹出 alert 对话框，显示“文件已卸载”信息。

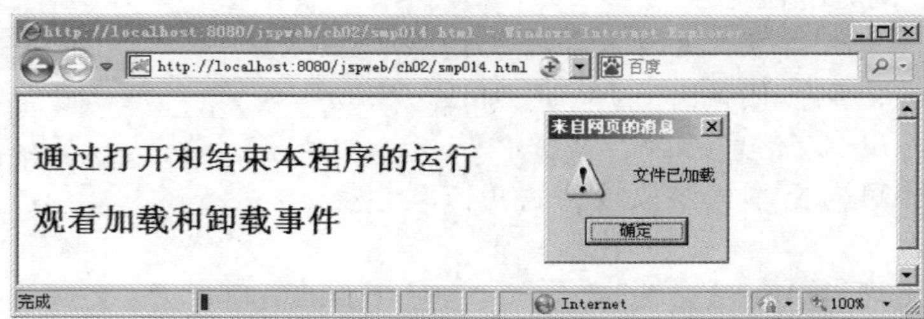

图 2-11　onload 事件测试

2.4 DIV+CSS 布局

CSS(Cascading Style Sheet,层叠样式表)是用于控制网页样式并允许将样式信息与网页内容分离的一种标记性语言,可对布局、字体、颜色、背景和其他图文效果实现更加精确的控制。它只需通过修改一个文件就可以改变多个网页的外观和格式。很多博客程序都是采用DIV+CSS构架。这种内容和样式的分离,使人们在重构页面布局或更换外观的时候,只需针对每一个DIV元素重新定义其具体位置、样式就行了。

2.4.1 CSS 引入方法

在页面中插入样式表的方法有内部样式表、内嵌样式表、链入外部样式表和导入外部样式表。

1. 内部样式表

内部样式表是把样式表放到页面的< head >区里,这些定义的样式即可应用到页面中,样式表是用< style >标记插入的,通过下列程序可以看出< style >标记的用法。

程序(\jspweb 项目\WebRoot\ch02\div_css\css01.html)的清单:

```
< html >
  < style type = "text/css">
    <!--
     body{background: yellow;color = red; font - size = 9pt}
     h1 { color: green; font - family: impact }
     p { background: yellow; font - family: courier }
    -- >
  </style >
< head >
    < title >第一个 CSS 样式测试</title >
</head >
< body >
    < h1 > Stylesheets </h1 >
    < p > I am your friends!</p >
 </body >
</html >
```

程序运行结果如图 2-12 所示。

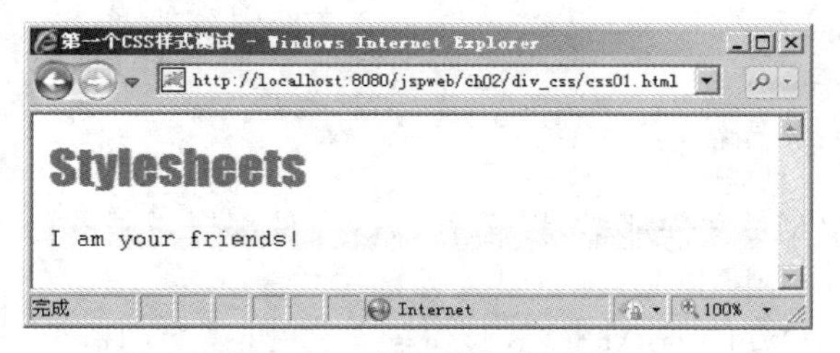

图 2-12 内部样式表测试

< style >标记中的 body、h1、p 称为选择符,页面中植入样式表规则后,整个 HTML 页面中与样式定义中选择符一致的 HTML 标记都将执行该样式定义的规则。例如,body{background: yellow;color=red; font-size=9pt}指定了全文的文本格式。

代码 type = " text/css " 设定采用 MIME 类型。MIME 用于描述网页文件类型,"text/css"表示该网页文件的 type 为 text(文本),且 subtype 为 CSS(层叠样式表)。

注释标记“<!-- -->”更为重要。有些低版本的浏览器不能识别< style >标记,它们会把< style >标记里的内容以文本形式直接显示到页面上。为了避免这样的情况发生,采用

HTML 注释的方式(<!-- 注释 -->)隐藏内容，不让它显示。

2. 内嵌样式表

内嵌样式表是混合在 HTML 标记里使用的，可以很简单地对某个元素单独定义样式。内嵌样式表的使用是直接在某个 HTML 标记里加入 style 参数，而 style 参数的内容就是 CSS 的属性和值。

程序(\jspweb 项目\WebRoot\ch02\div_css\css02.html)的清单：

```
<html>
  <head>
    <title> DIV + CSS 测试示例 </title>
  </head>
  <body>
      <h1 style = "color: orange; font - family: impact"> Stylesheets </h1>
      <p style = "color: sienna; margin - left: 20px">这是一个段落</p>
  </body>
</html>
```

程序运行结果如图 2-13 所示。

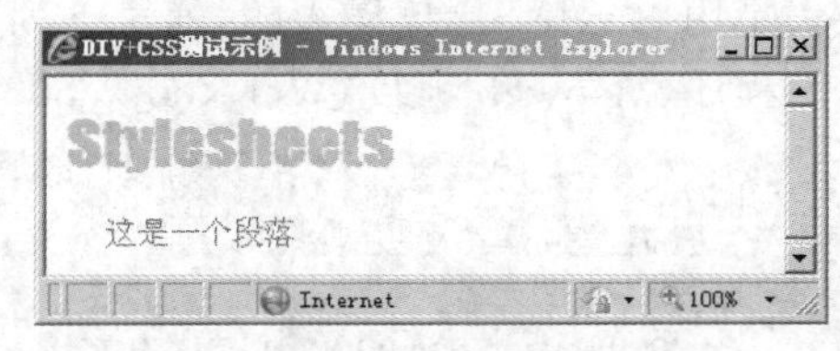

图 2-13　内嵌样式表测试

style 参数可以应用于任意 body 内的元素（包括 body 本身），除了 basefont、param 和 script，在 style 参数后面引号里的内容相当于在样式表大括号里的内容，这时无须在 HTML 顶部加入样式表代码。加入行内的样式表属性将使浏览器同样执行样式表规则。该方法的不方便之处在于：必须在每行指令中都加入样式规则，否则下一行时浏览器将转回到文件的默认设置。

3. 链入外部样式表

这是样式表功能发挥得淋漓尽致的地方，可以将多个 HTML 文件都链接到一个中心样式表文件。这个外部的样式表文件将设定所有网页的规则。如果改变了样式表文件中的某一细节，所有页面都会随之改变。如果需要维护的站点很大，则这项功能绝对会有其用武之地。

链入外部样式表是把样式表保存为一个样式表文件，然后在页面中用<link>标记链接到这个样式表文件，这个<link>标记必须放到页面的<head>区内。链入外部样式表的使用方法介绍如下。

首先，生成一个样式表文件，如 mystyles.css。文件内容如下：

```
h1 { color: green; font - family: impact }
p { background: yellow; font - family: courier }
```

然后，如同发布 HTML 文件那样，将这个 CSS 文件部署在服务器中。

接着，在<head>内使用<link>标记链入外部样式表。

程序(\jspweb 项目\WebRoot\ch02\div_css\css03.html)的清单：

```
<html>
  <head>
    <title> DIV + CSS 测试示例</title>
    <link rel = stylesheet href = "../css/mystyles.css" type = "text/css">
  </head>
<body>
      <h1> Stylesheets </h1>
      <p> I am your friends!</p>
</body>
</html>
```

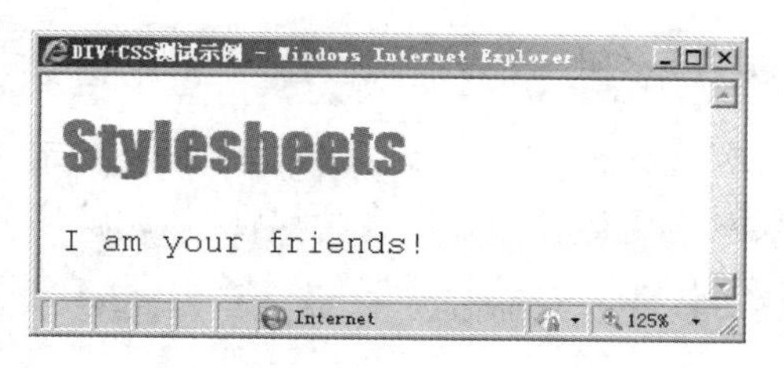

图 2-14 链入外部样式表测试

程序运行结果如图 2-14 所示。

程序中<link>标记的含义是以文档格式读取文件夹 css 中的 mystyles. css 样式文件。rel＝stylesheet 指的是这个 link 和其 href 所定义的文件关联，这里指出这个 href 文件是样式表文件。type＝"text/css"是指文件的类型是样式表文本。href＝"../css/mystyles. css"是关联文件所在的位置，表示所关联的样式文件位于相对于本页面文件 css03. html 的上一级路径下的文件夹 css 中（“..”表示上一级路径，这里采用的是相对路径表示方式）。

在浏览器中观看网页时，会发现浏览器将所有链接了外部样式表的 HTML 网页都按照样式表的规则显示，在 href 属性中可以选择使用绝对或相对 URL。

4. 导入外部样式表

导入外部样式表是指在内部样式表的<style>中导入一个外部样式表，这种方法的好处是可与网页的内部样式共存。导入时用@import。

注意：导入外部样式表必须在样式表的开始部分，在其他内部样式表前面。

程序(\jspweb 项目\WebRoot\ch02\div_css\css04. html)的清单：

```
<html>
  <head>
    <style type = "text/css">
      <!--
        @import url("../css/mystyles.css");
        h1{ color:red; font - family: impact}
      -->
      </style>
    <title> My First Stylesheet </title>
  </head>
  <body>
        <h1> Stylesheets </h1>
        <p> I am your friends! </p>
      </body>
  </html>
```

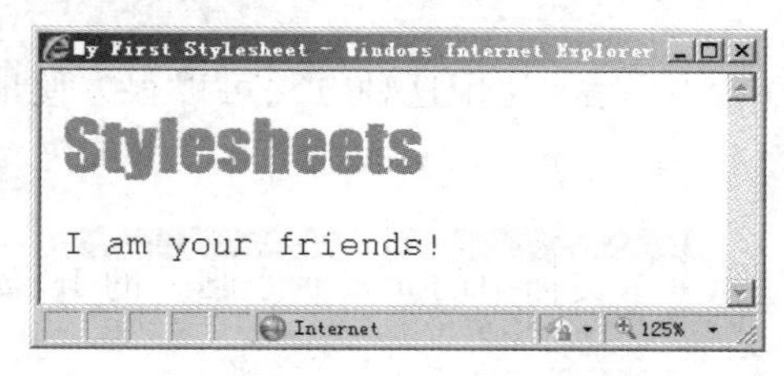

图 2-15 导入外部样式表测试

程序运行结果如图 2-15 所示。在本例中，浏览器首先导入外部样式文件 mystyles. css 的规则，然后加入内部的样式规则，从而为这个网页产生规则集合。注意：对于 h1 在外部样式表文件和内部的样式表中都设定了规则。在两者冲突的情况下，内部的规则将占上风。所以文字显示红色，而不是绿色。

可以导入多个外部样式表，也可以按照自己的喜好使用内部样式表，内部样式表优先于导入的外部样式表。

2.4.2 CSS 语法

1. 基本语法

CSS 的定义是由 selector（选择符）、property（属性）和 value（属性的取值）三个部分构成。其基本格式如下：

```
selector {property: value}
```

选择符可以是多种形式，一般是要定义样式的HTML标记，如body、p、table等。如果需要对一个选择符指定多个属性时，则使用分号将所有的属性和值分开，格式如下：

```
selector {property1: value1; property2: value2}
```

2. 选择符类型

1）HTML标记选择符

对于要定义样式的HTML标记，如body、p、table等。可以通过此方法定义它的属性和值，属性和值要用冒号隔开，格式如下：

```
body {color: black}
```

2）类(class)选择符

使用类选择符，能够把相同类型的元素分类定义不同的样式。定义类选择符时，在元素类型和类选择符名称之间加一个点号。例如，两个不同的段落，一个段落向右对齐，一个段落居中，可以先定义两个类选择符：

```
p. right {text - align: right}
p. center {text - align: center}
```

应用时，只要在HTML标记里加入已定义的class参数即可：

```
<p class = "right">这个段落是向右对齐的</p>
<p class = "center">这个段落是居中排列的</p>
```

这里，类的名称可以是任意英文字符或以英文字母开头与数字的组合，一般以其功能和效果简要命名。

类选择符还有一种用法，在选择符中省略HTML标记，这样可以把几个不同类型的元素定义成相同的样式，格式如下：

```
.center {text - align: center}
```

这种省略HTML标记的类选择符也是最常用的CSS用法，使用这种方法可以很方便地在任意元素上套用预先定义好的类样式。

3）ID选择符

因为每个文档中元素的ID属性值是唯一的，通过为一个文档中的元素赋予唯一的ID属性，可以控制这个元素的样式。

注意：ID选择符局限性很大，只能单独定义某个元素的样式，一般只在特殊情况下使用。

定义ID选择符要在ID名称前加一个#号。定义ID选择符的属性有两种方法。

下面例句定义了一个ID选择符：字体尺寸为默认尺寸的110%，粗体，蓝色，背景颜色透明。ID属性将匹配ID="intro"的元素。

```
#intro { font - size:110 % ; font - weight: bold; color: #0000ff;
        background - color: transparent }
```

在HTML页面中，ID参数指定了某个单一元素，ID选择符则用来对这个单一元素定义单独的样式：

```
<p id="intro">这个段落向右对齐</p>
```

下面例句中，ID属性只匹配ID="intro"的段落(P)元素：

```
p#intro { font-size:110%; font-weight: bold; color: #0000ff;
        background-color: transparent }
```

从概念上说，ID是先找到元素内容，再给它定义样式；class是先定义好一种样式，再套给多个元素内容。

一个ID在页面中只可以使用一次。如果一个ID使用了多次，当需要用JavaScript通过这个ID来控制div时，则会出现错误。

4）选择符组

选择符组是把相同属性和值的选择符组合书写，用逗号将选择符分开，这样可以减少样式重复定义：

```
p,table{ font-size:5pt }  <--(段落和表格里的文字尺寸为5号字)-->
```

效果完全等同于

```
p { font-size:5pt }
table { font-size:5pt }
```

5）包含选择符

可以单独对具有包含关系的元素定义样式表。例如，元素1中包含元素2，这种定义方式仅对包含在元素1中元素2的样式起作用，对单独的元素1或元素2无效。

当仅想对某一个对象中的子对象进行样式指定时，包含选择符就派上了用场。包含选择符要求选择符组合中前一个对象包含后一个对象，对象之间使用空格作为分隔符。

例如，对h1中的span进行样式定义：

```
h1 span{ font-weight:bold; font-size:7px}
```

HTML语句如下：

```
<h1>Java程序设计<span>IT技术博客</span></h1>
<h1>热爱IT技术</h1>
<span>打造属于自己的网站</span>
<h2>CSS<span></span>样式语法</h2>
```

<h1>标记之中的<span>标记将被应用font-weight:bold；font-size:7px的样式设置。注意：该样式仅对有此结构的标记有效，对于单独存在的<h1>或单独存在的<span>及其他非<h1>标记下属的<span>均不会应用此样式。这样做能够避免过多的ID及class的设置。包含选择符除了可以两者包含，也可以多级包含。

3. 样式表的层叠性

层叠性就是继承性。样式表的继承规则是外部的元素样式会保留下来继承给这个元素所包含的其他元素。事实上，所有在元素中嵌套的元素都会继承外层元素指定的属性值，有时会把很多层嵌套的样式叠加在一起。例如，在<div>标记中嵌套<p>标记：

```
div { color: red; font-size:6pt}
<div>
    <p>这个段落的文字为红色6号字</p>
</div>
```

这里的<p>标记里的内容会继承div定义的样式属性。

有些情况下内部选择符不继承周围选择符的值，但理论上这些都是特殊的。例如，上边界属性值是不会继承的，因为直觉上，一个段落不会同文档body有一样的上边界值。

另外，当样式表继承遇到冲突时，总是以最后定义的样式为准。如果上例中定义了p的颜色：

```
div { color: red; font - size:6pt}
  p {color: blue}
  <div>
    <p>这个段落的文字为蓝色6号字</p>
</div>
```

可以看到，段落里的文字大小为6号字是继承了div属性，而color属性则是依照最后定义的样式。

不同的选择符定义相同的元素时，要考虑不同的选择符之间的优先级。对于ID选择符、类选择符和HTML标记选择符而言，因为ID选择符是最后加到元素上的，所以优先级最高，类选择符次之。优先级由高到低的顺序为：内嵌样式表的样式→ID选择符→类选择符→HTML标记选择符。

如果想超越这三者之间的关系，可以用"!important"提升样式表的优先权。

程序(\jspweb项目\WebRoot\ch02\div_css\css05.html)的清单：

```
<html>
  <head>
    <title>DIVCSS测试</title>
    <style type = "text/css">
        p { color: #FF0000 !important}
        .blue { color: #0000FF}
        #id1 { color: #00FF00}
    </style>
  </head>
  <body>
    <p id = "id1" class = "blue">这里显示红颜色</p>
  </body>
</html>
```

该HTML文件同时对页面中的一个段落加上三种样式，它最后会依照被"!important"提升级别的HTML标记选择符样式定义为红色文字。如果去掉"!important"，此时，p为HTML标记选择符，级别最低。在这三个选择符中，#id1为ID选择符，优先权最高，所以文字颜色将为绿色。

4. 特殊选择符——伪类

伪类(pseudo-class)用于向某些选择器添加特殊的效果，可以把它看作是一种特殊的类选择符，是能被支持CSS的浏览器所自动识别的特殊选择符。伪类可以用于文档状态的改变、动态的事件等，如用户的鼠标点击某个元素、未被访问的链接。在支持CSS的浏览器中，链接的不同状态都可以不同的方式显示。CSS伪类选择符只能作用于超链接(<a>)，分别有a:link、a:visited、a:hover、a:active、a:focus五个伪类。

1）伪类语法

伪类是在原有语法里加上一个伪类：

```
selector : pseudo - class {property: value}
```

CSS类也可与伪类搭配使用：

```
selector.class : pseudo - class {property: value}
```

伪类和类不同，伪类是CSS已经定义好的，不能像类选择符一样随意用别的名字，伪类的语法可以解释为对象(选择符)在某个特殊状态下(伪类)的样式。

2) 锚(<a>标记)的伪类——动态链接

超链接标记<a>也称为锚。最常用的是4种a(锚)元素的伪类，它表示动态链接的4种不同状态。用link、visited、active、hover分别表示未访问的链接、已访问的链接、激活链接和鼠标停留在链接上。下面为它们分别定义不同的效果：

```
a:link {color: #FF0000; text-decoration: none }          /* 未访问的链接 */
a:visited {color: #00FF00; text-decoration: none}        /* 已访问的链接 */
a:active {color: #0000FF; text-decoration: underline}    /* 激活链接 */
a:hover {color: #FF00FF; text-decoration: underline}     /* 鼠标停留在链接上 */
```

注意：有时，这个链接访问前鼠标指向链接时有效果，而链接访问后鼠标再次指向链接时却无效果了。这是因为把a:hover放在了a:visited的前面，由于后者的优先级高，当访问链接后就忽略了a:hover的效果。在定义这些链接样式时，一定要按照a:link、a:visited、a:active、a:hover的顺序书写。

3) 锚的伪类——类选择符动态链接

将伪类和类组合起来使用，就可以在同一个页面中做几组不同的链接效果。例如，定义一组链接为红色，访问后链接为蓝色；另一组链接为绿色，访问后链接为黄色：

```
a.red:link {color: #FF0000}
a.red:visited {color: #0000FF}
a.blue:link {color: #00FF00}
a.blue:visited {color: #FF00FF}
```

应用在不同的链接上：

```
<a class="red" href="…">这是第一组链接</a>
<a class="blue" href="…">这是第二组链接</a>
```

4) 其他伪类

CSS还定义了首字和首行(first-letter和first-line)的伪类，可以对元素的首字或首行设定不同的样式。

例如，可以在段落标记里定义文本首字尺寸为默认大小的3倍：

```
<style type="text/css">
    p:first-letter {font-size: 300%}
</style>
```

定义一个首行样式的实例：

```
<style type="text/css">
    div:first-line {color: red}
</style>
```

如果段落中有多行，那么第一行为红色，第二行、第三行为默认颜色。

2.4.3 DIV+CSS布局

1. DIV+CSS布局的基本概念

常用的网页布局方式有表格布局、DIV+CSS布局和框架布局等。

表格布局容易掌握，布局方便。但表格布局需要通过表格的间距或使用透明的 GIF 图片来填充布局板块间的间距，这样布局的网页中的表格会生成大量难以阅读和维护的代码，而且表格布局的网页要等整个表格下载完毕后才能显示所有内容，因此表格布局浏览速度较慢。

DIV+CSS 布局采用 DIV 来定位，用 CSS 控制层的位置和样式，通过 DIV 的 border（边框）、padding（填充）、margin（边界）和 float（浮动）等属性来控制板块的间距，实现精确和自适应的层布局。具体实施是通过创建< div >标记并对其应用 CSS 定位及浮动属性来实现的。DIV+CSS 布局需要编写 CSS 样式代码来控制各布局 DIV 层，因此要掌握它相对表格布局会困难一些。但 DIV+CSS 布局较表格布局更加灵活、实用，网站布局后很容易就能调整网站的布局结构，而且 DIV+CSS 布局的各布局 DIV 层可以依次下载显示，因此其访问速度较表格布局要更快。

对于初学网站制作的人员来讲，应该先学好表格布局。对于小型网站，可以选用表格布局；对于大型网站，由于模块较多，为了提高网站的访问速度，应该优先选用 DIV+CSS 布局；对于遵循 Web 2.0 技术建站的网站也应该选择 DIV+CSS 布局。

和其他 HTML 标记一样，DIV 也是一个 HTML 标记。< div >标记可定义文档中的分区或节，如果单独使用 DIV 而不加任何 CSS，则与< p >…</p >的效果一样，所以只有 DIV 与 CSS 同时使用才能产生非常好的效果。

例如，将文档中的一个部分显示为绿色：

```
< div style = "color: # 00FF00">
    < h3 > This is a header </h3 >
    < p > This is a paragraph. </p >
</div >
```

< div >标记把文档分割为独立的部分。它可以用作严格的组织工具，并且不使用任何格式与其关联。如果用 ID 或 class 来标记< div >，那么该标记的作用会变得更加有效。

< div >是一个块级元素，这意味着它的内容自动开始一个新行。实际上，换行是< div >固有的唯一格式表现。可以通过< div >的 class 或 ID 应用额外的样式。

DIV 本身就是容器性质的，不但可以内嵌 table，还可以内嵌文本和其他的 HTML 代码。但< div >标记不能嵌套在段落标记< p >中，如"< p > aa < div > bb </div > cc </p >"的结果是不确定的。

可以对同一个< div >元素应用 class 或 ID 属性，但是更常见的情况是只应用其中一种。这两者的主要差异是，class 用于元素组（类似的元素，或可以理解为某一类元素），而 ID 用于标识单独的唯一的元素。

在 DIV+CSS 布局中，DIV 承载的是内容，而 CSS 承载的是样式。随着不断的学习，会发现 DIV+CSS 的优点实在是太明显了。

2. DIV 元素的盒子模型

每个 DIV 元素都可以看作一个装了东西的盒子，盒子具有宽度（width）和高度（height），盒子里面的内容到盒子的边框之间的距离即填充（padding），盒子本身有边框（border），而盒子边框外和其他盒子之间有边界（margin），如图 2-16 所示。

margin 表示 DIV 的外边距。外边距顺序依次是上、右、下、左（margin-top、margin-right、margin-bottom、margin-left）。例如，{margin：2em 4em}、{margin-left：-200px}。

padding 表示 DIV 的内边距。内边距指内边框与内容之间的距离，顺序依次是上、右、下、左（padding-top、padding-right、padding-bottom、padding-left）。DIV 元素边框的意义如图 2-17 所示。

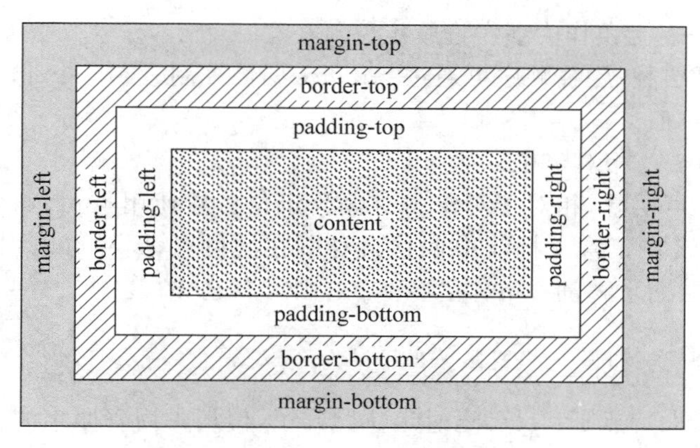

图 2-16　DIV 元素的盒子模型

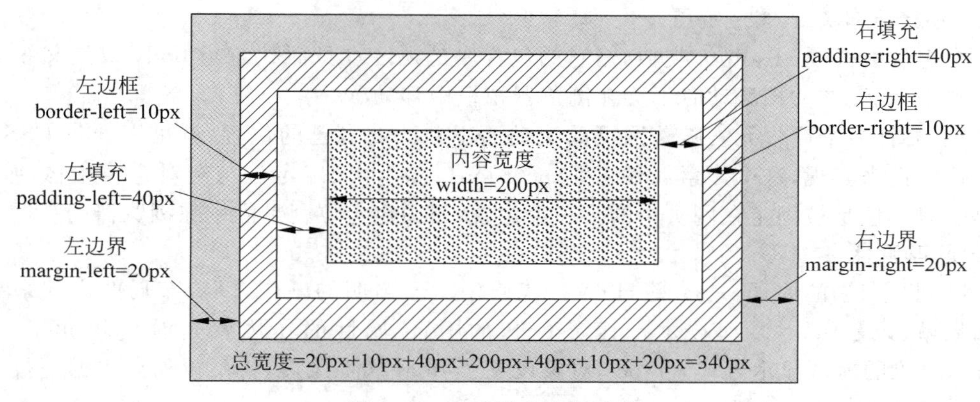

图 2-17　DIV 元素边框示意

2.4.4　DIV＋CSS 布局定位

1. 定位属性

在 DIV＋CSS 布局中，position（定位属性）用来指定元素的位置，可控制任何网页元素在浏览器窗口中的位置。很多容器的定位都是用 position 来完成的。

position 属性有 4 个可选值，它们分别是静态定位（static）、绝对定位（absolute）、相对定位（relative）和固定定位（fixed）。

常用且实用的两个定位方法是绝对定位和相对定位。DIV 布局 position 属性的取值意义说明如下。

1）position：static（静态定位）

该属性值是所有元素定位的默认值，一般情况下不需要特别声明它。有时候遇到继承的情况，不希望元素所继承的属性影响本身，这时则可以用 position：static 取消继承，即还原元素定位的默认值。

例如：

```
#nav{position:static;}
```

2）position：absolute（绝对定位）

绝对定位的对象参考目标是它的父级（称为包含块）。它能够准确地将元素移动到想要的位置。它将被赋予此定位方法的对象从文档流中拖出，使用 left、right、top、bottom 等属性相对于其最接近的一个有定位设置的父级对象进行绝对定位。如果对象的父级没有设置定位属性，则依据 body 对象左上角作为参考进行定位。

绝对定位对象可层叠，层叠顺序可通过 z-index 属性控制。z-index 值为无单位的整数，大的在最上面，可以有负值。

3）position：relative（相对定位）

相对定位对象不可层叠，相对于对象本身偏移定位。它使用 top、bottom、left、right 四个数值配合，来明确元素在正常文档流中偏移自身所在的位置，同样可以用 z-index 分层设计。例如，如果要让 nav 层向下移动 20px，左移 40px，则可以这样写：

```
#nav{position:relative;top:20px;left:40px;}
```

相对定位一个最大特点是：自己通过定位跑开了，但还占用着原来的位置，不会让给它周围的诸如文本流之类的对象。

4）position：fixed（固定定位）

这个定位方式同 absolute 类似，但它的包含块是视区本身而并非是 body 或是父级元素。在浏览器中，元素在文档滚动时不会在浏览器视框中移动。

例如，要让一个广告元素随着网页的滚动而不断改变自己的位置，就可以通过 CSS 中的一个定位属性来实现，这个元素属性就是 position：fixed。固定定位与绝对定位很像，唯一不同的是绝对定位是被固定在网页中的某一个位置，而固定定位则是固定在浏览器的视框位置。

2. 漂浮属性

CSS 网页布局的原理，是按照 HTML 代码中对象声明的顺序，以流布局的方式来显示，而流布局就涉及 float 浮动技术。其实 CSS 的 float 属性的作用就是改变块元素（block element）对象的默认显示方式。block 对象设置了 float 属性之后，将不再独自占据一行，可以浮动到左侧或右侧。

浮动的框可以向左或向右移动，直到它的外边缘碰到包含框或另一个浮动框的边框为止。由于浮动框不在文档的普通流中，所以文档的普通流中的块框表现得就像浮动框不存在一样。浮动框的示例程序如下。

程序（\jspweb 项目\WebRoot\ch02\div_css\css06.html）的清单：

```
<html>
  <head>
    <title>DIV-CSS-FLOAT示例</title>
    <style type="text/css">
<!--
①   #column1{width:80;border:1px solid #FF0000}
     #column2{width:80;border:1px solid #00FF00}
     #column3{width:80;border:1px solid #00F0FF}
-->
  </style>
  </head>
  <body>
   <div id="column1">这里是第一个 DIV</div>
   <div id="column2">这里是第二个 DIV</div>
   <div id="column3">这里是第三个 DIV</div>
  </body>
</html>
```

程序运行结果如图 2-18 所示。

当将语句①修改为：#column1{float:right;width:80;border:1px solid #FF0000}时，则将“框 1”向右漂浮后，“框 1”在流中的位置空出，后边的流向上顺移，显示效果如图 2-19 所示。

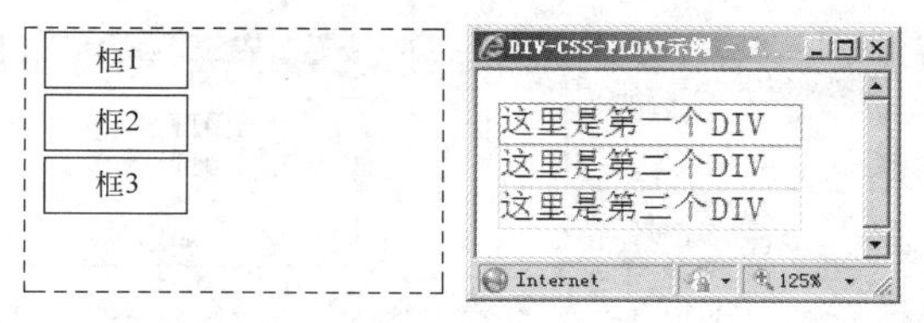

图 2-18 DIV 流布局按自上而下顺序显示

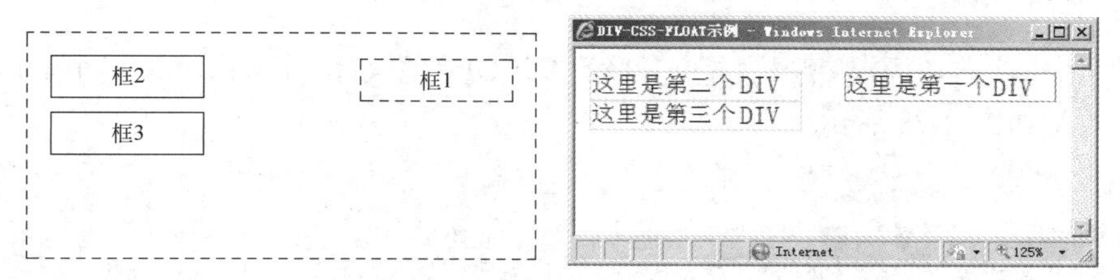

图 2-19 “框 1”漂浮至右边后的流布局效果

当将语句①修改为＃column1{float:left;width:80;border:1px solid ＃FF0000}时，则将“框 1”向左漂浮，此时的显示效果如图 2-20 所示。

图 2-20 “框 1”漂浮至左边后的流布局效果

以往这个属性总应用于图像，使文本围绕在图像周围，不过在 CSS 中，任何元素都可以浮动。不论它本身是何种元素，浮动元素会生成一个块级框。

当设置 float 属性时，它所在的物理位置已经脱离文档流了，但是大多时候人们希望文档流能识别 float(浮动)，或者是希望浮动后面的元素不被浮动所影响，保留“漂浮”元素的占位，这个时候就需要用 clear:both;来清除漂浮影响。这里的 clear 可理解为清除周围元素因漂浮而“腾出”它们在文档流中的位置而对本元素占位所造成的影响，也就是将周围元素因“漂浮”而被文档流“清空”的占位复原。clear 属性的设置关系到本元素应该在何处显示。

从以下代码片段可以理解 clear 清除漂浮的意义：

```
<div style = "float:left;width:80;">第一个 DIV </div>
<div style = "float:right;width:80;">第二个 DIV </div>
<div style = "width:80;">第三个 DIV </div>
```

“第一个 DIV”向左漂浮，“第二个 DIV”向右漂浮，“第一个 DIV”和“第二个 DIV”均不再在文档流中“占位”，结果是“第三个 DIV”上移到第一行，显示效果如图 2-21 所示。

```
<div style = "float:left;width:80;">第一个 DIV </div>
<div style = "float:right;width:80;">第二个 DIV </div>
<div style = "clear:left;width:80;">第三个 DIV </div>
```

“第一个 DIV”向左漂浮，“第二个 DIV”向右漂浮，“第一个 DIV”和“第二个 DIV”起先不再“占位”，但“第三个 DIV”将左边漂浮效果清除，因此导致“第一个 DIV”仍旧“占位”，“第三个 DIV”只好下移一行，显示效果如图 2-22 所示。

```
<div style = "width:80;">第一个 DIV </div>
<div style = "float:right;width:80;">第二个 DIV </div>
<div style = "width:80;">第三个 DIV </div>
```

图 2-21 因“第一个 DIV”和“第二个 DIV”漂浮，致使“第三个 DIV”上移了两行

图 2-22 “第三个 DIV”将左边漂浮效果清除，“第一个 DIV”仍旧“占位”

“第二个 DIV”向右漂浮，不再“占位”，“第二个 DIV”原始位置空出，“第三个 DIV”挪至该位置，显示效果如图 2-23 所示。

```
<div style="width:80;">第一个 DIV</div>
<div style="float:right;width:80;">第二个 DIV</div>
<div style="clear:right;width:80;">第三个 DIV</div>
```

“第三个 DIV”将右边漂浮效果清除，“第二个 DIV”仍旧“占位”，“第三个 DIV”只好下移一行，显示效果如图 2-24 所示。

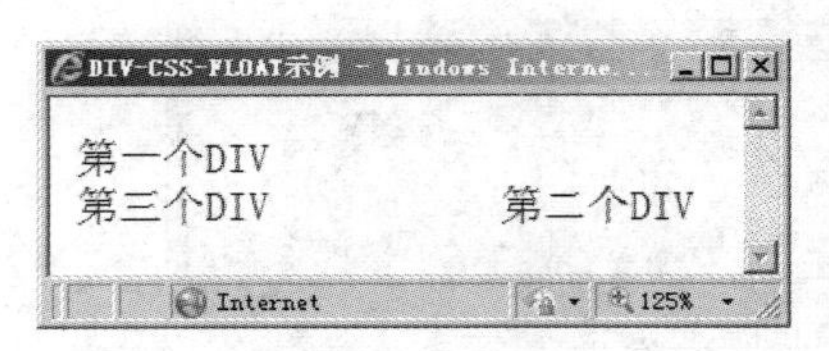

图 2-23 “第二个 DIV”向右漂浮，“第二个 DIV”不再“占位”

图 2-24 “第三个 DIV”右边漂浮效果被清除，“第二个 DIV”仍旧“占位”

float 是相对定位的，会随着浏览器的大小和分辨率的变化而改变，而 position 就不行了，所以一般情况下还是采用 float 布局。

3. DIV＋CSS 布局定位实例

程序(\jspweb 项目\WebRoot\ch02\div_css\css07.html)的清单：

```
<html>
<head>
<title> DIV + CSS 示例 </title>
<style type="text/css">
 <!--
    p.f1{float:left;width:100px;}
    p.f2{float:left;width:100px;}
    p.f3{clear:both;width:100px;}
    #wrap1{height:auto;}
    #column1{float:left; width:80;border:1px solid #F00}
    #column2{float:right; width:80;border:1px solid #00FF00}
    #column3{clear:both; width:150;border:1px solid #00F0FF}
    #wrap2{position:relative;   /*相对定位*/width:770px;}
    #colm1{position:absolute; top:0; left:0; width:100px;border:1px solid #7F00}
    #colm2{position:absolute; top:0; right:50; width:300px;border:1px solid #2F00}
-->
</style>
</head>
<body><br>
   <p class="f1">这个是第 1 项 </p>
   <p class="f2">这个是第 2 项 </p>
   <p class="f3">换一行</p> <hr>
```

```
    <div id = "warp1">
     <div id = "column1">这里是第一个 DIV </div>
     <div id = "column2">这里是第二个 DIV </div>
     <div id = "column3">这里是第三个 DIV </div>
    </div>
    <div id = "warp2">
     <div id = "colm1">这里是第一列</div>
     <div id = "colm2">这里是第二列,距离右边界固定为 50px </div>
    </div>
    </body>
</html>
```

程序运行结果如图 2-25 所示。

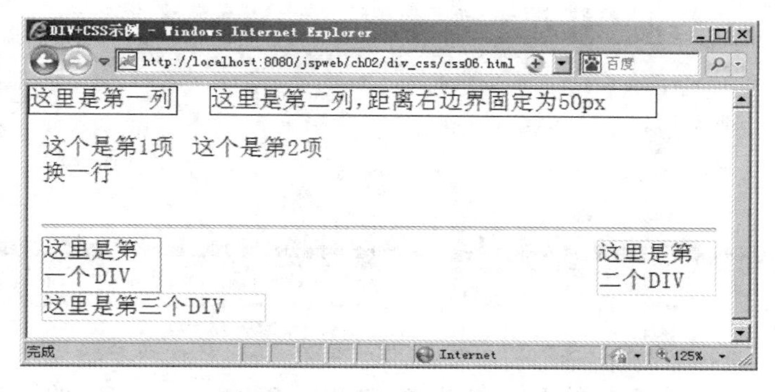

图 2-25　DIV+CSS 定位测试

2.4.5　DIV+CSS 布局实例

本节将利用 HTML、DIV+CSS 布局等技术设计一个课程学习站点主页，详细代码请参见本书配套资源。

所有设计的第一步都是构思。构思时，一般来说，还需要用 Photoshop 等图片处理软件将需要制作的界面布局简单地勾画出来。站点主页采用 DIV+CSS 布局，效果如图 2-26 所示。

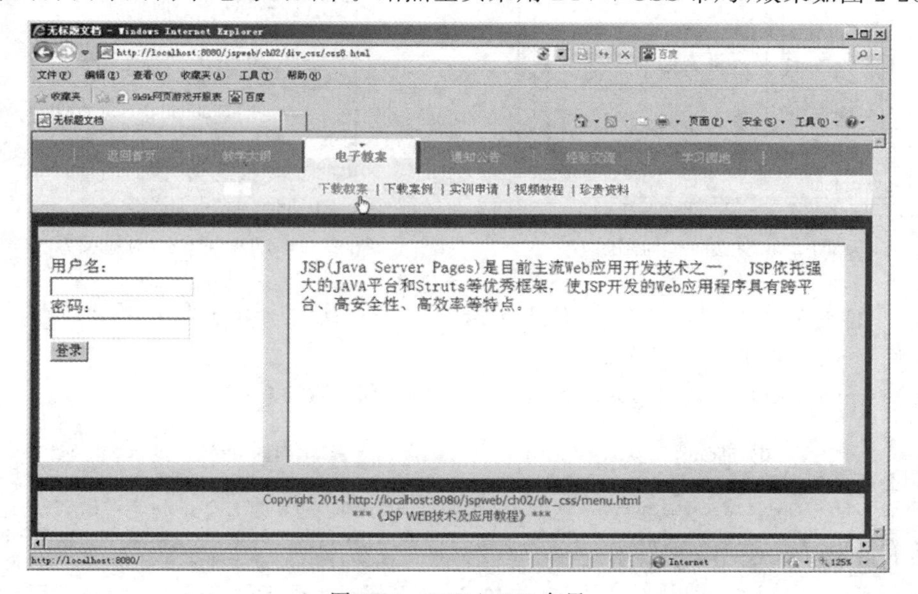

图 2-26　DIV+CSS 布局

下面根据构思图来规划页面的布局。仔细分析该图,不难发现图片大致分为以下几部分。

(1) 顶部部分,主要是菜单,有些站点还包括网站标志等内容。

(2) 内容部分,可分为侧边栏、主体内容。

(3) 底部,包括一些版权信息。

根据以上的分析,可以按图 2-27 设计布局。

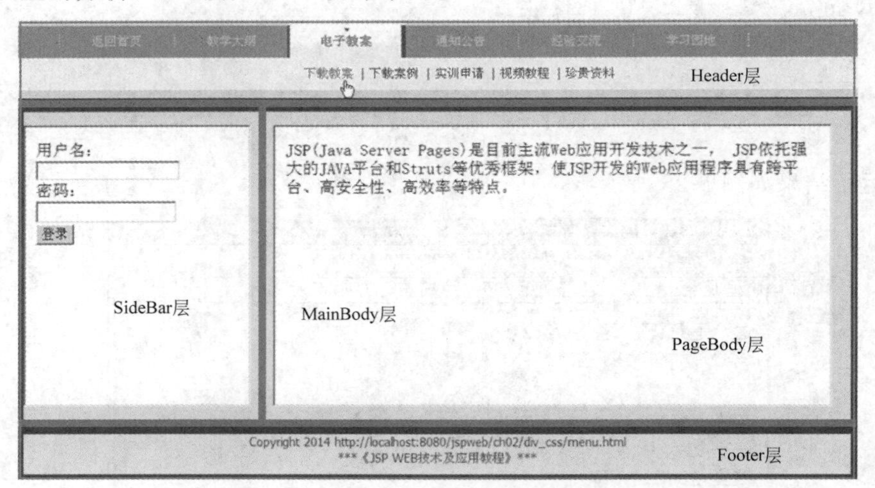

图 2-27 DIV 板块划分

根据图 2-27,再画一个实际的页面布局,如图 2-28 所示,以说明层的嵌套关系,这样理解起来就会更容易了。DIV 与 CSS 对应关系如图 2-29 所示。

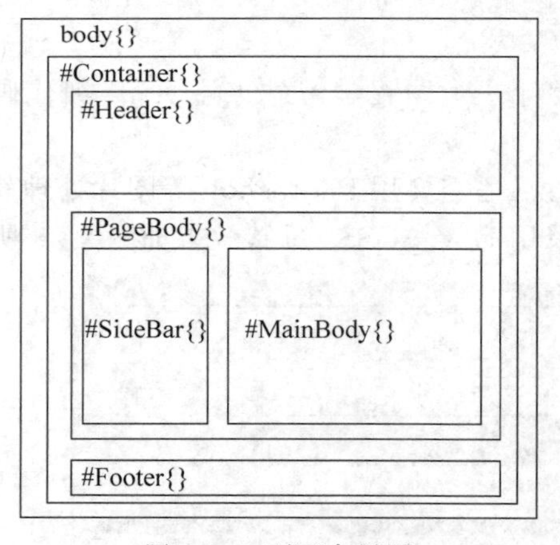

图 2-28 页面布局图

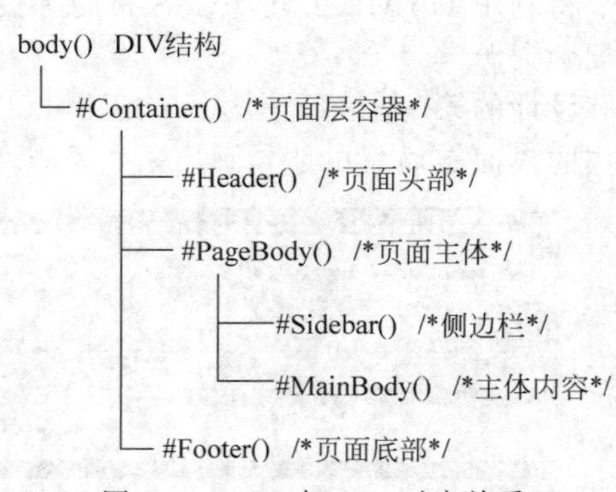

图 2-29 DIV 与 CSS 对应关系

至此,页面布局与规划已经完成,接下来要做的就是书写 CSS 和 HTML 代码。下面仅给出样式文件 css08.css 的部分样式代码。

程序(\jspweb 项目\WebRoot\ch02\css\css08.CSS)的清单:

```
/* 基本信息 */body {font:12px Tahoma;margin:0px;text-align:center;background:#FFF;}
/* 页面层容器 */#Container {width:100%;margin:0 auto}
/* 页面头部 */#Header {width:800px;margin:0 auto;height:80px;background:#FFCC99}
/* 页面主体 */#PageBody {width:800px;margin:0 auto;height:300px;background:#55FF00}
/* 侧边栏 */#Sidebar{float:left;width:220px;margin:0 auto;height:280px;background:#CCFF00}
/* 主体内容 */#MainBody{width:540px;margin:0 auto;height:280px;background:#FFBB00}
/* 页面底部 */#Footer {width:800px;margin:0 auto;height:40px;background:#00FFFF}
```

以上样式文件中，声明了 body 部分与上、右、下、左的边距为 0px，如果使用 auto 则是自动调整边距。

以上 CSS 的样式定义中，使用了缩写方式。例如，“font:12px Tahoma;”使用了缩写，完整的代码应该是“font-size: 12px; font-family: Tahoma;”，表示字体为 12px 大小，字体为 Tahoma 格式。

“margin:0px;”也使用了缩写，完整的代码应该是“margin-top:0px; margin-right:0px; margin-bottom:0px; margin-left:0px;”。也可写成“margin:0px 0px 0px 0px;”，顺序是 上、右、下、左；还可以缩写为“margin:0”。

还有以下几种写法：“margin:0px auto;”表示上下边距为 0px，左右边距为自动调整；以后将使用到的 padding 属性和 margin 属性有许多相似之处，它们的参数写法相同，但各自表示的含义却不相同，margin 是外部距离，而 padding 则是内部距离。

text-align:center 表示文字对齐方式，可以设置为左对齐、右对齐、居中对齐，这里将它设置为居中对齐。

background: #FFF 表示设置背景色为白色。这里颜色使用了缩写，完整的代码应该是 background: #FFFFFF。background 可以用来给指定的层填充背景色和背景图片，以后将用到如下格式：

```
background: #CCC url('bg.gif') top left no-repeat;
```

表示使用颜色 #CCC 填充整个层，使用 bg.gif 作为背景图片，top left 表示图片位于当前层的左上端，no-repeat 表示仅显示图片大小而不填充整个层。可以用 top、right、left、bottom、center 定位背景图片，分别表示上、右、下、左、居中；还可以使用“background:url('bg.gif') 20px 100px;”，表示 X 坐标为 20px、Y 坐标为 100px 的精确定位；repeat、no-repeat、repeat-x、repeat-y 分别表示填充满整个层、不填充、沿 X 轴填充、沿 Y 轴填充。

height、width、color 分别表示高度(px)、宽度(px)、字体颜色(HTML 色系表)。

将代码保存，浏览后可以看到，整个页面是居中显示的，那么究竟是什么原因使得页面居中显示呢？这是因为在 #Container 中使用了 margin:0 auto，表示上下边距为 0，左右为自动，因此该层就会自动居中了。

如果要让页面居左，则取消 auto 值即可，因为默认就是居左显示的。

程序(\jspweb 项目\WebRoot\ch02\div_css\css08.html)的清单：

```
<html>
<head>
    <title>无标题文档</title>
    <link rel = stylesheet href = "../css/css08.css" type = "text/css">
</head>
<body>
    <div id = "Container">页面层容器
        <div id = "Header">页面头部</div>
        <div id = "PageBody">页面主体
            <div id = "Sidebar">侧边栏</div>
            <div id = "MainBody">主体内容</div>
        </div>
        <div id = "Footer">页面底部 </div>
    </div>
  </body>
</html>
```

把以上文件保存，用浏览器打开，这时可以看到基础结构，即页面的框架。页面规划效果如图 2-30 所示。

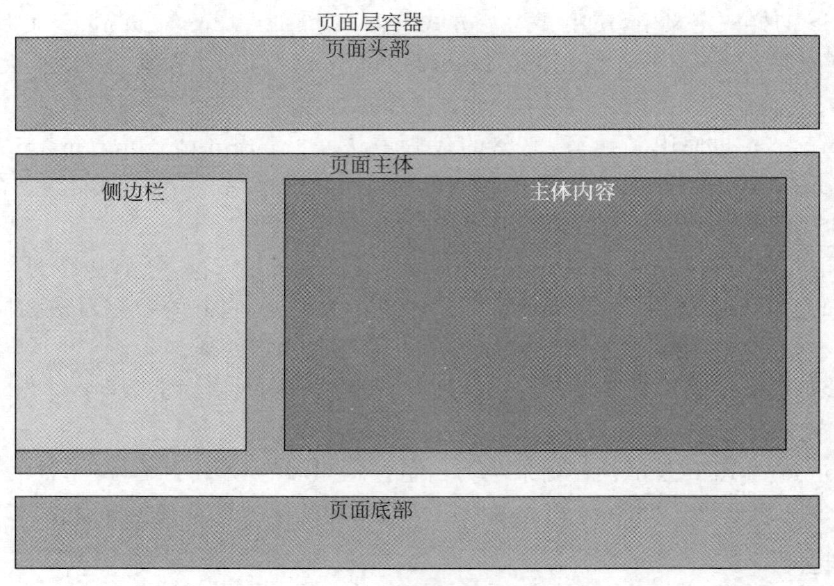

图 2-30 页面规划效果

当写好了页面大致的 DIV 结构后，就可以开始细致地对每一个部分进行制作了。下面对 css08.css 中的样式进行细化，最终的样式文件代码如下。

程序(\jspweb 项目\WebRoot\ch02\css\css08.css)的清单：

```
/* 基本信息 */
body {font:12px Tahoma;margin:0px;text-align:center;background:#1020dd;}
body,td,th {font-family: Tahoma, Verdana, Arial, sans-serif;font-size: 12px; color: #344333;}
a {color: #333333;text-decoration: none;}
a:hover {color: #FF0000;text-decoration: none;}
a:active{color: #FF0000;text-decoration: none;}
    /* 页面层容器 */
#Container {width:100%;margin:0 auto}
    /* 页面头部 */
#Header {width:800px;margin:0 auto;height:80px;background:#FFCC99}
    /* 页面主体 */
#PageBody {width:800px;margin:0 auto;height:300px;background:#55FF00}
    /* 侧边栏 */
#Sidebar{float:left;width:220px;margin:0 auto;height:280px;background:#CCFF00}
    /* 主体内容 */
#MainBody{width:540px;margin:0 auto;height:280px;background:#FFBB00}
    /* 页面底部 */
#Footer {width:800px;margin:0 auto;height:40px;background:#00FFFF}
    /* 菜单样式 */
    #menu{height:32px;margin-top:8px; background:#998800;}
    #menu ul{margin:auto; width:778px; height:32px;background:#998800;list-style-type:none;
            padding:0px; margin-top:0px; margin-bottom:0px;}
    .m_li{float:left; width:114px; line-height:32px; text-align:center; margin-right:-2px;
        margin-left:-2px;}
    .m_li a{display:block; color:#00FF00; width:114px;}
    .m_line{float:left; width:1px; height:32px; line-height:32px;}
    .m_line img{margin-top:expression((32 - this.height)/2);}
    .m_li_a{float:left; width:114px; line-height:32px; text-align:center; padding-top:3px;
            font-weight:bold;background-image:url(../data/menu_bg.jpg); position:relative;
```

```
        height:32px; margin-top:-3px; margin-right:-2px; margin-left:-2px;}
.m_li_a a{display:block; color:#FF0000; width:114px;}
.smenu{width:774px; margin:0px auto 0px auto; padding:0px; list-style-type:none;
        height:32px;}
.s_li{line-height:32px; width:auto; display:none; height:32px;}
.s_li_a{line-height:32px; width:auto; display:block; height:32px;}
```

样式语句中，margin:10px auto 表示设置层的外部边距，外部上、下边距为 10px，并且居中显示。将层的 margin 属性的左、右边距设置为 auto，可以让层居中显示。菜单内容安排在一个 DIV 层中，并将该 DIV 结构写入 Header 中。

在实际工程项目中，菜单一般使用列表<li>形式，这样可以方便对菜单定制样式。关于<ul></ul>、<li></li>这两个 HTML 元素，其最主要的作用是在 HTML 中以列表的形式来显示一些信息。

当在 HTML 中使用 id 定义样式 id="divID"时，在 CSS 中对应的设置语法则是#divID{}；如果在 HTML 中使用 class 定义样式 class="divID"，则在 CSS 中对应的设置语法是 divID。如果 id="divID"这个层中还包括了<img></img>，则这个 img 在 CSS 中对应的设置语法应该是#divID img {}。同样，如果 img 包含在 class="divID"这个层中时，则设置语法应该是 divID img{}。

另外，HTML 中的一切元素的样式都是可以定义的，如 table、tr、td、th、form、img、input 等，如果要在 CSS 中设置这些样式，则写入时直接在元素的名称后加上一对大括号{}就可以了。所有的 CSS 代码都是写在大括号{}中的。

如果 CSS 中每一个属性运用得当，可以解决许多问题。因此，在遇到布局难题的时候，可以尝试使用这些属性去解决问题。

利用 HTML 的展示功能，就可以编写一个像样的展示性网站了。

示例详细代码参见 Jsp Web 项目相应文件(在本书提供的配套资源中)。

在浏览器地址栏输入 http://127.0.0.1:8080/jspweb/div_css/css08.html，站点主页运行效果及有关元素说明如图 2-31 所示。

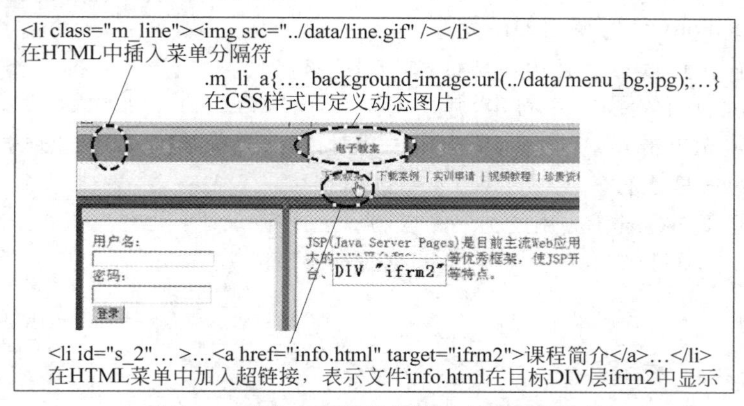

图 2-31 站点主页运行效果及有关元素说明

2.5 JavaScript 语言

JavaScript 是 Netscape 公司为了拓展 Netscape Navigator 浏览器的功能而推出的。JavaScript 不是 Java，它们并非同一个公司的产品。Java 是 Sun 公司开发的软件。JavaScript 和 Java 有某些相似性，也有许多不同之处。下面说明 JavaScript 的特点，并和 Java 进行比较。

（1）JavaScript 和 Java 都是与平台无关的语言，因此有广泛适用性。

（2）JavaScript 是解释性的脚本语言。用 JavaScript 编写的程序不必像 Java 程序那样事先编译，而是在程序运行时直接由浏览器逐行解释执行。

（3）Java 中使用的变量需要事先进行声明，JavaScript 不需事先声明就可以使用变量。Java 中使用的对象需要编程人员在程序中创建。JavaScript 系统事先创建了一套功能强大的内部对象，编程人员无须创建就可以直接调用，因此 JavaScript 比 Java 更加简单、易学。JavaScript 是基于对象的语言，在类的基础上创建对象，JavaScript 的类没有继承、重载等功能。

（4）JavaScript 是一种嵌入语言，它的语句直接嵌入 HTML 文本中，在 HTML 文本中通过标记< Script >使用 JavaScript 语句。

程序 js01.html 给出了 HTML 文本中嵌入 JavaScript 语句的一个实例。

程序（\jspweb 项目\WebRoot\ch02\jstest\js01.html）的清单：

```
<html>
    <head>
        <Script Language = "JavaScript">
            <!--
            function fnc() {
                alert("页面加载时触发 fnc()函数测试");
                }
             -->
            </Script>
    </head>
  <body onLoad = "fnc()">
  </body>
</html>
```

程序运行结果如图 2-32 所示。

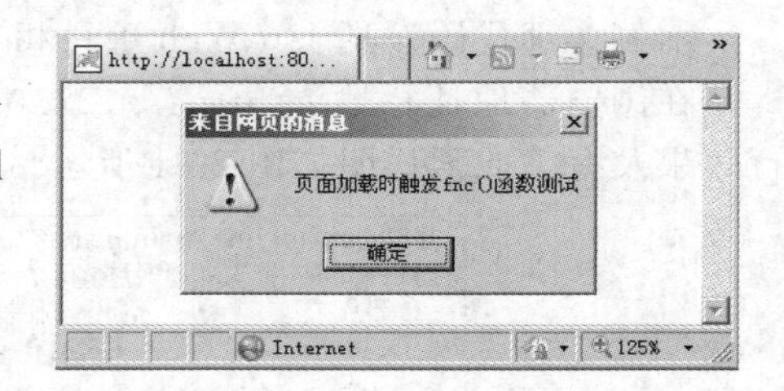

图 2-32　页面加载时触发事件测试

语句< body onLoad="fnc()">中设置了 onLoad 一个属性，其余采用默认属性。< body >标记的 onLoad 属性“指示加载本 body 体时调用的函数”。

fnc()函数调用 alert 方法弹出对话框，其中有“页面加载时触发 fnc()函数测试”字符串，弹出的是一个模态对话框，必须先单击其中的“确定”按钮关闭对话框，然后才能结束程序运行。

js02.html 是 JavaScript 应用的另一个实例。

程序（\jspweb 项目\WebRoot\ch02\jstest\js02.html）的清单：

```
<html>
  <head>
<Script Language = "JavaScript">
    <!--
        function fnc2(){
          x = 5 + 11;
          document.write ("5 + 11 = " + x);
        }
     -->
    </Script>
  </head>
  <body>
   <form>
```

```
    <input type="button" value="计算" onClick="fnc2()">
   </form>
  </body>
</html>
```

程序运行结果如图 2-33 所示。

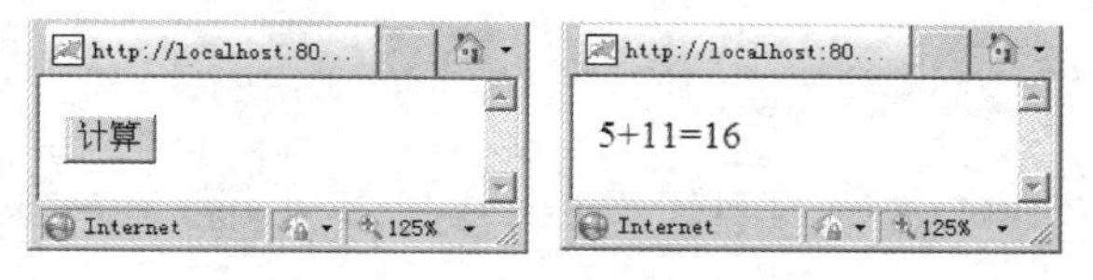

图 2-33 “计算”按钮事件测试

对象的方法和事件是 JavaScript 的两个重要概念。程序 js01. html 中的 alert 是 window 对象的一个方法，用于弹出一个有说明文字的模态对话框。程序 js02. html 中的 write 是 document 对象的一个方法，用于显示变量的值。window 和 document 都是 JavaScript 创建的内部对象，无须创建就可以直接调用它的方法。

调用 write 方法时需要引用 document 对象，调用 alert 方法时却不需要引用 window 对象。这是因为 window 是所有对象的父类或间接父类，引用时可以省略。

可以用关键字 self 和 this 引用当前窗口中的对象，如果将 js01. html 中对 alert 的调用语句改为：

```
self.alert("这是一个简单的 JavaScript 应用程序");
this.alert("这是一个简单的 JavaScript 应用程序");
```

会得到相同的结果。

程序 js01. html 中的 onLoad 和 js02. html 中的 onClick 是两个事件。注意，JavaScript 是区分大小写的。单击、双击、右击、拖动、鼠标移进移出等都是鼠标事件，按键盘按键是键盘事件，加载窗口、卸载窗口是窗口事件。除此以外，还有其他事件。

JavaScript 是事件驱动的程序。例如，js02. html 程序运行后，在没有单击 button 按钮之前，程序一直处在等待界面，不会往下进展。因此单击 button 按钮是驱动程序往下进展的事件，这就是事件驱动。

2.5.1 JavaScript 函数

JavaScript 函数是由事件驱动或者当它被调用时执行的可重复使用的代码块。使用 JavaScript 函数，可以避免页面载入时就执行函数脚本。在页面中的任何位置都可以调用 JavaScript 函数。

创建 JavaScript 函数的语法：

```
function 函数名()
  function 函数名(var1,var2,…,varn)
{
    函数体;
    return 表达式;
}
```

var1，var2 等指的是传入函数的变量或值。“{”和“}”定义了函数的开始和结束。

注意：JavaScript 对大小写字母敏感。function 必须小写，否则 JavaScript 就会出错。

JavaScript 函数在页面起始位置定义，即 <head> 部分。分析下列程序：

```
<html>
<head>
    <script type = "text/javascript">
      function displaymessage(){
              alert("Hello World!")
          }
    </script>
</head>
<body>
    <form>
      <input type = "button" value = "Click me!" onclick = "displaymessage()" >
    </form>
</body>
</html>
```

假如上面的例子中的 alert("Hello World!")没有被写入函数，那么当页面被载入时它就会执行。现在，当用户单击按钮时，脚本才会执行。给按钮添加了 onClick 事件，按钮被单击时函数就会执行。

2.5.2 JavaScript 数据类型

JavaScript 有常量和变量两种数据类型。

1. 常量

常量有数值(整数和实数)、字符串、布尔值和空值 4 种数据类型。

2. 变量

变量的命名方法和 Java 相同，也要避开关键字。JavaScript 有 40 多个关键字，除了常见的 true、false、int、double 等，还有 var。

关键字 var 用来声明一个变量。

例如：

```
var abc = 0;
var xyz = 0;
```

声明了 abc、xyz 两个变量，并为它们赋值。

JavaScript 中也可以使用没有声明的变量。

例如，以下变量没有声明就进行了赋值：

```
x = 10
y = 2.5
z = "abc"
w = true
```

虽然没有声明，JavaScript 可以根据赋值识别 x 是整型，y 是实型，z 是字符串型，w 是布尔型。

JavaScript 和 Java 一样，变量名区分大小写字母。

JavaScript 也有全局变量和局部变量之分。在函数体内定义的是局部变量，只在函数体内有效。在函数体外定义的变量则是全局变量，作用域为全部代码。

2.5.3 JavaScript 运算符

JavaScript 的运算符和 Java 相似。

1. 算术运算符

算术运算符如表 2-6 所示。

表 2-6 算术运算符

运算符	名称	运算符	名称	运算符	名称
+	加	/	除	x++	后增
−	减	%	求余	−−x	预减
*	乘	++x	预增	x−−	后减

关于预增、预减、后增、后减的含义类似于Java的自加和自减。例如，x++表示先使用x的值，再将x的值增加1；++x表示先将x的值加1，再使用x的值。

2. 位运算符

位运算符有&、|、^、>>、>>>、<<等6种，如表2-7所示。

表 2-7 位运算符

运算符	名称	运算符	名称	运算符	名称
&	位与	^	位异或	>>>	补零右移
|	位或	>>	带符号右移	<<	补零左移

位与：a & b。

位或：a|b。

位异或：a ^ b。

带符号右移：a>>x，将a右移x位，左端补正、负号。

补零右移：a>>>x，将a右移x位，左端补0。

补零左移：a<<x，将a左移x位，右端补0。

位与、位或、位异或和Java的相应运算相同。

3. 结合运算符

算术运算符和赋值运算符的结合以及位运算符和赋值运算符的结合称为结合运算符，如表2-8所示。

表 2-8 结合运算符

运算符	名称	运算符	名称
=	赋值	*=	相乘赋值
&=	位与赋值	>>=	带符号右移赋值
+=	相加赋值	/=	相除赋值
|=	位或赋值	>>>=	补零右移赋值
−=	相减赋值	%=	取余赋值
^=	位异或赋值	<<=	补零左移赋值

4. 逻辑运算符

逻辑运算符如表2-9所示。

表 2-9 逻辑运算符

运算符	名称	运算符	名称	运算符	名称
&&	逻辑与	‖	逻辑或	!	逻辑非

逻辑与：exp1 && exp2。如果exp1、exp2都是真，则返回真；否则为假。

逻辑或：exp1 ‖ exp2。如果exp1、exp2中有一个为真，则返回真；否则为假。

逻辑非：! exp1。如果exp1为真，则返回假；如果exp1为假，则返回真。

逻辑运算不同于位运算。它的运算对象exp1、exp2是两个表达式，而位运算的对象则是数据的一位。

5. 比较运算符

比较运算符如表2-10所示。

表 2-10 比较运算符

运算符	名称	运算符	名称
==	等于	>=	大于或等于
!=	不等于	<	小于
>	大于	<=	小于或等于

6. 字符串运算

字符串连接格式为str1+str2，表示将str1、str2两个字符串连接成一个字符串。

7. 条件运算

条件运算格式为“布尔表达式?表达式1:表达式2”。

如果布尔表达式为true，则执行表达式1；如果布尔表达式为false，则执行表达式2。

2.5.4 JavaScript中的控制语句

JavaScript中的控制语句和Java相似，只需进行简单说明即可。

1. if条件语句

格式为：

```
if(表达式)语句;
```

若是多个语句，则需用大括号将它们括起来，每个语句都要以分号结束。可以有一个或多个else if。

2. for循环语句

格式为：

```
for(初始化语句;条件语句;增量语句)语句;
```

当条件得到满足时，执行语句。完成循环后，结束程序。

3. while循环语句

格式为：

```
while(表达式)语句;
```

若表达式的值为true，则执行语句。

4. break和continue语句

break语句跳出循环。continue语句跳过本次循环，进入下一次循环。

以上各循环语句和Java相似，其中的括号、分号等都必须是英文字符，不能采用中文字符。

2.5.5 JavaScript内部对象

JavaScript中使用的对象可分为JavaScript提供的内部对象、浏览器提供的对象和编程人员创建的对象等三类对象。

JavaScript提供的对象和浏览器提供的对象已经由系统提供，编程人员可以直接引用。编程人员创建的对象，需要创建一个对象的实例，才能调用。

对象由属性和方法构成，下面对 JavaScript 提供的对象和浏览器提供的对象进行介绍。

1. String 对象

String 是 JavaScript 的一个内部对象，称为字符串对象。String 对象只有一个 length 属性，表示字符串中的字符数目，也称为字符串长度。下面的程序说明了 length 属性的使用方法。

程序(\jspweb 项目\WebRoot\ch02\jstest\js03.html)的清单：

```
<html>
<head>
    <Script Language = "JavaScript">
      <!--
        function strlength(){
            str = "I am a student.";
            strlen = str.length;
            document.write("str = " + str + "<br>");
            document.write("str 字符串的长度 = " + strlen);
        }
        -->
      </Script>
    </head>
<body onLoad = "strlength()">
</body>
</html>
```

程序运行结果如图 2-34 所示，程序输出字符串的长度为 15，表明字符串 str 中，包括空格和标点符号在内共有 15 个字符。

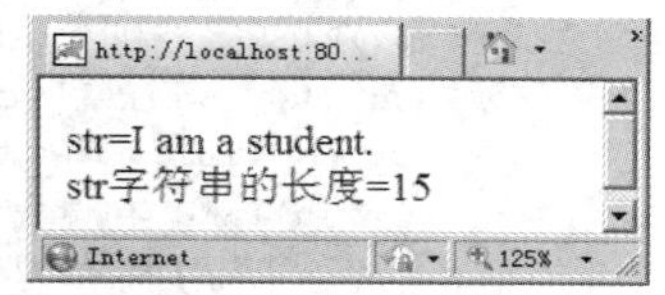

图 2-34　JS 字符串对象测试

语句"strlen=str.length;"中的 str.length 通过点号访问字符串对象 str 的 length 属性。在 Java 中引用某个变量之前要先对变量进行声明，即声明 str 是一个 String 类型的变量，而在 JavaScript 程序中无须事先声明。Java 中调用 String 类的 length 方法测定字符串长度，JavaScript 中则通过 length 属性测定字符串长度。

String 对象的方法如下：

- fontsize(size)：设置字体的大小，其中参量 size 是 1、2、3 等整数，数值越大字体越大。
- fontcolor(color)：设置字体的颜色。参量 color 可以用 red、yellow、green 等文字表示，也可以用 FF0000、FFFF00、00FF00 等 6 位十六进制数表示。
- blink()：设置字体闪烁。
- big()、small()：分别设置为大字体和小字体。
- bold()、italics()、fixed()：分别设置为粗体、斜体、固定字体。
- ToUpperCase()、ToLowerCase()：分别将字符串转化为大、小写。
- indexOf(char,start)：返回某字符的所在位置。其中参量 char 为要搜寻的字符，start 为搜寻的起始位置。如果没有这个字符，则返回－1。
- substring(start,end)：返回字符串中的一部分，其中参量 start 为起始字符，end 为终止字符。该方法的用法和 Java 的同名方法十分相似。
- anchor(anchorName)：用于创建一个 anchor 锚点。

程序 js04.html 说明了上述各种 String 对象方法的应用，程序运行结果如图 2-35 所示。

程序(\jspweb 项目\WebRoot\ch02\jstest\js04.html)的清单：

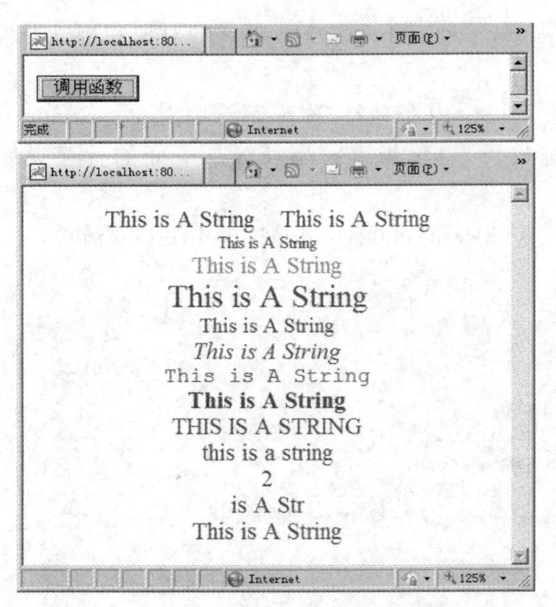

图 2-35 程序 js04.html 的运行结果

```
<html>
<head>
  <Script Language = "JavaScript">
    <!--
      function fnc()
        {//将字体设置为居中、4号、蓝色
        document.write('<center><font color = blue><font size = 4>');
        str = "This is A String";                        //定义一个字符串 str
        document.write(str + '    ');     //显示 str,末尾的  表示 4 个空格
        document.write(str + '<br>');
        document.write(str.fontsize(2) + '<br>');     //调用 fontsize(),将原 4 号字体改为 2 号字体
        document.write(str.fontcolor('ff00ff') + '<br>');     //调用 fontcolor()设置字体为紫色
        document.write(str.big() + '<br>');              //设置为大号(big)字体
        document.write(str.small() + '<br>');            //设置为小号(small)字体
        document.write(str.italics() + '<br>');      //设置为斜体
        document.write(str.fixed() + '<br>'); //设置为固定字宽,例如字母 i 和 A、T 宽度相同
        document.write(str.bold() + '<br>');           //设置为粗体
        document.write(str.toUpperCase() + '<br>'); //将字符串转换为大写
        document.write(str.toLowerCase() + '<br>'); //将字符串转换为小写
        document.write(str.indexOf('i',0) + '<br>');   //从 0 号字符开始搜寻第一个'i'字符的位置
        document.write(str.substring(5,13) + '<br>'); //摘取字符串中从第 5 号字符到 12 号字符
        document.write(str.anchor("aaa"));      //创建 name 属性为 aaa 的锚点,相当于 HTML 的 A 标记
        }
    -->
</Script>
</head>
<body>
<input type = "button" value = "调用函数"
onclick = "fnc()">
</body>
</html>
```

2. 系统函数

有一些方法不属于任何对象，是 JavaScript 系统提供的内部方法，称为系统方法或系统函数。系统函数中大都和字符串处理有关，例如：

- parseFloat(string)：将字符串类型的数字 string 转化为实数。
- parseInt(string,radix)：将 radix 进制的 string 类型数据转化为整数。
- unescape(string)：返回字符串 string 的 ASCII 码。
- escape(char)：将 ASCII 码返回字符的编码。
- eval(express)：执行表达式 express 并返回结果。

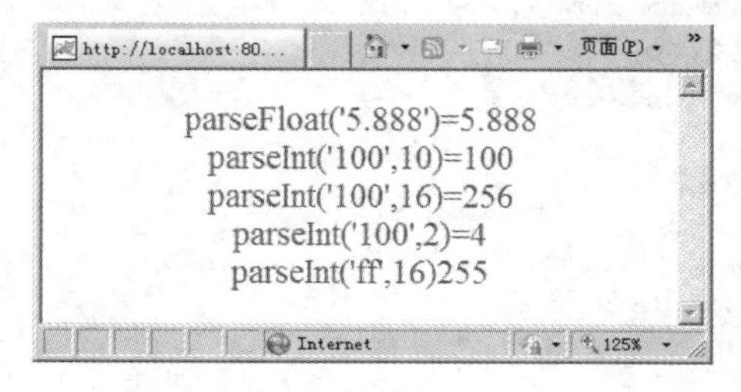

图 2-36　parseFloat 和 parseInt 函数的应用

parseFloat 和 parseInt 是经常用到的方法，通常从文本框中获取的数据都是字符串类型，在进行数学演算之前必须先将它们转化为数值类型。parseInt 方法中的参量 radix 表示进制，如二进制、十进制、十六进制等。下面的程序 js05.html 说明了它们的应用，程序运行结果如图 2-36 所示。

程序(\jspweb 项目\WebRoot\ch02\jstest\js05.html)的清单：

```
<html>
<head>
    <Script Language = "JavaScript">
    <!--
    function sys()
    {     //将字符串类型进行数值转换
        document.write('<center><font color = blue><font size = 4>');
        document.write("parseFloat('5.888') = " + parseFloat('5.888') + '<br>');
        document.write("parseInt('100',10) = " + parseInt('100',10) + '<br>');
        document.write("parseInt('100',16) = " + parseInt('100',16) + '<br>');
        document.write("parseInt('100',2) = " + parseInt('100',2) + '<br>');
        document.write("parseInt('ff',16)" + parseInt('ff',16) + '<br>');
    }
    -->
    </Script>
</head>
<body onLoad = "sys()" >
</body>
</html>
```

3. Math 对象

Math 对象称为数学对象，它有许多有用的数学计算方法。

例如：

求绝对值：abs(x)。

求平方根：sqrt(x)。

求数值的方次：pow(base,exponent)。

求整数部分：floor(x)。

求四舍五入值：round(x)。

求随机数：random()。

求正弦、余弦：sin(x)，cos(x)。

求反正弦、反余弦：asin(x)，acos(x)。

求正切、反正切：tan(x)，atan(x)。

程序 js06.html 说明了上述方法的应用，程序运行结果如图 2-37 所示。

```
Math.abs(-99)=99
Math.acos(0)*2=3.141592653589793
Math.sqrt(2)=1.4142135623730951
Math.pow(2,8)=256

第1次idx=6.443929336603713
第1次idx1=6
第1次idx2=6

第2次idx=4.132997226690893
第2次idx1=4
第2次idx2=4

第3次idx=1.94258492604584
第3次idx1=1
第3次idx2=2
```

图 2-37　Math 对象测试

程序(\jspweb 项目\WebRoot\ch02\jstest\js06.html)的清单：

```
<html>
<head>
<Script Language = "JavaScript">
<!--
document.write("Math.abs(-99) = " + Math.abs(-99)  +  '<br>');
document.write("Math.acos(0) * 2 = " + Math.acos(0) * 2  +  '<br>');
document.write("Math.sqrt(2) = " + Math.sqrt(2)  +  '<br>');
document.write("Math.pow(2,8) = " + Math.pow(2,8)  +  '<br><br>');
for(i = 1;i <= 3;i++)
{
    idx = Math.random() * 10;
    document.write("第" + i + "次 idx = " + idx  +  '<br>');
    idx1 = Math.floor(idx);
    document.write("第" + i + "次 idx1 = " + idx1 + '<br>');
    idx2 = Math.round(idx);
    document.write("第" + i + "次 idx2 = " + idx2 + '<br><br>');
}
-->
</Script>
</head>
</html>
```

4. Date 对象

要获取当前时间,需要通过运算符 new 和 JavaScript 的内部对象 Date()创建一个 Date 对象。格式为：

```
new Date()
```

Date 对象的方法有很多,它们大都与日期、时间的测试和设置有关,如 getTime()、getYear()、getMonth()、getDate()、getDay()、getHours()、getMinutes()、getSeconds()、setTime()、setYear()、setMonth()、setDate()、setHours()、setMinutes()、setSeconds()。

其中,getTime()返回当前时间的毫秒数,getDate()返回今天是几号,getDay()返回今天是星期几。其他方法的含义不难从它们的名称上看出。

程序 js07.html 给出了这些方法的应用,该程序运行结果如图 2-38 所示。

程序(\jspweb 项目\WebRoot\ch02\jstest\js07.html)的清单：

```
<html>
<head>
<title>时间的显示</title>
    <br><h2><p align = "center">时间和日期的显示</h2>
<Script Language = "JavaScript">
<!—
    //通过关键字 new 和 JavaScript 的内部对象 Date 创建一个 Date 类型的对象 dat
    dat = new Date();
    hr = dat.getHours();                                //测定当前的小时数
    if (hr >= 12) tim = "P.M.";
        else tim = "A.M.";
    if (hr > 12) hr = hr - 12;
    if (hr == 0) hr = 12;
    //测定当前的分,如果 min 的值小于 10,在 min 的值前添加一个 0,即显示为 01、02…
    min = dat.getMinutes();
    if (min < 10) min = "0" + min;
    document.write('<font size = "3" color = "blue" face = "Bookman Old Style"><b>' +
         (dat.getMonth() + 1) + "/" + dat.getDate() + "/" + dat.getYear() + </B></font>
         <br><br>');
```

```
    document.write('< font size = "3" color = "red" face = "Bookman Old Style">< b >' + hr
        + ":" + min + ' ' + ' ' + ' ' + tim + '</b></font>< br >< br >');
    document.write('< font size = "3" color = "00abcd" face = "Bookman Old Style">< b >' +
        dat.getTime() + '< br >');
    -->
</Script>
</head>
</html>
```

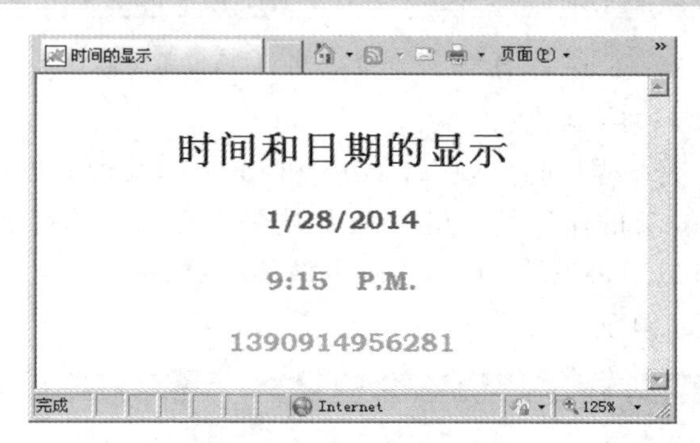

图 2-38　时间的测定

从图 2-38 中看出，测试时间是 2014 年 1 月 28 日，下午 9 时 15 分。其中的 1390914956281 是自 1970 年 1 月 1 日 0 时 0 分 0 秒开始计时，到测试时间的毫秒数。

5. 点号运算符

可以通过点号运算符引用对象的属性和方法。程序 js08.html 说明了怎样通过点号引用创建对象的属性。

程序(\jspweb 项目\WebRoot\ch02\jstest\js08.html)的清单：

```
< html >
< head >
  < Script Language = "JavaScript">
  <!--
    function fnc(){
        txt.value = "您已单击了下面的按钮";
        btn.value = "已按的按钮";
    }
    -->
    </Script>
</head>
< body >< center >
    < font size = 5 color = blue>对象属性的引用</font>< p >
    < hr >< p >
    < input type = "text" name = "txt" value = "这是预设置文本"></p>
    < input type = "button" name = "btn" value = "按我试试哦" onclick = "fnc()"></p>
  </body >
</html >
```

单击“按我试试哦”按钮后，调用 fnc()函数。fnc()函数通过文本框的 name 属性和点号运算符引用文本框对象 txt 的 value 属性，这时文本框中的文字便改变为“您已单击了下面的按钮”。通过按钮的 name 属性和点号运算符引用按钮对象 btn 的 value 属性，按钮表面的文字便改变为“已按的按钮”，程序运行结果如图 2-39 所示。

这个例子说明，在 JavaScript 中，可以将文本框和按钮的 name 属性作为一个引用对象，通过它们和点号运算符引用各自的属性。

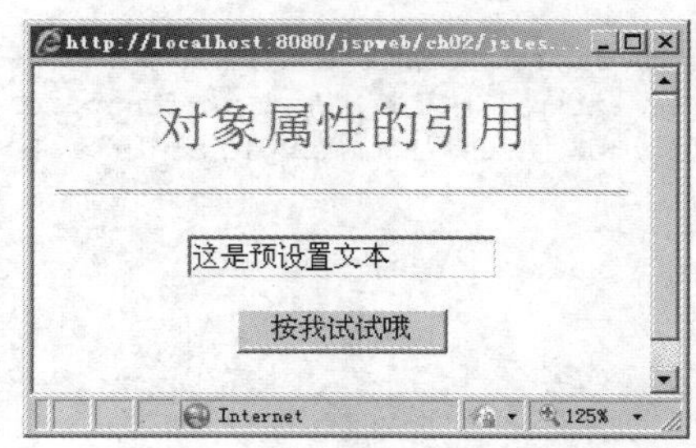

图 2-39　程序 js08.html 的运行结果

6. 关键字 with 和 for…in 结构

和运算符 new 和 this 一样，通过运算符 with 和 for…in 结构可以操作对象。

with 用于表示一个对象的作用域。for…in 结构是循环语句的一部分。例如，当不了解某个对象的元素数目时，可以通过 for…in 结构确定循环次数。程序 js09.html 说明了它们的应用。程序运行结果如图 2-40 所示。

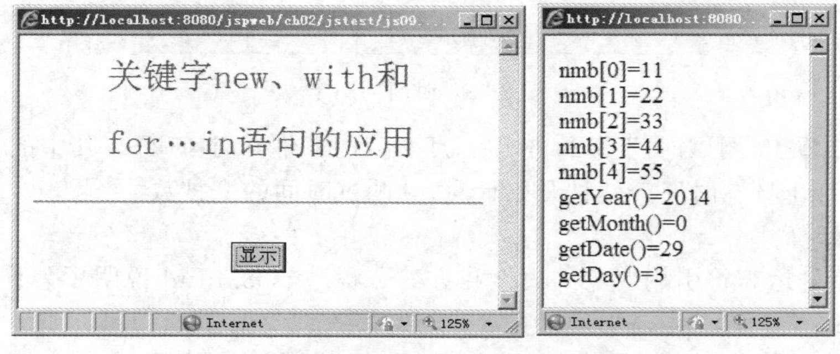

图 2-40　关键字 with 和 for…in 结构的测试

程序(\jspweb 项目\WebRoot\ch02\jstest\js09.html)的清单：

```
<html>
  <head>
    <Script language = JavaScript>
      <!--
        nmb = new Array(5);                //创建 JavaScript 的内部对象 Array 类型的数组对象 nmb
        nmb[0] = 11; nmb[1] = 22; nmb[2] = 33;nmb[3] = 44; nmb[4] = 55;
        dat = new Date();                  //创建 JavaScript 的内部对象 Date 类型的对象 dat
        function fn(){
            for(i in nmb) document.write("nmb[" + i + "] = " + nmb[i] + '<br>');
            with(dat) {
                document.write("getYear() = " + getYear() + '<br>');
                document.write("getMonth() = " + getMonth() + '<br>');
                document.write("getDate() = " + getDate() + '<br>');
                document.write("getDay() = " + getDay() + '<br>');
            }
        }
     -->
    </Script>
  </head>
  <body> <center>
    <font size = 5 color = blue>关键字 new、with 和</font><p>
    <font size = 5 color = blue> for … in 语句的应用</font><p>
    <hr><br><p>
    <input type = "button" name = "btn" value = "显示" onclick = "fn()"></p>
  </body>
</html>
```

程序中通过 for…in 结构操作对象 nmb，确定循环次数。这里无须知道变量 i 的值，就可以从第一个循环开始，直到最后一个为止。通过关键字 with 设置语句块中的默认操作对象为 dat，with 语句块中调用的方法就是该默认对象的方法。

2.5.6 浏览器对象

浏览器提供了普通对象和集合两类对象。

窗口（window）、文件（document）等是浏览器提供的普通对象。浏览器窗口中只能有一个 window 和 document 对象。

1. window 对象的两个属性

location 和 status 是 window 对象的两个属性。通过 location 属性可以链接文件，通过 status 属性可以给状态栏赋值。程序 js10. html 说明了它们的应用。

程序（\jspweb 项目\WebRoot\ch02\jstest\js10. html）的清单：

```
<html>
  <head>
    <Script Language = "JavaScript">
      <!--
        function statu(){
            window.status = "状态栏工作正常";
            alert(window.status);
          }
      function page(){
            location  =  "js10a.html";
        }
      -->
      </Script>
    </head>
  <body><center>
        <font size  =  5 color  =  blue>window 对象的</font><p>
        <font size  =  5 color  =  blue>location 和 status 属性</font><p>
        <hr><br><p>
        <input type = "button" value = "状态栏赋值" onclick = "statu()">
         <input type = "button" value = "链接网页" onclick = "page()">
  </body>
</html>
```

程序（\jspweb 项目\WebRoot\ch02\jstest\js10a. html）的清单：

```
<html>
<head>
    <Script Language = "JavaScript">
    <!--
      function retur(){
          location  =  "js10.html";
        }
      -->
  </Script>
</head>
<body><center>
    <font size  =  5 color  =  blue>这是在本地文件夹中的网页</font><p>
    <font size  =  5 color  =  blue>注意它的返回地址</font><p>
    <hr><br><p><input type = "button" value = "返回" onclick = "retur()"></p> </center>
  </body>
</html>
```

程序中定义了 statu、page 两个函数，并且添加了“状态栏赋值”“链接网页”两个按钮，如图 2-41(a)所示。

如果单击“链接网页”按钮，通过 window 对象的 location 属性链接文件 js10a. html，这是一个很简单的文件，其中只有一个“返回”按钮，单击该按钮则返回原来的文件 js10. html 中，如图 2-41(b)所示。

如果单击“状态栏赋值”按钮，将字符串“状态栏工作正常”赋予状态栏，于是这个字符串在状态栏中显示。在 IE 7 浏览器以前的版本中，使用 window. status 可以在浏览器状态栏中写上自己的说明文字，如 window. status="change status!"，但是在 IE 7 中对于状态栏是否可以通过脚本更新有了自己的控制，只要启用就可以了。具体的方法：打开 IE 7，选择“工具”→“Internet 选项”→“安全”→Internet，单击“自定义级别”按钮，在“脚本”→“允许状态栏通过脚本更新”中选择“启用”就行了。单击“状态栏赋值”按钮后的运行结果如图 2-41(c)所示。

(a) 程序js10.html的运行

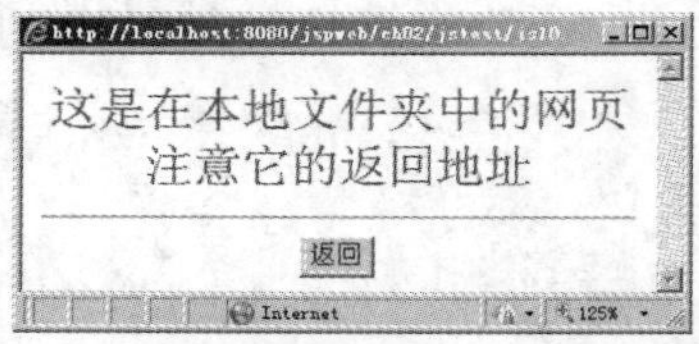

(b) 链接本地文件夹中的网页

(c) 单击“状态栏赋值”按钮

图 2-41　程序运行结果

2. window 对象

window 对象有许多有用的方法。例如：

- open()：用指定的文件打开一个窗口。共有三组参量，第一组即指定的文件名，第二组为窗口名，第三组表示窗口的结构和尺寸。该方法经常用于在打开一个网页时自动打开另一个窗口。
- close()：关闭窗口。
- focus()：将焦点赋予某个窗口，使之成为当前窗口。
- blur()：取消某个窗口的焦点。
- alert()：弹出一个含有一条信息的对话框。
- confirm()：弹出一个有“确定”和“取消”按钮的对话框。
- prompt()：弹出一个有文本框的对话框，返回用户在其中输入的信息。
- scroll()：将窗口滚动到参量指定的位置。
- setTimeout()：按参量指定的毫秒数设置一个定时器。
- clearTimeout()：取消设置的定时器。

window 对象是其他对象的父对象，所以调用 window 对象的方法时不必显式引用。例如，可以直接调用 alert()，不必采用 window. alert() 的形式。

程序 js12. html 说明了 window 的 alert 方法和 onresize 事件的应用，程序运行结果如图 2-42 所示。

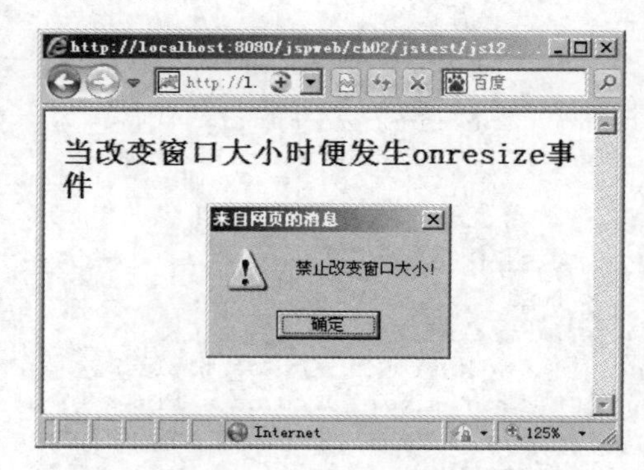

图 2-42　窗口对象 onresize 事件测试

程序(\jspweb 项目\WebRoot\ch02\jstest\js12. html)的清单：

```
<html>
<body>
1    <Script Language = "JavaScript" for = "window" event = "onresize"        >
     <!--
2        alert('禁止改变窗口大小!');
      -->
      </Script>
    <h3>当改变窗口大小时便发生 onresize 事件</h3>
  </body>
</html>
```

当用鼠标拖曳窗口边框、使窗口最大化或还原为原始大小时，便发生语句 1 指定的 window 对象的 onresize 事件(event)。执行语句 2 弹出 alert 对话框，显示内容为“禁止改变窗口大小!”。

语句 1 中的 for 和 event 是标记 script 的两个属性。它们的一般用法是：

```
<Script Language = "JavaScript" for = "触发对象" event = "触发事件">
```

程序 js13.html 说明了 window 对象 open 方法的应用。

程序(\jspweb 项目\WebRoot\ch02\jstest\js13.html)的清单：

```
<html>
<head><title>右击自动链接到指定网站</title>
</head>
<script>
  function openwin(){
1  if(event.button == 2 || event.button == 3){
        alert('欢迎您');
2       window.open ('host.html','abc','height = 200,width = 600,top = 20,left = 50,toolbar = yes,
                  menubar = yes,scrollbars = yes,location = yes,status = yes');
     return false;
     }
   }
3  document.onmousedown = openwin;
</script>
<body>
      在这里右击会弹出一个提示窗口,并跳转到指定网站……
</body>
</html>
```

这是应用 JavaScript 语句响应鼠标事件的例子。程序运行后，首先执行语句 3，如果发生单击鼠标的事件 onmousedown，则调用函数 openwin。

调用 openwin 函数后，通过语句 1 判断是不是鼠标右击，由于有的鼠标有三个键，所以 event.button==2 或 event.button==3 都是指鼠标右键。通过条件 event.button==1，可判断是否单击了鼠标中间键。

语句 2 调用 window 对象的 open 方法打开一个窗口。根据前面的介绍，该方法有三组参量：第一个参量 host.html 表示打开的文件名；第二个参量 abc 表示打开的窗口名；其余为第三组参量。其中，toolbar、menubar、scrollbars、location、status 分别表示工具条、菜单条、滚动条、地址栏、状态栏。这里都设置为 yes。如果某项设置为 no，则表示打开的窗口中没有相应的项。执行语句 2 后，便打开了如图 2-43 所示的窗口。实际上打开的就是 IE 浏览器窗口。文件名 host.html 已在地址栏中，根据这个地址，自动打开了该文件。

3. document 对象

window 对象可包含 document 对象。document 对象的方法：

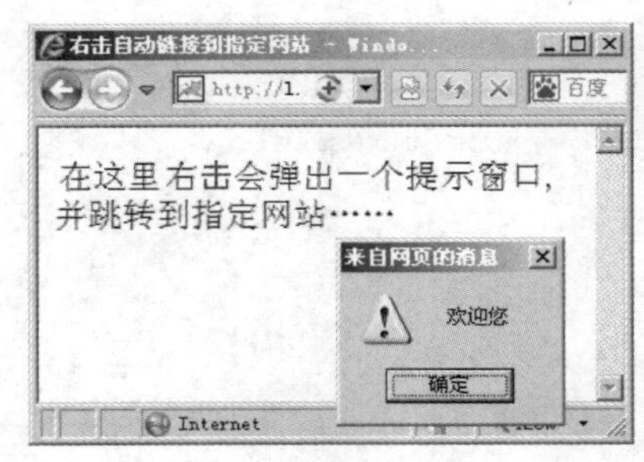

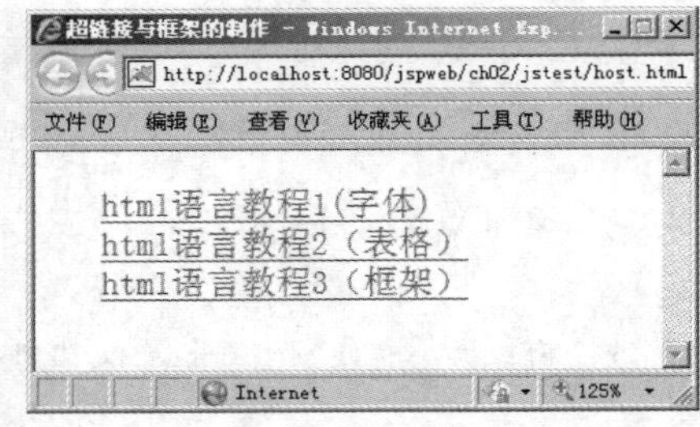

图 2-43　程序 js13.html 的运行结果

- close()：关闭用 document.open 方法打开的输出流，并显示选定的数据。
- getElementById()：返回对拥有指定 id 的第一个对象的引用。
- getElementsByName()：返回带有指定名称的对象集合。
- getElementsByTagName()：返回带有指定标记名的对象集合。
- open()：打开一个流，以收集来自任何 document.write()或 document.writeln()方法的输出。
- write()：向文档写 HTML 表达式或 JavaScript 代码。
- writeln()：等同于 write 方法，不同的是在每个表达式之后写一个换行符。

通过 document 对象可以操作网页的基本元素。每个 document 对象中可有多个 form 表单对象。通过 form 对象便可操作表单中的各个控件。表单中的控件就是 form 对象的元素。通过下面的例子来说明这个问题。

程序(\jspweb 项目\WebRoot\ch02\jstest\js14.html)的清单：

```
<html>
<head>
<Script Language = "JavaScript">
<!--
    function change(){
            //通过 style.visibility 属性隐藏第一张图片
        document.images[0].style.visibility = "hidden";
        document.images[1].style.visibility = "visible";     //显示第二张图片
            //将第一个文本框中预设置的字符串存入变量 str
        str = document.forms[0].elements[0].value;
        document.forms[0].elements[1].value = str;           //将 str 赋予第二个文本框
            //将焦点移到第二个文本框,使其进入文字输入状态.
        document.forms[0].elements[1].focus();
            //清除第一个文本框中预设置的文字
        document.forms[0].elements[0].value = "";
             //隐藏第一个文本框
        document.forms[0].elements[0].style.visibility = "hidden";
    }
    function show(){
            //显示第一个文本框
        document.forms[0].elements[0].style.visibility = "visible";
        document.images[0].style.visibility = "visible";     //显示第一张图片
        eval('div1.style.background = "blue";');             //将 div1 背景色设置为蓝色
        eval('div2.style.background = "red";');              //将 div2 背景色设置为红色
        eval('div3.style.background = "lightblue";');        //将 div3 背景色设置为天蓝色
        eval('div4.style.background = "antiquewhite";');     //将 div4 背景色设置为鹅黄色
    }
    function info(){
        cfm = confirm("确定要保留文本 2 的内容吗?");
```

```
            if(cfm);
            else document.forms[0].elements[1].value = "";
        }
    -->
  </Script>
  </head>

  <body>
  <form action = js14a.html method = post name = frm>
  <table>
  <tr>
  <td>
    <div id = "div1">
    <img src = "../data/黄山迎客松.jpg" width = 200 height = 200 style = "visibility:visible">
    </div>
  </td><td>
    <div id = "div2" align = "center">
      <img src = "../data/狼山.jpg" width = 270 height = 200 style = "visibility:hidden">
    </div>
  </td></tr>
  <tr><td>
    <div id = "div3">
      文本 1 <input type = "text" value = "这是预设置文字"><br><br>
      文本 2 <input type = "text" value = "改变此内容将弹出提示框" size = 22 onChange = "info();">
    </div>
  </td><td>
    <div id = "div4">
    <input type = "button" value = "切换隐藏图片" onClick = "change();">
    <input type = "button" value = "显示图片及设置背景色" size = 15 onClick = "show();"><br><br>
    <input type = submit value = "提交表单">
    <input type = reset value = "重置">
    </div>
  </td></tr></table>
  </form>
  </body>
  </html>
```

程序中定义了 change()、show()、info()三个函数，设置了 div1、div2、div3、div4 四个分区。

在 div1 分区链接子文件夹“../data/”中的“黄山迎客松.jpg”图片，并设置为可见。

在 div2 分区链接子文件夹“../data/”中的“狼山.jpg”图片，并设置为隐藏。

在 div3 分区添加了两个文本框。在第一个文本框中预设置了“这是预设置文字”几个字。在 div4 分区添加了“切换隐藏图片”“显示图片及设置背景色”“提交表单”“重置”四个按钮。

本例中涉及 document 对象的元素有：images[0]、images[1]是两个图像元素，代表两个图片对象；索引 0 和 1 分别表示第一个图片和第二个图片。

本程序的 document 对象只包含了一个 form 表单对象，表示为 forms[0]。

通过< input >标记在表单中添加的控件，都是 form 对象的元素，表示为 forms[0].elements[i]，其中 i 可取 0,1,2,…。按照添加顺序，0 为第一个添加的文本框；1 为第二个添加的文本框；2 为第一个添加的“切换隐藏图片”按钮；3 为第二个添加的“显示图片及设置背景色”按钮；4 为第三个添加的“提交表单”按钮；5 为第四个添加的“重置”按钮。

程序 js14.html 启动时，屏幕显示如图 2-44 所示。由于隐藏了右边 div2 中的图片，所以开始只显示左侧的第一个图片。

单击“切换隐藏图片”按钮，便通过该按钮设置的 onClick 属性调用 change()函数。显示

图 2-44　程序 js14. html 启动时的界面

结果为：隐藏了第一张图片和第一个文本框；显示第二张图片，将原先第一个文本框中的文字移到了第二个文本框中，并且第二个文本框获得了焦点，其中出现一条闪烁的竖线光标，如图 2-45 所示。

图 2-45　单击“切换隐藏图片”按钮后的界面

单击“显示图片及设置背景色”按钮，便调用 show()函数，设置第一个文本框和第一张图片为可显示，设置 4 个分区的背景色。eval()函数的功能是执行括号中的表达式。例如，语句“eval('div1. style. background="blue";');”的功能是执行括号中的表达式“div1. style. background="blue";”，即设置 div1 分区的背景色为蓝色。原来文本 1 中预设置的文字已转移并出现在第二个文本框中，第一个文本框中的文字由于已被清除而不再出现，如图 2-46 所示。

如果单击“重置”按钮，由于该按钮的 reset 属性，将各文本框恢复为初始状态，如图 2-47 所示，这时两个文本框中的内容和图 2-44 相同。

由于第二个文本框设置了 onChange 属性，如果修改了其中的内容，然后单击文本框外的任意位置，由于文本框的内容发生了改变，便触发了 onChange 事件，这时调用 info()函数，函

图 2-46 单击“显示图片及设置背景色”按钮后的界面

图 2-47 单击“重置”按钮后的界面

数中调用 confirm 方法，弹出如图 2-48 所示的对话框，确认是否保留文本框的内容。单击“确定”按钮，则不做任何处理，即确认了文本框中的输入。单击“取消”按钮，便清除在文本框中的内容，并关闭对话框。

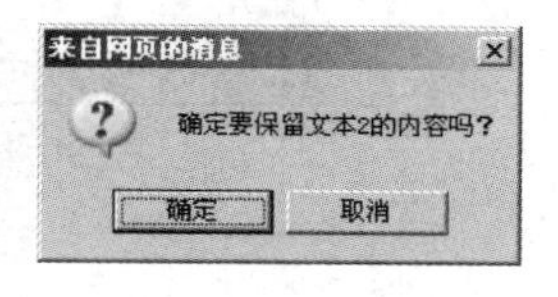

图 2-48 确认修改

单击“提交表单”按钮，由于该按钮的 type 属性为 submit（提交），便通过表单的 action 属性调用 js14a.html 文件，如果事先已将该文件存放在本文件夹中，可展示如图 2-49 所示的结果。关于表单信息的处理方法将在本书的 JSP 技术相关章节中做详细介绍。

JavaScript 语言以它简单明了的特点为广大编程人员所喜爱，所以应用十分广泛。学习 JavaScript 的一个好方法就是阅读用它编写的程序，通过这些程序可以加深对本章基本内容的理解，只有通过实例才能真正领悟 JavaScript 的灵活编程方式。在之后学习的 JSP 程序中，大量应用了 JavaScript，通过这些程序，读者将会更好地了解 JavaScript 在网络编程中的作用。

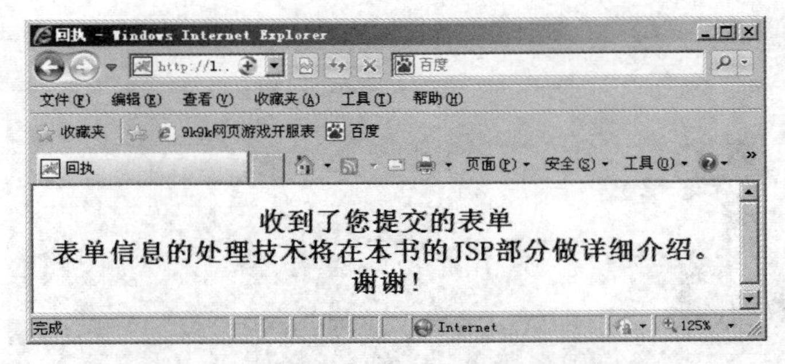

图 2-49　单击“提交表单”按钮后的界面

习题 2

1. 简要说明表格与框架在网页布局时的区别。

2. 简要说明在网页设计中使用图像时应注意哪些问题。

3. 举例说明在网页中使用CSS样式表的三种方式，并简要分析各自的特点。

4. 编写实现如图 2-50 所示页面效果的关键 HTML 代码。其中，A、B、C、D、E 均为默认字号和默认字体，并且加粗显示，都位于各自单元格的正中间。要求 A 单元格的高度为 200px；B 单元格的高度为 100px；C 单元格的宽度为 100px，高度为 200px。

5. 已知页面效果如图 2-51 所示（其中的细线效果均为 1px 粗细，颜色为黑色），填写以下 HTML 代码中留下的空白（编号相同的空白表示应填写相同的内容），注意填写在题后的空白里。

(1)________　(2)________　(3)________

(4)________　(5)________

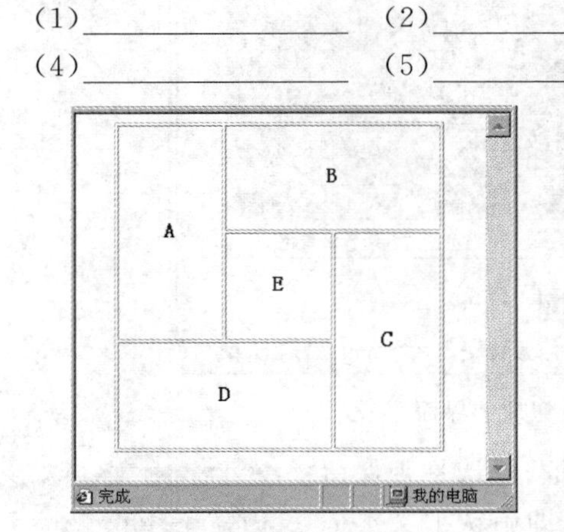

图 2-50　第 4 题图

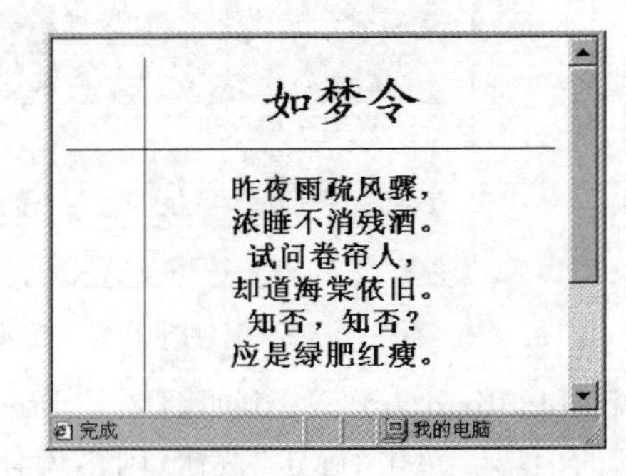

图 2-51　第 5 题图

```
<table cellspacing= (1) cellpadding= (2) align="center">
<tr height="100">
  <td width="100">  <td width="1" (3) >
  <td width="600"><h1 align="center"><font (4) ="楷体_gb2312">如梦令</font></h1>
<tr (5) ="1"> <td colspan="3" (3) >
<tr height="600">
  <td width="100">  <td width="1" (3) >
  <td width="600" align="middle" valign="top"><h3><br><br>昨夜雨疏风骤，<br>浓睡不消
  残酒。
    <br>试问卷帘人，<br>却道海棠依旧。<br>知否，知否？<br>应是绿肥红瘦。</h3>
</table>
```

6. 已知页面效果如图 2-52 所示，编写相应 HTML 文件。

7. 编写实现如图 2-53 所示表格的 HTML 代码。

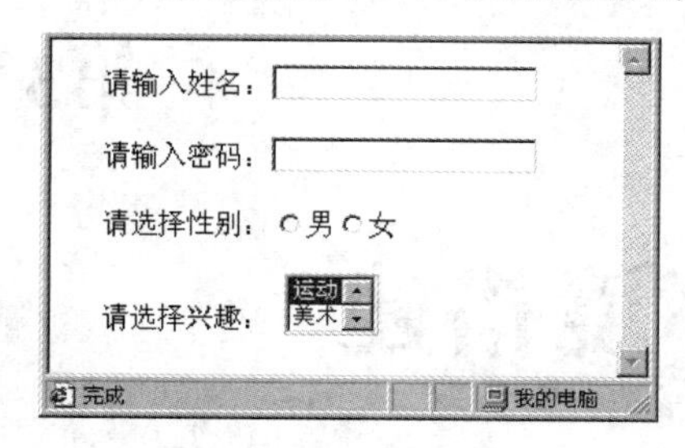

图 2-52　第 6 题图

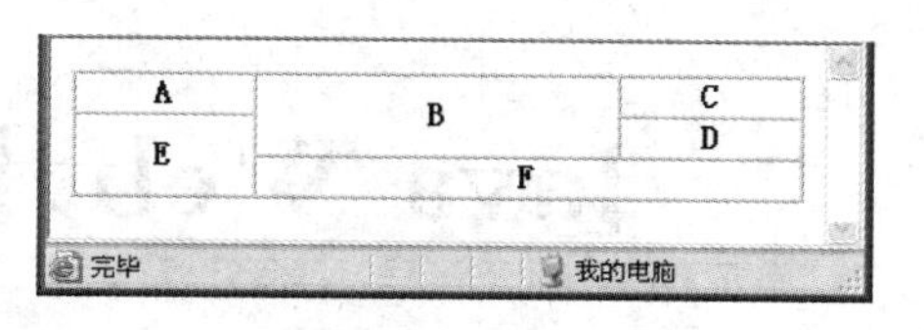

图 2-53　第 7 题图

第3章

Java Web开发环境搭建

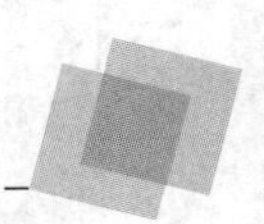

本章学习目标

- 熟悉 Java Web 的工作原理。
- 熟悉 Java Web 开发环境搭建。
- 掌握 JSP Web 程序的开发过程。

扫一扫

视频讲解

3.1 Java Web 工作原理

Java Web 是用 Java 技术来解决互联网领域相关 Web 的技术总和，包括服务器端和客户端两部分。Java 在客户端的应用有 Java Applet，不过现在使用得很少；Java 在服务器端的应用非常丰富，如 Servlet、JSP 和第三方框架等。Java 技术对 Web 领域的发展注入了强大的动力。

Web 的工作原理是：用户使用浏览器通过 HTTP 请求服务器上的 Web 资源，服务器接收到用户发送的请求后，读取请求 URL 所标识的资源，加上消息报头发送给客户端的浏览器，浏览器解析响应中的 HTML 数据，向用户呈现多姿多彩的 HTML 页面。整个过程如图 3-1 所示。

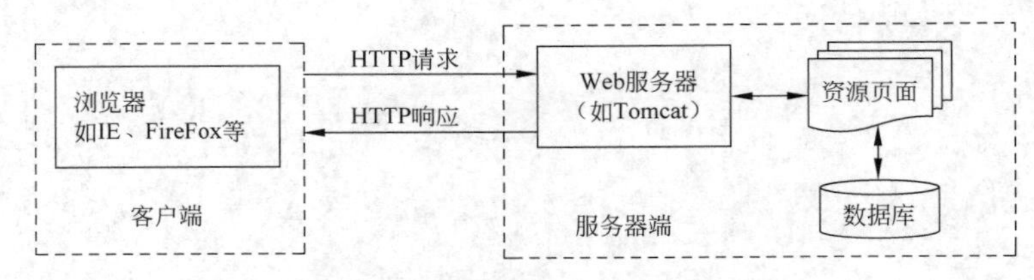

图 3-1 Java Web 工作原理

搭建 Java Web 开发运行环境所要用到的软件如表 3-1 所示。

表 3-1 搭建 Java Web 开发运行环境所要用到的软件

软件	作用
JDK	整个 Java 的核心，包括了 Java 运行环境、Java 工具和 Java 基础类库
MyEclipse	集成开发工具。用于 Java EE 的开发、发布以及应用程序服务器的整合
Tomcat	Tomcat 服务器是一个免费的开放源代码的轻量级 Web 应用服务器。在中小型系统和并发访问用户不是很多的场合下被普遍使用，是开发和调试 JSP 程序的首选
MySQL	MySQL 是一个开放源码的小型关联式数据库管理系统。由于其体积小、速度快、成本低，尤其是开放源码这一特点，被广泛地应用在 Internet 上的中小型网站中
Navicat for MySQL	Navicat 是一套快速、可靠的数据库管理工具，用来对本机或远程的 MySQL、SQL Server、SQLite、Oracle 及 PostgreSQL 数据库进行管理及开发

3.2 Tomcat 的安装配置

Tomcat 服务器是一个免费的开放源代码的轻量级 Web 应用服务器。Tomcat 是 Apache 软件基金会的 Jakarta 项目中的一个核心项目，由 Apache、Sun 和其他一些公司及个人共同开发。由于有了 Sun 公司的参与和支持，最新的 Servlet 和 JSP 规范总是能在 Tomcat 中得到体现。因为 Tomcat 技术先进、性能稳定，而且免费，因而深受 Java 爱好者的喜爱，成为目前流行的 Web 应用服务器。Tomcat 服务器在中小型系统和并发访问用户不是很多的场合下被普遍使用，是开发和调试 JSP 程序的首选。

扫一扫

视频讲解

在 Sun 公司的 Java Servlet 规范中，对 Java Web 应用做了这样的定义：Java Web 应用由一组 Servlet、HTML 页、类，以及其他可以被绑定的资源构成，可以在各种供应商提供的实现 Servlet 规范的 Web 应用容器中运行。Tomcat 就是这样一个实现了 Servlet 规范的 Servlet/JSP 容器。

在开始安装 Tomcat 之前，先准备 JDK 和 Tomcat 两个软件，如果已经安装了 JDK，只需 Tomcat 即可。

安装 JDK 后，必须配置系统的 JDK 环境变量，设置环境变量的方法如下：

（1）右击"我的电脑"，然后依次选择"属性"→"高级"→"环境变量"→"新建"。

（2）分别新建如下系统环境变量 JAVA_HOME 和 CLASSPATH。

① 系统环境变量：JAVA_HOME=JDK 的安装路径。

② 系统环境变量：CLASSPATH= .;%JAVA_HOME%\lib\tools.jar;%JAVA_HOME%\LIB\dt.jar。

在定义 CLASSPATH 变量时，此变量的值必须以".;"开头，"."代表当前目录。以上准备工作完成以后可以运行 Tomcat 的安装程序，在安装过程中按照提示选取默认值即可，当问到 JDK 时只要给出正确的 JDK 安装路径。

Tomcat 的安装步骤如下：

（1）从 http://tomcat.apache.org/网站下载 Tomcat，如图 3-2 所示。

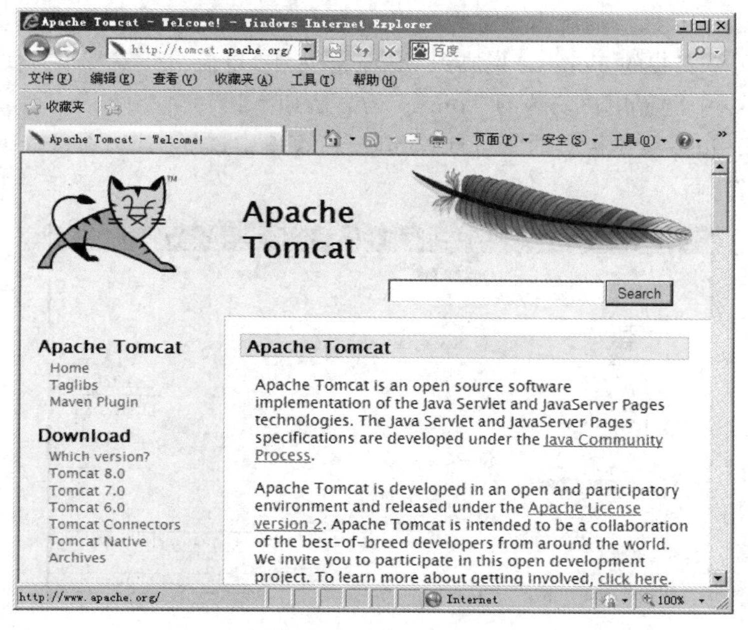

图 3-2 下载 Tomcat

（2）注意：可以下载 zip 格式或 exe 格式的 Tomcat，其中 zip 格式的只要解压缩再配置环境变量就可以使用了。这里使用的是 exe 文件，exe 文件对于新手来说比较方便。

（3）下载后的文件为 apache-tomcat-7.0.21.exe。

（4）双击安装文件，根据安装向导提示完成安装。

（5）测试，在浏览器地址栏输入 http://localhost:8080 或 http://127.0.0.1:8080，出现如图 3-3 所示的结果，则表示 Tomcat 安装成功。

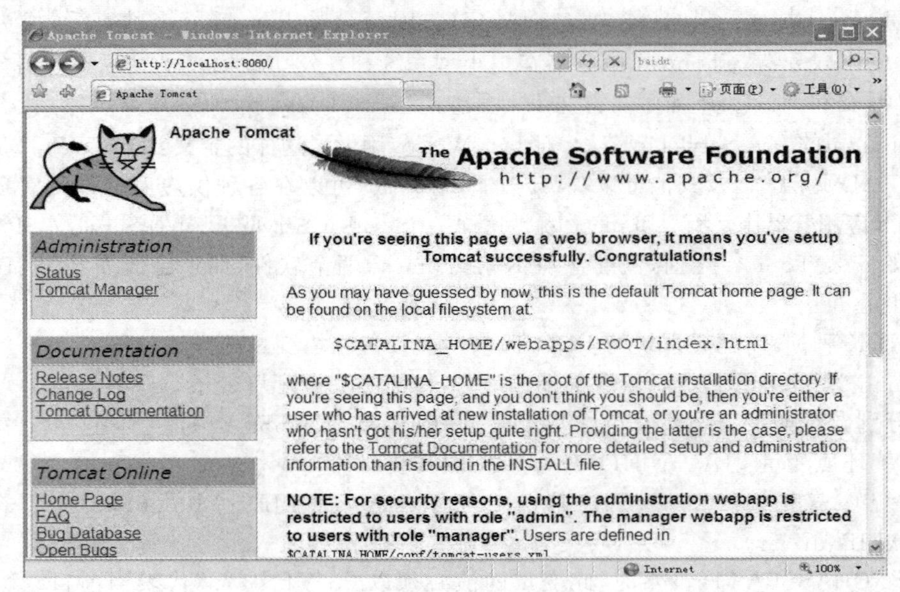

图 3-3　测试 Tomcat

扫一扫

视频讲解

3.3　在 MyEclipse 中配置 Tomcat

在 MyEclipse 6.0 以上的版本中都自带了一个 Tomcat，如果使用用户安装的 Tomcat 服务器，就需要把用户安装的 Tomcat 集成到 MyEclipse 中，以便给开发带来方便。

在 MyEclipse 中配置用户安装的 Tomcat 的方法如下：

（1）从 MyEclipse 菜单栏上的“窗口(Window)”菜单中选择“首选项(Preferences)”，打开如图 3-4 所示的窗口。

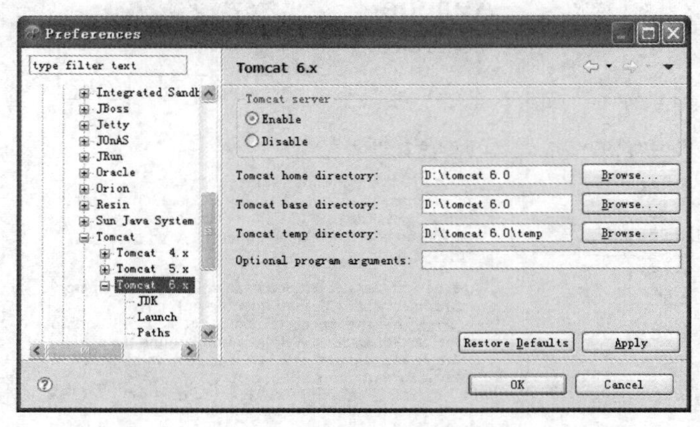

图 3-4　配置 Tomcat 服务器

（2）在左边窗口栏中选择 MyEclipse Enterprise Workbench→Servers→Tomcat→Tomcat 6.x。

（3）在右边窗口栏的 Tomcat home directory 对应的文本框中通过浏览方式填入已安装的 Tomcat 的主目录。下面两个选项的内容会自动添加进去。

（4）选择 Enable 单选按钮。

（5）在左边窗口栏中选择 JDK，在右边窗口栏中单击 Add 按钮，选择 JRE 所在的目录，如 C:\Program Files\Java\jre6。单击 OK 按钮，完成 JDK 配置。到此就可以在 MyEclipse 中启动自己安装的 Tomcat 了。

在 MyEclipse 开发环境工具栏上有三个与 Web 发布有关的图标，如表 3-2 所示。

表 3-2　工具栏中与 Web 发布有关的图标

图　标	功　能
	项目发布
	启动/停止 Web 服务器
	启动 MyEclipse 内置浏览器

- 选择“项目发布”按钮，可将指定的项目发布到选定的服务器上。
- 选取“启动/停止 Web 服务器”按钮，会打开一个下拉列表，在下拉列表中选择响应服务器中的 Start 选项，即可启动服务器。
- 选择内置浏览器，可在 IDE 环境下开启浏览窗口，浏览发布的 Web 站点。当然，也可以通过外部浏览器访问服务器。

3.4　使用 MyEclipse 创建 Web 工程

在 MyEclipse 中有很多工程模板，可以根据需要选择相应的模板。

创建 Web 工程的步骤如下：

（1）从菜单中选择“文件(File)”→“新建(New)”→“Web 项目(Web Project)”，弹出如图 3-5 所示的窗口。

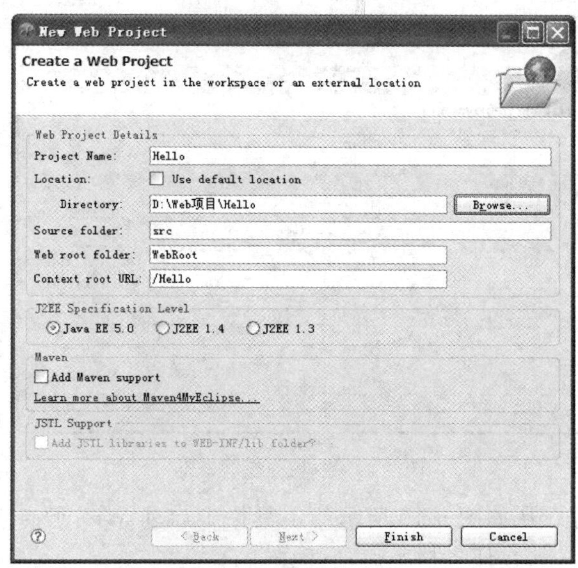

图 3-5　创建 Web 工程

（2）在窗口中填写工程的名字为 Hello，指定工程项目的保存路径，其他可选默认值，选择 Java EE 5.0 单选按钮，单击 Finish 按钮即可。这时在左边的资源管理器中可以看到如图 3-6 所示的目录结构。

从图中可以看到，src 是存放类源文件的目录；WebRoot 为虚拟路径，用于存放静态网页和动态网页的目录；WEB-INF 是受 Web 容器保护的目录，在这个目录下有一个 lib 目录，用来存放工程用到的 jar 包；web.xml 是描述符文件，是 Java Web 服务必须有的配置文件，用于配置和 Web 服务相关的一些参数，包括 Servlet、拦截器等。

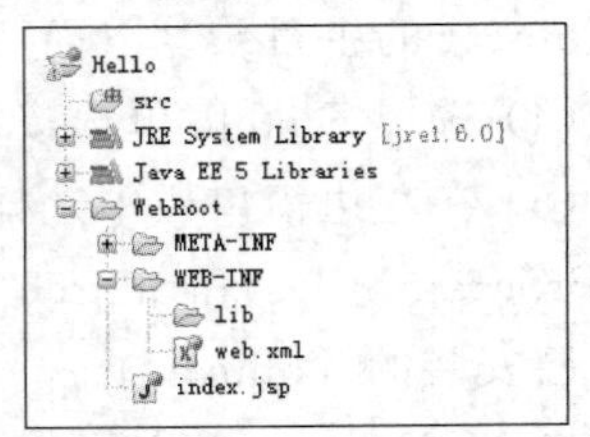

图 3-6　Web 工程的目录结构

3.5　使用 MyEclipse 发布 Web 工程

Web 工程创建完成以后，可以在 MyEclipse 中编程、调试和发布。

将刚才建立的 Hello 工程发布到服务器中的步骤如下。

（1）在工具栏中单击"项目发布"按钮，弹出如图 3-7 所示的对话框，在 Project（工程）下拉列表框中选中要发布的工程，单击 Add 按钮，弹出如图 3-8 所示的窗口。

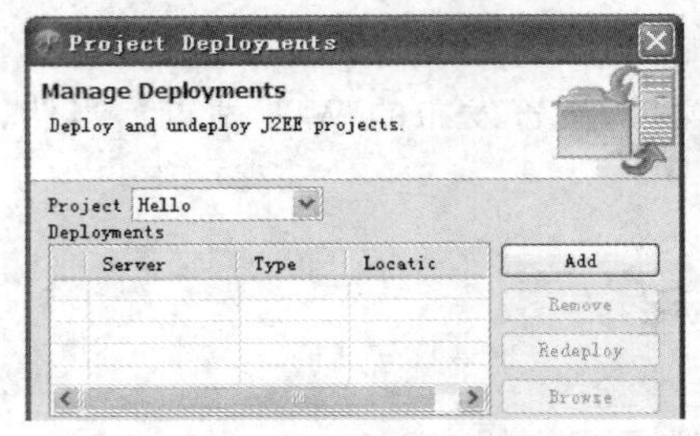

图 3-7　选择要发布的 Web 工程

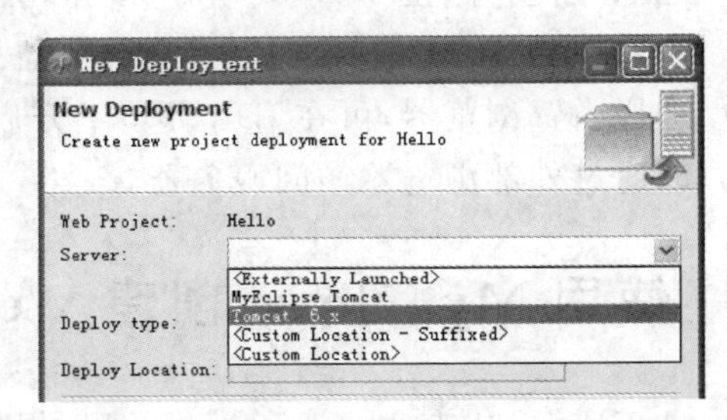

图 3-8　选择要发布的 Web 服务器

（2）在 New Deployment 对话框中的 Server 下拉列表框中选择用于发布工程的 Web 服务器，如果没有安装自定义的 Web 服务器，则只有一个 MyEclipse 自带的服务器。单击 Finish 按钮，出现如图 3-9 所示的对话框。单击 OK 按钮，即完成 Web 工程的发布。

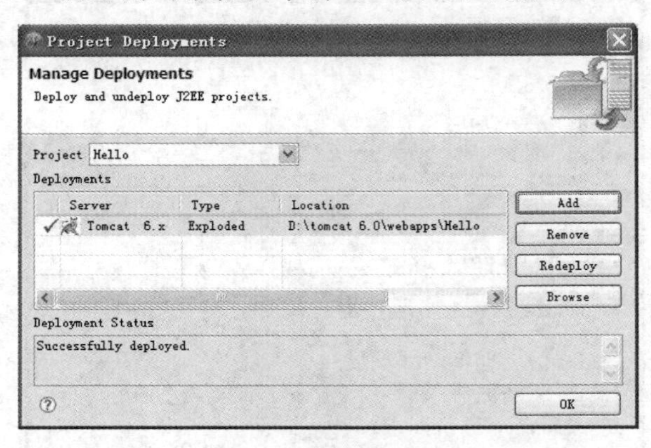

图 3-9　Web 工程的发布

（3）完成发布后，可以从如图 3-10 所示的工具栏中启动 Web 服务器，也可以从"开始"菜单中选择 Monitor Tomcat，在任务栏上启动 Tomcat。

服务器启动成功后，打开浏览器，在地址栏输入 http://localhost:8080/Hello，出现如

图 3-11 所示的画面，说明工程发布成功。

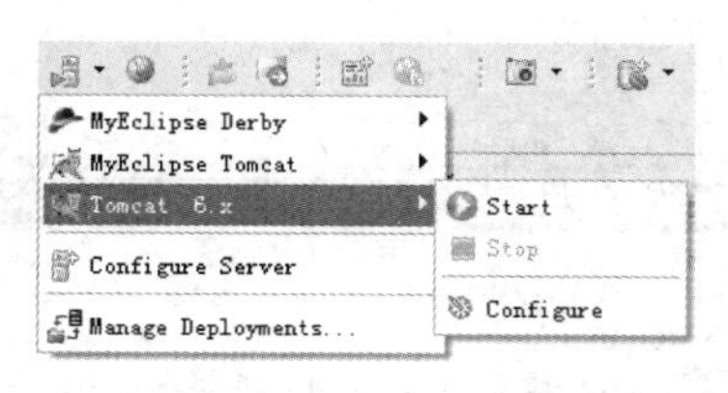

图 3-10　启动 Web 服务器

图 3-11　访问服务器中的 Hello 应用程序

3.6　Tomcat 的其他常用设置

以下介绍 Tomcat 的其他常用设置，仅供提高服务器安全性能做参考。有些服务器在部署时未考虑这些因素，学习时切不可对正常运行的服务器进行“试验”，以免产生不良后果。

1. Tomcat 管理员用户名和密码的设置

进入 Tomcat 安装目录的 conf 文件夹中，在 tomcat-users. xml 中设置用户 admin 的密码，密码要复杂。

原来的 tomcat-user. xml 是：

```
<?xml version = '1.0' encoding = 'utf - 8'?>
< tomcat - users >
  < role rolename = "manager"/>
  < role rolename = "admin"/>
  < user username = "admin" password = "" roles = "admin,manager"/>
</tomcat - users >
```

语句< user username＝"admin" password＝"" roles＝"admin，manager"/>表示用户 admin 的密码为空，拥有 admin 和 manager 的权限。manager 和 admin 是有特权的角色，如果想登录 tomcat manager，则必须添加 manager 角色；如果要进入 status，则必须添加 admin 角色。

2. 处理 webapps 目录下的管理文件夹

为了安全起见，建议删除 webapps 目录下的 ROOT、manager、host-manager 和 docs 四个目录。也可以不删除，而将其改名。

3. 禁用目录访问设置

默认安装 Tomcat 时，如果目录没有 index. jsp，会默认把目录文件列出来，如图 3-12 所示，此时存在安全隐患。

为了禁止对 Tomcat 目录的访问，可以在 Tomcat 的服务中进行如下设置。

(1) 打开 Tomcat 安装目录\conf\web. xml，找到 init-param 节点：

```
< init - param >
    < param - name > listings </param - name >
    < param - value > false </param - value >
</init - param >
```

(2) 将 listings 参数设置为 false。修改后，禁用目录访问有效，如图 3-13 所示。

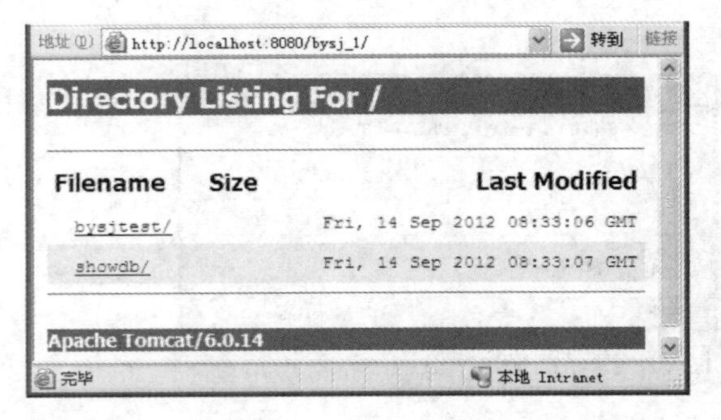

图 3-12 Tomcat 默认安装时的目录，存在安全隐患

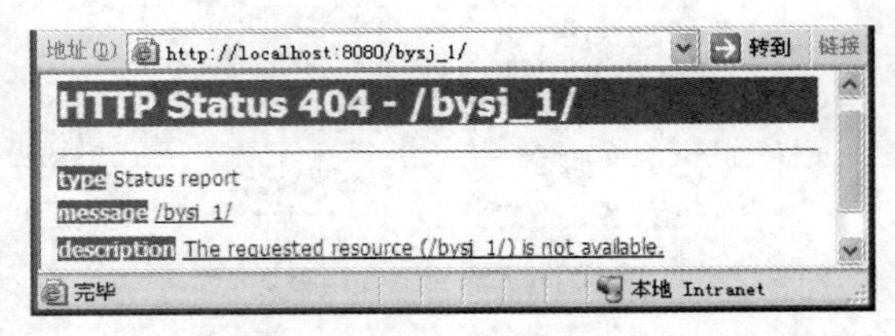

图 3-13 Tomcat 禁用目录访问效果

4. 禁用管理控制台设置

默认情况下，可以登录 http://localhost:8080/，单击主页中的 Tomcat Manager 按钮，输入 admin，默认密码为空，即可进入 Tomcat 管理控制台，出现如图 3-14 所示的目录管理界面。这将造成严重安全问题，而解决这一问题的办法是修改{$tomcat_home}/conf/目录下 tomcat-users. xml 文件中的用户密码。

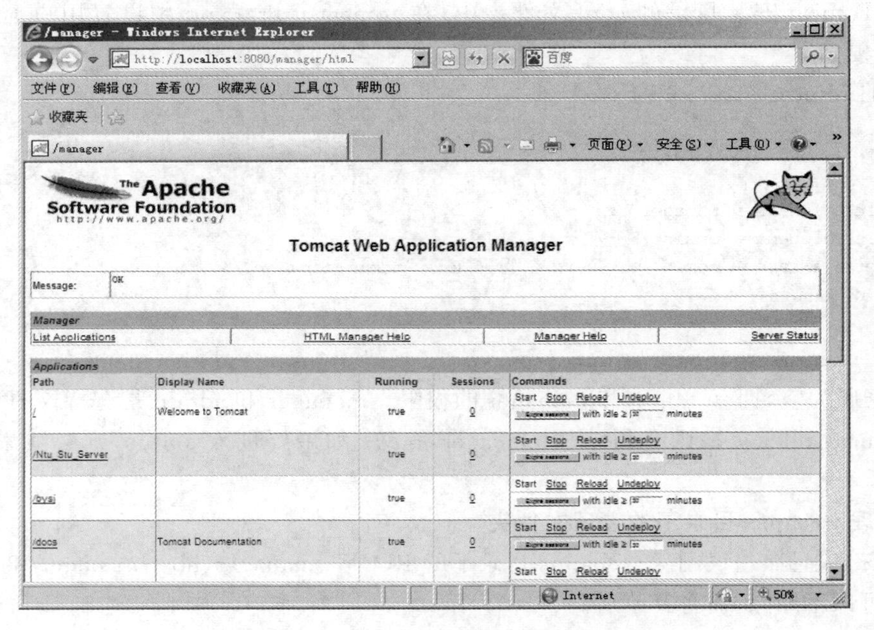

图 3-14 用户进入 Tomcat 目录管理界面

5. 禁用远程 shutdown 命令

默认情况下，{$tomcat_home}/conf/目录下的 server. xml 文件中有下面一行配置：

```
<Server port = "8005" shutdown = "SHUTDOWN">
```

允许任何人只要使用 telnet 命令查看服务器的 8005 端口，输入 SHUTDOWN，按 Enter 键，服务器立即被关掉。从安全的角度上考虑，需要把这个 SHUTDOWN 指令改成一个别人不容易猜测的其他字符串，也可禁用 8005 端口。

6. 修改 Tomcat 默认服务器端口 8080

在实际工程中，通常将 Tomcat Web 服务的默认端口 8080 改成 80，这样用户在访问站点时就不必在地址栏中加入端口号 8080 了，因为 HTTP 请求地址中默认的端口号即为 80 端口。设置 Tomcat Web 服务的端口的方法是修改{ $tomcat_home}/conf/目录下 server. xml 文件，将下列语句：

```
<Connector port = "8080" protocol = "HTTP/1.1"
```

中的端口号 8080 改为 80，修改后的语句为：

```
<Connector port = "80" protocol = "HTTP/1.1"
```

这样，在访问 Tomcat Web 站点时，就不必加 8080 端口号了，如输入 http://localhost/即可。

7. 修改 Tomcat 默认可以使用的内存大小

Tomcat 默认可以使用的内存为 128MB，在较大型的应用项目中，这些内存是不够的，需要调大，修改方法如下。

对于 Windows 系统，在文件{tomcat_home}/bin/catalina. bat 的前面，增加如下设置：

JAVA_OPTS='-Xms[初始化内存大小] -Xmx[可以使用的最大内存]'，可把这两个参数值调大。

例如：

```
JAVA_OPTS = ' - Xms256m  - Xmx512m'
```

表示初始化内存为 256MB，可以使用的最大内存为 512MB。

对于 UNIX 系统，在文件{tomcat_home}/bin/catalina. sh 的相应位置增加上述设置。

8. 让 Tomcat 支持中文文件名

一般情况下 Tomcat 不支持中文文件名，如超链接中下载含有中文名字的文件时则会出现文件名乱码。解决方法是，修改 Tomcat 的 server. xml 文件，在< Connector port="8080"…>标记中添加语句 URIEncoding="UTF-8"，即可识别中文文件名。而且不只在 JSP 页面中显示中文文件名，还可以提示是打开还是下载。

例如：

```
<a href = 'http://localhost:8080/ipnet/课程设计说明书.doc'>课程设计说明书.doc'</a>
```

图 3-15(a)所示为没有添加 URIEncoding="UTF-8"语句时，单击下载出现的中文文件名乱码现象。图 3-15(b)所示为添加了 URIEncoding="UTF-8"语句后的正常情况。

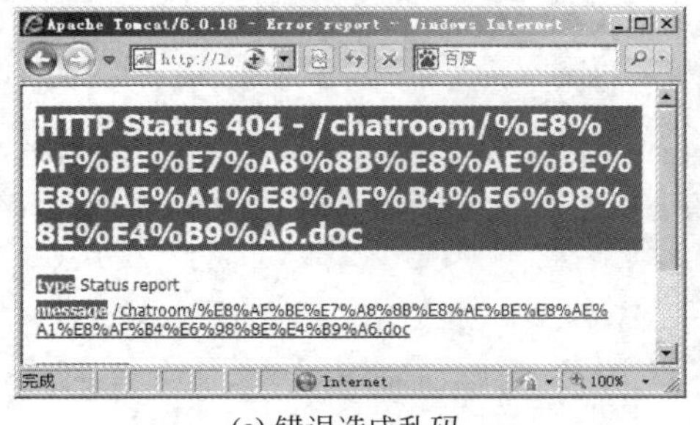

(a) 错误造成乱码

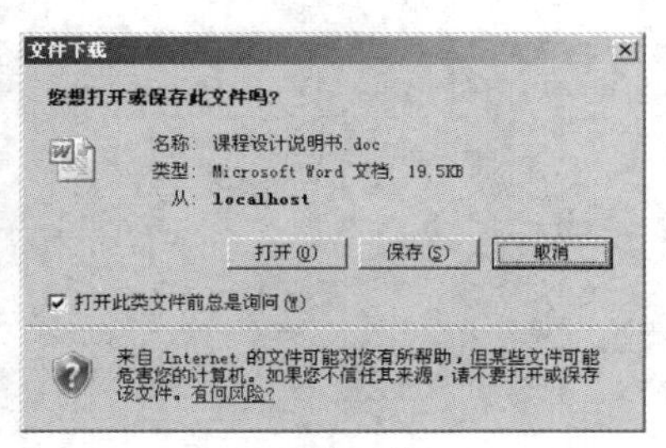

(b) 正常下载

图 3-15 Tomcat 支持中文文件名效果对比

其他的可配置文件为{tomcat_home}/bin/路径下的 web. xml、server. xml 等，如需配置，请参考有关说明。

3.7 Servlet 容器介绍

Servlet 是 Java Web 技术的核心基础。Servlet 是一种运行在支持 Java 语言的服务器上的组件，与普通 Java 类的区别是必须运行在服务器中。使用 Servlet 可以实现很多网络服务功能，为网络客户提供安全可靠的易于移植的动态网页。由于 Java 语言的平台无关性，加之 Servlet 运行在服务器端，所以对于网络用户，Servlet 的运行是完全透明的。

Servlet 容器的作用是处理客户端的请求，并将处理结果返回给客户端。在 Servlet 容器中，当用户请求到来时，Servlet 容器获取请求，然后调用某个 Servlet，并把 Servlet 的执行结果返回给用户。Tomcat 就是这样的一个 Servlet 容器。

在没有 JSP 之前，就已经出现了 Servlet 技术，JSP 是 Servlet 的扩展。Servlet 是利用输出流动态生成 HTML 页面，包括每一个 HTML 标记和每个在 HTML 页面中出现的内容。

在 JSP 出现之前，由于包括大量的 HTML 标记、静态文本及格式等，导致 Servlet 的开发效率极低。所有的表现逻辑，包括布局、色彩及图像等，都必须耦合在 Java 代码中。JSP 的出现弥补了这种不足，JSP 通过在标准的 HTML 页面中插入 Java 代码，其静态的部分无须 Java 程序控制，只有那些需要从数据库读取并根据程序动态生成信息时，才使用 Java 脚本控制。

从表面上看，JSP 页面已经不再需要 Java 类，似乎完全脱离了 Java 面向对象的特征。事实上，JSP 是 Servlet 的一种特殊形式，每个 JSP 页面就是一个 Servlet 实例，JSP 页面由系统编译成 Servlet，Servlet 再负责响应用户请求。JSP 其实也是 Servlet 的一种简化，使用 JSP 时，其实还是使用 Servlet，因为 Web 应用中的每个 JSP 页面都会由 Servlet 容器生成对应的 Servlet。

对于 Tomcat 而言，JSP 页面生成的 Servlet 放在 work 路径对应的 Web 应用下。

在项目路径 jspweb 项目\WebRoot\ch03 中创建一个简单的 JSP 页面 test.jsp 如下。

程序(\jspweb 项目\WebRoot\ch03\test.jsp)的清单：

```
<!-- 表明此为一个 JSP 页面 -->
    <%@ page contentType="text/html; charset=gb2312" language="java" %>
    <!DOCTYPE HTML PUBLIC "-//W3C//DTD HTML 4.0 Transitional//EN">
    <html>
    <head>
        <title>第一个 JSP 页面</title>
    </head>
    <body>
        <!-- 下面是 Java 脚本 -->
            <%
                for(int i = 0 ; i < 10; i++)
                  {
                      out.print(i);
                  }
                %>
    </body>
</html>
```

程序运行结果显示：

```
0 1 2 3 4 5 6 7 8 9
```

可以在 Tomcat 的\work\Catalina\localhost\jsptest\org\apache\jsp 目录下找到文件 test_jsp.java 和 test_jsp.class。这两个文件都是 Tomcat 根据 JSP 页面自动生成的 Java

Servlet 文件及 class 文件。

下面对 test_jsp.java 文件的源代码进行分析。这是一个特殊的 Java 类，继承自 HttpJspBase 类，而 HttpJspBase 类正是 HttpServlet 的子类。

```
//JSP 页面经过 Tomcat 编译后默认的包
package org.apache.jsp;
import javax.servlet.*;
import javax.servlet.http.*;
import javax.servlet.jsp.*;
//继承 HttpJspBase 类,该类其实是 HttpServlet 的子类
public final class test_jsp extends org.apache.jasper.runtime.HttpJspBase
    implements org.apache.jasper.runtime.JspSourceDependent {
  private static final JspFactory _jspxFactory =
  JspFactory.getDefaultFactory();
  private static java.util.List _jspx_dependants;
  private javax.el.ExpressionFactory _el_expressionfactory;
  private org.apache.AnnotationProcessor _jsp_annotationprocessor;
  public Object getDependants() {
    return _jspx_dependants;
  }
  public void _jspInit() {
  _el_expressionfactory = _jspxFactory.getJspApplicationContext(getServletConfig().
  getServletContext()).getExpressionFactory();
  _jsp_annotationprocessor = (org.apache.AnnotationProcessor)
  getServletConfig().getServletContext().getAttribute(org.apache.AnnotationProcessor.
  class.getName());
  }
  public void _jspDestroy() {
  }
//用于响应用户的方法
public void _jspService(HttpServletRequest request, HttpServletResponse response)
        throws java.io.IOException, ServletException {
    PageContext pageContext = null;
    HttpSession session = null;
    ServletContext application = null;
    ServletConfig config = null;
    //获得页面输出流 out
    JspWriter out = null;
    Object page = this;
    JspWriter _jspx_out = null;
    PageContext _jspx_page_context = null;
    //开始生成响应
try {
      //设置输出的页面格式
      response.setContentType("text/html; charset = gb2312");
      pageContext = _jspxFactory.getPageContext(this, request, response,
                null, true, 8192, true);
      _jspx_page_context = pageContext;
      application = pageContext.getServletContext();
      config = pageContext.getServletConfig();
      session = pageContext.getSession();
      //页面输出流
      out = pageContext.getOut();
      _jspx_out = out;
      //输出流,开始输出页面文档
      out.write("<!-- 表明此为一个 JSP 页面 -->\r\n");
      out.write(" \r\n");
      //下面输出 HTML 标签
```

```
            out.write("<!DOCTYPE HTML PUBLIC \"-//W3C//DTD HTML 4.0 Transitional//EN\">\r\n");
            out.write("<HTML>\r\n");
            out.write("<HEAD>\r\n");
            out.write("<TITLE>第一个 JSP 页面</TITLE>\r\n");
            out.write("</HEAD>\r\n");
            out.write("<BODY>\r\n");
            out.write("<!-- 下面是 Java 脚本 -->\r\n");
            out.write(" ");
            //页面中的循环,在此处循环输出
            for(int i = 0 ; i < 10; i++)
             { out.print(i); }
               out.write("\r\n");
               out.write(" </BODY>\r\n");
               out.write(" </HTML>\r\n");
    } catch (Throwable t) {
            if (!(t instanceof SkipPageException)){
               out = _jspx_out;
               if (out != null && out.getBufferSize() != 0)
                 try { out.clearBuffer();
                        } catch (java.io.IOException e) {}
               if (_jspx_page_context != null) _jspx_page_context.handlePageException(t);
            }
      } finally { _jspxFactory.releasePageContext(_jspx_page_context);
     }
     }
    }
```

当用户请求某个资源时，Servlet 容器使用 ServletRequest 对象把用户的请求信息封装起来，然后调用 Servlet 生命周期中的一些方法，完成客户端的请求任务。对于每一个 JSP 程序，当第一次被用户请求时，服务器都会自动将其转换为对应的 Servlet 程序。JSP 页面中的每个字符都由对应的 Servlet 程序中的输出流生成。容器将 Servlet 执行的结果封装在 ServletResponse 对象中，以此返回客户端，完成服务过程。Servlet 容器的作用如图 3-16 所示。

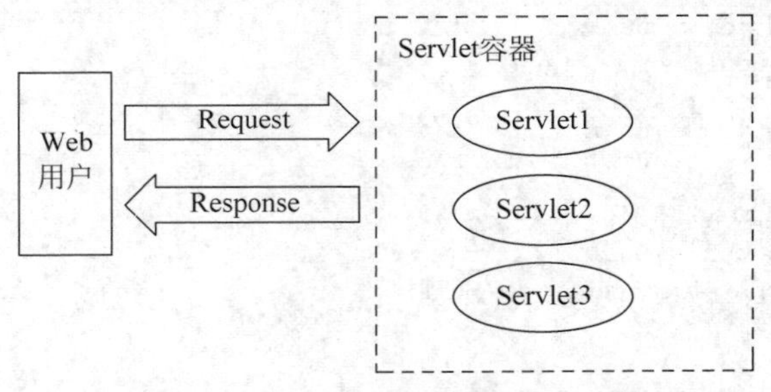

图 3-16　Servlet 容器的作用

由此可以得到如下结论：JSP 文件必须在 JSP 服务器内运行；JSP 文件必须生成 Servlet 才能执行；每个 JSP 页面的第一个访问者速度很慢，因为必须等待 JSP 编译成 Servlet；JSP 页面的访问者除了浏览器，无须安装任何客户端，甚至不需要可以运行 Java 的运行环境，因为 JSP 页面输送到客户端的是标准 HTML 页面。

关于 Servlet 程序的设计将在第 7 章中详细介绍。

3.8　HTTP 分析

HTTP 是 Web 浏览器与 Web 服务器之间交互的一种规则。目前使用的 HTTP 版本是 HTTP 1.1。HTTP 遵循请求(request)/应答(response)模型。Web 浏览器向 Web 服务器发送请求，Web 服务器处理请求并返回适当的应答。所有 HTTP 连接都被构造成一套请求和应答。

HTTP 是一种无状态的协议，无状态是指 Web 浏览器和 Web 服务器之间不需要建立持久的连接，这意味着当一个客户端向服务器端发出请求，Web 服务器返回响应，然后连接就被关闭了，在服务器端不保留连接的有关信息。

1. HTTP 通信机制

当在浏览器地址栏中输入 http://www.baidu.com，然后按 Enter 键后，可以看到已经打开了对应的网页，下面分析客户端和服务器端是如何通信的。

HTTP 通信机制是在一次完整的 HTTP 通信过程中，Web 浏览器与 Web 服务器之间将完成下列步骤。

1）服务器自动解析 URL

HTTP URL 包含了用于查找某个资源的足够信息，基本格式如下：

```
http://host[":"port][abs_path]
```

其中，http 表示采用 HTTP 来定位网络资源；host 表示合法的主机域名或 IP 地址；port 指定一个端口号，默认值为 80；abs_path 指定请求资源的 URL。如果 URL 中没有给出 abs_path，那么当它作为请求 URL 时，必须以“/”的形式给出，通常浏览器会自动完成这个工作。例如，输入 www.163.com，浏览器会自动转换成 http://www.163.com/。

2）获取 IP 地址，建立 TCP 连接

在浏览器地址栏中输入 http://www.xxx.com/并提交之后，首先它会在 DNS 本地缓存表中查找，如果有则直接告诉 IP 地址；如果没有则要求网关 DNS 进行查找，找到对应的 IP 地址后，则返回给浏览器。当获取 IP 地址之后，就通过 TCP 与 Web 服务器建立连接，默认的 TCP 连接端口号是 80。TCP 与 IP 共同构建 Internet，即著名的 TCP/IP 协议族，因此 Internet 又被称作 TCP/IP 网络。

3）Web 浏览器向 Web 服务器发送请求命令和请求头信息

一旦建立了 TCP 连接，Web 浏览器就向 Web 服务器发出 HTTP 请求。HTTP 是比 TCP 更高层次的应用层协议，根据规则，只有低层协议建立之后才能进行更高层协议的连接。

浏览器发送其请求命令之后，还要以头信息的形式向 Web 服务器发送一些别的信息，之后浏览器发送一个空白行来通知服务器，已经结束了该头信息的发送。

4）Web 服务器应答

浏览器向服务器发出请求后，服务器会向浏览器回送如下应答：

```
HTTP/1.1 200 OK
```

应答的第一部分是协议的版本号和应答状态码，如客户端会随同请求发送关于自身的信息一样，服务器也会随同应答向用户发送关于它自己的数据及被请求的文档。

5）Web 服务器向浏览器发送数据

Web 服务器向浏览器发送头信息后，会发送一个空白行来表示头信息的发送到此结束，接着以 Content-Type 应答头信息所描述的格式发送用户所请求的实际数据。

6）Web 服务器关闭 TCP 连接

一般情况下，一旦 Web 服务器向浏览器发送了请求数据，它就要关闭 TCP 连接。但是，如果浏览器或服务器在其头信息加入了代码 Connection:keep-alive，则 TCP 连接在发送后将

仍然保持打开状态，浏览器可以继续通过相同的连接发送请求。保持连接节省了为每个请求建立新连接所需的时间，还节约了网络带宽。

HTTP 使用的默认端口号是 80。在访问 Web 服务器时，如果这个服务器的端口号是 80，则可不需指定端口号也能进行访问。例如，访问新浪网可以输入网址 http://www.sina.com.cn/，也可以输入 http://www.sina.com.cn:80。但如果服务器的端口号不是 80，则必须指定端口号。例如，访问 Tomcat 服务器就必须指定端口号 8080。

HTTP 向服务器提交请求通常有两种方式，一种是 GET 方法，另一种是 POST 方法。

下面分析 HTTP 请求与响应信息格式。

2. HTTP 请求信息格式

当浏览器向 Web 服务器发出请求时，向服务器传递了一个数据块，也就是 HTTP 请求信息，HTTP 请求信息由三部分组成，分别是请求行（一个）、消息报头（N 个）、请求正文。

其中，消息报头和请求正文是可选的，消息报头和请求正文直接用空行隔开，空行代表消息报头结束。

请求行以一个方法符号开头，以空格分开，后面跟着请求的 URL 和协议的版本，格式如下：

```
请求方式　统一资源定位符　HTTP 版本号<CRLF>
```

例如：

```
GET /web/index.html HTTP/1.1 <CRLF>
```

CRLF 表示回车和换行，除了作为结尾的 CRLF 外，不允许出现单独的 CR 或 LF 字符。

在 MyEclipse 中可以通过 TCP/IP Monitor 窗口查看 HTTP 的请求和响应过程。

要使用监听器，首先要配置监听器，打开“首选项”窗口，如图 3-17 所示。单击右侧的 Add 按钮，弹出如图 3-18 所示的对话框。

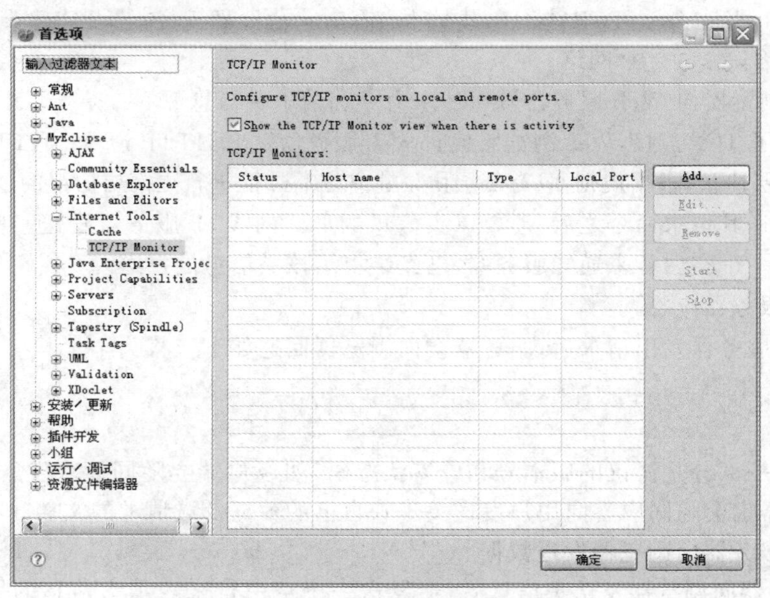

图 3-17 “首选项”窗口

在图 3-18 中单击 OK 按钮建立了一个监听器。在首选项对话框中选中刚建的监听器，同时单击右侧的 Start 按钮即可启动监听器，可通过对本地监听端口（本例中监听端口号设为 8088）对用户的请求与响应进行监听。

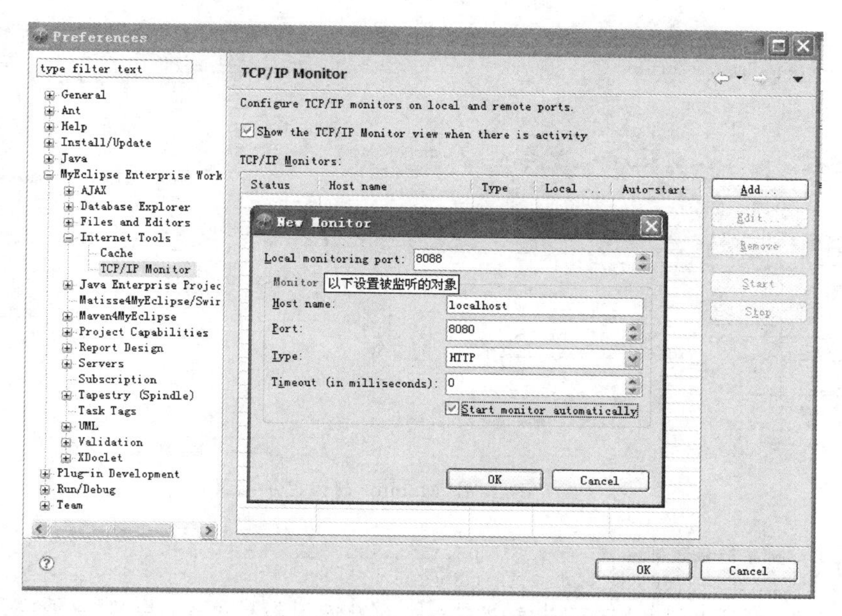

图 3-18 New Monitor 对话框

注意：访问服务器时必须先把请求(request)发到监听器设定的本地监听端口(local monitoring port)，这样，监听器就能知道请求是什么，然后监听器会把请求转到目标主机(这里是 localhost)的 8080 端口。配置的监听器端口 8088，相当于在客户端(浏览器)与应用程序服务 8080 端口之间设置了一个代理端口 8088(对应于图 3-18 配置)，所有请求服务返回的数据都会被 8088 端口获取，监听器代理关系如图 3-19 所示。

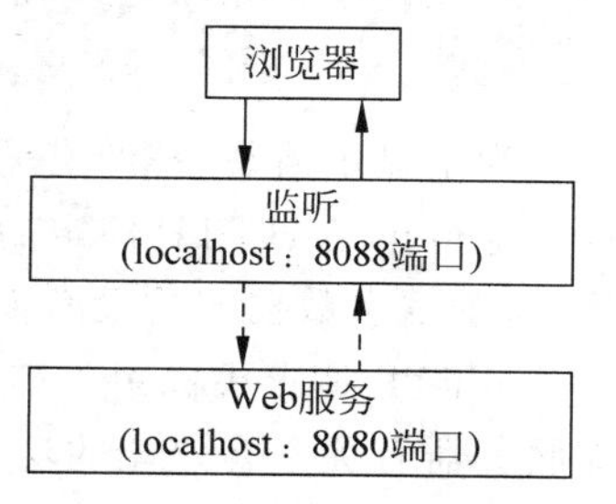

图 3-19 监听器代理关系图

下面是一个 HTTP 请求实例，新建 Web 项目，在 Web 项目中新建 index.html 文件。index.html 代码如下：

```
<html>
   <body>
   <form action = "check.jsp" method = "get">
      用户名:< input type = "text" name = "name"/>
      密码:  < input type = "text" name = "password"/>
             < input type = "submit" value = "提交"/>
   </form>
  </body>
</html>
```

要查看 TCP/IP 消息头，必须勾选 TCP/IP Monitor 窗口右侧 View Menu 中的 Show Header 选项。

在浏览器地址栏中输入 http://localhost:8088/web/index.html 后，从 TCP/IP Monitor 窗口可以看到请求和响应的信息(注意，请求的端口应输入监听端口 8088)，如图 3-20 所示。

下面是获取到的浏览器生成的 HTTP 请求信息数据包，内容如下：

```
1 GET /web/index.html HTTP/1.1 <CR>
2 Accept: */* <CR>
3 Accept - Language: zh - cn <CR>
4 Accept - Encoding: gzip, deflate <CR>
```

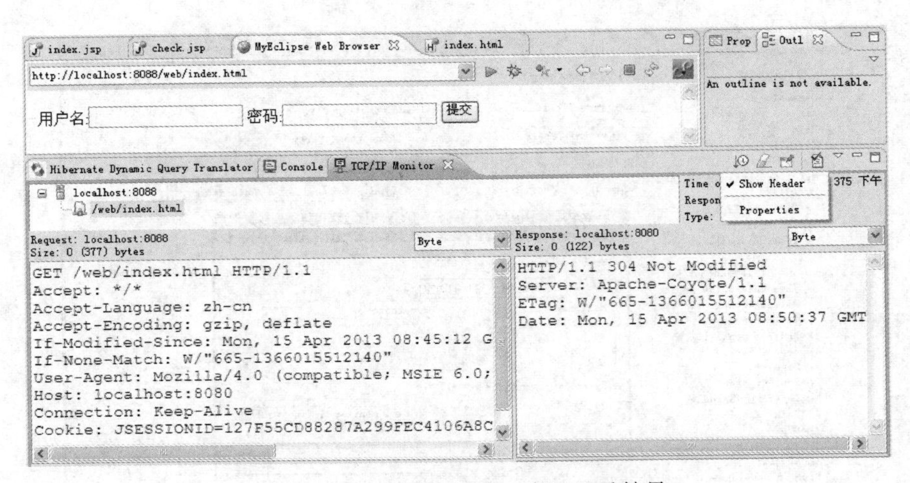

图 3-20　TCP/IP Monitor 窗口显示结果

```
5 If-Modified-Since: Mon, 15 Apr 2013 08:45:12 GMT<CR>
6 If-None-Match: W/"665-1366015512140"<CR>
7 User-Agent: Mozilla/4.0 (compatible; MSIE 6.0; Windows NT 5.1; SV1; .NET CLR 2.0.50727) <CR>
8 Host: localhost:8080<CR>
9 Connection: Keep-Alive<CR>
10 Cookie: JSESSIONID=127F55CD88287A299FEC4106A8C3AB38<CR>
<CR>
```

为了显示清楚，把所有的回车处都加上了<CR>，注意：最后还有一个空行加一个回车，这个空行正是HTTP规定的消息报头和请求正文的分界线，第一个空行以下的内容就是消息体，这个请求数据包是没有消息体的。

HTTP请求头标由关键字/值对组成，每行一对，关键字和值用冒号(:)分隔，请求头标通知服务器有关于客户端的功能和标识。

请求头标中的GET标识表示所使用的HTTP请求方式，其他常用的请求方式还有POST。GET方式请求的消息没有消息体，而POST方式请求的消息是有消息体的，请求正文的内容就是要POST的数据。后面/web/index.html就是要请求的资源，HTTP 1.1表示使用的是HTTP 1.1。HTTP规范定义了8种可能的请求方法，如表3-3所示。

表 3-3　HTTP 规范定义了 8 种可能的请求方法

请求方法	意　义
GET	检索URL中标识资源的一个简单请求
POST	服务器接受被写入客户端输出流中的数据的请求
HEAD	与GET方法相同，服务器只返回状态行和头标，并不返回请求文档
PUT	服务器保存请求数据作为指定URL新内容的请求
DELETE	服务器删除URL中命名的资源的请求
OPTIONS	关于服务器支持的请求方法信息的请求
TRACE	Web服务器反馈HTTP请求和其头标的请求
CONNECT	已文档化但当前未实现的一个方法，预留做隧道处理

其他典型的请求头标如下。

- User-Agent：客户端厂家和版本。
- Accept：客户端可识别的内容类型列表。
- Content-Length：附加到请求的数据字节数。

最后一个请求头标之后是一个空行,发送回车符和退行,通知服务器以下不再有头标。

使用 POST 传送数据,最常使用的是 Content-Type 和 Content-Length 头标。

上述代码中的第 2 行表示所用的浏览器能接受的 Content-type;第 3～4 行则是语言和编码信息;第 5～7 行显示本机的相关信息,包括浏览器类型、操作系统信息等,很多网站可以显示使用的浏览器和操作系统版本,就是因为可以从中获取到这些信息;第 8 行表示所请求的主机和端口;第 9 行表示使用 Keep-Alive 方式,即数据传递完并不立即关闭连接;第 10 行表示请求信息中带有保存于 Cookie 中的 JSESSIONID,第一次的请求中没有该项信息。

Web 服务器端解析请求,定位指定资源,将资源副本写至套接字,返回 HTTP 响应,由客户端读取。

3. HTTP 响应消息格式

服务器 HTTP 响应消息由三部分组成,分别是状态行(一个)、响应消息报头(N 个)、响应正文数据。

(1) 状态行格式如下:

```
HTTP 版本号   状态码   原因叙述< CRLF >
```

例如:

```
HTTP/1.1 200 OK
```

状态码由三位数字组成,第一位数字定义了响应的类别,且有如下 5 种可能取值。

- 1xx: 指示信息——请求已接收,继续处理。
- 2xx: 成功——请求已被成功接收、理解、接受。
- 3xx: 重定向——要完成请求必须进行更进一步的操作。
- 4xx: 客户端错误——请求有语法错误或请求无法实现。
- 5xx: 服务器端错误——服务器未能实现合法的请求。

常见状态码、状态描述、说明如下:

```
200 OK                      //客户端请求成功
400 Bad Request             //客户端请求有语法错误,不能被服务器所理解
401 Unauthorized            //请求未经授权,这个状态码必须和 WWW - Authenticate 报头域一起使用
403 Forbidden               //服务器收到请求,但是拒绝提供服务
404 Not Found               //请求资源不存在,如输入了错误的 URL
500 Internal Server Error   //服务器发生不可预期的错误
503 Server Unavailable      //服务器当前不能处理客户端的请求,一段时间后可能恢复正常
```

(2) 响应消息头标:像请求头标一样,指出服务器的功能,标识响应正文数据的细节。最后一个响应消息头标之后是一个空行,发送回车符和退行,表明服务器以下不再有头标。

(3) 响应正文数据:HTML 文档和图像等,也就是 HTML 本身。

(4) HTTP 服务器关闭无状态的连接,浏览器解析响应。

无状态连接模型是表明在处理一个请求时,Web 服务器并不记住来自同一客户端的请求。

① 浏览器首先解析状态行,查看表明请求是否成功的状态码。

② 解析每一个响应消息头标,响应消息头标告知以下为若干字节的 HTML。

③ 读取响应正文数据 HTML,根据 HTML 的语法和语义对其进行格式化,并在浏览器窗口中显示它。

④ 一个 HTML 文档可能包含其他需要被载入的资源引用,浏览器识别这些引用,对其他

的资源再进行额外的请求，此过程循环多次。

(5) HTTP 响应消息实例分析。

当浏览器发出请求后，服务器返回响应，服务器在直接返回响应信息之前，还需要加上 HTTP 消息头。

```
HTTP /1.1 200 OK
Date: Apr 11 2006 15:32:08 GMT
Server: Apache/2.0.46(win32)
Content - Length: 119
Content - Type: text/html

< html >
   < body >
   < form action = "check.jsp" method = "get">
    用户名:< input type = "text" name = "name"/>
    密码:< input type = "text" name = "password"/>
   < input type = "submit" value = "提交"/>
   </form >
  </body >
</html >
```

可以看到，这条响应消息也是用空行划分成消息头和消息体两部分，消息体的部分正是前面写好的 HTML 代码。

消息头中 HTTP 1.1 也表示所使用的协议，200 OK 是 HTTP 返回代码，200 表示操作成功，还有其他常见的状态码，如 404 表示对象未找到，500 表示服务器错误，403 表示不能浏览目录，304 表示客户端原来缓冲的文档还可以继续使用等。

如果将 index.html 页面中的请求方式改为 POST，当再次提交 index.html 页面时，在 TCP/IP Monitor 窗口中会看到不同的请求信息。

POST 提交时在请求信息头的第一行看不到提交的数据，只有服务器的地址。如果不希望在地址栏看到客户端提交的数据就要采用 POST 提交，如一些比较敏感的网站、网上银行、电子商务网站，都采用这种方式。GET 和 POST 提交还有一个不同的地方：GET 对数据长度有限制，而 POST 对提交数据长度无限制。

习题 3

1. 怎样理解 HTTP 是无状态协议？HTTP 默认端口号是多少？
2. 通过 HTTP 向服务器端提交请求有哪两种方式？它们有什么区别？
3. 在服务器端返回的信息头中，状态码 200 和 404 分别表示什么含义？
4. Tomcat 由哪几个组件组成？它们的关系如何？
5. 在 MyEclipse 中如何配置和启动 Tomcat？
6. 简述 Java Web 的目录结构。

第4章

JSP技术基础

本章学习目标

- 掌握 JSP 的标准语法。
- 掌握 JSP 编译指令和动作指令。
- 掌握 JSP 的隐含对象及其使用方法。

JSP 技术为创建动态 Web 页面提供了一个简捷且快速的方法。JSP 技术的设计目的是使得构造基于 Internet 的应用程序更加容易和快捷，而这些应用程序能够在 Java Web 服务器下顺利运行。

4.1　JSP 简介

扫一扫

视频讲解

JSP 技术是基于 Java Servlet 和整个 Java 体系的 Web 服务器端开发技术。

JSP(Java Server Pages)表示它是用 Java 写的 Web 服务页面程序。这是因为所有的 JSP 程序在运行时都会转换为与其对应的 Java Servlet 类，由该类的实例接收用户请求并做出响应。

JSP 网页是在传统的 HTML 文件里加入 JSP 标记或 Java 程序片段构成的，JSP 页面文件以.jsp 为扩展名进行保存。

当一个 JSP 页面第一次被访问的时候，JSP 引擎将执行以下步骤。

(1) 将 JSP 页面翻译成一个 Servlet，这个 Servlet 是一个 Java 文件，同时也是一个完整的 Java 程序。

(2) JSP 引擎调用 Java 编译器对这个 Servlet 进行编译，得到字节码文件 class。

(3) JSP 引擎调用 Java 虚拟机来解释执行 class，主要调用_jspService 方法，对用户请求进行处理并做出响应，生成向客户端发送的应答，然后发送给客户端。

以上三个步骤仅仅在 JSP 页面第一次被访问时才会全部执行，因此，首次访问 JSP 页面时速度会稍慢些，但以后的访问不再创建新的 Servlet，只是新开一个服务线程，访问速度会因为 Servlet 文件已经生成而显著提高。调试时，如果 JSP 页面被修改，则对应的 JSP 需要重新编译。

JSP 的执行过程如图 4-1 所示。

JSP 页面由两部分组成：一部分是 JSP 页面的静态部分，如 HTML、CSS 标记等，用来完成数据显示和样式；另一部分是 JSP 页面的动态部分，如脚本程序、JSP 标记等，用来完成数据处理。

【例 4-1】 一个简单的 JSP 程序，在页面上输出系统的时间。

首先，在 MyEclipse 下面新建一个 Web 工程，工程的名字为 hellojsp，在工程中建一个简单的 JSP 程序 time.jsp，其内容和普通的 HTML 文件一样，只是其中加入了一段 Java 代码。

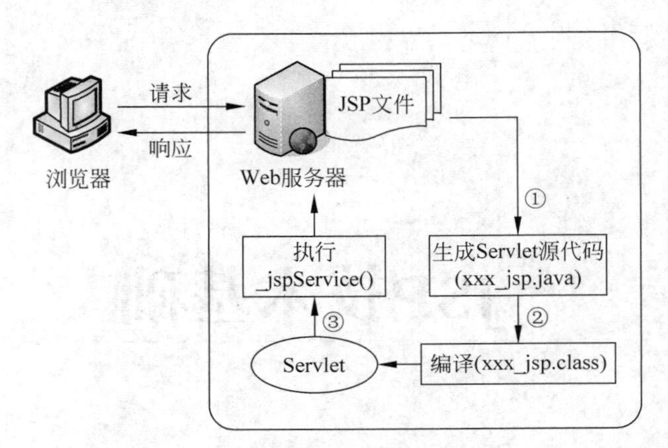

图 4-1 第一次请求 JSP 页面的执行过程

程序(\jspweb 项目\WebRoot\ch04\time.jsp)的清单：

```
<%@ page contentType = "text/html; charset = GBK" %>
<%@ page language = "java" import = "java.util.*,java.text.SimpleDateFormat;" %>
<html>
<body bgcolor = "#ffffff">
  <%
      SimpleDateFormat f = new SimpleDateFormat("现在是" + "yyyy 年 MM 月 dd 日 E a hh 点 mm 分 ss 秒");
 %>
      <%-- 每隔 1 秒刷新一次页面，以便显示实时时间 --%>
        你好，这是第一个 JSP 页面
        <br>
        <%
           response.setHeader("Refresh", "1");
           Date now = new Date();
           out.println("当前时间是:" + now + "<br>");
           out.println(f.format(now));
         %>
    </body>
</html>
```

将工程发布，并启动 Tomcat，在浏览器地址栏输入 http://localhost:8080/jspweb/ch04/time.jsp，看到如图 4-2 所示的页面。

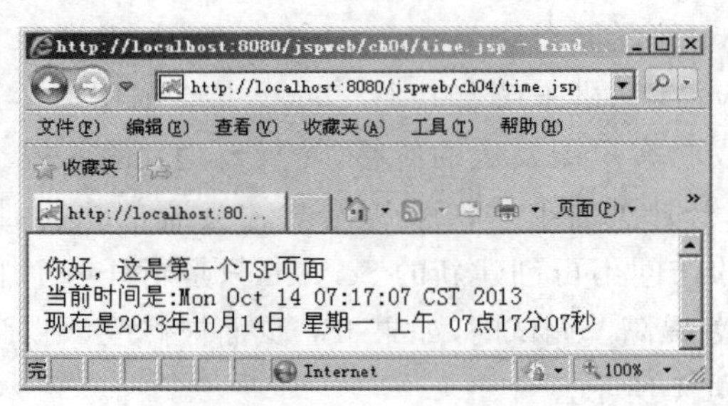

图 4-2 第一个 JSP 程序

4.2 JSP 标准语法

JSP 页面动态部分包括 JSP 注释、JSP 声明、JSP 表达式、JSP 程序段、JSP 指令和 JSP 动作。JSP 标准语法说明见表 4-1。

表 4-1 JSP 标准语法说明

JSP 元素	说　明
JSP 表达式	语法格式：<%＝表达式%> 表达式在求值后被当作字符串在表达式所在的位置显示。该表达式可以使用预定义的内部对象，例如 request、response、out、session、application、config 和 pageContext，也可以调用 JavaBean 的方法。注意表达式中不使用“;” 例如：<%＝(new java. util. Date()). toLocaleString() %>
JSP 程序段	语法格式：<% Java 代码段 %> 程序段是符合 Java 语法规范的程序，可以用于变量声明、表达式计算以及 JavaBean 的调用等
JSP 声明	语法格式：<%! Java 变量或方法声明 %> 一次可以声明多个变量，但所有声明的变量或方法仅在本页面内有效。声明需要用“;”结束。如果期望每个页面都用到一些声明，可以把这些声明写成一个单独的文件，然后用 include 指令把该文件包含进来 例如：<%! int i＝2014; %>
JSP page 指令	语法格式：<%@ page 属性＝"属性值" %> 涉及页面总体的设定，由 JSP 容器负责解释，作用范围为整个页面 例如：<%@pageimport＝"java. util. * ,java. lang. * "%>
JSP include 指令	语法格式：<%@ include file＝"相对 URL 地址"%> file 属性所指的 URL 地址可以是一个表达式，但必须是相对地址。include 是在 JSP 页面被转换成 Servlet 时引入本地文件而不是在用户请求提交时 例如：<jsp:include page＝"bar. html" flush＝true>
JSP taglib 指令	语法格式：<%@taglib url＝"相对 URL 地址" prefix＝"tagPrefix"%> url 属性用来指明自定义标记库的存放位置。tagPrefix 是为了区分不同标记库中的相同标记名 例如：<%@ taglib url＝"/tlds/menuDB. tld" prefix＝"menu" %>
JSP 注释	语法格式：<%--注释内容--%> JSP 注释在 JSP 页面被转换成 Servlet 时会被忽略，在客户端也不会显示。如果希望注释显示在客户端浏览器中，可以使用 HTML 注释的语法
<jsp:include>动作	语法格式：<jsp:include page＝"相对 URL 地址" flush＝"true"/> page 属性必须是相对 URL 地址，flush 的值必须设为 true。和 include 指令不同，<jsp:include>动作是在请求被提交时即引入所包含的文件。如果这个包含文件是动态的，那么还可以用<jsp:param>传递参数名和参数值
<jsp:useBean>动作	语法格式：<jsp:useBean 属性＝"属性值"/> 或<jsp:useBean 属性＝"属性值">…</jsp:useBean> 指向对 JavaBean 的引用
< jsp: setProperty >动作	设定 JavaBean 的属性，可以直接设定，也可以通过 request 对象所包含的参数指定
< jsp: getProperty >动作	获取 Bean 的属性，然后转换成字符串并输出
<jsp:param>	语法格式：<jsp:param name＝"属性名称" value＝"属性值"> <jsp:param>用来提供参数信息，经常和<jsp:include>、<jsp:forward>以及<jsp:plugin>一起使用。name 属性是参数的名称，value 属性是参数值 例如： <jsp:include page＝"/index. html"/> <jsp:include page＝"scripts/login. jsp"> <jsp:param name＝"username" value＝"jsmith"/> </jsp:include>

续表

JSP 元素	说　明
<jsp:forward>动作	语法格式：<jsp:forward page="相对 url 地址"/> <jsp:forward>从一个 JSP 文件转向 page 属性所指定的另一个文件，并传递一个包含用户请求的 request 对象，<jsp:forward>动作后面的代码将不能被执行。page 属性可以是计算类型，但必须是相对 URL 地址 例如： <jsp:forward page="/utils/errorReporter.jsp" /> <jsp:forward page="<%= someJavaExpression %>" />
<jsp:plugin>动作	语法格式：<jsp:plugin 属性="属性值">…</jsp:plugin> 在客户端浏览器中执行一个 Bean 或者显示一个 Applet。根据客户端浏览器的不同类型会产生 OBJECT 或 EMBED 标记，Java Applet 的运行需要利用这些标记

扫一扫

视频讲解

4.2.1　JSP 注释

JSP 程序中的注释包括以下两种。

（1）HTML 注释，语法格式如下：

```
<!-- 这是 HTML 注释，在客户端源代码中可查看 -->
```

这段代码将发给客户端浏览器，在浏览器的"查看"→"源文件"中可见到该 HTML 注释语句，但不会在屏幕上显示。

（2）JSP 注释，语法格式如下：

```
<% -- 这是 JSP 注释，在客户端源代码中不可见 -- %>
```

JSP 注释不会发给浏览器，在客户端完全不可见。JSP 注释的作用是供程序员阅读程序而注解的。

【例 4-2】　HTML 注释与 JSP 注释的区别测试。

程序(\jspweb 项目\WebRoot\ch04\jspnotes.jsp)的清单：

```
<% @page pageEncoding = "gbk" %>
<html>
  <body>
    <!-- 这是 HTML 注释，在客户端源代码中可查看 -->
    <% -- 这个是 JSP 注释，在客户端完全不可见 -- %>
      这是 HTML 注释<br>
      这个是 JSP 注释
  </body>
</html>
```

在客户端浏览器访问该 JSP 程序打开网页以后，通过"查看"→"源文件"，可看到服务器发给浏览器的源代码，如图 4-3 所示。

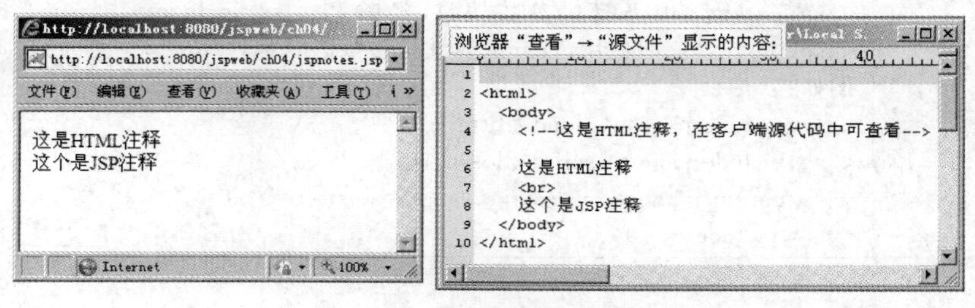

图 4-3　浏览器查看源代码

服务器发给浏览器的源代码中没有“<%--这个是 JSP 注释，在客户端完全不可见--%>”所注释的内容，而用<!--……-->所做的 HTML 注释的内容会发给浏览器，但浏览器是不会将 HTML 注释内容解释显示的。可见，JSP 注释的内容不会发给客户端，它的作用是仅供程序员做注释；HTML 注释内容虽然会发给客户端，但不会显示给用户。

4.2.2　JSP 声明

JSP 声明用于声明变量和方法，相当于对应的 Servlet 类的成员变量或成员方法。这样定义的变量或方法的作用域属于网页层，在 JSP 整个网页中都能够使用这些声明过的变量或方法。

JSP 声明变量或方法的语法：

```
<%! Java 变量或方法; %>
```

【例 4-3】 在下面的 count.jsp 文件中声明了一个变量 count，页面中通过 JSP 表达式输出变量 count。

程序(\jspweb 项目\WebRoot\ch04\count.jsp)的清单：

```
<%@ page language = "java" import = "java.util. * " pageEncoding = "GBK" %>
        <html>
<head>
      <title>JSP 测试</title>
</head>
        <body>
          <%! int count = 0; %>
          count = <% = count++ %>
         </body>
</html>
```

其实，在 JSP 声明中声明的变量，相当于 static 变量，如果定义的 int 变量不赋初值，则其初值默认为 0。如果同时打开多个浏览器向该 JSP 页面发请求，或在不同的计算机上打开浏览器来请求这个 JSP 页面，将发现所有客户端访问该 JSP 中的 count 值是连续的，即所有客户端共享的是同一个 count 变量，在浏览器地址栏中输入 http://localhost:8080/jspweb/ch04/count.jsp，会看到如图 4-4 所示的页面。

图 4-4　JSP 变量声明测试效果

因为，在 JSP 声明部分“<%!…；%>”内的变量和方法是类的全局变量和方法，也就是类的成员变量和成员方法，该变量在创建对应的 Servlet 实例时被初始化，且一直有效，直到实例销毁。声明在 JSP 代码段“<%…%>”内的变量是_jspService 方法内部的变量，即局部变量。

由于 JSP 声明语法定义的变量和方法对应于 Servlet 的成员变量和方法，所以 JSP 声明的变量和方法，需要时也可以使用 private、public 等访问控制符修饰，或使用 static 修饰将其变成类属性和类方法。不能使用 abstract 修饰声明部分的方法，因为抽象方法将导致 JSP 对应 Servlet 变成抽象类，从而导致无法实例化。

4.2.3　JSP 表达式

JSP 表达式就是一个符合 Java 语法的表达式，JSP 表达式是直接把 Java 表达式的值作为字符串输出。JSP 表达式的语法形式如下：

```
<% = Java 表达式 %>
```

表达式的值在运行后被自动转化为字符串，然后插入到这个表达式在JSP文件的位置。注意：不能用分号(;)作为表达式的结束符。

【例 4-4】 在声明中定义一个函数，函数的作用是计算两个数的和，再用JSP表达式调用该函数，在相应位置插入函数值。

程序(\jspweb 项目\WebRoot\ch04\sum.jsp)的清单：

```
<%@ page language = "java" import = "java.util. * " pageEncoding = "GBK" %>
<html>
<head>
      <title> sum 测试</title>
</head>
       <body>
          <%! int i = 0;
           public int sum(int a, int b)
                {
                    return a + b;
                }
           %>
      sum = <% = sum(12,2) %>
   </body>
</html>
```

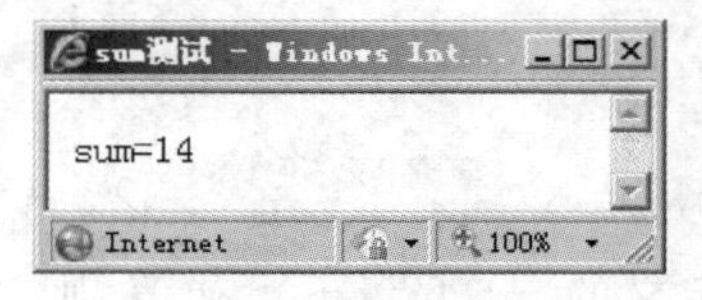

图 4-5 程序 sum.jsp 的运行结果

在浏览器地址栏中输入 http://localhost:8080/jspweb/ch04/sum.jsp，会看到如图4-5所示的页面。

最后一行代码使用JSP表达式调用了前面JSP声明中定义的sum函数，并将计算结果在页面上显示。JSP表达式用来输出变量的值、系统API的函数值和自定义函数值。

扫一扫

视频讲解

4.2.4 JSP 程序段

JSP程序段实际上就是嵌入在页面中的Java代码，也称JSP代码段。JSP程序段的具体语法格式如下：

```
<% Java 代码段 %>
```

JSP程序段是JSP程序的主要逻辑块，一般来说，每个JSP程序段都有一定的独立性并完成特定的功能。当在JSP中处理比较复杂的业务逻辑时，可以将代码写在JSP程序段中。

在JSP声明中定义的变量和在JSP程序段中定义的变量对应着相应的Servlet类的全局变量和局部变量。这种区别对于用户的具体体验是：在JSP声明中定义的变量只初始化一次，且在所有运行这个JSP程序代码的线程中共享该全局变量；在JSP程序段中定义的变量为Servlet类中的_ jspService方法里的局部变量，局部变量不能使用private等访问控制符修饰，也不可使用static修饰，在每次新的请求线程产生的时候，它都会重新创建和重新初始化。

由于JSP代码将转换成_ jspService方法里的可执行代码，而Java语法不允许在方法里定义方法，所以JSP代码段里也不能定义方法，否则将会因在最终生成的Servlet类的_ jspService方法里再嵌套方法而出错。

【例 4-5】 下面的程序段是累计计算1～10的和，并用JSP表达式将计算结果输出到客户端。

程序(\jspweb 项目\WebRoot\ch04\sum1.jsp)的清单：

```
<%@ page language="java" import="java.util.*" pageEncoding="GBK"%>
<html>
    <head>
        <title>sum 测试</title>
    </head>
    <body>
        <%
            int sum = 0;
            for (int i = 1; i <= 10; i++) {
                sum += i;
            }
        %>
        1 + 2 + ... + 10 = <% = sum %>
    </body>
</html>
```

程序运行结果如图 4-6 所示。

【例 4-6】 下面的程序将<tr…/>标记循环 5 次，即生成一个 5 行的表格，并在表格中输出表达式的值。

程序(\jspweb 项目\WebRoot\ch04\scriptlet.jsp)的清单：

```
<%@ page language="java" import="java.util.*" pageEncoding="GBK"%>
<html>
<head>
    <title>JSP 测试</title>
</head>
<body>
    <table bgcolor="ddffdd" border="1" width="300px">
    <!-- Java 脚本,这些脚本会对 HTML 的标记产生作用 -->
    <% for (int i = 0; i < 5; i++) { %>  <!-- 这里的 for 循环将控制<tr>等标签循环 -->
        <tr><td>循环值:</td><td><% = i %></td></tr>
    <!—这个表格的内容由 JSP 表达式动态提供 -->
    <% } %>
    <table>
</body>
</html>
```

程序运行结果如图 4-7 所示。

图 4-6　程序 sum1.jsp 的运行结果

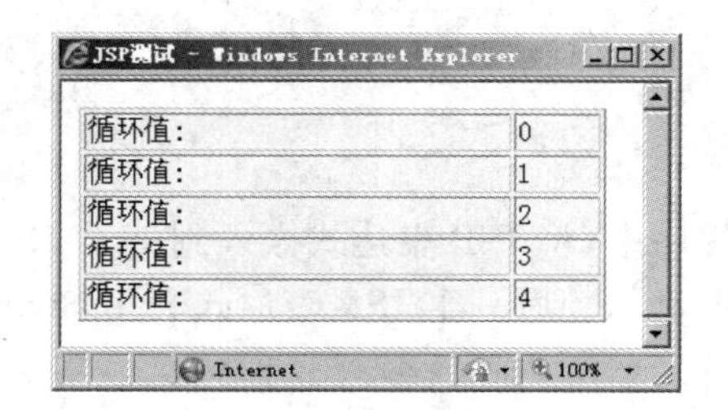

图 4-7　程序 scriptlet.jsp 的运行结果

4.2.5　JSP 与 HTML 的混合使用

在 JSP 页面中，既有 HTML 代码又有 Java 代码，它们分工协作各负其责。HTML 代码主要用于页面的外观组织与显示，如显示字体的大小、颜色、定义表格、是否换行、显示图片、插入链接等。Java代码主要用于业务逻辑的处理，如对数据库的操作、数值的计算等。可以通过将HTML嵌入到Java的循环和选择语句中来控制HTML的显示。

【例4-7】 在页面上由小到大显示字符串"WELCOME!"。

程序(\jspweb项目\WebRoot\ch04\ welcome.jsp)的清单：

```
<%@ page language="java" import="java.util.*" pageEncoding="utf-8"%>
<html>
    <head><title>JSP测试</title></head>
    <body>
        <%      //JSP程序段,其作用是用一个for循环来控制字体的大小
            String welcome = "WELCOME!";
            int font_size = 0;
            for (int i = 0; i < 8; i++) {
        %>
        <font size=<% =++font_size %>><% = welcome.charAt(i) %></font>
        <%
            }
        %>
    </body>
</html>
```

图4-8 程序welcome.jsp的运行结果

程序运行结果如图4-8所示。

以上代码通过HTML和JSP互相嵌套，实现了一些复杂的业务逻辑和显示页面。

处于JSP代码段循环体中的HTML语句也属于循环体的内容，参与循环，但要将这些HTML语句从JSP代码段中"分离"。

选择浏览器的"查看"菜单中的"源文件"，可看到服务器将上述JSP文件处理并对用户做出响应的HTML代码：

```
<html>
    <body>
    <font size=1> W </font>
    <font size=2> E </font>
    <font size=3> L </font>
    <font size=4> C </font>
    <font size=5> O </font>
    <font size=6> M </font>
    <font size=7> E </font>
    <font size=8> ! </font>
  </body>
</html>
```

程序中，将JSP表达式嵌入到HTML代码的属性中，通过字体字号每次加1，实现字体由小到大显示。后一个JSP表达式利用String类的charAt函数每次提取出"welcome!"中的一个字符。

扫一扫

视频讲解

4.3 JSP编译指令

JSP的编译指令是通知JSP引擎的消息，它们的作用是设置JSP程序和由该JSP程序编译生成Servlet程序的属性，它不直接生成输出，而只是告诉引擎如何处理JSP页面中的某些部分。

JSP指令的基本语法格式：

```
<%@ 编译指令名 属性名="属性值" %>
```

例如：

```
<%@ page contentType="text/html;charset=gb2312"%>
```

注意：属性名部分是区分大小写的，在目前的 JSP 2.0 中，定义了 page、include 和 taglib 三种指令，每种指令中又都定义了一些各自的属性。

扫一扫

视频讲解

4.3.1　page 编译指令

page 编译指令用来设置整个 JSP 页面的相关属性和功能，包括指定 JSP 脚本语言的种类、导入的包或类、指定页面编码的字符集等。

page 指令的基本语法如下：

```
<%@ page 属性 1="属性值 1"  属性 2="属性值 2"  属性 3="属性值 3"  … %>
```

如果要在一个 JSP 页面中设置同一条指令的多个属性，可以使用多条指令语句单独设置每个属性，也可以使用同一条指令语句设置该指令的多个属性。例如，对于 page 指令的属性设置有以下两种形式。

第一种形式(常用)：

```
<%@ page contentType="text/html; charset=gb2312" import="java.util.Date"%>
```

第二种形式：

```
<%@ page contentType="text/html;charset=gb2312"%>
<%@ page import="java.util.Date"%>
```

page 指令常用属性设置如下。

- language＝"java"：声明当前 JSP 程序所使用的脚本语言种类，暂时只能用 java。
- extends＝"package.class"：声明该 JSP 程序编译时所产生的 Servlet 类需要继承的 class 或需要实现的 interface 的全名。必须慎重地使用它，它会限制 JSP 的编译能力。
- import＝"package1.class1, package2.class2,…"：声明需要导入的包，该属性决定了该 JSP 页面可以使用的 Java 包，这些导入的包作用于该 JSP 页面的程序段、表达式及声明。这里的 import 同普通 Java 程序中的 import 作用是一样的。在 page 指令所有属性中，只有 import 属性可以多次出现，其余属性均只能定义一次。如果用一个 import 导入多个包，需要用逗号(,)分隔。

  例如：

```
<%@ page import="java.util.*,java.lang.*" %>
```

  也可以使用分别导入的形式。

  例如：

```
<%@ page import="java.util.*" %>
<%@ page import=" java.lang.*" %>
```

  下面的包在 JSP 编译时已经自动导入了，不需要显式导入：

```
java.lang.*
javax.servlet.*
javax.servlet.jsp.*
javax.servlet.http.*
```

- pageEncoding：JSP要经过三次的“编码”，第一阶段会用pageEncoding设定的编码读取JSP源程序；第二阶段将读取的JSP源程序翻译成统一的UTF-8编码的Servlet（Java程序）；第三阶段是由Tomcat输出的网页，用contentType的charset属性来指明服务器发送给客户端时的内容编码。

在JSP标准语法中，如果pageEncoding属性存在，那么JSP页面的字符编码方式就由pageEncoding决定，否则就由contentType属性中的charset决定；如果charset也不存在，JSP页面的字符编码方式则采用默认的ISO8859-1。

- session="true|false"：指明session对象是否可用，默认值为true。一般情况下，很少设置该属性为false。如果设置该属性为false，那么就不能使用session对象，也不能使用作用域为session的<jsp:useBean>元素。关于session将在后面做详细介绍。
- buffer="8KB|none|size KB"：buffer属性指明输出流（out对象执行后的输出）是否有缓冲区，默认值为8KB。当输出流被指定需要缓冲时，服务器会将输出到浏览器上的内容做暂时的保留，除非指定大小的缓存被完全占用，或者脚本完全执行完毕。
- autoFlush="true|false"：如果buffer溢出，设置是否需要强制输出，默认值为true。如果设置为false，一旦buffer溢出就会抛出异常。注意：如果buffer属性被设置为none，则autoFlush属性必须被设置为true。
- isThreadSafe="true|false"：设置JSP文件是否允许多线程使用（如是否能够处理多个请求），默认值为true。如果设置成false，JSP容器一次只能处理一个请求。
- info="text"：描述该JSP页面的相关信息或说明，该信息可以通过Servlet.getServletInfo方法取得。

  例如：

```
info = "这是 JSP Page 指令使用实例"
```

- errorPage="relative URL"：如果页面产生了异常或者错误，而该JSP程序又没有相应的处理代码，则会重定向到该指令所指定的外部JSP文件。
- isErrorPage="true|false"：该属性指示当前JSP页面是否可以作为其他JSP页面的错误处理页，可参照例4-1中errorPage.jsp的设置。如该属性设定为true，则该页面可以接收其他JSP页面出错时产生的exception对象；如设定为false，则无法使用exception对象。

【例4-8】 一个有关errorPage的实例。

程序（\jspweb项目\WebRoot\ch04\errorSource.jsp）的清单：

```
<%@page pageEncoding = "gbk" errorPage = "errorPage.jsp" %>
<html>
    <body>
      <%! int i = 0; %>
      <% =7/i %>
    </body>
</html>
```

程序（\jspweb项目\WebRoot\ch04\ errorPage.jsp）的清单：

```
<%@ page isErrorPage = "true" pageEncoding = "gbk" %>
    异常信息：<% = exception %>
```

运行程序 errorSource. jsp，将会显示 errorPage. jsp 中的 0 被除的错误信息，程序运行结果如图 4-9 所示。

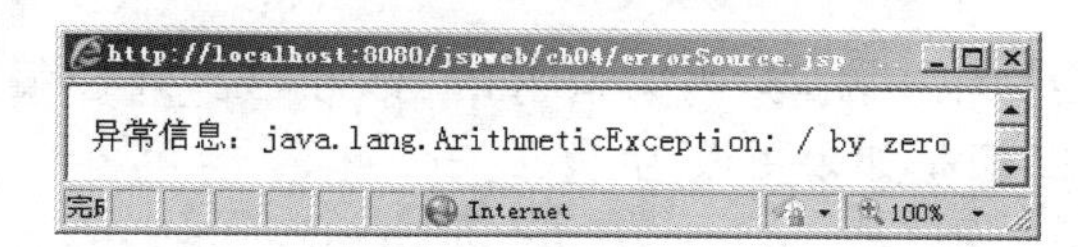

图 4-9　程序 errorSource. jsp 的运行结果

- ContentType="mimeType[;charset=characterSet]"：用于设定作为响应返回的网页文件格式和编码样式，即 MIME 类型和页面字符集类型，它们是最先传送给客户端的部分。

MIME(Multipurpose Internet Mail Extensions，多用途因特网邮件扩充）最初是为了标识邮件 E-mail 附件的类型，现在代表互联网媒体类型。MIME 类型包含视频、图像、文本、音频、应用程序等数据。

MIME 由媒体类型(type)与子类型(subtype)两部分组成，它们之间使用反斜杠"/"分隔，其中类型取值为 application、audio、example、image、message、model、multipart、text、video。子类型是某种类型的标识符，如 plain、html、css、gif、xml 等。mimeType 通常取值有 text/html(默认类型)、text/plain、image/gif、image/jpeg 等。默认的字符编码方式为"ISO8859-1"。如果需要显示中文字体，一般设置 charset 为 GBK 或 GB2312。GBK 是汉字国标扩展码，基本上采用了 GB2312 所有的汉字及码位，并涵盖了 Unicode 中所有的汉字，总共收录了 883 个符号和 21003 个汉字，还提供了 1894 个造字码位。

例如：

```
<%@page contentType = "text/html;charset = GBK" %>
```

JSP 页面中的 pageEncoding 和 contentType 两种属性的区别：pageEncoding 是 JSP 文件本身的编码；contentType 的 charset 是指服务器发送给客户端时的内容编码。

JSP 要经过三个阶段的"编码"，第一阶段会用 pageEncoding；第二阶段会用 UTF-8 读取 Java 源码，生成字节码；第三阶段是由 Tomcat 生成的网页，用的是 contentType。

第一阶段是 JSP 编译成 Java。它会根据 pageEncoding 的设定读取 JSP，结果是由指定的编码方案翻译成统一的 UTF-8 Java 源码(即.java)，如果 pageEncoding 设定错误，或没有设定，结果就是中文乱码。

第二阶段是由 Javac 的 Java 源码至 Java byteCode 的编译。

不论 JSP 编写时候用的是什么编码方案，经过这个阶段的结果全部是 UTF-8 的 encoding 的 Java 源码。

Javac 用 UTF-8 的 encoding 读取 Java 源码，编译成 UTF-8 encoding 的二进制码(即 class)，这是 JVM 对常数字串在二进制码(即 Java Encoding)内表达的规范。

第三阶段是 Tomcat 载入和执行第二阶段的 Java 二进制码输出的结果，也就是在客户端见到的，这时隐藏在第一阶段和第二阶段的参数 contentType 就发挥了功效。

JSP 文件的编码方式不同于 Java，Java 在被编译器读入时默认采用的是操作系统设定本地(local)所对应的编码。一般地，不管是在记事本还是在 UltraEdit 中写代码，如果没有经过特别转码的话，写出来的都是本地编码格式的内容。所以编译器采用的方法刚好可以让虚拟机得到正确的数据。

但是 JSP 文件不是这样，它没有这个默认转码过程，而是通过指定 pageEncoding 实现正确的转码。

例如：

```
<%@ page contentType = "text/html;charset = utf - 8"  %>
```

会打印出乱码，因为输入的“你好”是 GBK 编码，但是服务器是否能正确抓到“你好”不得而知，但是如果更改为：

```
<%@ page contentType = "text/html;charset = utf - 8" pageEncoding = "GBK" %>
```

那么，服务器一定会正确抓到“你好”。

- isELIgnored="true | false"：表明如何处理 el 表达式。如果设定为 true，那么 JSP 中的 EL 表达式被忽略而当成字符串处理。Web 容器默认 isELIgnored="false"。

例如，表达式<p>${2000 % 20}</p>在 isELIgnored="true"时，EL 表达式被忽略，而当成字符串输出为${2000 % 20}；而在 isELIgnored="false"时，EL 表达式不被忽略，输出为 100。

JSP 2.0 的一个主要特点是它支持表达式语言(expression language)。表达式语言可以使用标记格式方便地访问 JSP 的隐含对象和 JavaBean 组件。page 指令各个属性汇总如表 4-2 所示。

表 4-2　page 指令各个属性汇总

属性名	含义	示例
language	设置当前页面中编写 JSP 脚本使用的语言。目前仅 Java 为有效值和默认值	<%@page language="java"%>
import	用来导入 Java 包名或类列表，用逗号分隔，可以在同一个文件中导入多个不同的包或类	<%@page import="java.util.*" %>
session	可选值为 true 或 false，指定 JSP 页面是否使用 session	<%@page session="true" %>
contentType	用于设置传回网页的文件格式和编码方式，即设置 MIME 类型，默认 MIME 类型是 text/html，默认的字符编码是 ISO8859-1	<%@page contentType="text/html;charset=gbk" %>
pageEncoding	指定本页面编码的字符集，默认为 ISO-8859-1	<%@page pageEncoding="gbk" %>
buffer	指定服务器向客户端发送 JSP 文件时使用的缓冲区大小，以 KB 为单位，默认值为 8KB	<%@page buffer="8k"%>
autoFlush	决定输出流的缓冲区满了后是否需要自动刷新，缓冲区满了后会产生异常错误，默认为 true	<%@page autoFlush="true"%>
iserrorPage	指定本 JSP 文件是否用于显示错误信息的页面	<%@page iserrorPage="true"%>
errorPage	指定本 JSP 文件发生错误时要转向的显示错误信息的页面	<%@page errorPage="error.jsp" %>
isThreadSafe	声明 JSP 引擎执行这个 JSP 程序的方式。默认值是 true，则 JSP 引擎会启动多个线程来响应多个用户的请求。如果是 false，则 JSP 引擎每次只启动一个线程响应用户的请求	<%@page isThreadSafe="true" %>
isELIgnored	用来设置是否忽略 EL 表达式。设置为 true，表示忽略 EL 表达式 ${}	<%@page isELIgnored="true"%>

使用 page 指令要注意以下几点。

(1) <%@page %>指令作用于整个 JSP 页面,包括静态的包含文件(用<%@include %>指令调用),但不包括用<jsp:include>指令指定的动态包含文件,因为动态包含时,实际上仍是两个独立运行的 Servlet 文件,而静态包含实际上是将两个 JSP 文件合并为一个 Servlet。

(2) 除了 import 属性之外,其他的属性都只能定义一次。

(3) 无论把<%@page %>指令放在 JSP 文件的哪个地方,它的作用范围都是整个 JSP 页面。但为了 JSP 程序的可读性,最好放在 JSP 文件的顶部。

4.3.2 include 编译指令

include 编译指令用于通知 JSP 引擎在翻译当前 JSP 页面时将其他文件中的内容与当前 JSP 页面合并,转换成一个 Servlet 源文件。这种在编译阶段进行整合处理的合并操作称为静态包含。

JSP include 编译指令的基本语法如下:

```
<%@ include file="relative URL" %>
```

file 属性是需要引用 HTML 页面或 JSP 页面的相对路径。如果 file 属性的设置路径以"/"开头,表示相对于当前 Web 应用程序的根目录而不是站点根目录。

引入文件与被引入文件是在被 JSP 引擎翻译成 Servlet 的过程中进行合并的,而不是先合并源文件后再对合并的结果进行翻译。当前 JSP 页面的源文件与被引入文件的源文件可以采用不同的字符集编码,即使在一个页面中使用 page 指令的 pageEncoding 或 contentType 属性指定了其源文件的字符集编码,在另外一个页面中还需要用 page 指令的 pageEncoding 或 contentType 属性指定其源文件所使用的字符集。除了 import 和 pageEncoding 属性之外,page 指令的其他属性不能在这两个页面中有不同的设置值。

除了指令元素之外,被引入的文件中的其他元素都被转换成相应的 Java 源代码,然后插入当前 JSP 页面所翻译成的 Servlet 源文件中,插入位置与 include 指令在当前 JSP 页面中的位置保持一致。

Tomcat 在访问 JSP 页面时,可以检测它所引入的其他文件是否发生了修改。如果发生了修改,则重新编译当前 JSP 页面。

include 指令通常用来包含网站中经常出现的重复性页面。例如,许多网站为每个页面都设计了一个导航栏,把它放在页面的顶端或左下方,每个页面都重复着同样的内容。include 指令是解决此类问题的有效方法,使开发者们不必花时间去为每个页面复制相同的 HTML 代码。

【例 4-9】 下面有两个 JSP 文件,通过 include 指令将 subpage.jsp 嵌入到 mainpage.jsp 文件中。程序运行结果如图 4-10 所示。

图 4-10 程序 mainpage.jsp 的运行结果

程序(\jspweb 项目\WebRoot\ch04\subpage.jsp)的清单:

```
<%@ page language="java" pageEncoding="gbk" %>
<html>
<body>
    <font size=5>这是第一个 JSP 页面</font> <br>
  </body>
</html>
```

程序(\jspweb 项目\WebRoot\ch04\mainpage.jsp)的清单：

```
<%@ page language="java" pageEncoding="gbk" %>
<%@ include file="subpage.jsp" %>
<html>
  <body>
    这是第二个 JSP 页面
  </body>
</html>
```

通过查看服务器 work 文件夹下的源代码,可看到这两个 JSP 文件只生成了一个 Servlet。

如果被包含文件需要经常变动,则建议使用<jsp:include>动作代替 include 指令。<jsp:include>动作将在后面介绍。

扫一扫

视频讲解

4.3.3 taglib 编译指令

<%@ taglib %>指令定义一个标记库以及自定义标记的前缀,以便在页面中使用基本标记或自定义标记来完成指定的功能。

taglib 编译指令的格式为：

```
<%@ taglib uri="taglibURI" prefix="tagPrefix" %>
```

其中属性含义如下。

- taglib uri：唯一地指定标记库的绝对路径或相对路径,uri 用于定位这个标记库资源的位置。
- tagPrefix：指标记库的识别符,用以区别用户的自定义动作。

【例 4-10】 在 JSP 文件中引用 JSP 的标准标记库中的核心标记库,并使用其中的 set 标记定义变量,使用 out 标记输出变量的值。

程序(\jspweb 项目\WebRoot\ch04\tag.jsp)的清单：

```
1    <%@ page language="java" pageEncoding="gbk"%>
2    <%@ taglib uri="http://java.sun.com/jstl/core_rt" prefix="c"%>
3    <html>
4        <head>
5            <title>JSP 测试</title>
6        </head>
7          <body>
8            <c:set var="example" value="${100+1}" scope="session" />
9            example =<c:out value="${example}" />
10       </body>
11   </html>
```

其中,第 2 行使用 taglib 指令引入 jstl 的标记库,第 8 行定义一个变量 example,第 9 行输出变量的值。JSP 标准标记库在第 9 章中详细介绍。

程序运行结果如图 4-11 所示。

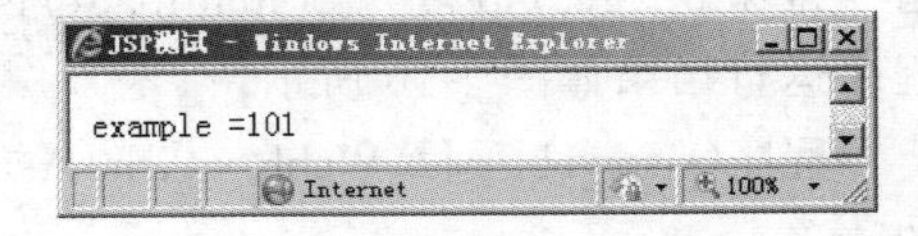

图 4-11 程序 tag.jsp 的运行结果

扫一扫

视频讲解

4.4 JSP 动作指令

JSP 动作指令主要是一组动态执行的指令,以标记的形式使用。

与编译指令不同,动作指令是运行时的脚本动作。JSP 的 7 个动作指令如表 4-3 所示。

表 4-3 JSP 动作指令

JSP 动作指令	作 用
jsp:forward	执行页面转向,将请求的处理转发到下一个页面
jsp:param	用于传递参数,必须与其他支持参数的标记一起使用
jsp:include	用于动态引入一个 JSP 页面
jsp:plugin	用于下载 JavaBean 或 Applet 到客户端执行
jsp:useBean	使用 JavaBean
jsp:setProperty	修改 JavaBean 实例的属性值
jsp:getProperty	获取 JavaBean 实例的属性值

4.4.1 forward 动作指令

<jsp:forward page="relativeURL"/>动作指令的作用是实现服务器端的页面跳转,即从当前页面跳转到另一个页面,可以跳转到静态的 HTML 页面,也可以跳转到动态的 JSP 页面,或者跳转到容器中的 Servlet。

forward 动作指令的语法形式 1:

```
<jsp:forward page = "{relativeURL | <% = expression %>}"/>
```

forward 动作指令的语法形式 2:

```
<jsp:forward page = "{relativeURL | <% = expression %>}"/>
<jsp:param name = "parameterName"
           value = "{parameterValue | <% = expression %>}"/>
</jsp:forward>
```

page 属性包含的是目标文件的相对 URL,指定了要跳转的目标文件的路径。可用<jsp:param>设置参数。

jsp:forward 动作从当前页面跳转到另一个页面时,实际完成的还是同一个请求。因此,在跳转过程中,request 对象在新的页面中也是有效的,这种跳转方式也称为服务器跳转。jsp:forward 动作常用于用户登录的验证。

4.4.2 include 动作指令

<jsp:include>动作指令标记用于把另外一个资源的输出内容插入当前 JSP 页面的输出内容之中,实际上是把指定页面的 servlet 所生成的应答内容插入本页面相应位置。这种在 JSP 页面执行时的引入方式称为动态引入。<jsp:include>动作指令涉及的两个 JSP 页面会被翻译成两个 Servlet,这两个 Servlet 的内容在执行时进行合并。

include 动作指令的格式 1:

```
<jsp:include page = "{relativeURL | <% = expression %>}" flush = "true"/>
```

include 动作指令的格式 2:

```
<jsp:include page = "{relativeURL | <% = expression %>}" flush = "true">
      <jsp:param name = "parameterName" value = "patameterValue"/>
</jsp:include>
```

其中:

- page 属性指定需要包含的文件的相对路径或绝对路径。

• flush属性指定在插入其他资源的输出内容时，是否先将当前JSP页面已输出的内容刷新到客户端。必须设置flush="true"。

服务器端页面缓冲的意思是，在将生成的HTML代码送到客户端前，先在服务器端内存中保留，因为解释JSP或Servlet变成HTML是一步步进行的，可以在服务器端生成HTML或生成一部分HTML(所占用字节数已达到指定的缓冲字节数)后再送到客户端。如果不缓冲，则会解释生成一句HTML就向客户端发送一句。在jsp:include语句中，必须设置flush="true"，表示如果包含进来的页面有变化，本页面也随之刷新。如果其值被设置为false，可能会导致意外错误。

<jsp:include>动作指令与<%@include%>编译指令的作用是相同的，都可在当前页面中嵌入某个页面，但它们在执行过程中还是有区别的。include编译指令是在JSP程序被翻译为Servlet程序时，就先将file属性所指定的程序内容“合并”到当前的JSP程序中，使嵌入的文件与主文件成为一个整体，然后进行编译；<jsp:include>动作指令中page属性所指定的文件只有在客户端请求时才会被单独进行编译和载入，动态地与主文件合并输出。

如果被嵌入的文件经常改变，建议使用<jsp:include>动作指令。

程序片段举例1：

```
<jsp:include page="scripts/login.jsp"/>
<jsp:include page="copyright.html"/>
<jsp:include page="/index.html"/>
```

程序片段举例2：

```
<jsp:include page="scripts/login.jsp">
    <jsp:param name="username" value="ntuweb"/>
</jsp:include>
```

<jsp:include>动作也可与<jsp:param>动作一起使用，用来向被包含的页面传递参数。

由于<jsp:include>动作在维护上的优势巨大，实际应用中，一般首选include动作指令来包含文件。

如果在所包含的文件中定义了主页面要用到的字段或方法，就应该使用include编译指令，否则，会影响主页面不能正常生成Servlet。

下面的例子中，所包含的文件subp.jsp中定义了主页面mainp.jsp中要用到的字段num，此时只能使用<%@ include file="subp.jsp" %>编译指令。显然，这里使用include动作指令是不可能的，因为num变量未定义，主页面不能成功转换成Servlet。

程序片段举例。

subp.jsp源代码：

```
<%! int num = 0; %>
```

mainp.jsp源代码：

```
<html>
  <body>
    <%@ include file="subp.jsp" %>
  <%= num %>
    </body>
</html>
```

下面的JSP页面把4则新闻摘要插入news.jsp主JSP页面中。改变新闻摘要时只需改变这4个文件，而主JSP页面却可以不修改，这种情况就应该首选<jsp:include>动作指令包含文件：

```
</center><p>下面是最新发生的新闻摘要:
<ol>
    <li><jsp:include page="news/Item1.html" flush="true"/>
    <li><jsp:include page="news/Item2.html" flush="true"/>
    <li><jsp:include page="news/Item3.html" flush="true"/>
    <li><jsp:include page="news/Item4.html" flush="true"/>
</ol>
```

4.4.3 plugin动作指令

<jsp:plugin>动作指令动态地下载服务器端的JavaBean或Java Applet程序到客户端的浏览器上执行。当JSP页面被编译并响应至浏览器执行时，<jsp:plugin>会根据浏览器的版本替换成<object>或<embed>标记。

plugin动作指令的基本语法如下：

```
<jsp:plugin 属性1="值1"  属性2="值2"  属性3="值3"…>
```

例如：

```
<jsp:plugin type="applet" code="Clock.class" codebase="applet"
        jreversion="1.2" width="160" height="150" >
    <jsp:fallback> APPLET 载入出错! </jsp:fallback>
</jsp:plugin>
```

<jsp:plugin>动作指令各属性如表4-4所示。

表4-4 <jsp:plugin>属性列表

属性	说明
type="bean|applet"	指定被执行的插件类型，必须指定为Bean或Applet中的一种，因为该属性没有默认值
code="classFileName"	将被插件执行的Java类文件名。该文件必须位于codebase属性指定的目录中
codebase="classFileBase"	被执行的Java类文件所在目录，默认值为使用<jsp:plugin>的JSP页面所在路径
name="instanceName"	Bean或Applet的名字
align="bottom|top|middle|left|right"	Bean或Applet对象的位置
height="heightPixels" width="widthPixels"	Bean或Applet对象将要显示的长宽值，单位为像素(pixel)
hspace="leftrightPixels" vspace="topbottomPixels"	Bean或Applet对象显示时距屏幕左右、上下的距离，单位为像素
archive="archiveList"	一些用逗号分隔开的路径名，这些路径名用于预先加载一些将要使用的Java类以提高Applet的性能
iepluginurl="iepluginURL" nspluginurl="nspluginURL"	分别用来指明IE用户和Netscape Navigator用户能够使用JRE的URL地址
jreversion="versionnumber"	运行Applet或Bean所需JRE的版本，默认为1.2

续表

属　性	说　明
<jsp:fallback>message</jsp:fallback>	当插件无法显示时给用户的提示信息
<jsp:params> <jsp:param name="parameterName" value="parameterValue| <%=expression%>"/> </jsp:params>	需要向 Applet 或 Bean 对象传递的参数

【例 4-11】 Tomcat 自带了使用<jsp:plugin>的例子，可到 Tomcat 自带的例子文件中找到 Clock2.class，将 Clock2.class 放入 WebRoot 下 applet 文件夹中，在 ch04 文件夹中新建 plugin.jsp 文件。

程序(\jspweb 项目\WebRoot\ch04\plugin.jsp)的清单：

```
<%@ page pageEncoding = "GBK" %>
<html>
    <title>Plugin example</title>
    <body bgcolor = "white">
        <h3>当前时间是:</h3>
        <jsp:plugin type = "applet" code = "Clock2.class" codebase = "applet"
            jreversion = "1.2" width = "160" height = "150">
            <jsp:fallback>
              Plugin supported by browser.
            </jsp:fallback>
        </jsp:plugin>
    </body>
</html>
```

在浏览器地址栏中输入 http://localhost:8080/web/plugin.jsp，运行结果如图 4-12 所示。

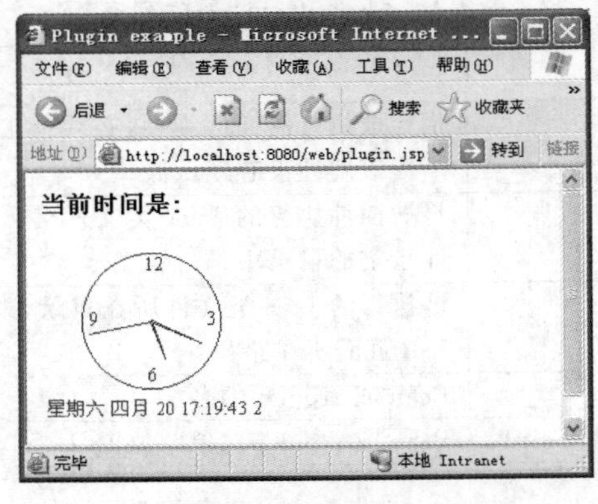

图 4-12　<jsp:plugin>示例运行结果

4.4.4　param 动作指令

<jsp:param>经常和<jsp:include>、<jsp:forward>以及<jsp:plugin>一起使用，用于页面间的参数信息传递。

其基本语法如下：

```
<jsp:param name = "parameterName" value = "parameterValue">
```

其中，name 是参数的名称；value 是参数值，存放在页面间进行传递的数据。

如果在页面跳转的过程中需要传递参数，可以与<jsp:param>动作结合使用。下面通过一个例子加以说明。

【例 4-12】　这是<jsp:param>和<jsp:forward>结合使用的一个例子，由主页面 paramMain.jsp 和转向页面 paramForward.jsp 组成。paramForward.jsp 获取 paramMain.jsp 通过<jsp:param>传递的参数值。

程序(\jspweb 项目\WebRoot\ch04\paramMain.jsp)的清单：

```
<%@ page contentType="text/html;charset=gb2312" %>
<html>
    <head>
        <title>jsp:param 动作测试</title>
    </head>
    <body>
        <%
            request.setCharacterEncoding("gb2312");
        %>
        <%="&lt;jsp:param&gt;测试" %>
        <jsp:forward page="paramForward.jsp">
            <jsp:param name="username" value="大中华" />
            <jsp:param name="password" value="108" />
        </jsp:forward>
    </body>
</html>
```

程序(\jspweb 项目\WebRoot\ch04\paramForward.jsp)的清单：

```
<%@ page contentType="text/html;charset=gbk" %>
<html>
    <head>
        <title>jsp:param 测试</title>
    </head>
    <body>
        <%="&lt;jsp:param&gt;测试" %><br>
        用户名：<%=request.getParameter("username") %><br>
        用户密码：<%=request.getParameter("password") %>
    </body>
</html>
```

程序运行结果如图 4-13 所示。

注意：跳转后地址栏没有变化，说明这是服务器跳转，属于同一次请求。

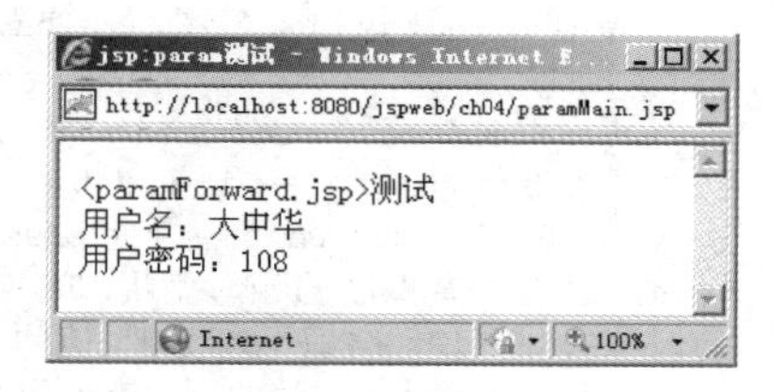

图 4-13　<jsp:param>示例运行结果

在 paramForward.jsp 中，JSP 表达式<%=request.getParameter("username")%>的作用是从 request 对象取得由 paramMain.jsp 页面利用<jsp:param>指令传递过来的参数的值。在实际使用中往往不需要传递参数，只是利用<jsp:forward>实现页面的简单跳转。

由于<jsp:useBean>、<jsp:getProperty>和<jsp:setProperty>动作与 JavaBean 结合非常紧密，将在第 6 章中做详细说明。

4.4.5　相对基准地址

在 JSP 程序中，经常含有链接操作，如服务器跳转语句<jsp:forward page="relativeURL">，超链接语句<a href="relativeURL"> index <a>，以及表单<form action="relativeURL">中，

通常提供的是相对地址用于计算目标URL，链接的目标文件可以是JSP，也可以是Servlet。这些链接地址如果使用不当，将导致无法找到目标文件。

下面介绍关于JSP页面中相对基准URL、超链接的相对URL以及最终目标URL的相关概念。

如果链接操作语句中提供的是相对URL，则最终目标URL的生成方法如下：

```
最终目标 URL = JSP 页面相对基准 URL + 语句中的相对 URL
```

页面相对基准URL的设定分以下两种情况。

（1）通过标记<base href="<%=basePathURL%>">设定，即通过<base href>标记，将本JSP页面中的相对基准URL设为basePathURL。这样固定后，本JSP页面中的所有链接均以此相对基准URL为基准点，再与链接语句中的相对URL"合成"，得到最终目标URL。一般的JSP页面通过如下语句将工程项目路径设为页面相对基准URL。

```
<%
    String path = request.getContextPath();
    String basePath = request.getScheme() + "://" + request.getServerName() + ":" +
                      request.getServerPort() + path + "/";
%>
<base href = "<% = basePath %>">
```

例如，页面相对基准URL="http://localhost:8080/jspweb/"，链接语句中的相对URL="index.jsp"，则最终目标URL即为http://localhost:8080/jspweb/index.jsp。

（2）在JSP程序中没有使用<base href>标记设定页面相对基准URL，这种情况下，页面中链接操作的相对基准URL不固定，是以当前的JSP页面的URL作为本页面中链接语句的相对基准URL。

【例4-13】 分析JSP页面中关于链接语句的最终目标URL的生成情况。

程序(\jspweb项目\WebRoot\ch04\basePath.jsp)的清单：

```
<%@ page language = "java" pageEncoding = "utf-8" %>
<%
String path = request.getContextPath();
String basePath = request.getScheme() + "://" + request.getServerName() + ":" +
                  request.getServerPort() + path + "/"; %>
<html>
   <head> <base href = "<% = basePath %>"> </head>
  <body>
      相对基准 URL 测试 <br>
      String path =<% = path %><br>
      String basePath =<% = basePath %><br>
      本 JSP 程序的相对基准 URL =<% = basePath %><br>
      <a href = "index.jsp">访问 WebRoot 路径下的 index.jsp<a><br>
      <a href = "./ch04/index.html">访问\WebRoot\ch04\路径下的 index.html<a>
  </body>
</html>
```

程序运行后，页面中的所有链接均以http://localhost:8080/jspweb/为相对基准URL。

语句<a href="./ch04/index.html">中的"."表示当前JSP页面所使用的相对基准URL，该语句也可写成<a href="ch04/index.html">，因为这两个由href设定的链接相对URL与页面的相对基准URL合成后的最终目标URL是相同的。程序运行结果如图4-14所示。

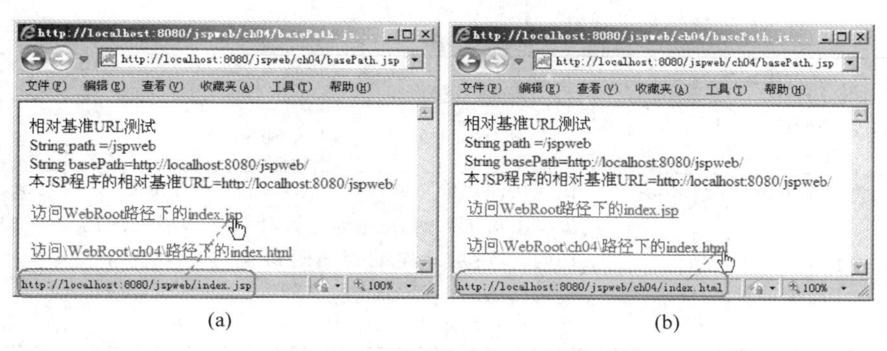

(a) (b)

图 4-14 相对基准 URL 测试

超链接中表示的相对路径与 DOS 系统的相对路径概念一致，它们的含义如下。

- “/”表示 Web 服务的根路径，这里的 Web 服务根路径为 http://localhost:8080/。本例中，如果链接写成< a href="/ch04/index.html">，则合成后的最终目标 URL 将为 http://localhost:8080/ch04/index.html，运行时将会出现找不到目标文件的 HTTP404 类型错误。
- “./”表示当前 JSP 页面使用的相对基准 URL，要特别注意 JSP 页面中是否通过< base href >设定过相对基准 URL，对于当前 JSP 页面的相对基准 URL 一般会有较大不同，若使用不当，往往会找不到目标资源。
- “../”表示当前 JSP 页面使用的相对基准 URL 的上一级路径。

如果不使用< base href >设定相对基准 URL，则 JSP 页面中的所有链接均以当前的 JSP 路径为相对基准 URL。读者可去掉本例中的“< base href="<%=basePath%>">”语句，观察超链接目标地址的变化情况。

在实际使用中，当链接不到最终目标 URL 时，要仔细检查相对基准 URL 和链接地址的表示方法是否正确。

4.5 JSP 的内置对象

JSP 的内置对象是指在 JSP 页面系统中已经默认内置的 Java 对象，这些对象不需要开发人员显式声明即可使用。所有的 JSP 代码都可以直接访问 JSP 的内置对象。

JSP 的 9 个内置对象如表 4-5 所示。

表 4-5 JSP 内置对象列表

内置对象	所属类型	说 明	作用域
page	java.lang.Object	代表当前 JSP 页面	Page
request	javax.servlet.HttpServletRequest	代表由用户提交请求而触发的 request 对象	Request
session	javax.servlet.http.HttpSession	代表会话对象，在发生 HTTP 请求时被创建	Session
application	javax.servlet.ServletContext	代表调用 getServletConfig()或 getContext()方法后返回的 ServletContext 对象	Application
response	javax.servlet.HttpServletResponse	代表由用户提交请求而触发的 response 对象	Page
out	java.servlet.jsp.JspWriter	代表输出流的 JspWriter 对象，用来向客户端输出各种格式的数据，并且管理服务器上的输出缓冲区	Page

续表

内置对象	所属类型	说　明	作用域
config	javax. servlet. ServletConfig	代表为当前页面配置 JSP 的 Servlet	Page
exception	java. lang. Throwable	代表访问当前页面时产生的不可预见的异常	Page
pageContext	javax. servlet. jsp. PageContext	提供了对 JSP 页面内所有的对象及名字空间的访问，也就是说，它可以访问到本页所在的会话，也可以访问本页面所在的应用，它相当于页面中所有功能的集大成者	Page

扫一扫

视频讲解

4.5.1 JSP 内置对象作用域

在对 JSP 内置对象进一步说明之前，首先来了解一下 JSP 内置对象的作用域（scope）。

所谓内置对象的作用域，是指每个内置对象在多长的时间和多大的范围内有效，即在什么样的范围内可以有效地访问同一个对象实例。这些作用域正好对应 JSP 的 4 个内置对象 page、request、session 和 application 的生命周期，这些内置对象虽然名称不同，但多数功能相似，主要用于存放相关用途的数据，只是它们的生命周期或作用域有所区别。

为了方便理解这些作用域概念，可拿现实生活实际做比喻。譬如，常说"一杯茶的时间"，其中就包含了两层含义：一个是表示茶杯是个容器；二是表示喝一杯茶的时间，生活中经常把"一杯茶的时间"用来衡量做某件事情所需的时间。

JSP 内置对象中的 request、session 和 application 对象，可以形象地对照生活中的"茶杯""衣袋""书包"等"容器"去理解，它们名称不同，但功能相似，都可用于存放东西，但存放的时间长短不一。"茶杯"里仅存放一杯茶，喝完茶后（一杯茶的时间后），"茶杯"就空了，这相当于 JSP 里的 request 对象里面存放的数据的生命周期仅是一次请求的时间；"衣袋"里放的东西可以从穿上衣服开始，到将衣服脱下送洗时都有效，这相当于 JSP 里的 session 对象，它里面存放的数据的生命周期较长；而"书包"里一般放着学生证、学习用品等，从学期开始到学期结束都有效，相当于 JSP 里的 application 对象，它里面存放的数据生命周期最长，从服务器启动到服务器关闭为止。

程序设计语言中一般都定义了多种类型的变量、对象等"数据容器"，其实它们的本质都是用来存放数据，只是适用场合、生命周期各不相同，以满足各种实际需要。

图 4-15 所示为用户通过浏览器访问 Web 项目过程中涉及的与 Page、Request、Session 和 Application 生命周期所对应的 JSP 内置对象 page、request、session 和 application 的相互关系。

图 4-15 中，两个客户分别通过各自的浏览器 IE_1 和 IE_2 访问服务器。

当服务器启动时，会自动在服务器内存中创建一个 application 对象，为整个应用所共享，该对象一直存在直到服务器关闭。

当客户首次访问 JSP 页面时，服务器会自动为客户创建一个 session 对象，这个对象的作用域即为 Session 范围，并为该 session 对象分配一个 ID 标识，同时将该 sessionID 号返回给该客户，保存在客户机 Cookies 中，服务器上的这个 session 对象在客户的整个网站浏览期间均存在。客户在随后的访问中，浏览器会将该 sessionID 随同请求一起传给服务器，服务器根据请求中的 sessionID 信息可在服务器上找到之前为该客户创建的 session 对象。如果 JSP 页面中含有涉及 session 对象信息的操作，服务器可准确访问到相应用户的 session 对象中的有关信息。

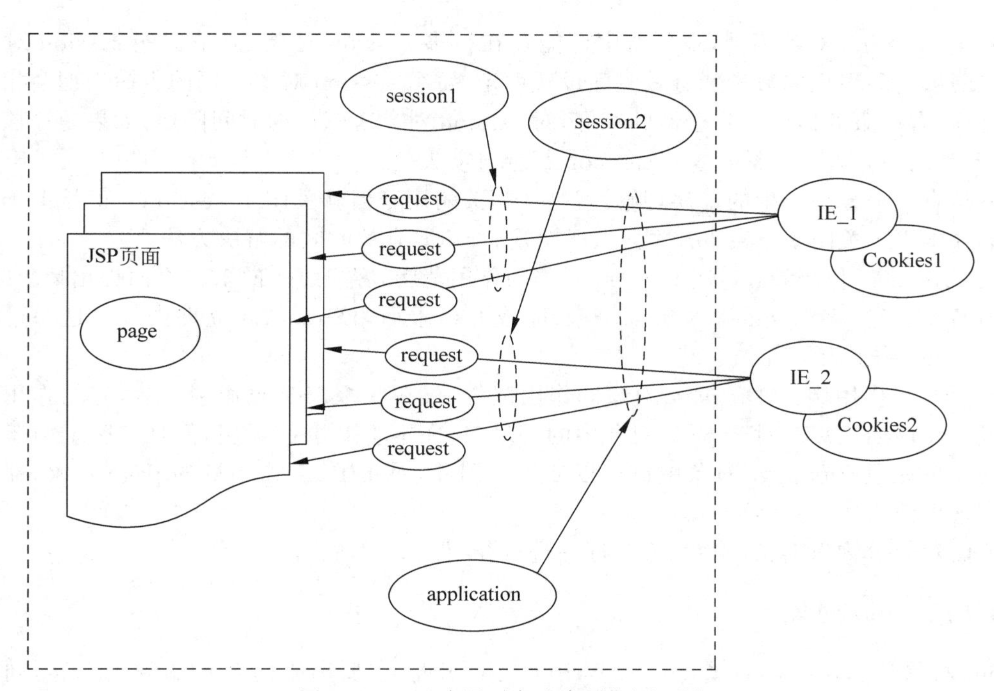

图 4-15　JSP 内置对象生命周期原理图

当客户每次访问某个 JSP 页面时，服务器会为该请求创建一个请求对象 request，用于存放这次访问的所有请求信息，这个 request 对象的作用域为 Request 范围。

程序员应该根据实际需要，合理地使用 request 对象、session 对象和 application 对象来管理有关信息。例如，涉及全局的网站访问次数就应该由 application 对象管理，用户名等涉及多个页面的用户个人信息应该由 session 对象管理，只涉及一次请求过程需要用到的信息由 request 对象管理。使用最多的应该是 request 对象，因为 request 对象包含用户的所有请求信息。

在 JSP 中，用 page、request、session 和 application 对象的生存时间作为内置对象生命周期的衡量单位，这些作用域分别用 Page、Request、Session 和 Application 来表示，即“页面(Page)”作用域、“请求(Request)”作用域、“会话(Session)”作用域和“应用(Application)”作用域，用它们来衡量 JSP 内置对象的“生命周期”。

这 4 种作用域的具体含义如下。

(1) Application 作用域：对应 application 对象的作用范围，起始于服务器启动时 application 对象被创建之时；终止于服务器关闭之时。因而在所有的 JSP 内置对象中，Application 作用域时间最长，任何页面在任何时候都可以访问 Application 作用域的对象。存入 application 对象中的数据的作用域就为 Application 作用域。

(2) Session 作用域：是指作用范围在客户端与服务器相连接的期间，直到该连接中断为止。

Session 这个词汇包含的语义很多，通常把 Session 翻译成会话，因此可以把客户端浏览器与服务器之间一系列交互的动作称为一个 Session。从这个含义出发，就容易理解 Session 的持续时间，而这个持续时间就称为 Session 作用域。

session 对象是服务器端为客户端所开辟的存储空间，每个用户首次请求访问服务器时，服务器自动为该用户创建一个 session 对象，待用户终止退出时，则该 session 对象消失，即用户请求首次访问服务器时 session 对象开始生效，用户断开退出服务器时 session 对象失效。

和 application 对象不同，服务器中可能存在很多 session 对象，但是这些 session 对象的作用范围依访问用户的数量和有效时间设置而定，每个 session 对象实例的生命周期会相差很大。此外，有些服务器出于安全性的考虑，对 session 对象有默认的时间限定，如果超过该时间限制，不管用户是否已经终止连接 session 都会自动失效。

但是有一个容易产生的错误理解，就是认为关闭浏览器就关闭了 session。正是由于关闭浏览器并不等于关闭了 session，才会出现设置 session 有效时间的解决方法。

（3）Request 作用域：对应 request 对象的作用范围，客户每次向 JSP 页面提出请求时，服务器即为此创建一个 request 对象，服务器完成此请求后，该 request 立即失效。这一过程对应于 Request 作用域。

（4）Page 作用域：对应 page 对象的作用范围，仅在一个 JSP 页面中有效，它的作用范围最小或生命周期最短。对于 page 对象中的变量，只在本 JSP 页面可用，但是实际上由于本页面中的变量无须放到 page 对象中也可以使用。因此，对于 Page 作用域的 page 对象，在实际开发中很少使用。

下面对 JSP 内置对象的使用方法逐一进行介绍。

扫一扫

视频讲解

4.5.2 out 对象

out 对象是 javax.servlet.jsp.JspWriter 类的实例，主要用来向客户端输出内容，同时管理应用服务器输出缓冲区。

out 对象主要有 out.println(DataType) 和 print(DataType) 两个方法用于输出数据。其中，DataType 表示 Java 的数据类型。out 对象可以输出任何合法的 Java 表达式。

【例 4-14】 利用 out 对象在浏览器中输出服务器的系统时间。

程序(\jspweb 项目\WebRoot\ch04\out.jsp)的清单：

```
<%@ page language="java" import="java.util.*,java.text.SimpleDateFormat" pageEncoding="gbk"%>
<html>
  <body>
   <% SimpleDateFormat sdf = new SimpleDateFormat("yyyy-MM-dd");
   Date date=new Date();
   out.println("原始格式日期: "+date);
   String str1=sdf.format(date);
   out.println("<br>定义格式日期: "+str1);
   sdf.applyPattern("yyyy年MM月dd日");
   String str2=sdf.format(date);
   out.println("<br>另一格式日期: "+str2);
   %>
  </body>
</html>
```

程序运行结果如图 4-16 所示。

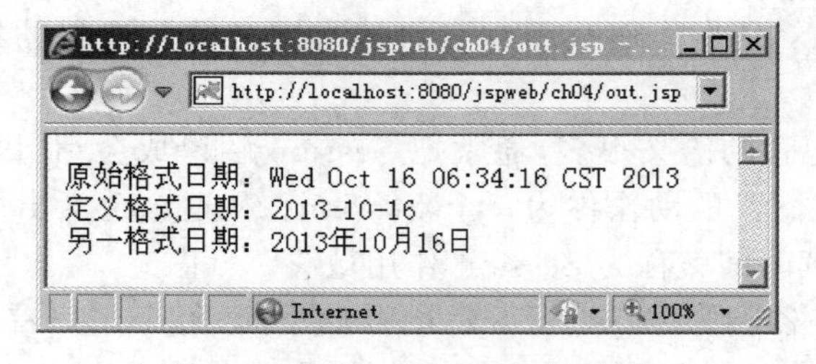

图 4-16 程序 out.jsp 的运行结果

4.5.3　page 对象

page 对象代表 JSP 页面本身，或者说它代表了被转换后的 Servlet。因此，它可以调用任何被 Servlet 类所定义的方法。在 JSP 页面的 JSP 程序段以及 JSP 表达式中可以使用 page 对象。page 对象的基类是 java.lang.Object 类，如果要通过 page 对象来调用方法，就只能调用 Object 类中的那些方法。

在 JSP 页面中，this 关键字表示当前 JSP 页面这个对象，可以调用的常见方法如表 4-6 所示。

表 4-6　this 关键字表示当前 JSP 页面这个对象可以调用的常见方法

方　　法	含　　义
ServletConfig getServletConfig()	返回当前页面的一个 ServletConfig 对象
ServletContext getServletContext()	返回当前页面的一个 ServletContext 对象
String getServletInfo()	获取当前 JSP 页面的 Info 属性

【例 4-15】　使用 getServletInfo 方法，获取当前页面的 Info 属性。

程序(\jspweb 项目\WebRoot\ch04\info.jsp)的清单：

```
<%@ page contentType="text/html;charset=GB2312" %>
<%@ page info="版权单位：计算机科学与技术学院" %>
<html>
    <body bgcolor="yellow">
        <% =this.getServletInfo() %>
    </body>
</html>
```

程序运行结果如图 4-17 所示。

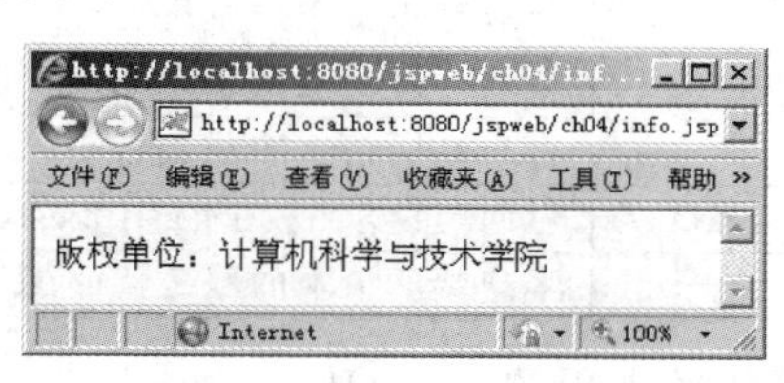

图 4-17　程序 info.jsp 的运行结果

4.5.4　request 对象

客户每次向 JSP 服务器发送请求时，JSP 引擎都会创建一个 request 对象。客户端的请求信息被封装在 request 对象中，通过它才能了解到客户的需求，然后做出响应。它是 javax.servlet.http.HttpServletRequest 类的实例。在 request 对象中封装了客户请求参数及客户端的相关信息。request 对象的方法有很多，表 4-7 列出了其中的常用方法。

表 4-7　request 对象的常用方法

方　　法	作　　用
void setAttribute(String name,Object o)	将一个对象以指定的名字保存在 request 中
Object getAttribute(String name)	返回 name 指定的属性值，如果不存在该属性则返回 null
String getParameter(String name)	获取客户端传送给服务器的单个参数值，参数由 name 属性决定
String getRequestedSessionId()	输出 SessionId
Enumeration getParameterNames()	获取客户端传送给服务器的所有参数名称，返回一个 Enumerations 类的实例。使用此类需要导入 util 包

续表

方　法	作　用
String getCharacterEncoding()	返回请求对象中的字符编码类型
setCharacterEncoding()	设置解析 request 对象中的参数信息时所采用的字符编码类型
String getContentType()	返回在 response 中定义的内容类型
Cookie[] getCookies()	返回客户端所有 Cookie 对象，其结果是一个 Cookie 数组
String getHeader(String name)	返回指定名字的 HTTP Header 的值
ServletInputStream getInputStream()	返回请求的输入流
String getLocalName()	获取响应请求的服务器端主机名
String getLocalAddr()	获取响应请求的服务器端地址
int getLocalPort()	获取响应请求的服务器端端口
String getMethod()	获取客户端向服务器提交数据的方法(GET 或 POST)
String [ ] getParameterValues (String name)	获取指定参数的所有值，主要用在表单的多选框等场合，参数名称由“name”指定
String getProtocol()	获取客户端向服务器传送数据所依据的协议，如 HTTP 1.1、HTTP 1.0
String getQueryString()	获取 request 参数字符串，前提是采用 GET 方法向服务器传送数据
BufferedReader getReader()	返回请求的输入流对应的 reader 对象，该方法和 getInputStream() 方法在一个页面中只能调用一个
StringBuffer getRequestURL()	获取 request URL，但不包括参数字符串
String getRemoteAddr()	获取客户端用户 IP 地址
String getRemoteHost()	获取客户端用户主机名称
String getRemoteUser()	获取经过验证的客户端用户名称，未经验证返回 null
String getServletPath()	客户端所请求的服务器端程序的路径
HttpSession getSession([boolean create])	返回与请求相关的 HttpSession
int getServerPort()	客户端所请求的服务器的 HTTP 的端口号

在 request 对象的方法中，比较常用的有 getParameter 和 getParameterValues 两个方法。

getParameter 方法可以获取客户端提交页面中的某一个控件的值，这个函数的返回值是一个 String 对象，如文本框、单选按钮、下拉列表框等。

getParameterValues 方法可以获取客户端提交页面中的一组控件的值，返回值是一个 String 数组。

【例 4-16】 下面通过一个示例来说明 request 对象的几个常用方法的使用。

程序(\jspweb 项目\WebRoot\ch04\request_1.jsp)的清单：

```
<%@ page language="java" import="java.util.*" pageEncoding="GBK"%>
<!DOCTYPE HTML PUBLIC "-//W3C//DTD HTML 4.01 Transitional//EN">
<html>
  <body>
<%
  out.println("请求使用的协议：" + request.getProtocol() + "<br>");
  out.println("请求使用的 Schema:" + request.getScheme() + "<br>");
  out.println("访问服务的名称:" + request.getServerName() + "<br>");
  out.println("访问端口号:" + request.getServerPort() + "<br>");
  out.println("Servlet 容器:" + getServletConfig().
              getServletContext().getServerInfo() + "<br>");
```

```
    out.println("客户 IP 地址:" + request.getRemoteAddr() + "< br >");
    out.println("请求的类型(Method): " + request.getMethod() + "< br >");
    out.println("Session Id :" + request.getRequestedSessionId() + "< br >");
    out.println("请求的资源定位(Request URI):" + request.getRequestURI() + "< br >");
    out.println("Servlet 在相对服务器文件夹的位置(Servlet Path):" +
                request.getServletPath() + "< br >");
    out.println("Host:" + request.getHeader("Host") + "< br >");
    out.println("Accept - Language:" + request.getHeader("Accept - Language") + "< br >");
    out.println("得到链接的类型(Connection):" + request.getHeader("Connection") + "< br >");
    out.println("得到 Cookie 的字符串信息:" + request.getHeader("Cookie") + "< br >");
    out.println("session 的相关信息 - 创建时间:" + session.getCreationTime() + "< br >");
    out.println("session 的相关信息 - 上次访问时间:" + session.getLastAccessedTime() + "< br >");
%>
  </body>
</html>
```

程序运行结果如图 4-18 所示。

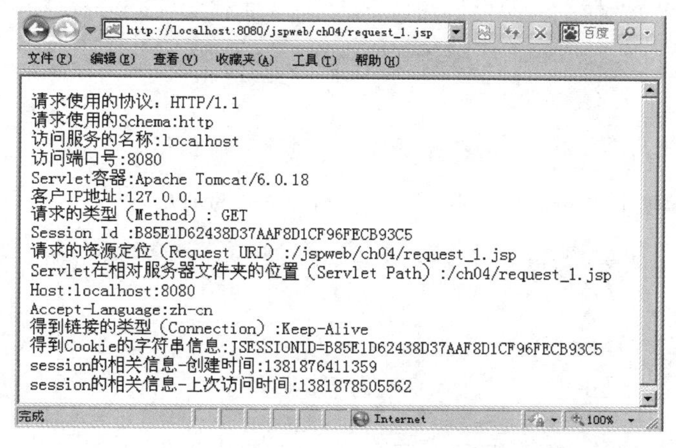

图 4-18　程序 request_1.jsp 的运行结果

【例 4-17】　本例程序演示了 request.getParameter 方法和 request.getParameter-Values 方法的使用,由两个页面组成。第一个页面是 inputinfo.jsp,在这个页面中有文本框、单选按钮、下拉列表框和复选框,提交给第二个页面 showinfo.jsp。在第二个页面中显示第一个页面传来的控件值。

程序(\jspweb 项目\WebRoot\ch04\inputinfo.jsp)的清单:

```
< % @ page contentType = "text/html;charset = UTF - 8" % >
< html >
 < body >
 < form action = "showinfo.jsp" method = "post" name = "frm">
 < font size = "4">基本资料</font ></strong >
  < table width = "700" cols = "2" border = 1 >
      < tr >< td >< font color = "#ff8000" size = "2"> * </font >姓名:</td >
          < td >< input type = "text" size = "18" name = "name"></td ></tr >
      < tr >< td >< font color = "#ff8000" size = "2"> * </font >性别:</td >
          < td >< input type = "radio" name = "rdo" value = "男"checked >
                < font size = "3">男</font >< input type = "radio" name = "rdo" value = "女">
                < font size = "3">女</font ></td ></tr >
      < tr >< td >< font color = "#ff8000" size = "2"> * </font >民族:</td >
          < td >< input type = "radio" name = "rdo1" value = "汉族" checked >汉族<
                < input type = "radio" name = "rdo1" value = "回族" >回族
```

```
            <input type="radio" name="rdo1" value="壮族" >壮族
        </td></tr>
    <tr ><td align="left"><font color="#ff8000" size="2"> *</font>专业:</td>
        <td> <select name="Major">
                <option value="计算机科学与技术">计算机科学与技术</option>
                <option value="软件工程">软件工程</option>
                <option value="网络工程">网络工程</option>
                <option value="信息安全">信息安全</option>
              </select>专业
        </td> </tr>
  </table>
  <strong><font size="4">兴趣爱好:</font></strong>
  <table width="700" cols="2" border=1>
      <tr><td width="15%">兴趣爱好:</td>
        <td width="22%" >
          <input type="checkbox" name="ckbx" value="电影">电影
          <input type="checkbox" name="ckbx" value="戏剧">戏剧</td>
          <td><input type="checkbox" name="ckbx" value="音乐">音乐
          <input type="checkbox" name="ckbx" value="美术">美术</td></tr>
     </table><br>
     <input type="submit" value="注册" name="submit1">
  </form>
  </body>
</html>
```

程序(\jspweb 项目\WebRoot\ch04\showinfo.jsp)的清单：

```
<%@ page contentType="text/html;charset=UTF-8" import="java.lang.reflect.*" %>
<html>
<body>
    <% request.setCharacterEncoding("UTF-8") ; %>
    用户注册信息<br>
    基本资料<br>
    姓名:<% =request.getParameter("name") %><br>
    性别:<% =request.getParameter("rdo") %><br>
    民族:<% =request.getParameter("rdo1") %><br>
    专业:<% =request.getParameter("Major") %> 专业 <br>
    兴趣爱好:<% String ckbx1[] = request.getParameterValues("ckbx");
    if(ckbx1!= null){
        int lng = Array.getLength(ckbx1);
    for(int i=0;i<lng;i++) out.println(ckbx1[i]+" "); } %>
  </body>
</html>
```

程序运行结果如图 4-19 所示。

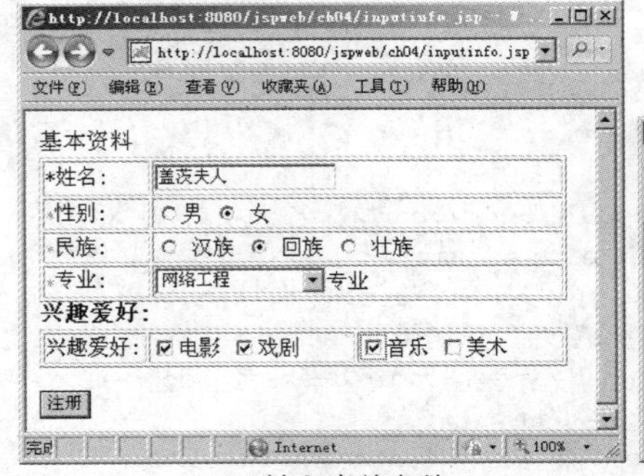

(a) 输入表单参数

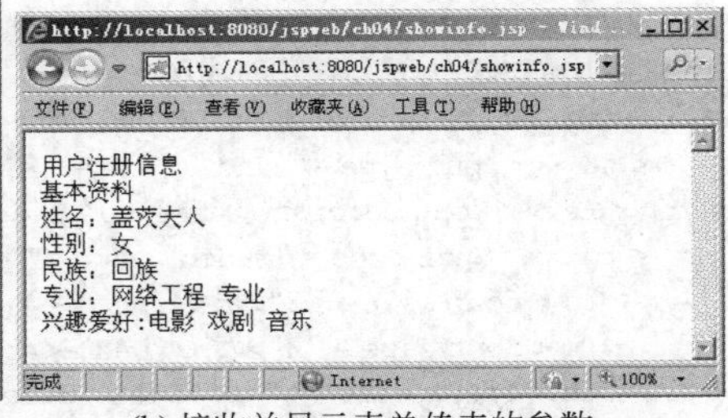

(b) 接收并显示表单传来的参数

图 4-19　表单参数传递测试

在图 4-19(a)中，inputinfo. jsp 添加必要的表单信息，单击“注册”按钮后，将表单参数传递给 showinfo. jsp，得到图 4-19(b)中的界面。

关于 request 传递中文参数出现乱码的讨论：

request. setCharacterEncoding 方法的作用是设置采用何种编码从 request 对象中取得值，Java 在执行第一个 getParameter()时，将会按照设定的编码分析所有的提交内容，而后续的 getParameter()不再进行分析。

如果将 showinfo. jsp 程序中的<% request. setCharacterEncoding("utf-8")；%>语句去掉，则页面中的中文将显示为乱码。

这时将显示姓名的语句<%=request. getParameter("name")%>改为<%=new String(request. getParameter("name"). getBytes("ISO-8859-1"),"UTF-8")%>。此时，中文姓名又可正常显示了。这条修改语句的含义：使用 ISO-8859-1 字符集将 name 的值解码为字节数组，再将这个字节数组按本页面 page 指令中设置的字符集 UTF-8 重新构造字符串。

因为 Tomcat 默认全部使用 ISO-8859-1 编码，不管页面用的是什么编码显示，Tomcat 最终还是会将所有字符转为 ISO-8859-1。当在另一目标页面再用 UTF-8 翻译时就会将 ISO-8859-1 字符集的编码翻译成 UTF-8 字符集的编码，这时的中文就会显示乱码。所以，这种情况下，就需要先将得到的“字符”先用 ISO-8859-1 进行翻译，得到一个在 ISO-8859-1 编码环境下的字节数组，然后再用页面中采用的字符集将这个数组重构成一个字符串。

通常可以设置的中文字符集还有 GBK、GB2312 等，建议设置为 UTF-8。

解决 GET 方式请求时出现乱码的方法：在 Tomcat 的 server. xml 中增加斜体部分语句。

```
URIEncoding = "GBK":
    <Connector port = "8080"
            protocol = "HTTP/1.1"
            connectionTimeout = "20000"
            redirectPort = "8443"
            URIEncoding = "GBK" />
```

4.5.5　response 对象

response 对象是 javax. servlet. http. httpServletResponse 接口的实例，是服务器对 request 对象请求的回应，负责向客户端发送数据。通过调用 response 对象的方法还可以获得服务器端的相关信息，如状态行、头标和信息体等。其中，状态行包括使用的协议和状态码；头标包含关于服务器和返回的文档的消息，如服务名称和文档类型等。response 对象有很多方法，但 response 对象的常用方法如表 4-8 所示。

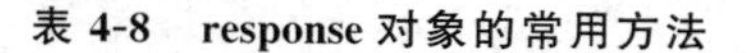

表 4-8　response 对象的常用方法

方　　法	说　　明
void addCookie(Cookie cookie)	添加一个 Cookie 对象，用来保存客户端的用户信息
void addHeader(String name, String value)	添加 HTTP 头标。该头标将会传到客户端，若同名的头标存在，原来的头标会被覆盖
boolean containsHeader(String name)	判断指定的 HTTP 头标是否存在
String encodeRedirectURL(String url)	对使用 sendRedirect()方法的 URL 进行编码
String encodeURL(String url)	将 URL 予以编码，回传包含 session ID 的 URL
void flushBuffer()	强制把当前缓冲区的内容发送到客户端
int getBufferSize()	取得以 KB 为单位的缓冲区大小

续表

方　法	说　明
String getCharacterEncoding()	获取响应的字符编码格式
String getContentType()	获取响应的类型
ServletOutputStream getOutputStream()	返回客户端的输出流对象
PrintWriter getWriter()	获取输出流对应的 writer 对象
void reset()	清空缓冲区中的所有内容
void resetBuffer()	清空缓冲区中的所有内容，但是保留 HTTP 头标和状态信息
void sendError(int sc, String msg) 或 void sendError(int sc)	向客户端传送错误状态码和错误信息。例如，505 为服务器内部错误；404 为找不到网页错误
void sendRedirect(String location)	向服务器发送一个重定位至 location 位置的请求
void setCharacterEncoding(String charset)	设置页面静态文字，指定 HTTP 响应的字符编码格式，同时指定浏览器显示的编码格式
void setBufferSize(int size)	设置以 KB 为单位的缓冲区大小
void setContentLength(int length)	设置响应的信息体长度
void setHeader(String name, String value)	设置指定 HTTP 头标的值。设定指定名字的 HTTP 头标的值，若该值存在，它将会被新值覆盖
void setStatus(int sc)	设置状态码。为了使得代码具有更好的可读性，可以用 HttpServletResponse 中定义的常量来避免直接使用整数。这些常量根据 HTTP 1.1 中的标准状态信息命名，所有的名字都加上了 SC(Status Code)前缀并大写，同时把空格转换成了下画线。例如，与状态代码 404 对应的状态信息是 Not Found，则 HttpServletResponse 中的对应常量名字为 SC_NOT_FOUND

使用 response 对象的 sendRedirect 方法，可向服务器发送一个重新定向的请求。当用它转到另外一个页面时，相当于从客户端重新发出了另一个请求，重定向后在浏览器地址栏上会出现重定向后页面的 URL，这种跳转属于客户端跳转，服务器会为此重新生成另一个 request 对象，所以原来的 request 参数转到新页面之后就失效了。需要注意的是，此语句之后的其他语句仍然会继续执行。因此，为了避免错误，往往会在此方法后使用 return 中止其他语句的执行。

【例 4-18】 下面的程序说明了 response.sendRedirect()跳转是在所有的语句都执行完之后才完成跳转操作，从控制台上可看到跳转前后的有关信息。

程序(\jspweb 项目\WebRoot\ch04\resp_sendredirect.jsp)的清单：

```
<%@ page language="java" contentType="text/html; charset=utf-8" pageEncoding="utf-8"%>
<!DOCTYPE html PUBLIC "-//W3C//DTD HTML 4.01 Transitional//EN" "http://www.w3.org/TR/html4/loose.dtd">
    <html>
    <head>
        <title>Insert title here</title>
    </head>
    <body>
      <% System.out.println("==response.sendRedirect()跳转之前==="); %>
      <% response.sendRedirect("index.html"); %>
      <% System.out.println("==response.sendRedirect()跳转之后==="); %>
    </body>
</html>
```

从 MyEclipse 环境开启 Tomcat，使用开发环境自带的浏览器，在浏览器地址栏中输入 http://localhost:8080/jspweb/ch04/resp_sendredirect.jsp，程序运行结果如图 4-20 所示。

从控制台的输出可看出，sendRedirect 跳转语句之后的语句仍然会继续执行。

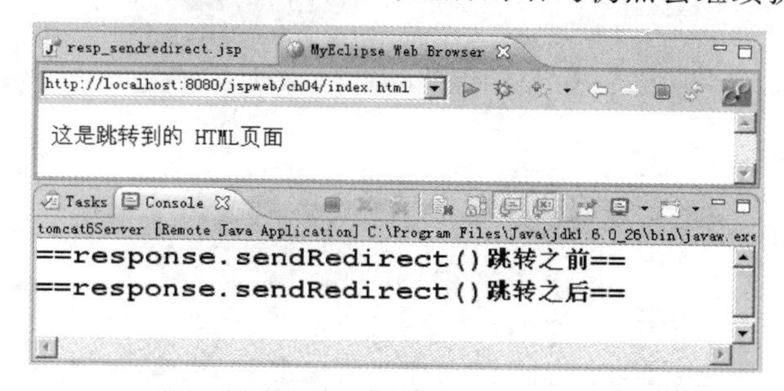

图 4-20　程序 resp_sendredirect.jsp 的运行结果

与前面学过的<jsp:forward>跳转相比，那是服务器跳转，对客户而言是同一次请求，跳转后地址栏不会改变，那种跳转可以传递原来的 request 属性，且跳转语句后面的语句将不再执行。使用中要注意这一特性，如果在 JSP 中使用了 JDBC 的话，就必须在<jsp:forward>跳转之前进行数据库的关闭，否则数据库就再也无法关闭了。

下面的几个例子，说明可以利用 response 对象设置 head 属性，达到某些效果。

【例 4-19】　利用 response 对象设置 head 信息，实现页面定时刷新的功能。

程序(\jspweb 项目\WebRoot\ch04\resp_refresh.jsp)的清单：

```
<%@ page language="java" contentType="text/html; charset=utf-8" pageEncoding="utf-8"%>
<html>
<head>
    <title>设置头信息(自动刷新)</title>
</head>
  <body>
    <%!int count=0; %>
    <%
        response.setHeader("refresh", "2"); //页面 2 秒刷新一次
    %>
      <h3>已经访问了<%=count++ %>次!</h3  >
</body>
</html>
```

程序运行结果如图 4-21 所示。

图 4-21　程序 resp_refresh.jsp 的运行结果

【例 4-20】　下面的 JSP 程序利用 response 对象设置 head 信息，实现页面定时跳转的功能，可以从一个 JSP 页面定时跳转到另一个指定的 JSP 页面，但是这种跳转并不是万能的，有时候不一定能完成跳转的操作。

程序(\jspweb 项目\WebRoot\ch04\resp_from.jsp)的清单：

```
<%@ page language="java" contentType="text/html; charset=utf-8" pageEncoding="utf-8"%>
    <html>
    <head>
    <title>定时跳转指令</title>
    </head>
    <body>
        <h3>3 秒后跳转到 notexist.html 页面，如果没有跳转请按<a href="index.html">这里
        </a>!</h3>
```

```
<% response.setHeader("refresh","3;URL = index.html"); %>
</body>
</html>
```

程序运行结果如图 4-22 所示。

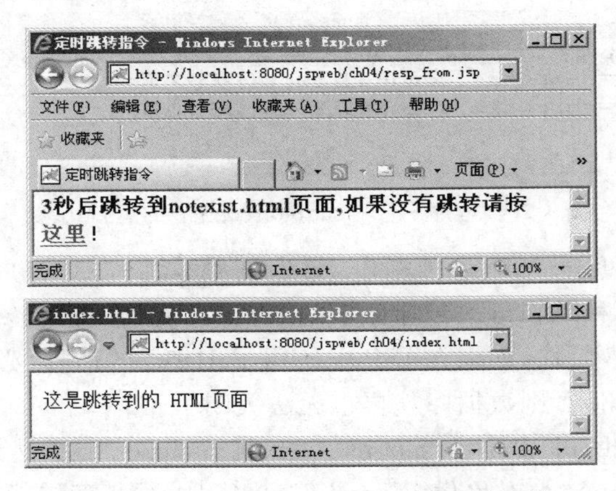

图 4-22　程序 resp_from.jsp 的运行结果

【例 4-21】 对于这种定时跳转，也可以直接在 HTML 文件中设置，HTML 的 meta 标记本身也可以设置头信息。

程序(\jspweb 项目\WebRoot\ch04\meta_refresh.html)的清单：

```
<html>
<head>
    <meta http-equiv = "refresh" content = "4;url = index.html">
    <title>HTML 的方式设置定时跳转的头信息</title>
</head>
<body>
        <h3>4 秒后跳转到 index.html 页面,
        如果没有跳转请按<a href = "index.html">这里</a>!</h3>
</body>
</html>
```

【例 4-22】 在实际的项目开发工程中，往往会利用 response.setHeader 方法实现禁用浏览器缓存的目的。如果通过浏览器上的"后退"按钮回到了某一页，也必须从服务器上重新读取。

程序(\jspweb 项目\WebRoot\ch04\resp_nocache.jsp)的清单：

```
<%@page contentType = "text/html;charset = gb2312" import = "java.util.Date" %>
<html>
      <head>
      <%
        response.setHeader("Cache - Control","no - cache");
          response.setHeader("Pragma","no - cache");
          response.setDateHeader ("Expires", 0);
      %>
      <title>禁用页面缓存</title>
      </head>
      <body>
         <% Date d = new Date();
          out.println(d);
         %><br>
```

```
        <a href = "index.html">去 index.html 看看</a>
    </body>
</html>
```

运行程序，先转到 index. html 页面，再单击浏览器工具栏中的“后退”按钮，回到 resp_nocache .jsp 时，页面代码都会被执行一次。如果斜体部分去掉后，页面缓存恢复，此时单击“后退”按钮以后，页面上时间仍是上次的时间。

4.5.6 session 对象

扫一扫

视频讲解

在 Web 开发中，客户端与服务器端进行通信是以 HTTP 为基础的，而 HTTP 本身是无状态的，无状态是指协议对于事务处理没有记忆能力。HTTP 无状态的特性严重阻碍了 Web 应用程序的实现，毕竟交互是需要承前启后的。例如，典型的购物车程序需要知道用户到底在其他页面选择了什么商品。有两种用于保持 HTTP 连接状态的技术，它们是 session 和 Cookie。

session 对象是 javax. servlet. http. HttpSession 接口的实例对象。session 对象是用户首次访问服务器时由服务器自动为其创建的，在 JSP 中可以通过调用 HttpServletRequest 的 getSession(true)方法获得 session 对象。在服务器创建 session 对象的同时，会为该 session 对象生成唯一的 sessionID，在 session 对象被创建之后，就可以调用 session 的相关方法操作 session 对象的属性，当然，这些属性内容只保存在服务器中，发到客户端的只有 sessionID；当客户端再次发送请求时，会将这个 sessionID 带上，服务器接收到请求之后就会依据 sessionID 找到相应的 session 对象，从而再次使用它。正是这样一个过程，用户的状态也就得以保持了。

需要注意，只有访问 JSP、Servlet 等程序时才会创建 session 对象，只访问 HTML、IMAGE 等静态资源并不会创建 session 对象。

session 对象的管理细节如下。

(1) 新客户端向服务器第一次发送请求的时候，request 中并无 sessionID。

(2) 此时，服务器端会创建一个 session 对象，并分配一个 sessionID，session 对象会保存在服务器端。此时 session 对象的状态处于 new state 状态，如果调用 session. isNew 方法，则返回 true。

(3) 服务器端处理完毕后，将此 sessionID 随同 response 一起传回到客户端，并将其存入到客户端的 Cookie 对象中。

(4) 当客户端再次发送请求时，会将 sessionID 同 request 一起传送给服务器。

(5) 服务器根据传递过来的 sessionID，将与该请求与保存在服务器端的 session 对象进行关联，此时，服务器上的 session 对象已不再处于 new state 状态，如果调用 session. isNew()，则返回 false。

session 对象生成后，只要用户继续访问，服务器就会更新 session 对象中的该用户的最后访问时间信息，并维护该 session 对象。也就是说，用户每访问服务器一次，无论是否读写 session 对象，服务器都认为该用户的 session 对象“活跃(active)”了一次。

使用方法 HttpSession. setAttribute(name，value)可存储一条信息到 session 对象的属性中。

使用方法 HttpSession. getAttribute(name)从 session 对象中获取一个属性值，如果 session 对象中不存在该 name 属性，那么返回的是 null。需要注意的是，从 getAttribute 方法读出的变量类型是 Object，必须使用强制类型转换，如“String uid =(String) session. getAttribute("uid")；”。

从服务器端来看，每次请求都会独立地产生一个新的 request 和 response 对象，但 session 对象不会重新生成。当用户在多个页面间切换时，服务器可根据 sessionID 获得它的 session 对象，并且利用 session 对象为用户在多个页面间切换时保存用户的相关操作信息。这样很多以前根本无法去做的事情就变得简单多了。

JSP 程序一般都是在用户退出时，使用 session.invalidate 方法去删除 session 对象。

由于浏览器从来不会主动在关闭之前通知服务器它将要被关闭，因此服务器不会有机会知道浏览器是否已经关闭。因此，服务器为 session 设置了一个失效时间，当距离用户上一次"活跃时间"超过了这个失效时间时，服务器就可以认为客户端已经停止了活动，就会把 session 删除以节省存储空间。

session 对象的方法其实就是 HttpSession 接口的方法，HttpSession 接口的常用方法如表 4-9 所示。

表 4-9　HttpSession 接口的常用方法

方　法	描　述
void setAttribute(String k, Object v)	设置 session 属性。将一个 Object 对象以 key 为关键字保存到 session 中，如果这个属性在会话范围内存在，则更改该属性的值
Object getAttribute(String key)	返回以 key 为关键字的 Object 对象，如果 key 不存在，则返回 null
Enumeration getAttributeNames()	返回 session 中存在的属性名
void removeAttribute(String key)	从 session 对象中删除以 key 为关键字的属性
String getId()	返回 session 的 ID。该 ID 由服务器自动创建，不会重复。session 对象发送到浏览器的唯一数据就是 sessionID，一般存储在 Cookie 中
long getCreationTime()	返回 session 的创建日期。返回类型为 long，单位是毫秒，一般需要使用下面的转换来获取具体日期和时间： Date creationTime = new Date(session.getCreationTime());
long getLastAccessedTime()	返回 session 的最后活跃时间。返回类型为 long，单位是毫秒，一般需要使用下面的转换来获取具体日期和时间： Date accessedTime = new Date(session.getLastAccessedTime());
int getMaxInactiveInterval()	返回 session 的超时时间，单位为秒 超过该时间没有访问，服务器认为该 session 失效
void setMaxInactiveInterval(int s)	设置 session 的超时时间，单位是秒，负数表明会话永不失效
void putValue(String k, Object v)	不推荐的方法。已经被 setAttribute(String attribute, Object Value) 替代
Object getValue(String key)	不被推荐的方法。已经被 getAttribute(String attr)替代
boolean isNew()	返回该 session 是否是新创建的
void invalidate()	使该 session 立即失效，原来会话中存储的所有对象都不能再被访问

Tomcat 中 session 的默认超时时间为 30 分钟。可以通过修改{Tomcat 目录}\conf\Web.xml 文件中的<session-config>配置项，修改默认超时时间，单位为分钟，例如修改默认超时时间为 60 分钟：

```
<session-config>
    <session-timeout>60</session-timeout>  <!-- 单位：分钟 -->
</session-config>
```

也可通过 session 对象的 setMaxInactiveInterval(int seconds)方法修改超时时间，注意，setMaxInactiveInterval(int s)中的单位为秒。

【例 4-23】 下面是一个用户登录的例子，在这个例子中演示了如何存取 request 及 session 对象中的属性。其中，有两个 JSP 文件，login.jsp 为登录页面，用于输入用户登录的信息，如果用户输入的登录名为 admin，密码为 123，则将登录名存入 session 中，跳转到 logok.jsp 页面。

程序(\jspweb 项目\WebRoot\ch04\login.jsp)的清单：

```
<%@ page language="java" import="java.util.*" pageEncoding="UTF-8"%>
<%
    String path = request.getContextPath();
    String basePath = request.getScheme() + "://" + request.getServerName() + ":" +
            request.getServerPort() + path + "/";
%>
<%--进行登录验证--%>
<%
    request.setCharacterEncoding("UTF-8") ;
//获取用户请求信息,首次请求是没有这些信息的,从页面填写信息提交后再次请求就有这些信息了
    String user = request.getParameter("user");
    String password = request.getParameter("password");
    if ("admin".equals(user) && "123".equals(password)) {
        request.getSession().setAttribute("username", user); //将用户名保存在 session 中
%>
<jsp:forward page="logok.jsp">
    <jsp:param name="info" value="新人乍到,请多关照哦!"/>
</jsp:forward>
<%
    }
%>
<html>
<head>
    <base href="<%=basePath%>">
  </head>
    <body><center>
     <form action="ch04/login.jsp" method="post">
        <table><tr><td colspan="2" align="center">用户登录</td></tr>
         <% //检查请求中是否有用户名和密码信息,如有但不符要求则输出错误信息
            if (null != user && null != password) {
         %>
            <tr><td colspan="2">用户名或密码错误,请重新登录!</td></tr>
         <% } %>
            <tr><td>登录名:</td><td> <input type="text" name="user"></td></tr>
            <tr><td> 密码 </td><td><input type="password" name="password"></td></tr>
              <tr><td colspan="2" align="center"><input type="submit" value="登录">
              </td></tr>
            </table>
            </form>
        </center>
    </body>
</html>
```

程序(\jspweb 项目\WebRoot\ch04\logok.jsp 代码)的清单：

```
<%@ page contentType="text/html;charset=UTF-8"%>
<html>
    <head><title>登录成功</title></head>
    <body>
        当前用户(用户名从 session 中获取):
        <%=request.getSession().getAttribute("username")%> <br>
        <p>从 request 对象中获取了如下参数: <br>
```

```
        info = <% = request.getParameter("info") %><br>
        user = <% = request.getParameter("user") %><br>
        password = <% = request.getParameter("password") %><br>
      <a href = "login.jsp">返回登录页面</a>
    </body>
</html>
```

程序运行结果如图 4-23 所示。

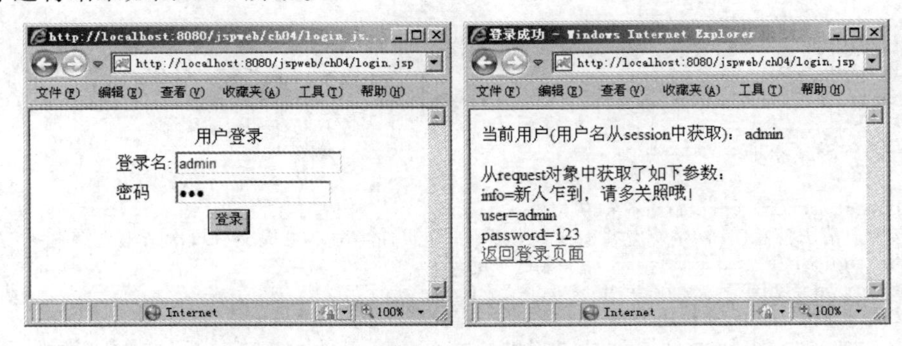

图 4-23　程序 login.jsp 的运行结果

用户从地址栏中输入地址首次访问登录页面时，JSP 程序从请求对象 request 中获取的登录名与密码信息为 null，服务器将 body 部分内容返回给用户，具体内容为左边图的登录表单；用户填写了登录名或密码信息，单击"登录"按钮再次提交给该 JSP 页面后，该 JSP 程序会在请求对象 request 中得到用户名和密码信息，并进行检查。如果不符要求，则给出错误提示和登录表单；如果检查结果符合要求，则将用户名存入 session 对象中，以服务器跳转的方式转到 logok.jsp 页面，logok.jsp 中通过 request.getSession()获得用户的 session 对象，再调用该对象的 getAttribute 方法获得其中的用户名信息。由于采用的是服务器跳转，两个 JSP 页面的访问属于同一次请求，因此在 logok.jsp 页面中也可以使用 request.getParameter("user")等方法，获取用户向 login.jsp 页面请求中提交的用户名等信息。

扫一扫

视频讲解

4.5.7　application 对象

application 对象是在 Web 服务器启动时由服务器自动创建的，它的生命周期是 JSP 所有内置对象中最长的，一旦创建了 application 对象，那么这个 application 对象将会永远保持下去，直到服务器关闭为止。正是由于 application 对象的这个特性，可以将要在多个用户中共享的数据放在 application 对象中，如当前的在线人数的统计，实现聊天室的功能等。

application 对象是 javax.servlet.ServletContext 接口的实例对象，具有所有的 ServletContext 接口的方法。

application 对象的常用方法主要有两个：setAttribute()和 getAttribute()。

例如，设置 application 对象属性的语句如下：

```
application.setAttribute("servername","ntuserver");
```

获取 application 对象属性的语句如下：

```
String servername = (String)application.getAttribute("servername");
```

表 4-10 列出了 application 对象的主要方法及其说明。

表 4-10 application 对象的主要方法及其说明

方法	说明
Object getAttribute(String name)	获取指定名字的 application 对象的属性值
Enumeration getAttributes()	返回所有的 application 对象属性
ServletContext getContext(String uripath)	取得当前应用的 ServletContext 对象
String getInitParameter(String name)	返回由 name 指定的 application 对象属性的初始值
Enumeration getInitParameters()	返回所有的 application 对象属性的初始值的集合
int getMajorVersion()	返回 Servlet 容器支持的 Servlet API 的版本号
String getMimeType(String file)	返回指定文件的 MIME 类型,未知类型返回 null。一般为"text/html"和"image/gif"
String getRealPath(String path)	返回给定虚拟路径所对应的物理路径
void setAttribute(String name, Java. lang. Object object)	设定指定名字的 application 对象的属性值
Enumeration getAttributeNames()	获取所有 application 对象的属性名
String getInitParameter(String name)	获取指定名字的 application 对象的属性初始值
URL getResource(String path)	返回指定的资源路径对应的一个 URL 对象实例,参数要以"/"开头
InputStream getResourceAsStream(String path)	返回一个由 path 指定位置的资源的 InputStream 对象实例
String getServerInfo()	获得当前 Servlet 服务器的信息
Servlet getServlet(String name)	在 ServletContext 中检索指定名称的 Servlet
Enumeration getServlets()	返回 ServletContext 中所有 Servlet 的集合
void log(Exception ex, String msg/String msg, Throwablet/String msg)	把指定的信息写入 servlet. log 文件
void removeAttribute(String name)	移除指定名称的 application 对象属性
void setAttribute(String name, Object value)	设定指定的 application 对象属性的值

由于 application 对象具有在所有用户间共享数据的特点,因此,经常用于记录所有用户公用的一些数据,如页面访问次数。

下面是一个典型的页面访问计数器的例子。

【例 4-24】 利用 application 对象实现页面访问计数器。

程序(\jspweb 项目\WebRoot\ch04\application.jsp)的清单:

```
<%@ page language="java" contentType="text/html;charset=UTF-8" %>
<html>
<head>
<title>页面访问计数器</title>
</head>
<body>
<%
     if(application.getAttribute("count")==null){
         application.setAttribute("count","1");
         out.println("欢迎,您是本网页第 1 位访客!");
         }
     else{
         int i = Integer.parseInt((String)application.getAttribute("count"));
         i++;
         application.setAttribute("count",String.valueOf(i));
         out.println("欢迎,您是本网页第" + i + "位访客!");
    }
   %><hr>
  </body>
</html>
```

运行程序，将会发现，即使将页面关闭再重新打开，或从不同客户端的浏览器打开该网页，计数器仍然有效。直到重启服务器为止，此计数器记录的是所有访问过本网页的次数，而与是否是同一客户端无关。

至于如何实现整个网站访问量的统计功能，需要结合第8章介绍的过滤器技术进行设计。

JSP中的application对象除了能够在多个JSP之间、JSP和Servlet之间共享数据之外，另外还可用于加载web.xml文件的配置参数。

扫一扫

视频讲解

4.5.8 config对象

config对象中存储着一些Servlet初始的数据结构，它跟page对象一样，很少被用到。config对象实现了javax.servlet.ServletConfig接口，如果在web.xml文件中，针对某个Servlet文件或JSP文件设置了初始化参数，则可以通过config对象来获取这些初始化参数。config对象提供了两个方法来获取Servlet初始参数值：config.getInitParamenterNames()、config.getInitParamenter (String name)。

也可以利用config.getServletName()来获取JSP页面被编译后的Servlet名称。config对象的主要方法及其说明如表4-11所示。

表4-11 config对象的主要方法及其说明

方　法	说　明
String getInitParameter(String name)	返回名称为name的初始参数值
Enumeration getInitParameters()	返回这个JSP所有的初始参数的名称集合
ServletContext getContext()	返回ServletContext对象
String getServletName()	返回Servlet的名称

扫一扫

视频讲解

4.5.9 exception对象

当JSP页面发生错误时，会产生异常。exception对象就是用来针对异常进行相应处理的对象。exception对象的主要方法及其说明如表4-12所示。

表4-12 exception对象的主要方法及其说明

方　法	说　明
String getMessage()	返回错误信息
void printStackTrace()	以标准错误的形式输出一个错误和错误的堆栈
void toString()	以字符串的形式返回对异常的描述
void printStackTrace()	打印Throwable及其call stack trace信息

扫一扫

视频讲解

4.5.10 pageContext对象

pageContext对象能够存取其他内置对象，当内置对象包括属性时，pageContext也支持对这些属性的读取和写入。

pageContext对象的主要方法及其说明如表4-13所示。

表4-13 pageContext对象的主要方法及其说明

方　法	说　明
Exception getException()	回传目前网页中的异常，不过此网页要为error page，如exception对象
JspWriter getOut()	回传目前网页的输出流，如out对象
Object getPage()	回传目前网页的Servlet实体，如page对象

续表

方 法	说 明
ServletRequest getRequest()	回传目前网页的请求,如 request 对象
ServletResponse getResponse()	回传目前网页的响应,如 response 对象
ServletContext getServletContext()	回传目前此网页的执行环境,如 application 对象
HttpSession getSession()	回传和目前网页有联系的会话,如 session 对象

pageContext 对象获取其他内置对象的方法及其说明如表 4-14 所示。

表 4-14 pageContext 对象获取其他内置对象的方法及其说明

方 法	说 明
Object getAttribute(String name, int scope/ String name)	回传名称为 name,范围为 scope 的属性对象,回传类型为 java. lang. Object
getAttributeNamesInScope(int scope)	回传所有属性范围为 scope 的属性名称,回传类型为 Enumeration
Enumeration getAttributeScope(String name)	回传属性名称为 name 的属性范围
void removeAttribute(String name)	移除属性名称为 name 的属性对象
void removeAttribute(String name, int scope)	移除属性名称为 name,范围为 scope 的属性对象
void setAttribute(String name, Object value, int scope)	指定属性对象的名称为 name,值为 value,范围为 scope
Object findAttribute(String name)	在所有范围中寻找属性名称为 name 的属性对象

pageContext 对象在使用 Object getAttribute(String name, int scope)、Enumeration getAttributeNamesInScope(int scope)、void removeAttribute(String name, int scope)、void setAttribute(String name, Object value, int scope)方法时,需要指定作用域。

作用域的指定就使用 JSP 内置对象的 4 个作用域范围参数:PAGE_SCOPE 代表 Page 范围,REQUEST_SCOPE 代表 Request 范围,SESSION_SCOPE 代表 Session 范围,APPLICATION_SCOPE 代表 Application 范围。

【例 4-25】 使用 pageContext 对象的 getAttributeNamesInScope(int SCOPE)方法,取得指定作用域范围内的所有属性名。在这个页面中,取得所有属性范围为 Application 的属性名称,然后将这些属性依次显示。

程序(\jspweb 项目\WebRoot\ch04\pagecontext. jsp)的清单:

```
<%@ page import = "java.util.Enumeration" contentType = "text/html;charset = GB2312" %>
<html>
<head>
    <title>PageContext 实例</title>
</head>
 <body>
  <h2>javax.servlet.jsp.PageContext - pageContext </h2>
  <% Enumeration enums = pageContext.getAttributeNamesInScope(PageContext.APPLICATION_SCOPE);
    while (enums.hasMoreElements()){
        out.println("application scopr attributes: " + enums.nextElement() + "<br>");
      } %>
 </body>
</html>
```

运行程序,可得到 APPLICATION_SCOPE 作用域范围内的所有属性名,如图 4-24 所示。

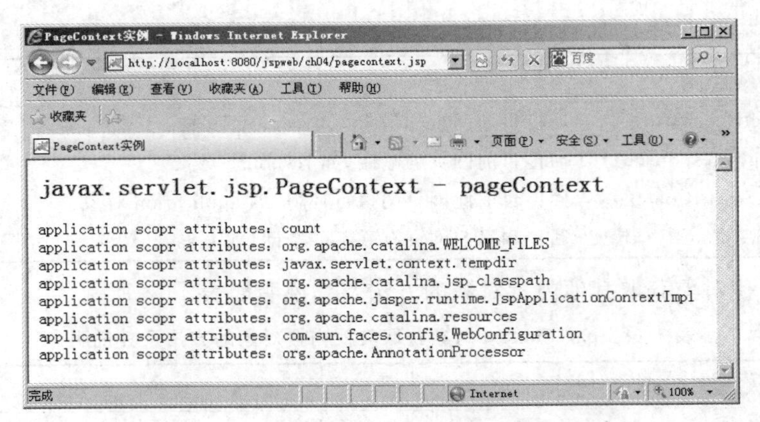

图 4-24 程序 pagecontext.jsp 的运行结果

对 pageContext 对象，除了提供上述的方法之外，另外还有两种方法：forward（Sting Path）和 include（String Path），这两种方法的功能和之前提到的<jsp:forward>与<jsp:include>相似，读者可以自行测试。

JSP 引擎在把 JSP 转换成 Servlet 时经常需要用到 pageContext 对象，但在普通的 JSP 开发中很少直接用到该对象。

4.5.11 Cookie 对象

Cookie 是一种会话跟踪机制。Cookie 对象虽然不是 JSP 的内置对象，使用时需要显式创建该对象，但 JSP 设计时也经常使用 Cookie 技术来实现一些特殊功能。

Cookie 是 Web 服务器通过浏览器在客户机的硬盘上存储的一小段文本，用来记录用户登录的用户名、密码、登录时间等信息。当用户再次登录此网站时，浏览器根据用户输入的网址，在本地寻找是否存在与该网址匹配的 Cookie。如果有，则将该 Cookie 和请求参数一起发送给服务器做处理，实现各种各样的个性化服务。

在 Java 中，Cookie 对象是 javax.servlet.http.Cookie 类的实例。Cookie 的使用方法如下。

JSP 将信息存储到客户机 Cookie 的方法是，先使用构造方法 Cookie（Cookie 属性名，Cookie 属性值）声明一个 Cookie 对象，然后通过 response 对象的 addCookie 方法将该 Cookie 对象加入到 Set-Cookie 应答头，这样就可以将信息保存到客户机中的 Cookie 文件中。例如：

```
Cookie cookie = new Cookie("username","Jack");
response.addCookie(cookie);
```

注意：Cookie 名称只能包含 ASCII 字母和数字字符，不能包含逗号、分号或空格，也不能以 $ 字符开头。Cookie 的名称在创建之后不得更改。

Cookie 值不能包含空格、方括号、圆括号、等号、逗号、双引号、斜杠、问号、@、冒号、分号。如果值为图片等二进制数据，则需要使用 BASE64 编码。

读取客户端的 Cookie 信息的方法如下。

JSP 通过调用 request.getCookies()从客户端读入 Cookie 对象数组。再用循环语句访问该数组的各个 Cookie 元素，调用 getName 方法检查各个 Cookie 的名字，直至找到目标 Cookie，然后对该 Cookie 调用 getValue 方法取得与指定名字关联的值。

Cookie 存取中文时可能会出现乱码，这是因为 Cookie 文件是以 ASCII 码格式存储的，占 2 字节，而中文则属于 Unicode 中的字符，占 4 字符。所以，如果想在 Cookie 中保存中文的话，必须进行相应的编码后才能正确存储，读取时再进行解码。

保存时，使用 java.net.URLEncoder.encode(String s,String enc)对中文进行编码；读取时，使用 java.net.URLDecoder.decode(String s,String enc)进行解码。

【例 4-26】 保存和读取 Cookie。

程序(\jspweb 项目\WebRoot\ch04\cookiesave.jsp)的清单：

```
<%@ page language="java" import="java.net.*" contentType="text/html; charset=UTF-8" %>
<html>
    <title>Cookie-Save</title>
<body>
<% Cookie cookie = new Cookie(URLEncoder.encode("姓名","UTF-8"),
                        URLEncoder.encode("杰克","UTF-8"));
    cookie.setMaxAge(60*60);          //设定该 Cookie 在用户机器硬盘上的存活期为 1 小时
    response.addCookie(cookie);
    String userIp=request.getRemoteAddr();
    cookie=new Cookie("userIp",userIp);
    cookie.setMaxAge(10*60);          //设定 Cookie 在用户机器硬盘上的存活期为 10 分钟
    response.addCookie(cookie);
    SimpleDateFormat sdf = new SimpleDateFormat("yyyy 年 MM 月 dd 日 h:m:s");
    Date date=new Date();
    String logintime=sdf.format(date);
    cookie=new Cookie("loginTime",URLEncoder.encode(logintime,"UTF-8"));
    cookie.setMaxAge(20*60);          //设定 Cookie 在用户机器硬盘上的存活期为 20 分钟
    response.addCookie(cookie);
    out.print("成功保存了姓名、用户 IP 地址和登录时间到客户机的 Cookie 中了!");
%><br>
    <a href="cookieread.jsp">去读取 Cookie</a>
</body>
</html>
```

程序(\jspweb 项目\WebRoot\ch04\cookieread.jsp)的清单：

```
<%@ page language="java" import="java.net.*" contentType="text/html; charset=UTF-8"%>
<html>
   <title>Cookie-Read</title>
<body>
   使用 foreach 循环读取 Cookie 数组,并输出其中所有的 Cookie:<br>
   <% if(request.getCookies()!= null){
        for(Cookie cookie : request.getCookies()){
            String name = URLDecoder.decode(cookie.getName(),"UTF-8");
            String value = URLDecoder.decode(cookie.getValue(),"UTF-8");
            out.println("<br>cookie 属性: "+name+" = "+value);
        }
      } %>
<p>使用 for 循环,查找某个 Cookie<br>
<% Cookie myCookie[]=request.getCookies();          //创建一个 Cookie 对象数组
   Cookie cookie=null;
    for(int i=0;i<myCookie.length;i++)               //循环访问 Cookie 对象数组的每一个元素
       {cookie = myCookie[i];
      if(cookie.getName().equals("userIp")){        //查找名称为"userIp"的元素
   %>
       你好,你上次登录的 IP 地址是<% =cookie.getValue()%>!
   <% }} %>
  </body>
</html>
```

程序运行结果如图 4-25 所示。

使用 setMaxAge(int expiry)方法来设置 Cookie 的存在时间，参数 expiry 应是一个整数。正值表示 Cookie 将在多少秒以后失效。负值表示当浏览器关闭时，Cookie 将会被删除。零值则是要删除该 Cookie。

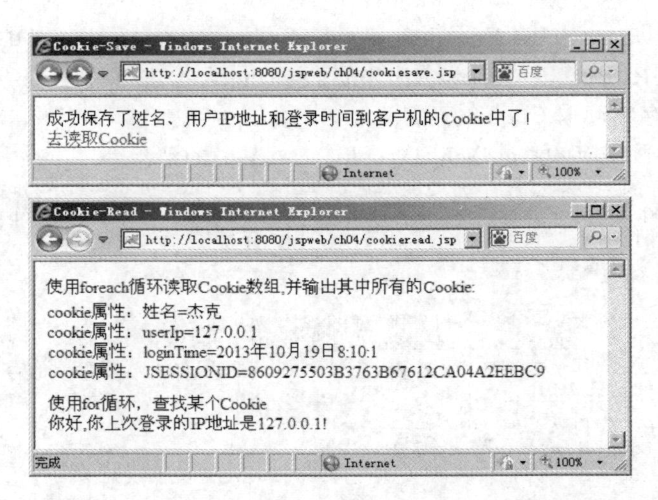

图 4-25　程序 cookiesave.jsp 和 cookieread.jsp 的运行结果

使用 setPath 设置 Cookie 在当前域名的哪个路径下可见。如果设置为"/"，则在当前域名下的所有路径均可见；如果设置为"/news"，则只能在当前域名下的 news 路径下可见；如果未设置，则在哪个页面产生就只能在该页面访问。

例如：

```
<% Cookie deleteNewCookie = new Cookie("newcookie",null);
    deleteNewCookie.setMaxAge(0);
    deleteNewCookie.setPath("/");
    response.addCookie(deleteNewCookie);
%>
```

JSP 可通过 Cookie 向已注册用户提供某些专门的服务，如通过 Cookie 技术手段，让网站"记住"那些曾经登录过的用户，实现自动登录。利用 Cookie 实现用户自动登录的思路是，当用户第一次登录网站的时候，网站向客户端发送一个包含用户名的 Cookie，当用户再次访问，浏览器就会向网站服务器回送这个 Cookie，于是 JSP 可以从这个 Cookie 中读取到用户名和密码等信息，从而实现用户自动登录。

需要注意的是，对某些存有敏感信息的网站来说，这样做并不安全，因为当其他人员使用这台计算机时，可能会使用 Cookie 中的敏感信息登录系统。为此，在浏览器"Internet 选项"中的"隐私"选项卡中，供用户设置 Cookie 的使用级别，如图 4-26 所示。

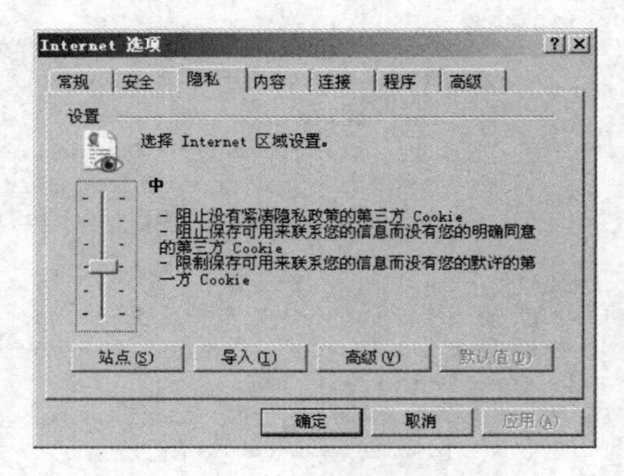

图 4-26　Cookie 的使用级别设置

习题 4

一、简答题

1. include 标记与 include 动作标记有什么区别？
2. 如何保证页面跳转时当前页面与跳转页面之间的联系？
3. 如果有两个用户访问一个 JSP 页面，该页面的程序片将被执行几次？

4. 在<%!和%>之间声明的变量与在<%和%>之间声明的变量有何区别?

5. 是否允许一个 JSP 页面为 contentType 设置两次不同的值?

6. JSP 的特殊字符与 Java 语言的转义字符有什么关系?

7. 简述一个 JSP 页面的基本组成。

8. out 对象发生错误时会抛出什么异常?JSPWriter 类的常用方法有哪些?

9. 为什么要使用 JSP 内置对象?应用内置对象有什么好处?

10. JSP 有哪些内置对象?简述它们的功能。

11. 简述 JSP 内置对象 request 的功能。

12. 简述 response 对象的功能?request 对象和 response 对象是如何相辅相成的?

13. 简述 response 对象的 sendRedirect 方法的功能,常在什么情况下使用?

14. 简述 out 对象的功能。

15. 简述 session 对象的功能,它在什么范围内共享信息?

16. 简述 application 对象的功能,它在什么范围内共享信息?

17. 简述 exception 对象的功能,它可以增强软件的什么性能?

18. 简述 JSP 异常处理机制。

19. 简述 JSP 的 Cookie 对象的作用。

二、选择题

1. JSP 的编译指令标记通常是指(　　)。

A. page 指令、include 指令和 taglib 指令

B. page 指令、include 指令和 plugin 指令

C. forward 指令、include 指令和 taglib 指令

D. page 指令、param 指令和 taglib 指令

2. JSP 文件中可以在以下(　　)标记之间插入 Java 程序片。

A. <% 和 %>　　B. <% 和 />　　C. </ 和 %>　　D. <% 和 ! >

3. 下列选项中,(　　)不属于 JSP 动作指令标记。

A. <jsp:param>　　B. <jsp:plugin>

C. <jsp:useBean>　　D. <jsp:javaBean>

4. JSP 的 page 编译指令的属性 language 的默认值是(　　)。

A. java　　B. C　　C. C#　　D. SQL

5. JSP 的(　　)允许页面使用者自定义标记库。

A. include 指令　　B. taglib 指令　　C. include 指令　　D. plugin 指令

6. 可以在以下(　　)标记之间插入变量与方法声明。

A. <% 和 %>　　B. <%! 和 %>　　C. </ 和 %>　　D. <% 和 ! >

7. 能够代替"<"字符的字符是(　　)。

A. <　　B. >　　C. <　　D.

8. <jsp:useBean id="bean 的名称"scope="bean 的有效范围" class="包名.类名"/>动作标记中,scope 的值不可以是(　　)。

A. page　　B. request　　C. session　　D. response

9. 下列选项中,(　　)注释为隐藏型注释。

A. <!-- 注释内容[<%= 表达式 %>]-->

B. <!-- 注释内容 -->

C. <%-- 注释内容 --%>

D. <! --[<%＝ 表达式 %>]-->

10. 下列变量声明在（　　）范围内有效。

```
<%! Date dateTime; int countNum; %>
```

A. 从定义开始处有效，用户之间不共享

B. 在整个页面内有效，用户之间不共享

C. 在整个页面内有效，被多个用户共享

D. 从定义开始处有效，被多个用户共享

11. 在“<%!”和“%>”标记之间声明的 Java 的方法称为页面的成员方法，其在（　　）范围内有效。

A. 从定义处之后有效　　B. 在整个页面内有效

C. 从定义处之前有效　　D. 不确定

12. 在“<%＝”和“%>”标记之间放置（　　），可以直接输出其值。

A. 变量　　B. Java 表达式

C. 字符串　　D. 数字

13. include 指令用于在 JSP 页面静态插入一个文件，插入文件可以是 JSP 页面、HTML 网页、文本文件或一段 Java 代码，但必须保证插入后形成的文件（　　）。

A. 是一个完整的 HTML 文件　　B. 是一个完整的 JSP 文件

C. 是一个完整的 TXT 文件　　D. 是一个完整的 Java 源文件

14. JSP 页面可以在“<%＝”和“%>”标记之间放置 Java 表达式，直接输出 Java 表达式的值。组成“<%＝”标记的各字符之间（　　）。

A. 可以有空格　　B. 不可以有空格

C. 必须有空格　　D. 不确定

15. 当一个用户线程执行某个方法时，其他用户必须等待，直到这个用户线程调用执行完毕该方法后，其他用户线程才能执行，这样的方法在定义时必须使用关键字（　　）。

A. public　　B. static　　C. synchronized　　D. private

三、判断题

1. 在“<%!”和“%>”标记之间声明的 Java 的变量在整个页面内有效，不同的用户之间不共享。（　　）

2. 在“<%!”和“%>”标记之间声明的 Java 的方法在整个页面内有效。（　　）

3. 页面成员方法不可以在页面的 Java 程序片段中调用。（　　）

4. 程序片段中声明的变量的有效范围与其声明位置有关，即从声明位置向后有效，可以在声明位置后的程序片、表达式中使用。（　　）

5. JSP 表达式的值由服务器负责计算，并将计算值按字符串发送给客户端显示。（　　）

6. 在 Java 程序片中可以使用 Java 语言的注释方法，其注释的内容会发送到客户端。（　　）

7. 不能用一个 page 指令指定多个属性的取值。（　　）

8. jsp:include 动作标记与 include 指令标记包含文件的处理时间和方式不同。（　　）

9. jsp:param 动作标记不能单独使用，必须作为 jsp:include、jsp:forward 标记等的子标记使用，并为它们提供参数。（　　）

10. <jsp:forward…>标记的 page 属性值是相对 URL，且只能是静态的 URL。　(　　)

11. JSP 页面只能在客户端执行。　(　　)

12. JSP 页面中不能包含脚本元素。　(　　)

四、编程题

1. 编写一个 JSP 页面，计算 1+2+…+100。

2. 制作 JSP 页面，使该页面静态包含另一个 a.html 网页。

3. 根据用户输入的用户名和密码与给定值是否匹配制作一个用户登录模块。

4. 使用 JSP 与 JavaBean 设计一个网站计数器，显示如下：

你是本网站的第 n 个访问者。

5. 编写程序 reg.htm 和 reg.jsp，设计一个用户注册界面。注册信息包括用户名、年龄、性别。然后提交到 reg.jsp 进行注册检验，若用户名为 admin，则提示“欢迎你，管理员！”；否则，显示“注册成功！”，并显示注册信息。

第5章

JSP访问数据库

本章学习目标

- 掌握 MySQL 数据库的安装与使用。
- 掌握使用 JDBC 访问数据库的方法。
- 掌握 JDBC 常用的接口与类。
- 熟悉数据库连接池的工作原理。

5.1 MySQL 数据库

MySQL 是一个小型关系数据库管理系统，开发者为瑞典 MySQL AB 公司。该公司在 2008 年被 Sun 公司收购。2009 年，Sun 公司又被 Oracle 公司收购。目前，MySQL 被广泛地应用在 Internet 上的中小型网站中。由于其体积小、速度快、成本低，尤其是开放源码这一特点，许多中小型网站为了降低网站总体成本而选择 MySQL 作为网站数据库。

MySQL 的官方网站的网址是 www.mysql.com，最新版本的 MySQL 显著提高了性能和可用性，可支持下一代 Web、嵌入式和云计算应用程序。

1. MySQL 数据库的安装过程

(1) 下载 MySQL 数据库安装程序，这里选择 MySQL Server 6.0 版本。

(2) 运行 MySQL 的安装文件。

运行 MySQL Server 6.0 的安装文件 mysql-essential-6.0.11-alpha-winx64.msi，出现该数据库的安装向导界面。在选择安装类型的窗口中，有“Typical(默认)”“Complete(完全)”“Custom(用户自定义)”三个选项，一般选择“Typical(默认)”选项。根据安装向导可顺利完成 MySQL 数据库程序的安装，如图 5-1 所示。

(3) MySQL 数据库服务器配置。

MySQL 数据库的安装十分简单，关键是安装完成之后的配置。在配置过程中，一般可选择默认选项，注意：字符编码选项要修改为 utf8。配置过程如图 5-2 所示。

勾选“将 MySQL 安装为 Windows 服务”及勾选“将 MySQL 的 Bin 目录加入到 Windows PATH”。将 MySQL 的 Bin 目录加入到 Windows PATH 后，就可以直接运行 Bin 目录下的命令文件，而不用指出命令路径，如图 5-3 所示。比如在命令行窗口直接使用命令“mysql -u username -p password;”就可以连接数据库。

设置 root 用户的密码，该密码务必牢记，以后编写程序时需要使用此密码访问数据库。勾选“Enable root access from remote machines”，不要勾选“Create An Anonymous Account”，单击 next 按钮继续配置，如图 5-4 所示。

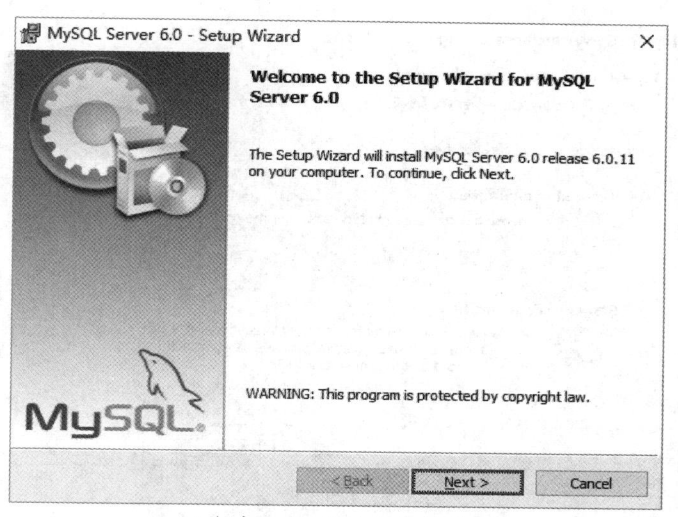

(a) 启动MySQL数据库程序安装向导

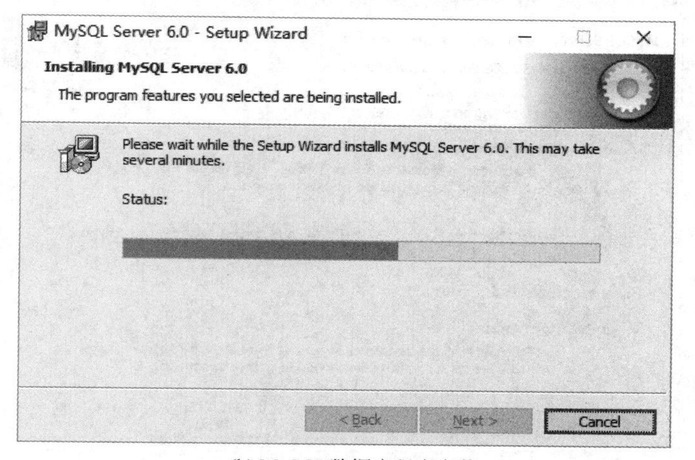

(b) MySQL数据库程序安装

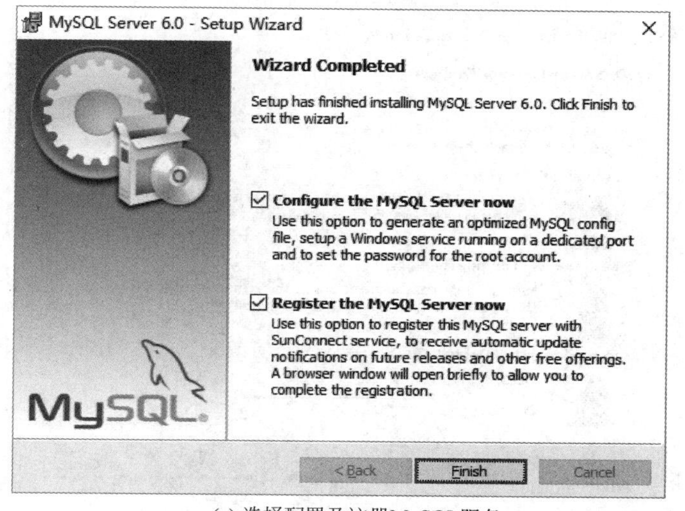

(c) 选择配置及注册MySQL服务

图 5-1 MySQL 数据库程序安装过程

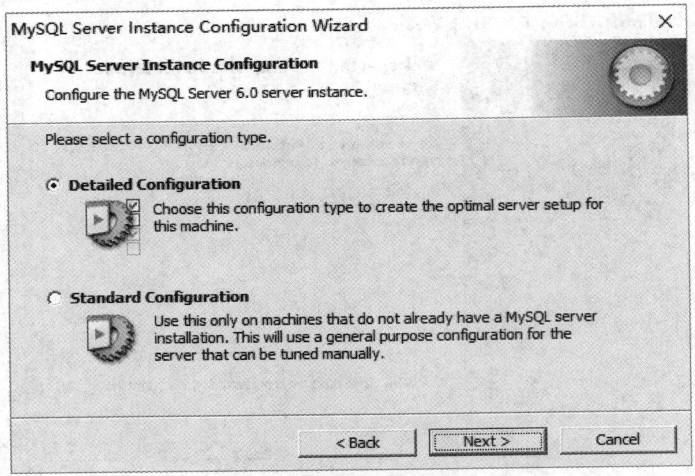

(a) 选择详细配置方式

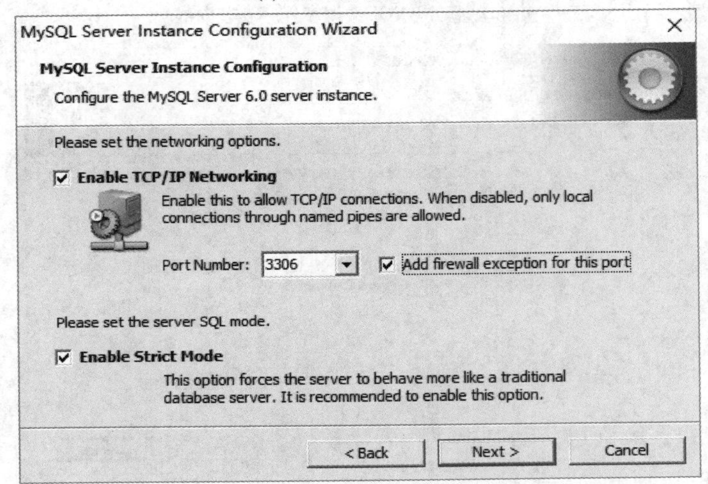

(b) 设置启用TCP/IP连接及严格的语法模式

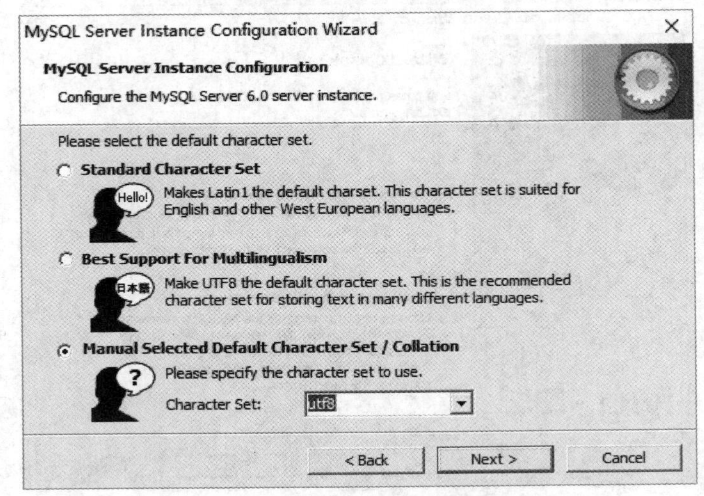

(c) 设置MySQL要使用的字符编码为utf8

图 5-2 MySQL 数据库程序安装基本配置

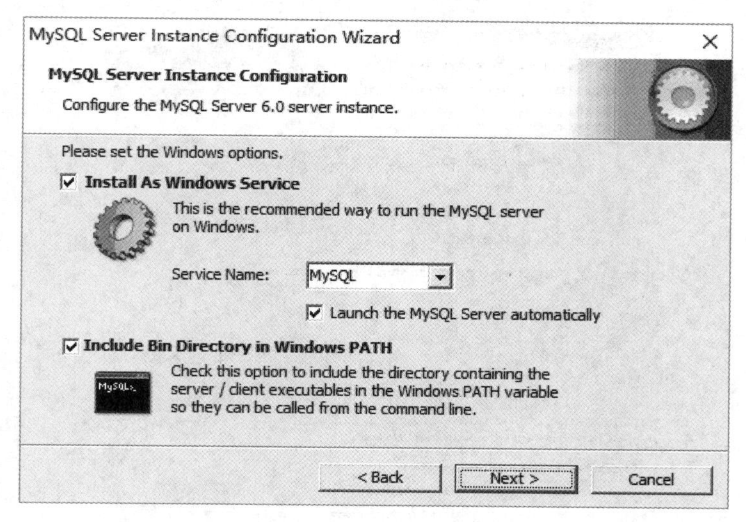

图 5-3 配置服务名称

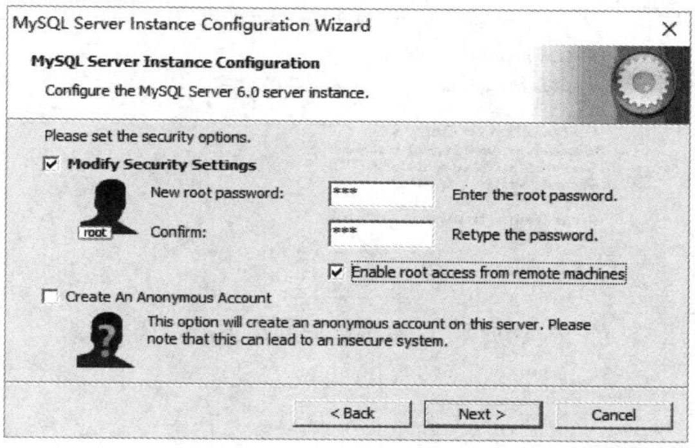

图 5-4 设置管理员密码

至此，所有配置操作都已经完成，单击 Execute 按钮执行配置，完成安装，如图 5-5 所示。

在安装过程的最后一步执行配置时，如果不能启动服务(Start service)，一般是由于之前已经安装过 MySQL，但未完全卸载。卸载 MySQL 时，除了在控制面板的“程序和功能”中卸载外，还要手动删除 MySQL 数据库文件夹，该文件夹位于隐藏文件夹 ProgramData 中。注意：MySQL 安装文件夹里的 my.ini 文件，其中有如下语句：

```
datadir = "C:/ProgramData/MySQL/MySQL Server6.0/Data/"
```

该语句表示 MySQL 数据库文件夹的所在位置。卸载 MySQL 时应将该隐藏文件夹 ProgramData 下的 MySQL 文件夹删除。

安装完成之后，从“开始”菜单中运行 MySQL 命令行程序(MySQL Command Line Client)，出现命令行窗口，输入安装时的密码。如图 5-6 所示，表示 MySQL 数据库已可以正常使用。

在 MySQL 命令行窗口中可创建数据库和表。本书中用到的示例数据库的脚本在项目实例\bookstore\resource 目录下，文件名为 books.sql，这是一个文本文件。用记事本打开此文件，将文档内容全部复制到剪贴板，在 MySQL 命令行窗口，在空白处右击，弹出快捷菜单，执行“粘贴”命令，将剪贴板的内容复制到窗口后，运行所有 SQL 命令。至此，books.sql 脚本中的命令全部执行完毕。要想查看 book 数据库是否安装成功，可在 MySQL 命令行窗口中执行 show databases 命令，查看已经安装的数据库。MySQL 数据库常用命令如表 5-1 所示。

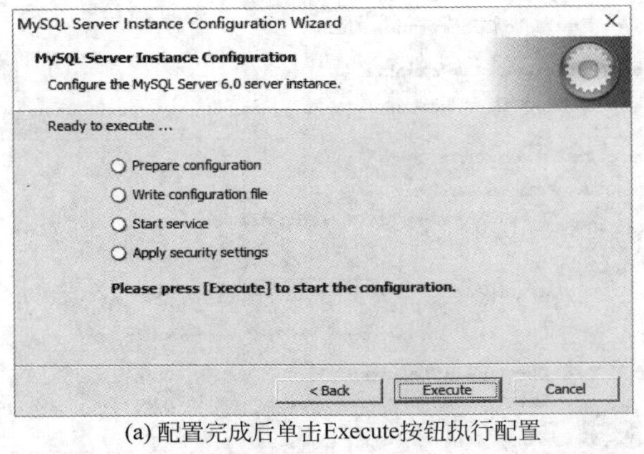

(a) 配置完成后单击Execute按钮执行配置

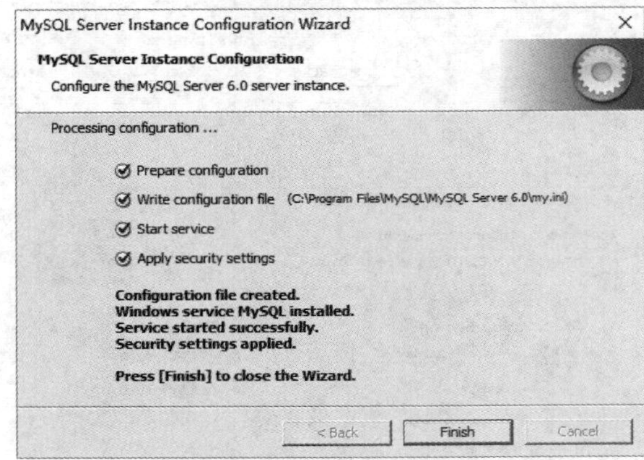

(b) 执行配置成功后的提示信息

图 5-5　MySQL 完成安装与配置

```
D:\MysqlV6\bin\mysql.exe
Enter password: ***
Welcome to the MySQL monitor.  Commands end with ; or \g.
Your MySQL connection id is 2
Server version: 6.0.11-alpha-community MySQL Community Server (GPL)

Type 'help;' or '\h' for help. Type '\c' to clear the current input statement.

mysql>
```

图 5-6　从"开始"菜单中运行命令行程序窗口

表 5-1　MySQL 数据库常用命令

命　令	含　义
show databases;	显示服务器上当前存在的全部数据库
create database MySQL_db;	创建数据库 MySQL_db
use MySQL_db;	选择数据库 MySQL_db
show tables;	查看当前的数据库中存在的表
create table mytable(name varchar(20),sex char(1));	创建数据库表 mytable
describe mytable;	显示数据库表 mytable 的结构
insert into mytable values ("zhang","m");	在 mytable 表中加入记录
load data local infile "d:/MySQL.txt" into table mytable;	用文本方式将数据载入数据库表中
source d:/MySQL.sql;	导入.sql 文件命令
drop table mytable;	删除 mytable 表
delete from mytable;	清空 mytable 表
update mytable set sex="f" where name='xiaozhang';	更新 mytable 表中数据

2. MySQL 数据库项目应用注意事项

(1) MySQL 服务生存期设置方法。

MySQL 默认的服务生存期为 28 800 秒(8 小时),如果超过 8 小时未访问 MySQL 数据库,则 MySQL 将自动结束服务。查看有关 MySQL 服务生存期信息的 MySQL 命令为:

```
MySQL> show variables like '%timeout%';
```

查看结果如图 5-7 所示。

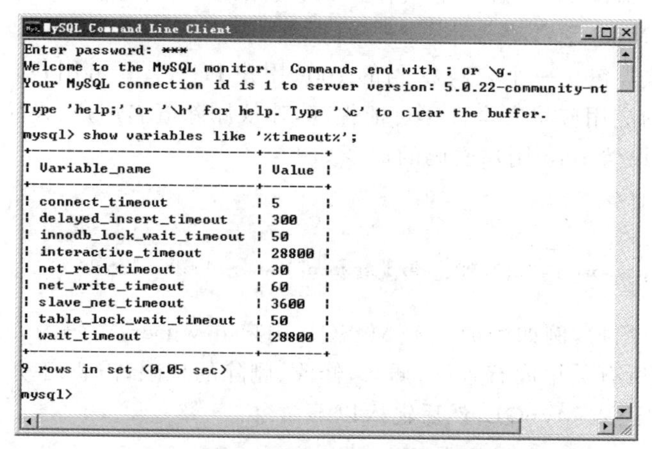

图 5-7　查看有关 MySQL 服务生存期信息

可通过修改 MySQL 的初始化配置文件修改 MySQL 的服务生存期。修改方法如下:

① 打开 MySQL 中的 my.ini 文件。

② 找到[MySQLd]节点,在其中添加以下两项,重启后生效。

```
interactive_timeout = 2880000
wait_timeout = 2880000
```

这里设置的 MySQL 5.0 服务生存期为 2 880 000 秒(800 小时),约 33 天。

(2) MySQL 中 LIMIT 的用法。

LIMIT 子句用于强制 SELECT 语句返回指定的记录数。使用 MySQL 中的 LIMIT 实现分页比较方便,但要注意的是,有些数据库不支持 LIMIT。

MySQL 中 LIMIT 语句格式如下:

```
Select * From table Limit[offset,]rows;
```

LIMIT 接收一个或两个数值参数,参数必须是整型常量。如果给定两个参数,则第一个参数指定返回记录行的起始偏移量;第二个参数指定返回记录行的最大数目。注意,初始记录行的偏移量是 0,而不是 1。

MySQL 中检索记录第 6 行至第 15 行的 LIMIT 语句示例:

```
MySQL> Select * From table Limit 5,10;
```

为了检索从某一个偏移量到记录集结束的所有记录行,可以指定第二个参数为−1:

```
Select * From table Limit 95, -1;                //检索记录 96 行至最后行
```

如果只给定一个参数，则表示返回最大的记录行数目，也就是 LIMIT n 等价于 LIMIT 0,n。

下列检索返回前 5 个记录行：

```
select * from table limit 5;
```

（3）MySQL 的账户及密码维护。

在 Windows 中，MySQL 以服务形式存在，在使用前应确保此服务已经启动，如未启动，可用 net start MySQL 命令启动。

刚安装的 MySQL 包含一个含空密码的 root 用户和一个匿名用户，这是很大的安全隐患。对于一些重要的应用应将安全性尽可能提高，建议删除匿名用户，设置 root 用户密码。

删除匿名用户，设置 root 用户密码的命令如下：

```
use MySQL;
delete from User where User = "";
update User set Password = PASSWORD("newpassword") where User = "root";
```

要新增 MySQL 用户，例如增加一个 MySQL 用户 newuser，密码为 abc，该用户可以在任何主机上登录，并对所有数据库有查询、插入、修改、删除的权限，需要启动 MySQL 命令行，输入密码，以 root 用户连入 MySQL，然后输入以下命令：

```
MySQL > grant select, insert, update, delete on * . * to newuser@" % " Identified by "abc";
```

但这种方式增加的用户很不安全，如果某人知道 newuser 用户的密码，那么他就可以在 Internet 上的任何一台计算机上登录 MySQL 数据库。

解决这个问题的办法是限制新用户只能在 localhost 上登录，即 MySQL 数据库所在的那台主机登录，命令如下：

```
MySQL > grant select, insert, update, delete on books. * to newuser@localhost Identified by "abc";
```

这时，newuser 用户无法从 Internet 其他机器上直接访问数据库，只能在 MySQL 数据库所在的那台主机登录，并且只能访问 books 数据库中的所有表，而其他数据库是无法访问的。

如果要取消 newuser 用户的密码，可以重新设置密码，也可以输入以下命令将密码取消：

```
MySQL > grant select, insert, update, delete on book. * to newuser@localhost Identified by "";
```

（4）重新设置 MySQL 密码的方法。

对于 MySQL 密码丢失的情况，可采用如下方法重新设置。

① 开启 CMD 命令窗口，进入 MySQL 安装目录的\bin 目录，运行以下命令：

```
mysqld - nt -- skip - grant - tables&
```

② 在“开始”菜单中，选择 MySQL 命令行启动 MySQL(MySQL Command Line Client)。

③ 在要求输入密码时，直接按 Enter 键即可启动 MySQL。

```
Enter password: (CR)
```

④ 输入如下命令，重新设置 root 用户的密码：

```
use MySQL
update user set password = password("111") where user = "root";
```

在进行开发和实际应用中，不应该只用 root 用户连接数据库，虽然使用 root 用户进行测试很方便，但会给系统带来重大安全隐患，也不利于管理技术的提高。

(5) Windows 下 MySQL 数据库自动备份方案。

将 MySQL 安装命令中的\bin 路径加入系统的 PATH 环境变量中。

新建用于备份操作的批处理文件，可命名为 MySQL_backup. bat，文件示例如下：

```
MySQLdump data -uroot -p123 > d:\backup\mydata.sql //root 是数据库用户名,123 是密码
copy d:\backup\mydata.sql g:
```

这两条语句的功能是，先将 data 数据库备份到 d:\backup\ mydata. sql 文件中，再将 d:\backup\mydata. sql 文件复制到 U 盘(这里是 G 盘)中。然后在“任务计划”中新建一个任务计划，把 MySQL_backup. bat 加进去，设置为每天凌晨运行即可。

5.2 项目案例 1——网上书店数据库创建

扫一扫

视频讲解

本书将逐步完成一个基于 JSP Web 的网上书店系统项目实例，项目名称为 bookstore。采用 MySQL 数据库，数据库名称为 books，数据库用户名为 root，密码为 123。数据表的 SQL 脚本文件在项目实例\bookstore\resource\目录中。随着接下来的学习进展，将围绕该项目举例，并逐步完成项目设计。

在 MyEclipse 开发环境中创建 JSP Web 项目，项目名为 bookstore，将 MySQL 数据库的 JDBC 驱动 jar 包(MySQL-connector-java-5.1.5-bin.jar)放入项目的\WEB-INF\lib\文件夹中。

创建 MySQL 数据库时，数据库名称为 books，字符集选择 utf8，数据库 books 中表的创建可通过运行 SQL 脚本生成。

books 数据库中表的结构如表 5-2～表 5-7 所示。

表 5-2　用户表(userinfo)

列　名	数据类型	备　注
userId	int(11)	用户 ID
loginname	varchar(20)	用户名
password	varchar(10)	密码

表 5-3　图书信息表(titles)

列　名	数据类型	备　注
isbn	varchar(20)	书号
title	varchar(100)	书名
editionNumber	int(11)	版本号
copyright	varchar(4)	版权号
publisherID	int(11)	出版社 ID
imageFile	varchar(100)	封面图片文件名
price	double	图书单价
summary	varchar(200)	内容简介

表 5-4　出版社表(publishers)

列　名	数据类型	备　注
publisherId	int(11)	出版社 ID
publisherName	varchar(30)	出版社名称

表 5-5　订单记录表(bookorder)

列　名	数据类型	备　注
orderId	int(11)	订单 ID
userName	varchar(20)	用户名
zipcode	varchar(8)	邮编
phone	varchar(20)	联系电话
credicard	varchar(20)	信用卡号
total	double	合计金额

表 5-6　作者信息表(authors)

列　名	数据类型	备　注
authorId	int(11)	作者 ID
firstName	varchar(20)	作者姓
lastName	varchar(30)	作者名

表 5-7　信用卡账户信息表(account)

列　名	数据类型	备　注
id	int(11)	ID
balance	double	余额
creditcard	varchar(10)	信用卡号

扫一扫

视频讲解

5.3 使用JDBC访问数据库

5.3.1 JDBC简介

JDBC(Java DataBase Connectivity,Java 数据库连接)由一组用 Java 语言编写的类和接口组成,是由 Sun 公司定义的一组接口,规定了 Java 开发人员访问数据库所使用方法的规范,由数据库厂商来实现,JDBC 也是 Java 核心类库的组成部分。

JDBC 可以连接的数据库包括 MySQL、Access、SQL Server、Oracle、Sybase、DB2 等。

JDBC 的最大特点是独立于具体的关系数据库。与 ODBC 类似,JDBC API 中定义了一些 Java 类和接口,分别用来实现与数据库的连接、发送 SQL 语句、获取结果集以及其他的数据库对象,使得 Java 程序能方便地与数据库交互并处理所得的结果。JDBC 的 API 在 java.sql、javax.sql 等包中。

5.3.2 JDBC工作原理

Java 程序应用 JDBC,一般由以下步骤完成,如图 5-8 所示。

(1) 注册加载一个数据库驱动程序。

(2) 创建数据库连接(connection)对象。

(3) 创建语句(statement)对象。

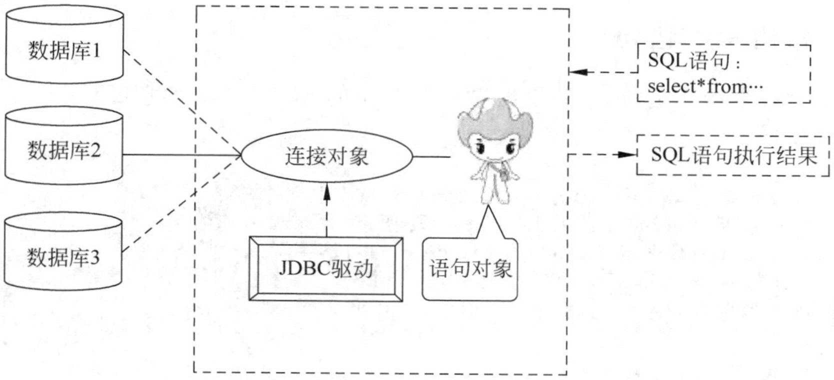

图 5-8　JDBC 逻辑关系原理

(4) 语句对象执行 SQL 语句。

(5) 用户程序处理执行 SQL 语句的结果(主要是处理结果集 ResultSet 中的数据)。

(6) 关闭连接(connection)对象等资源。

前三步为准备阶段的工作,创建的语句对象供程序访问数据库使用。后边的三步是程序在工作过程中需要访问数据库时,使用语句对象访问数据库的步骤。

创建语句对象的具体步骤和方法如下(以 MySQL 数据库为例)。

(1) 加载相应数据库的 JDBC 驱动程序,该驱动会自动在 DriverManager 类中注册:

```
Class.forName("org.gjt.mm.MySQL.Driver");
```

(2) 创建数据库连接对象,由 DriverManager 类根据已注册的驱动程序调用 getConnection 方法实现:

```
Connection con = null;
con = DriverManager.getConnection("jdbc:MySQL://localhost:3306/books","root","123");
```

该连接对象连接的数据库名为 books,连接的用户名和密码分别为 root 和 123。注意,这里的密码即为安装 MySQL 时所设置的 root 用户密码。

(3) 创建用于执行用户的 SQL 语句的语句对象,它由已绑定数据库的连接对象生成:

```
Statement stmt = con.createStatement();
```

可以看出,从加载驱动、创建连接到创建语句对象,这几步环环紧扣,保证了生成的语句对象能够准确地访问目标数据库。

用户再次访问数据库时,只需向语句对象提供相应的 SQL 语句即可,至于语句对象如何操作数据库对用户来说是透明的,用户只需关心语句对象执行 SQL 语句返回的结果。

例如:

```
String strSQL = "select * from titles" + "where isbn = '" + request.getParameter("txt") + "'";
ResultSet rs = stmt.executeQuery(strSQL);
```

该语句向语句对象的 executeQuery 方法提供了一条 SQL 查询语句,查看 books 数据库中的图书表 titles,查询结果返回在结果集 ResultSet 的对象 rs 中,程序可方便地从结果集的对象 rs 中获取所需的数据。

5.3.3 常用SQL语句

对数据库的基本操作是“增”“删”“改”“查”，常用的SQL语句示例如下。

（1）查询数据记录：

```
select * from 数据表 where 字段名 = 字段值 order by 字段名
select * from 数据表 where 字段名 like "%字段值%" order by 字段名
select top 10 * from 数据表 where 字段名 order by 字段名
select * from 数据表 where 字段名 in (值1,值2,值3)
select * from 数据表 where 字段名 between 值1 and 值2
```

（2）更新数据记录：

```
update 数据表 set 字段名 = 字段值 where 条件表达式
update 数据表 set 字段1 = 值1,字段2 = 值2,…,字段n = 值n where 条件表达式
```

（3）删除数据记录：

```
delete from 数据表 where 条件表达式
delete from 数据表      //将数据表所有记录删除
```

（4）增加数据记录：

```
insert into 数据表(字段1,字段2,字段3,…) values (值1,值2,值3,…)
insert into 目标数据表 select * from 源数据表      //把源表记录添加到目标数据表
```

（5）字段处理与运算操作。

排序：

```
select * from table1 order by field1,field2 [desc]
```

总数：

```
select count * as totalcount from table1
```

求和：

```
select sum(field1) as sumvalue from table1
```

平均：

```
select avg(field1) as avgvalue from table1
```

最大：

```
select max(field1) as maxvalue from table1
```

最小：

```
select min(field1) as minvalue from table1
```

【例5-1】 查看books数据库中的图书表titles信息，并将结果集中的图书信息显示出来。程序（bookstore项目/WebRoot/test/listTitles.jsp）的清单：

```
<%@ page language="java" contentType="text/html; charset=gbk" pageEncoding="gbk"%>
<%@page import="java.sql.*" %>
<html>
<head>
  <title>图书列表</title>
</head>
<body>
 <table bgcolor=lightgrey>
  <tr><td>ISBN</td><td>书名</td><td>版本</td><td>出版时间</td><td>价格</td></tr>
<%
    Class.forName("com.mysql.jdbc.Driver");
    String url="jdbc:mysql://localhost:3306/books?useUnicode=true&characterEncoding=UTF-8";
    Connection dbCon= DriverManager.getConnection(url,"root","123");
    Statement stmt=dbCon.createStatement();
    ResultSet rs = stmt.executeQuery("select * from titles");
    while (rs.next()) {
 %>
       <tr bgcolor=cyan>
         <td> <%=rs.getString(1) %> </td>
         <td> <%=rs.getString(2) %> </td>
         <td><%=rs.getInt("editionNumber") %></td>
         <td><%=rs.getInt(4) %></td>
         <td><%=rs.getDouble("price") %></td>
       </tr>
       <%
         }
           rs.close();
           stmt.close();
           dbCon.close();
       %>
  </table>
 </body>
</html>
```

本书提供的 bookstore 实例项目含有登录检查过滤器，如未登录，访问站点内部资源时将被拒绝或强制返回登录页面。因此，运行时要先登录(用户名为 admin，密码为 123)，再在浏览器地址栏中输入 http://localhost:8080/bookstore/test/listTitles.jsp，即可看到如图 5-9 所示的运行结果。

ISBN	书名	版本	出版时间	价格
9787121072984	Java Web整合开发与项目实战	1	2009	49.0
9787121072985	Flex 3 RIA开发详解与精深实践	1	2009	44.0
9787121072986	精通EJB3.0	2	2006	64.0
9787811010101	JavaEE编程技术	1	2002	38.0
9787811010102	C++ 程序设计	2	1998	50.0
9787811010103	Java How to Program	2	1998	50.0
9787811010121	The Complete C++ Training Course	3	2001	54.0
9787811014322	Web编程技术	1	2008	36.0
9787811019877	EJB JPA数据库持久层开发	3	2008	49.0
9787811078661	精通JavaEE项目案例	1	2007	70.0

图 5-9　程序 listTitles.jsp 的运行结果

结果集(ResultSet)对象是一种数据容器，存放着满足 SQL 查询条件的数据库记录。通过 next 方法，可以遍历所有记录，通过 getXxx()可以得到指定行中的列值。

实际应用中，为了设计方便，将数据库的连接操作从JSP文件中分离出来，单独写一个数据库连接工具类，JSP页面中需要连接数据库时，采用类似<%@ page import="java.util.*,bean.DBcon" %>等编译指令将该工具类引入页面，就可以使用这个类了，如果数据库连接信息需要修改，也只需修改这个连接类，而不用修改使用这个连接类的其他JSP文件。

5.4 JDBC驱动类型

扫一扫

视频讲解

JDBC驱动程序是用于特定数据库的一套实现了JDBC接口的类集。要通过JDBC来存取某一特定的数据库，必须有相应的该数据库的JDBC驱动程序，它往往是由生产数据库的厂家提供，是连接JDBC API与具体数据库之间的桥梁。目前，主流的数据库系统如Oracle、SQL Server、Sybase、Informix等都为用户提供了相应的驱动程序。

由于历史和厂商的原因，从驱动程序工作原理分析，通常有4种类型，分别是JDBC-ODBC桥驱动程序、本地API驱动程序、网络协议驱动程序、本地协议驱动程序。

1. JDBC-ODBC桥驱动程序(JDBC-ODBC Bridge Driver)

由于历史原因，ODBC技术比JDBC更早或更成熟，所以通过该种方式访问一个ODBC数据库，是一个不错的选择。这种方法主要原理是，提供了一种把JDBC调用映射为ODBC调用的方法。因此，需要在客户机安装一个ODBC驱动。这种方式由于需要中间的转换过程导致执行效率低，目前比较少用。实际上，微软公司的数据库系统(如SQL Server和Access)仍然保留了该种技术的支持。

2. 本地API驱动程序(Native-API, Partly Java Driver)

这一类型的驱动程序是直接将JDBC调用转换为特定的数据库调用，而不经过ODBC了，执行效率比第一种驱动程序高。但该方法也存在转换的问题，且这类驱动程序与第一种驱动程序类型一样，也要求客户端的计算机安装相应的二进制代码(驱动程序和厂商专有的API)，所以这类驱动程序应用存在限制，如不太适合用于Applet等。

3. 网络协议驱动程序(JDBC-Net Pure Java Driver)

这种驱动程序实际上是根据常见的三层结构建立的，JDBC先把对数据库的访问请求传递给网络上的中间件服务器，中间件服务器再把请求翻译为符合数据库规范的调用，然后把这种调用传给数据库服务器。这种类型的驱动程序不需要客户端的安装和管理，所以特别适合于具有中间件(Middle Tier)的分布式应用，但目前这类驱动程序的产品并不多。

4. 本地协议驱动程序(Native Protocol,Pure Java Driver)

这种驱动程序直接把JDBC调用转换为符合相关数据库系统规范的请求。它通过使用一个纯Java数据库驱动程序将JDBC对数据库的操作直接转换为针对某种数据库进行操作的本地协议，来执行数据库的直接访问。与其他类型的驱动程序相比，由于它根本不需要在客户端或服务器端装载任何的软件或驱动，在调用过程中也不再把JDBC的调用传给诸如ODBC或本地数据库接口或中间层服务器，可以直接和数据库服务器通信，完全由Java实现，执行效率非常高，实现了平台的独立性。它特别适合于通过网络使用后台数据库的Applet及Web应用，本书介绍的JDBC应用主要使用该类型的驱动程序。

用户开发JDBC应用系统，首先需要安装数据库的JDBC驱动程序，不同的数据库需要下载不同的驱动程序。对于普通的Java应用程序，只需要将JDBC驱动程序包复制到CLASSPATH所指向的目录下就可以了，这和导入普通的Java包没区别。对于Web应用，通常将JDBC驱动程序包放置在WEB-INF/lib目录下即可。

5.5　JDBC 常用接口、类的介绍

JDBC 中定义了许多接口和类，但经常使用的并不多。以下介绍的是最常用的接口和类。

1. Driver 接口

Driver 接口在 java. sql 包中定义，每种数据库的驱动程序都提供一个实现该接口的类，简称 Driver 类，应用程序必须首先加载它。加载的目的就是创建自己的实例并向 java. sql. DriverManager 类注册该实例，以便驱动程序管理类(DriverManager)对数据库驱动程序的管理。

通常情况下，通过 java. lang. Class 类的静态方法 forName(String className)加载要连接的数据库驱动程序类，该方法的入口参数为要加载的数据库驱动程序完整类名。该静态方法的作用是要求 JVM 查找并加载指定的类，并将加载的类自动向 DriverManager 类注册。

在加载驱动程序之前，必须确保驱动程序已经在 Java 编译器的类路径中，否则会抛出找不到相关类的异常信息。在工程中添加数据库驱动程序的方法是：将下载的 JDBC 驱动程序存放在 Web 服务目录的 WEB-INF/lib/目录下。

对于每种驱动程序，其完整类名的定义也不一样。若加载成功，系统会将驱动程序注册到 DriverManager 类中；如果加载失败，将抛出 ClassNotFoundException 异常。以下是加载驱动程序的代码。

```
try {
     Class.forName(driverName);     //加载 JDBC 驱动程序
    } catch (ClassNotFoundException ex) {
        ex.printStackTrace();
    }
```

需要注意的是，加载驱动程序行为属于单例模式，也就是说，整个数据库应用中只加载一次就可以了。

2. DriverManager 类

数据库驱动程序加载成功后，就由 DriverManager 类来处理。DriverManager 类的主要作用是管理用户程序与特定数据库(驱动程序)的连接，所以该类是 JDBC 的管理层，作用于用户和驱动程序之间。可以调用 DriverManager 类的静态方法 getConnection 得到数据库的连接。

在建立连接的过程中，DriverManager 类将检查注册表中的每个驱动程序，查看是否可以建立连接，有时可能有多个 JDBC 驱动程序可以和给定数据库建立连接。例如，与给定远程数据库连接时，通常使用 JDBC-ODBC 桥驱动程序、纯 Java 的本地 JDBC 驱动程序。在这种情况下，加载驱动程序的顺序至关重要，因为 DriverManager 类将使用它找到的第一个可以成功连接到给定的数据库驱动程序进行连接。

在 DriverManager 类中定义了三个重载的 getConnection 方法，分别如下：

```
static Connection getConnection(String url);
static Connection getConnection(String url,Properties info);
static Connection getConnection(String url,String user,String password);
```

这三个方法都是静态方法，可以直接通过类名进行调用。方法中的参数含义如下。

- url：表示数据库资源的地址，是建立数据库连接的字符串，不同数据库的连接字符串也不一样。
- info：是一个 java. util. Properties 类的实例。

- user：是建立数据库连接所需的用户名。
- password：是建立数据库连接所需的密码。

3. Connection 接口

Connection 接口类对象是应用程序连接数据库的连接对象，该对象由 DriverManager 类的 getConnection 方法提供。由于 DriverManager 类保存着已注册的数据库连接驱动类的清单，当调用 getConnection 方法时，它将从清单中找到可与 URL 中指定的数据库进行连接的驱动程序。一个应用程序与单个数据库可有一个或多个连接，或可与许多数据库有多个连接。Connection 接口的主要方法如表 5-8 所示。

表 5-8 Connection 接口的主要方法

方　法	说　明
Statement createStatement(int resultSetType, int resultSetConcurrency) throws SQLException	建立 Statement 类对象
void close() throws SQLException	关闭该连接
DatabaseMetaData getMetaData() throws SQLException	建立 DatabaseMetaData 类对象
PreparedStatement prepareStatement(String sql) throws SQLException	建立 PreparedStatement 类对象
boolean getAutoCommit() throws SQLException	返回 Connection 类对象的 AutoCommit 状态
void setAutoCommit(boolean autoCommit) throws SQLException	设定 Connection 类对象的 AutoCommit 状态，如果处于自动提交状态，那么每条 SQL 语句将独立成为一个事务。否则，将在执行 commit 提交语句或 rollback 语句时提交未执行的语句，将所有未提交的语句作为一个事务
void commit() throws SQLException	提交对数据库新增、删除或修改记录的操作
void rollback() throws SQLException	取消一个事务中对数据库新增、删除或修改记录的操作，进行回滚操作
boolean isClosed() throws SQLException	测试是否已经关闭 Connection 类对象同数据库的连接

连接对象的主要作用是调用 createStatement()来创建语句对象。

不同数据库的 JDBC 驱动程序是不同的，下面给出了常用数据库的 JDBC 驱动程序的写法。

JDBC 连接 MySQL：

```
Class.forName( "org.gjt.mm.MySQL.Driver" );
String constr = "jdbc:MySQL://localhost:3306/Dbname ?useUnicode = true&characterEncoding = GBk";
cn = DriverManager.getConnection(constr, sUsr, sPwd );
```

JDBC 连接 Microsoft SQL Server 2005：

```
Class.forName( "com.microsoft.jdbc.sqlserver.SQLServerDriver" );
String constr = "jdbc:microsoft:sqlserver://localhost:1433;databaseName = master"
cn = DriverManager.getConnection(constr,sUsr, sPwd );
```

JDBC 连接 Oracle(Oracle 8/8i/9i)：

```
Class.forName( "oracle.jdbc.driver.OracleDriver" );
cn = DriverManager.getConnection( "jdbc:oracle:thin:@localhost:1521:orcl", sUsr, sPwd );
```

JDBC 连接 ODBC：

```
Class.forName( "sun.jdbc.odbc.JdbcOdbcDriver" );
Connection cn = DriverManager.getConnection( "jdbc:odbc:myDBsource", sUsr, sPwd );
```

JDBC 连接 PostgreSQL(pgjdbc2.jar)：

```
Class.forName( "org.postgresql.Driver" );
cn = DriverManager.getConnection("jdbc:postgresql://DBServerIP/myDatabaseName",sUsr,sPwd);
```

JDBC 连接 Sybase(jconn2.jar)：

```
Class.forName( "com.sybase.jdbc2.jdbc.SybDriver" );
cn = DriverManager.getConnection( "jdbc:sybase:Tds:DBServerIP:2638", sUsr, sPwd );
```

JDBC 连接 DB2：

```
Class.forName("Com.ibm.db2.jdbc.net.DB2Driver");
cn = DriverManager.getConnection("jdbc:db2://dburl:port/DBname", sUsr, sPwd );
```

4. Statement 接口

Statement 接口用于将 SQL 语句发送到数据库中，并获取指定 SQL 语句的结果。JDBC 中实际上有三种类型的 Statement 对象，它们都作为在给定连接上执行 SQL 语句的包容器：Statement、PreparedStatement(从 Statement 继承而来)和 CallableStatement(从 PreparedStatement 继承而来)。它们都专用于执行特定类型的 SQL 语句。

Statement 接口定义了执行语句和获取结果的基本方法，用于执行不带参数的简单 SQL 语句，如表 5-9 所示。

表 5-9 Statement 接口的主要方法

方 法	说 明
ResultSet executeQuery(String sql) throws SQLException	使用 select 语句对数据库进行查询操作，用于产生单个结果集的语句
int executeUpdate(String sql) throws SQLException	使用 insert、delete 和 update 对数据库进行新增、删除和修改操作，并且可以进行表结构的创建、修改和删除
boolean execute(String sql)	执行给定的 SQL 语句，该语句可能会返回多个 ResultSet、多个更新计数或两者组合的语句
void close() throws SQLException	立即释放 Statement 对象中的数据库和 JDBC 资源，而不是等待其自动释放。需要注意的是，由于 Statement 对象是由 Connection 对象生成的，因此，Statement 对象的关闭必须在 Connection 对象关闭之前进行
Connection getConnection() throws SQLException	获取生成该 Statement 接口的 Connection 对象

PreparedStatement 对象用于执行带或不带 IN 参数的预编译 SQL 语句。

CallableStatement 接口添加了处理 OUT 参数的方法，用于执行对数据库中的存储过程。

建立了到特定数据库的连接对象之后，就可以创建 Statement 对象。Statement 对象由 Connection 对象的 createStatement 方法负责创建，示例代码如下：

```
Connection con = DriverManager.getConnection(url,"user","password");
Statement stmt = con.createStatement();
```

executeQuery 方法用于执行 SELECT 查询语句，此方法返回一个结果集，其类型为 ResultSet。ResultSet 是一个与数据库表结构一致的集合类容器，程序通过游标可访问结果集里的数据记录。

executeUpdate 方法用于更新数据，如执行 insert、update 和 delete 语句及 SQL DDL(数

据定义)语句，这些语句返回一个整数，表示受影响的行数。

当Connection对象处于默认状态时，所有Statement对象的执行都是自动的。也就是说，当Statement语句对象执行SQL语句时，该SQL语句马上提交数据库并返回结果。如果将连接修改为手动提交的事务模式，那么只有当执行commit语句时，才会提交相应的数据库操作。

在Statement语句对象使用完毕后，最好采用显式的方式将其关闭，虽然Java的垃圾回收机制会自动收集这些资源，但是显式的资源回收是一个好的习惯，可以避免很多麻烦。

5. PreparedStatement 接口

PreparedStatement接口继承Statement接口，所以它具有Statement接口的所有方法，同时添加了一些自己的方法。PreparedStatement接口与Statement接口有以下两点不同。

- PreparedStatement接口对象包含已编译的SQL语句。
- PreparedStatement接口对象中的SQL语句可包含一个或多个IN参数，也可用"?"作为占位符。

由于PreparedStatement对象已预编译过，其执行速度要快于Statement对象。因此，对于多次执行的SQL语句应该使用PreparedStatement对象，可极大地提高执行效率。

PreparedStatement对象可以通过调用Connection接口对象的preparedStatement方法得到，代码示例如下：

```
Connection con = DriverManager.getConnection(url,"user","password");
PreparedStatement pstmt = con.preparedStatement(String sql);
```

注意：在创建PreparedStatement对象时，需要SQL命令字符串作为preparedStatement方法的参数，才能实现SQL命令预编译。SQL命令字符串中可用"?"作为占位符，并且在执行executeQuery或executeUpdate之前用setXxx(n,p)方法为占位符赋值，具体方法如表5-10所示。如果参数类型为String，则使用setString方法。在setXxx(n,p)方法中的第一个参数n表示要赋值的参数在SQL命令字符串中出现的次序，n从1开始；第二个参数p为设置的参数值。

例如：

```
PreparedStatement pstmt = con.preparedStatement("update EMPLOYEE set Salary = ? where ID = ?");
pstmt.setFloat(1,3833.18);
pstmt.setInt(2,110592);
```

这里的SQL语句中的参数可以像设置类中的参数一样依次设置。

在访问数据库时，不再提供SQL语句及参数信息，而是直接调用PreparedStatement对象的executeQuery或executeUpdate执行查询，可以很明显地看出这个类使用的便捷性。PreparedStatement接口的主要方法如表5-10所示。

表5-10　PreparedStatement接口的主要方法

方　法	说　明
ResultSet executeQuery()	使用select命令对数据库进行查询
int executeUpdate()	使用insert、delete和update对数据库进行新增、删除和修改操作
ResultSetMetaData getMetaData()	取得ResultSet类对象有关字段的相关信息
void setInt(int parameterIndex, int x)	设定整数类型数值给PreparedStatement类对象的IN参数
void setFloat(int parameterIndex, float x)	设定浮点数类型数值给PreparedStatement类对象的IN参数

续表

方　法	说　明
void setNull(int parameterIndex, int sqlType)	设定 NULL 类型数值给 PreparedStatement 类对象的 IN 参数
void setString(int parameterIndex, String x)	设定字符串类型数值给 PreparedStatement 类对象的 IN 参数
void setDate(int parameterIndex, Date x)	设定日期类型数值给 PreparedStatement 类对象的 IN 参数
void setBigDecimal(int index, BigDecimal x)	设定十进制长类型数值给 PreparedStatement 类对象的 IN 参数
void setTime(int parameterIndex, Time x)	设定时间类型数值给 PreparedStatement 类对象的 IN 参数

下面是利用 PreparedStatement 对象在 userinfo 表中插入一条记录的 JSP 程序片段：

```
con = ConnectionManager.getConnection();      //得到数据库连接
String sql = "insert into userinfo(loginname,password) values(?,?)";    //两个占位符
pstmt = con.preparedStatement(sql);           //创建 PreparedStatement 对象
pstmt.setString(1,name);                      //为第 1 个占位符赋值,用户名由 name 变量提供
pstmt.setString(2,password);                  //为第 2 个占位符赋值,密码由 password 变量提供
result = pstmt.executeUpdate();               //执行插入操作,不需再提供 SQL 语句
```

6. ResultSet 接口

ResultSet 接口用于获取语句对象执行 SQL 语句返回的结果，它的实例对象包含符合 SQL 语句中条件的所有记录的集合。

程序中使用结果集名称作为访问结果集数据表的游标，当获得一个 ResultSet 时，它的游标正好指向第一行之前的位置。可以使用游标的 next 方法转到下一行，每调用一次 next 方法游标向下移动一行，当数据行结束时，该方法会返回 false。

对于不支持游标滚动的数据集，必须按顺序访问 ResultSet 数据行，但可访问任意顺序数据列。

ResultSet 接口的主要方法如表 5-11 所示。

表 5-11　ResultSet 接口的主要方法

方　法	说　明
boolean absolute(int row) throws SQLException	移动记录指针到指定的记录
void beforeFirst() throws SQLException	移动记录指针到第一条记录之前
void afterLast() throws SQLException	移动记录指针到最后一条记录之后
boolean first() throws SQLException	移动记录指针到第一条记录
boolean last() throws SQLException	移动记录指针到最后一条记录
boolean next() throws SQLException	移动记录指针到下一条记录
boolean previous() throws SQLException	移动记录指针到上一条记录
void deleteRow() throws SQLException	删除记录指针所指向的记录
void moveToInsertRow() throws SQLException	移动记录指针以新增一条记录
void moveToCurrentRow() throws SQLException	移动记录指针到被记忆的记录
void insertRow() throws SQLException	新增一条记录到数据库中
void updateRow() throws SQLException	修改数据库中的一条记录
void update [type] (int columnIndex,type x) throws SQLException	修改指定字段的值
int get [type](int columnIndex) throws SQLException	取得指定字段的值
ResultSetMetaData getMetaData() throws SQLException	取得 ResultSetMetaData 类对象

在使用 ResultSet 之前，可以查询它包含多少列。此信息存储在 ResultSetMetaData 元数据对象中。下面是从元数据中获得结果集数据表列数的代码片段：

```
ResultSetMetaData rsmd;
rsmd = results.getMetaData();
int numCols = rsmd.getColumnCount();
```

根据结果集数据表列中数据类型的不同，需要使用相应的方法获取其中的数据。这些方法可以按列序号或列名作为参数。注意，列序号是从 1 开始，而不是从 0 开始。

ResultSet 对象获取数据列的一些常用方法如下。

- getInt(int n)：将序号为 n 的列的内容作为整数返回。
- getInt(String str)：将名称为 str 的列的内容作为整数返回。
- getFloat(int n)：将序号为 n 的列的内容作为一个 float 类型数返回。
- getFloat(String str)：将名称为 str 的列的内容作为 float 类型数返回。
- getDate(int n)：将序号为 n 的列的内容作为日期返回。
- getDate(String str)：将名称为 str 的列的内容作为日期返回。
- next()：将行指针移到下一行。如果没有剩余行，则返回 false。
- Close()：关闭结果集。
- getMetaData()：返回 ResultSetMetaData 对象。

JDBC 2.0 开始支持游标滚动的结果集，而且可以对数据进行更新。

要让 ResultSet 支持游标滚动和数据库更新，必须在创建 Statement 对象的时候使用下面的方式指定对应的参数：

```
Statement stmt = conn.createStatement(resultSetType, resultSetConcurrency);
```

对于 PreparedStatement，使用下面的方式指定参数：

```
PreparedStatement pstmt = conn.preparedStatement(sql, resultSetType, resultSetConcurrency);
```

其中，参数 resultSetType 表示 ResultSet 的类型；resultSetConcurrency 表示是否可以使用 ResultSet 更新数据库。相关参数含义如表 5-12 和表 5-13 所示。

表 5-12 resultSetType 参数表

resultSetType 参数	参 数 含 义
TYPE_FORWARD_ONLY	默认类型。结果集只允许向前滚动
TYPE_SCROLL_INSENSITIVE	结果集允许向前或向后两个方向滚动，不反映数据库的变化，即不会受到其他用户对数据库所做更改的影响
TYPE_SCROLL_SENSITIVE	结果集允许向前或向后两个方向滚动，受到其他用户对数据库所做更改的影响。即在该参数下，会及时跟踪数据库的更新，以便更改 ResultSet 中的数据

表 5-13 resultSetConcurrency 参数表

resultSetConcurrency 参数	参 数 含 义
CONCUR_READ_ONLY	默认值，不能用结果集更新数据
CONCUR_UPDATABLE	能用结果集更新数据

当使用 TYPE_SCROLL_INSENSITIVE 或 TYPE_SCROLL_SENSITIVE 来创建 Statement 对象时，可以使用 ResultSet 的 first()、last()、beforeFirst()、afterLast()、relative()、 absolute()等方法在结果集中随意前后移动。

但要注意,即使使用了CONCUR_UPDATABLE参数来创建Statement,所得到的记录集也并非一定是"可更新的",如果记录集来自于合并查询,即该查询的结果来自多个表格,那么这样的结果集就可能不是可更新的结果集。可以使用ResultSet类的getConcurrency方法确认是否为可更新的结果集。如果结果集是可更新的,那么可使用ResultSet类的updateRow()、insertRow()、moveToCurrentRow()、deleteRow()、cancelRowUpdates()等方法来对数据库进行更新。如果没有设置可更新结果集而进行了更新操作,将会报"结果集不可更新"的异常错误。

【例 5-2】 可更新数据库的结果集测试。

程序(jspweb 项目/ch05/ResultSetTest.jsp)的清单:

```
<%@ page language="java" import="java.util.*" pageEncoding="utf-8"%>
<%@page import="java.sql.*"%>
<html>
<body>
<% out.println("可更新结果集更新测试<br>");
  Class.forName("com.mysql.jdbc.Driver");
  String url = "jdbc:mysql://localhost:3306/books?useUnicode=true&characterEncoding=UTF-8";
  Connection dbCon = DriverManager.getConnection(url, "root", "123");
  String sql = "select * from titles";
  try {
    Statement stmt = dbCon.createStatement(ResultSet.TYPE_SCROLL_SENSITIVE,
    ResultSet.CONCUR_UPDATABLE);
    ResultSet rs = stmt.executeQuery(sql);
    out.println("---------原结果集--------<br>");
    while (rs.next()) {
      out.println("[行号:" + rs.getRow() + "]\t" + rs.getString(1) + "\t" +
        rs.getString(2) + "<br>"); }
      out.println("------插入一条记录-----<br>");
        rs.first();
        rs.moveToInsertRow();                //将游标移动到插入行上
        rs.updateString(1, "999998888");     //构建行数据
        rs.updateString(2, "xxxx");
        rs.insertRow();                      //插入一行
        out.println("------更新一条记录-----<br>");
        rs.absolute(3);
        rs.updateString(2, "update");        //构建行数据
        rs.updateRow();
        out.println("--对结果集进行插入与更新操作后重新读取的结果集---<br>");
        rs = stmt.executeQuery(sql);
        while (rs.next()) {
        out.println("[行号:" + rs.getRow() + "]\t" + rs.getString(1) + "\t" +
        rs.getString(2) + "<br>"); }
      rs.close();
      stmt.close();
    } catch (SQLException e) {e.printStackTrace();}
    finally {}
    //可滚动结果集的游标滚动测试
    out.println("<br>可滚动结果集滚动测试<br>");
    try {Statement stmt = dbCon.createStatement(ResultSet.TYPE_SCROLL_SENSITIVE,
                ResultSet.CONCUR_READ_ONLY);
    ResultSet rs = stmt.executeQuery(sql);
    rs.afterLast();                            //移至表尾
    out.println("------前滚操作-----");
    rs.previous();                             //将光标移动到此 ResultSet 对象的上一行
    rs.previous();
    out.println("[行号:" + rs.getRow() + "]\t" + rs.getString(1) + "\t" + rs.getString(2) + "<br>");
    out.println("------绝对定位-----");
```

```
    rs.absolute(3);                    //将光标移动到此 ResultSet 对象的给定行序号
    out.println("[行号: " + rs.getRow() + "]\t" + rs.getString(1) + "\t" + rs.getString(2) + "<br>");
    out.println("------移动到第一行-----");
    if (rs.first()) {                  //将光标移动到此 ResultSet 对象的第一行
      out.println("[行号:" + rs.getRow() + "]\t" + rs.getString(1) + "\t" + rs.getString(2) +
"<br>"); }
      System.out.println("------移动到最后一行-----");
    if (rs.last()) {                   //将光标移动到此 ResultSet 对象的第一行
      out.println("[行号: " + rs.getRow() + "]\t" + rs.getString(1) + "\t" + rs.getString(2) +
"<br>"); }
      out.println("------移动到第一行之前-----");
      rs.beforeFirst();                //将光标移动到此 ResultSet 对象的开头,正好位于第一行之前
      rs.next();
      out.println("[行号: " + rs.getRow() + "]\t" + rs.getString(1) + "\t" +
      rs.getString(2) + "<br>");
     out.println("------移动到最后一行之后-----");
     rs.afterLast();                   //将光标移动到此 ResultSet 对象的末尾,正好位于最后一行之后
     rs.previous();
     out.println("[行号: " + rs.getRow() + "]\t" + rs.getString(1) + "\t" +
     rs.getString(2) + "<br>");
     out.println("------相对当前行做移动-----");
     rs.relative(-2);
     out.println("[行号: " + rs.getRow() + "]\t" + rs.getString(1) + "\t" +
     rs.getString(2) + "<br>");
     rs.close();
     stmt.close();
     dbCon.close();
     } catch (SQLException e) {e.printStackTrace();}
    finally {}
   %>
  </body>
</html>
```

在浏览器地址栏中输入 http://localhost:8080/jspweb/ch05/ResultSetTest.jsp，可看到运行结果以及数据库 titles 表在程序运行后记录变化的对比情况，如图 5-10 所示。

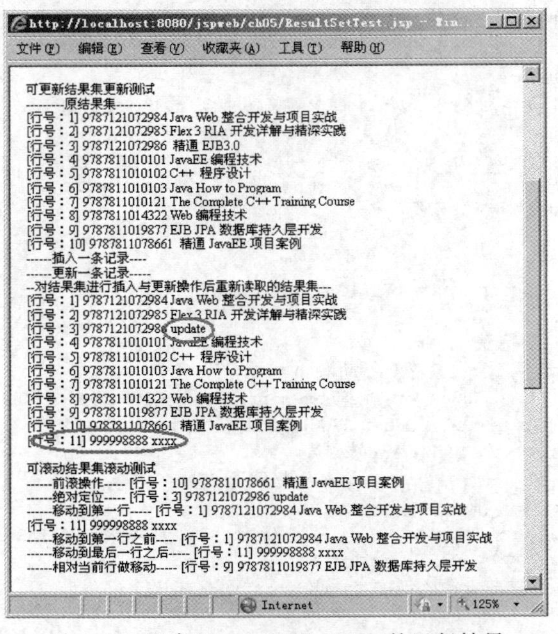

图 5-10　程序 ResultSetTest.jsp 的运行结果

7. DatabaseMetaData 接口

DatabaseMetaData 接口对象可提供整个数据库的相关信息，主要用于获取数据库中表的名称以及表中列的名称。

DatabaseMetaData 接口对象可从数据库连接对象获取，其获取方式如下：

```
DatabaseMetaData dbmd = conn.getMetaData();
//这个对象包含了 conn 所连接的数据库的详细信息
```

DatabaseMetaData 接口对象提供了如下方法用来获取数据库表的定义：

```
ResultSet getTables(String catalog, String schemaPattern, String tableNamePattern,
String types[]) throws SQLException
```

对于 getTables 方法 4 个参数的含义如下。

- catalog：要在其中查找表名的目录名。可将其设置为 null。MySQL 数据库的目录项实际上是它在文件系统中的绝对路径名称。
- schemaPattern：要包括的数据库"方案"。许多数据库不支持方案，而对另一些数据库而言，它代表数据库所有者的用户名。一般将它设置为 null。
- tableNamePattern：用来描述要检索的表的名称。如果希望检索所有表名，则将其设为通配符"%"。
- types[]：获取哪些类型的表，每种类型以字符串的形式放入该数组中，典型的表类型一般包括 TABLE、VIEW、SYSTEM TABLE、GLOBAL TEMPORARY、LOCAL TEMPORARY、ALIAS 和 SYNONYM。该参数可以为 null，此时不设检索条件，会得到所有类型的表。一般来说，要获取的是表和视图的信息，因此字符串数组 types 的值一般写成{"TABLE","VIEW"}。

8. ResultSetMetaData 接口

使用 ResultSet 接口类的 getMetaData 方法可以从 ResultSet 中获取 ResultSetMetaData 接口类对象。ResultSetMetaData 接口类对象保存了所有 ResultSet 类对象中关于字段的信息，并提供许多方法来取得这些信息。例如，使用此对象可以获得列的数目和类型以及每一列的名称。ResultSetMetaData 接口的主要方法如表 5-14 所示。

表 5-14　ResultSetMetaData 接口的主要方法

方　法	说　明
int getColumnCount() throws SQLException	取得 ResultSet 类对象的字段个数
int getColumnDisplaySize() throws SQLException	取得 ResultSet 类对象的字段长度
String getColumnName(int column) throws SQLException	取得 ResultSet 类对象的字段名称
String getColumnTypeName(int column) throws SQLException	取得 ResultSet 类对象的字段类型名称
String getTableName(int column) throws SQLException	取得 ResultSet 类对象的字段所属数据表的名称
boolean isCaseSensitive(int column) throws SQLException	测试 ResultSet 类对象的字段是否区分大小写
boolean isReadOnly(int column) throws SQLException	测试 ResultSet 类对象的字段是否为只读

【例 5-3】　利用 DatabaseMetaData 对象，获取数据库中所有用户表的信息。再利用 ResultSetMetaData 对象，解析所获取的含有所有用户表信息的结果集。

程序(bookstore 项目\WebRoot\test\DbMetaData.jsp)的清单：

```
<%@ page language="java" contentType="text/html; charset=gbk" pageEncoding="gbk"%>
<%@page import="bean.DBcon,java.sql.*,java.util.*" %>
<html>
<head>
  <title>数据库表信息</title>
</head>
<body>
<%
    Connection con=DBcon.getConnection();
    Statement stmt=con.createStatement();
    DatabaseMetaData dbmd=con.getMetaData();
    //ResultSet rs=dbmd.getCatalogs();                        //获取类别
    //ResultSet rs=dbmd.getSchemas();                         //获取模式
   String types[]={"TABLE","VIEW"};
   ResultSet rs=dbmd.getTables("books", null, null, types);   //获取MySQL表信息
   //以下部分为结果集解析
    ResultSetMetaData rsmd=rs.getMetaData();
     int size=rsmd.getColumnCount();
      while(rs.next()) {
         for(int i=1;i<=size;i++) out.print(rsmd.getColumnName(i)+":"+
rs.getString(i)+" ");
         out.print("<br>");
        }
         DBcon.closeResultSet(rs);
        DBcon.closeConnection(con);
      %>
  </body>
</html>
```

程序运行结果如图 5-11 所示。

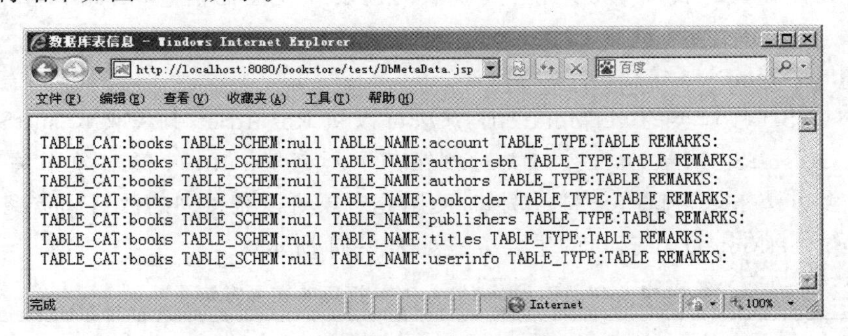

图 5-11　程序 DbMetaData.jsp 的运行结果

扫一扫

视频讲解

5.6　数据库连接池原理

最原始的数据库使用就是打开一个连接并进行使用，使用后一定要关闭连接释放资源。连接数据库不仅要开销一定的通信和内存资源，还必须完成用户验证、安全上下文配置等任务，因而往往成为很耗时的操作。为了提高系统效率，需要使用数据库连接池。

数据库连接池的基本思想就是为数据库连接建立一个“存储池”。连接池是一个可以存储多个数据库连接对象的容器，当程序需要连接数据库时，可直接从连接池中获取一个连接，结束使用时将连接还给连接池。这样一个连接可以被很多程序共享，无须每次与数据库交互时都与数据库进行连接与断开，提高数据库访问速度。

数据库建立初期，预先在缓冲池中放入一定数量的连接。当需要建立数据库连接时，只需

从“连接池”中申请一个，使用完毕之后再将该连接作为公共资源保存在“连接池”中，以供其他连接申请使用。在这种情况下，当需要连接时，就不需要再重新建立连接，这样就在很大程度上提高了数据库连接处理的速度；同时，还可以通过设定连接池最大连接数防止系统无控制地与数据库连接；更为重要的是，可以通过连接池管理机制监视数据库的连接数量以及各连接的使用情况，为系统开发、测试及性能调整提供依据。

除了向连接池请求分配数据库连接之外，连接池还负责按照一定的规则释放使用次数较多的连接，并重新生成新的连接实例，保持连接池中所有连接的可用性。

数据库连接池在初始化时将创建一定数量的数据库连接放到连接池中，这些数据库连接的数量是由最小数据库连接数来设定的。无论这些数据库连接是否被使用，连接池都将一直保证至少拥有这么多的连接数量。连接池的最大数据库连接数量限定了这个连接池能占有的最大连接数，当应用程序向连接池请求的连接数超过最大连接数量时，这些请求将被加入等待队列中。

数据库连接池的最小连接数和最大连接数的设置要考虑下列几个因素。

(1) 最小连接数是连接池一直保持的数据库连接，所以如果应用程序对数据库连接的使用量不大，将会有大量的数据库连接资源被浪费。

(2) 最大连接数是连接池能申请的最大连接数，如果数据库连接请求超过此数，后面的数据库连接请求将被加入等待队列中，这会影响之后的数据库操作。

(3) 超过最小连接数的连接请求等价于建立一个新的数据库连接。不过，这些大于最小连接数的数据库连接在使用结束后不会马上被释放，它将被放到连接池中等待重复使用或空闲超时后被释放。

举个例子说明连接池的运作。假设设置了最小和最大的连接数分别为 10 和 20，那么应用一旦启动则首先打开 10 个数据库连接，注意此时数据库连接池中正在使用的连接数为 0，因为并没有使用这些连接，所以空闲的连接数是 10。然后开始登录，假设登录代码使用了一个连接进行查询，那么此时数据库连接池中正在使用的连接数为 1，空闲连接数为 9。登录结束，当前连接池中正在使用的连接数是多少？当然是 0，因为那个连接随着事务的结束已经返还给连接池了。假如同时有 11 个人进行登录，这时连接池需要从数据库新申请一个连接，连同连接池中的 10 个连接一并送出，这个瞬间连接池中正在使用的连接数是 11 个，不过没关系，正常情况下过一会儿又会变成 0。如果同时有 21 个人登录呢？那第 21 个人就只能等前面的某个人登录完毕后释放连接给他。虽然这时连接池开启了 20 个数据库连接，但随着使用连接的释放，很可能正在使用的连接数已经降为 0，那 20 个连接不会一直保持，连接池会在一定时间内关闭一定量的连接，因为只需要保持最小连接数，而这个时间周期也是连接池里配置的。

连接池技术的核心思想是连接复用，通过建立一个数据库连接池以及一套连接使用、分配和管理策略，使得该连接池中的连接可以得到高效、安全的复用，避免了数据库连接频繁建立、关闭的开销。

【例 5-4】 以 Tomcat 数据库连接池配置为例，介绍连接 MySQL 数据库的应用步骤。

由于数据库连接池采用 Tomcat 访问数据库，所以在程序中不用写访问数据库的信息，但需先配置 Tomcat 的这些信息。

Tomcat 数据库连接池配置过程分成三个步骤完成。

(1) 打开 Tomcat 安装目录下的“conf\context. xml”配置文件，在标签< context >中加入以下内容：

```
< Resource name = "jdbc/booksdb" auth = "Container" type = "javax.sql.DataSource"maxIdle = "10"
           maxWait = "1000" maxActive = "10" username = "root" password = "123"
           driverClassName = "com.MySQL.jdbc.Driver"
           url = "jdbc:MySQL://localhost:3306/books"/>
```

这些属性的含义如表 5-15 所示。

表 5-15　Resource 属性

键　名	含　义
name	指定资源相对于 java:comp/env 上下文的 JNDI 名(可按需修改)
auth	指定资源的管理者(默认 Container 即可)
type	指定资源所属的 Java 类的完整限定名(默认即可)
maxIdle	指定连接池中保留的空闲数据库连接的最大数目(可按需修改)
maxWait	指定等待一个数据库连接成为可用状态的最大时间，单位：毫秒(可按需修改)
username	指定连接数据库的用户名(按读者的具体情况修改)
password	指定连接数据库的密码(按读者的具体情况修改)
driverClassName	指定 JDBC 驱动程序类名
url	指定连接数据库的 URL,具体值可参考前面的“常见数据库 JDBC URL 的形式”

(2) 在项目 WEB-INF 目录下找到 web.xml 配置文件，打开文件并在标签< web-app >中加入以下内容：

```
< resource - ref >
  < description > DB Connection </description >
  < res - ref - name > jdbc/booksdb </res - ref - name >
  < res - type > javax.sql.DataSource </res - type >
  < res - auth > Container </res - auth >
  </resource - ref >
```

其中，DB Connection 是自定义的；jdbc/course 对应的是< Resource >标签中的 name 属性的值；javax.sql.DataSource 对应的是 type 属性的值；Container 对应的是 auth 属性的值。

(3) 将 JDBC 驱动 jar 包(MySQL-connector-java-5.0.8-bin.jar)放到 Tomcat 安装目录下的 lib 文件夹里。

完成这三步即可配置好 Tomcat 数据源了。关于步骤(3)，要明白一个原理：由于是使用 Tomcat 提供的数据源来实现访问数据库的，数据源本身并不提供具体的数据库访问功能，实际的数据访问操作仍然是由对应数据库的 JDBC 驱动来完成的，所以，这里要向 Tomcat 提供 JDBC 驱动，而不再使用应用程序中的 JDBC 驱动。

下面根据刚才配置好的数据源做一个简单获取数据库连接的测试，代码如下。

程序(bookstore 项目\WebRoot\test\dbpooltest.jsp)的清单：

```
<%@ page language = "java" import = "java.util.*,java.sql.*,javax.naming.*,
          javax.sql.DataSource" pageEncoding = "utf - 8" %>
< html >
 < body >
  < table bgcolor = lightgrey >
  < tr >
    < td > ISBN </td >< td >书名</td >< td >版本</td >< td >出版时间</td >< td >价格</td >
   </tr >
     <%
       InitialContext ctx;
```

```
        PreparedStatement pstmt = null;
         Connection conn = null;
         String sql = "select * from titles";
           ctx = new InitialContext();
           DataSource ds = (DataSource)ctx.lookup("java:comp/env/jdbc/booksdb");
           conn = ds.getConnection();
           pstmt = conn.preparedStatement(sql);
           ResultSet rs = pstmt.executeQuery();
           out.println("使用数据库连接池访问图书表的结果<br>");
           while (rs.next()) {
    %>
      <tr  bgcolor = cyan>
        <td> <% = rs.getString(1) %> </td>
        <td> <% = rs.getString(2) %> </td>
        <td><% = rs.getInt("editionNumber") %></td>
        <td><% = rs.getInt(4) %></td>
        <td><% = rs.getDouble("price") %></td>
    </tr>
  <%   }
    conn.close();
    conn = null;
  %>
  </body>
```

采用数据库连接池访问数据库，程序 dbpooltest.jsp 的运行结果如图 5-12 所示。

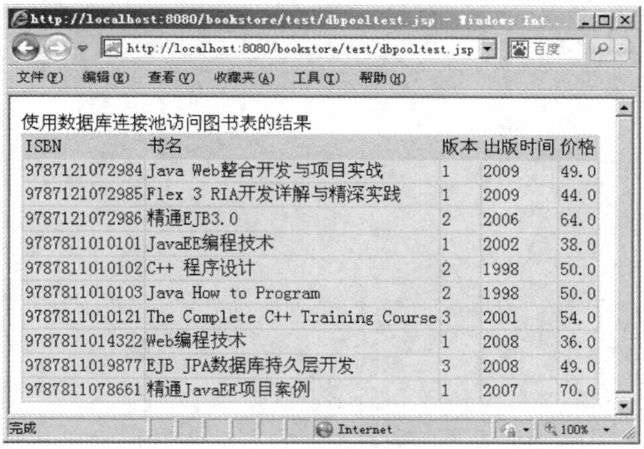
http://localhost:8080/bookstore/test/dbpooltest.jsp - Windows Int...

使用数据库连接池访问图书表的结果

ISBN	书名	版本	出版时间	价格
9787121072984	Java Web整合开发与项目实战	1	2009	49.0
9787121072985	Flex 3 RIA开发详解与精深实践	1	2009	44.0
9787121072986	精通EJB3.0	2	2006	64.0
9787811010101	JavaEE编程技术	1	2002	38.0
9787811010102	C++ 程序设计	2	1998	50.0
9787811010103	Java How to Program	2	1998	50.0
9787811010121	The Complete C++ Training Course	3	2001	54.0
9787811014322	Web编程技术	1	2008	36.0
9787811019877	EJB JPA数据库持久层开发	3	2008	49.0
9787811078661	精通JavaEE项目案例	1	2007	70.0

图 5-12　程序 dbpooltest.jsp 的运行结果

语句“DataSource ds=(DataSource)ctx.lookup("java:comp/env/jdbc/booksdb");”中的 java:comp/env/部分是不变的，而 jdbc/booksdb 是配置时命名的数据源名称。

上述例子中，首先使用 Context initCtx=new InitialContext()语句获取一个初始化上下文对象；这个上下文对象中保存着数据库连接池的数据源对象，继续查找 jdbc/booksdb 即可得到需要的数据源。当需要使用连接时，使用数据源对象的 getConnection 方法即可从数据库连接池中申请一个连接。

实际运行结果完全与普通的 JSP 访问数据的运行结果一致。它们之间的区别仅仅是数据库连接的获取方式，而对于具体的数据库操作处理，没有任何区别。

需要注意的是 finally 中的 conn.close()的含义，这里的数据库连接对象已经是经过封装了的对象，因此这里的 close 方法仅仅是将连接交还给连接池而已。至于连接池是如何管理这些交还回来的连接，对连接池的使用者来说，完全是透明的。

习题 5

1. 简述 JDBC 框架的主要组成部分。

2. JDBC 驱动有哪 4 种类型？这 4 种类型之间有什么区别？

3. 使用 JDBC 连接数据库一般需要哪几个步骤？

4. 如何在 Tomcat 中配置数据库连接池？

5. 简述 Statement 接口中定义的 execute 方法和 executeQuery 方法的使用场合、返回类型及意义。

6. 编写程序 showstud.jsp，要求页面显示学生表格，浏览数据库学生表数据，MySQL 数据库为 stuDB，用户名为 root，密码为 123，表名为 students，程序运行效果如下。

学号	姓名	性别	班级	email
1400100001	张三	男	软件 01	zhangsan@163.com

7. 编写一段 JDBC 连接 MySQL 数据库的程序，实现用户登录，包括：

（1）建立 users 用户表 SQL 语句。

（2）login.htm 登录表单，提交至 check.jsp。

（3）check.jsp 进行用户验证，与数据库中 users 表中的用户名和密码对比，成功则将用户密码写入 session 并转到 loginsuccess.jsp，失败则转回 login.htm。

（4）loginsuccess.jsp 登录成功页面，显示用户名和密码。

第6章

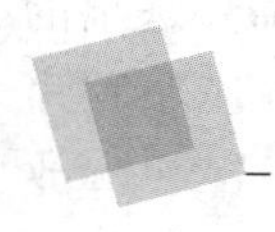

JavaBean技术

本章学习目标

- 掌握 JavaBean 的定义、作用与设计方法。
- 掌握如何在 JSP 页面中使用 JavaBean。
- 掌握设置和获取 JavaBean 属性的方法。
- 掌握网上书店登录模块及主页面的设计。

6.1 什么是 JavaBean

JavaBean 是一种 Java 语言写成的可重用组件。JavaBean 是一种特殊的 Java 类，通过封装属性和方法成为具有某种功能或者处理某个业务的对象，简称 Bean。

JavaBean 具有以下特点。

(1) JavaBean 的类必须是具体的和公有的(public)。JavaBean 必须具有一个无参数的构造方法。如果在 JavaBean 中自定义了有参构造方法，就必须再添加一个无参构造方法，否则将无法设置属性。这个无参构造方法也必须是 public。

(2) 类中的属性是私有的(private)，访问属性的方法都必须是 public。

(3) 如果类的属性名是 xxx，那么为了更改或获取属性，在类中可以使用两个 public 的 getXxx 和 setXxx 方法，在这些 get 和 set 方法中，属性名的首字母应为大写。

getXxx 方法用来获取属性 xxx。

setXxx 方法用来修改属性 xxx。

get 和 set 方法并不一定是成对出现的。如果只有 get 方法，则对应的属性为只读属性。

(4) 对于 boolean 类型的成员变量，即布尔逻辑类型的属性，允许使用 is 方法代替上面的 get 方法。

例如，Bean 中的性别属性 male 的类型可以写成 boolean 类型。相应的 getMale 可用 isMale 替代：

```
private bool male;
public bool isMale()
{
    return this.male;
}
public void setMale(bool b)
{
    this.male = b;
}
```

(5) JavaBean处理表单很方便，只要JavaBean属性和表单控件名称吻合，采用<jsp:useBean>和<jsp:setproperty>标签就可以直接得到表单提交的参数。

JavaBean从应用形式或功能上一般可以分为封装数据的JavaBean和封装业务的JavaBean。

封装数据的JavaBean强化使用其属性存储数据的作用，封装业务的JavaBean强化其封装业务逻辑功能的作用。

当然，有些情况下Bean具有双重功能，既有业务逻辑的处理功能，又具有一些需要进出的属性值，无法确定归属数据Bean还是业务Bean。但在具有复杂业务逻辑的Web应用程序中，一方面用数据Bean实现对表单输入的捕获、保存，减少对数据库的访问，或将数据Bean放在一定作用域内，使此作用域内的多个JSP页面共享；另一方面用业务Bean完成操作数据库、数据处理等业务逻辑，以数据Bean或页面传递的值为参数。

封装数据的JavaBean和封装业务的JavaBean结构略有不同，下面分别举例说明封装数据的JavaBean和封装业务的JavaBean。

1. 封装数据的JavaBean

封装数据的JavaBean负责数据的存取，需要设置多个属性(类的成员变量)及其值的存取方法。JavaBean提供了高层次的属性概念，属性在JavaBean中不只是传统的面向对象的概念里的属性，它同时还得到了属性读取和属性写入的API的支持。如果属性名字是xxx，则getXxx方法用于获取属性值；setXxx方法用于设置或更改属性值。类中属性名第一个字符应当是小写，其访问属性应当是private，而方法的访问属性都必须是public。

【例6-1】 一个封装数据的JavaBean例子，用于封装网上书店中的图书表titles中的一本图书信息。

程序(/bookstore项目/src/bean/Title.java)的清单：

```
package bean;
public class Title {
private String isbn;                          //ISBN号
private String title;                         //书名
private String copyright;                     //版权
private String imageFile;                     //封面图像文件名称
private int editionNumber;                    //版本号
private int publisherId;                      //出版商 ID
private float price;                          //价格
public String getIsbn() {return isbn;}
public void setIsbn(String isbn) {this.isbn = isbn;}
public String getTitle() {return title;}
public void setTitle(String title) {this.title = title;}
public String getCopyright() {return copyright;}
public void setCopyright(String copyright) {this.copyright = copyright;}
public String getImageFile() {return imageFile;}
public void setImageFile(String imageFile) {this.imageFile = imageFile;}
public int getEditionNumber() {return editionNumber;}
public void setEditionNumber(int editionNumber) {this.editionNumber = editionNumber;}
public int getPublisherId() {return publisherId;}
public void setPublisherId(int publisherId) {this.publisherId = publisherId;}
public float getPrice() {return price;}
public void setPrice(float price) {this.price = price;}
}
```

以上代码中所有的属性是private，而所有的方法是public，也就是说，在类外不能直接对属性操作，必须通过相应的set和get方法才能对属性操作，这样才能保证数据的安全。

MyEclipse 可以快速创建 JavaBean，首先创建一个类，并输入所有的属性，然后右击这个类，在弹出的快捷菜单中选择“源代码(Source)”→“生成 getter 和 setter 方法(Generate Getters and Setters)”命令，在弹出的对话框中选择要生成 get 和 set 方法的属性，单击“确定”按钮可生成选中属性的 set 方法和 get 方法。

封装数据的 JavaBean 的属性名和属性类型应当与数据库中的字段名和字段类型对应。

【例 6-2】 下面给出在 JSP 程序中使用 JavaBean 的程序实例。

程序(/bookstore 项目/WebRoot/test/titlebean.jsp)的清单：

```
<%@ page contentType = "text/html; charset = UTF - 8" %>
①<jsp:useBean id = "title" class = "bean.Title" scope = "page"/>
<html>
<head>
     <title>Hello</title>
</head>
  <body>
    <b><center>
    <font size = 4 color = red>JSP 中使用 JavaBean 测试</font>
    </center></b>
    <hr><br>
     <% title.setIsbn("98780011");
       title.setTitle("JSP Web 原理与应用教程");
     %>
      <i><font size = "5">
        图书 Bean 的书号 = <% = title.getIsbn() %><br>
        图书 Bean 的书名 = <% = title.getTitle() %>
      </font></i>
  </body>
</html>
```

程序运行结果如图 6-1 所示。

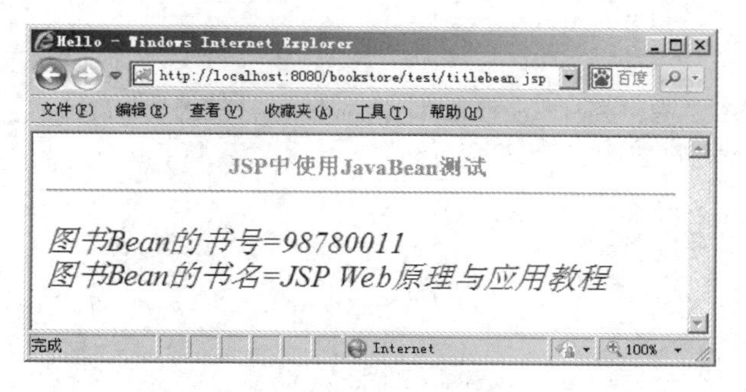

图 6-1　程序 titlebean.jsp 的运行结果

语句①是 JavaBean 应用的核心语句，通过<jsp:useBean>标记建立 JavaBean 和本 JSP 程序的联系，将 JavaBean 添加到本 JSP 程序中。

id 属性指定 JavaBean 对象的名称，因为同一个 JSP 页面中可能会引入多个 JavaBean 对象，因此，必须给引入的 JavaBean 对象命名，以便在 JSP 页面中使用该对象。class 属性指定引入的 JavaBean 对象的带路径类名。scope 属性设置 JavaBean 对象的生命期。

2. 封装业务的 JavaBean

封装业务的 JavaBean 是完成一定运算和操作功能的业务类，主要包含一些特定的方法来进行业务处理。使用 JavaBean 一定程度上可以将 Java 处理代码从 JSP 页面中分离。就上述封装数据的 JavaBean 来说，要将表单中的用户输入值送入数据库中相应的字段，或将数据库中的字段值取出并显示到网页中，需要一个专用的 Bean 与上述封装数据的 JavaBean 配合完成操作。

下面的封装业务的 JavaBean 设计实例中，分别设计了实现数据库连接的业务 Bean 和对图书表 titles 操作的业务 Bean。

设计封装业务的 JavaBean，实现对 books 数据库的连接。该类可供 JSP 程序连接数据库。该类提供创建数据库连接对象的静态方法 getConnection，在这个静态方法中加载 JDBC 驱动，创建与 MySQL 数据库中的 books 数据库的连接对象。

程序（bookstore 项目\src\bean\DBcon.java）的清单：

```
package bean;
import java.sql.Connection;
import java.sql.DriverManager;
import java.sql.PreparedStatement;
import java.sql.ResultSet;
import java.sql.SQLException;
public class DBcon {
    private static final String DRIVER_CLASS = "com.mysql.jdbc.Driver";
    private static final String url = "jdbc:mysql://localhost:3306/books?
    useUnicode = true&characterEncoding = UTF - 8";
    private static final String user = "root";
    private static final String psw = "123";
    public static Connection getConnection() {
        Connection dbConnection = null;
        try { Class.forName(DRIVER_CLASS);
             dbConnection = DriverManager.getConnection(url,user,psw);
         } catch (Exception e) {
            e.printStackTrace();
         }
        return dbConnection;
  }
    //关闭连接
    public static void closeConnection(Connection dbConnection) {
        try {
            if (dbConnection != null && (!dbConnection.isClosed())) {
                dbConnection.close();
            }
          } catch (SQLException sqlEx) {
            sqlEx.printStackTrace();
         }
     }
    //关闭结果集
    public static void closeResultSet(ResultSet res) {
        try {
            if (res != null) {
                res.close();
                res = null;
            }
         } catch (SQLException e) {
            e.printStackTrace();
         }
    }
    public static void closeStatement(PreparedStatement pStatement) {
        try {
            if (pStatement != null) {
                pStatement.close();
                pStatement = null;
```

```
            }
        } catch (SQLException e) {
            e.printStackTrace();
        }
    }
}
```

下面是在JSP中使用封装数据库连接的业务Bean的应用实例，程序中使用DBcon.java这个JavaBean访问books数据库，读取图书表信息。这种用法对于规模较大的系统优越性尤为明显，因为，如果数据库的连接参数有了改变，只需修改DBcon.java，其他使用这个JavaBean的JSP程序不必做任何改动。

程序(/bookstore项目/WebRoot/test/listTitles_usebean.jsp)的清单：

```
<%@ page language="java" contentType="text/html; charset=gbk" pageEncoding="gbk" %>
<%@page import="java.sql.*" %>
<jsp:useBean id="dbcon" class="bean.DBcon" scope="request"/>
<html>
<head>
  <title>图书列表</title>
</head>
<body>
 <table  bgcolor=lightgrey>
<tr><td>ISBN</td><td>书名</td><td>版本</td><td>出版时间</td><td>价格</td></tr>
<%
 Connection dbCon = dbcon.getConnection();
 Statement stmt = dbCon.createStatement();
 ResultSet rs  = stmt.executeQuery("select * from titles");
 while (rs.next()) {
      %>
          <tr  bgcolor=cyan>
           <td> <% =rs.getString(1) %> </td>
           <td> <% =rs.getString(2) %> </td>
           <td><% =rs.getInt("editionNumber") %></td>
           <td><% =rs.getInt(4) %></td>
           <td><% =rs.getDouble("price") %></td>
      </tr>
      <%
        }
        rs.close();
        stmt.close();
        dbCon.close();
      %>
</table>
</body>
</html>
```

程序运行结果如图6-2所示。

【例6-3】 设计封装业务的JavaBean，实现对图书表titles的操作。该业务Bean可供JSP页面操作图书表使用。

在Java中提倡面向接口编程，这样的程序将来有很大的灵活性，特别是在多层体系结构中。当一个类实现了一个接口时，必须实现接口中的所有的方法。在编写操作books数据库中图书表titles的业务类JavaBean时，先设计操作业务接口TitleDao，再实现此业务接口，完成操作类TitleDaoImpl的设计。

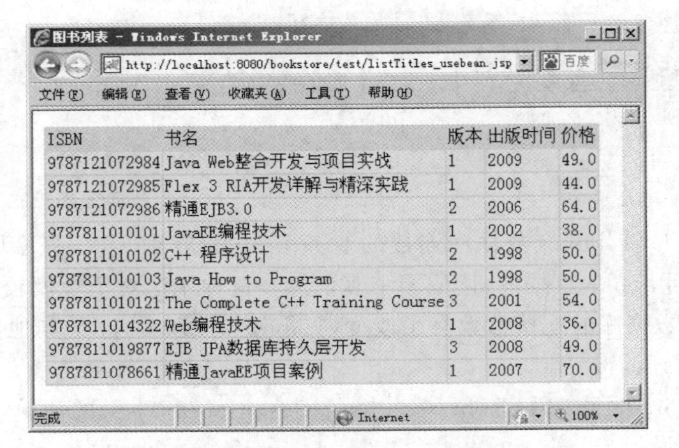

图 6-2 程序 listTitles_usebean.jsp 的运行结果

程序(/bookstore 项目/src/bean/TitleDao.java)的清单：

```
//图书表 titles 操作业务接口 TitleDao
package bean;
import java.util.List;
public interface TitleDao {
   public List<Title> getTitles();    //获得图书列表
   public int add(Title titlebean);    //添加图书
   public int delete(String isbn);    //删除图书
   public int update(Title titlebean); //修改图书
   public Title findByIsbn(String isbn);
}
```

程序(/bookstore 项目/src/bean/TitleDaoImpl.java)的清单：

```
//图书表 titles 操作业务实现类 TitleDaoImpl
package bean;
import java.sql.Connection;
import java.sql.PreparedStatement;
import java.sql.ResultSet;
import java.sql.SQLException;
import java.util.ArrayList;
import java.util.*;
public class TitleDaoImpl implements TitleDao {
    private Connection connection;
    private PreparedStatement titlesQuery;
    private ResultSet results;
    //获取图书表 Titles 中的所有图书,返回所有图书 Bean 的列表集合
    public List<Title> getTitles() {
        List<Title> titlesList = new ArrayList<Title>();
        try {                             //获取图书表数据集 ResultSet results
            connection = DBcon.getConnection();
            titlesQuery = connection.preparedStatement("SELECT isbn, title, editionNumber,
              copyright," + " publisherID, imageFile, price " + " FROM titles ORDER BY title");
            ResultSet results = titlesQuery.executeQuery();
            while (results.next()) {         //循环逐行读取数据
                Title book = new Title(); //每行创建一个封装图书信息的 Bean
                //将图书表中的每条记录封装为数据 Bean 并添加到集合类中
                book.setIsbn(results.getString("isbn"));
                book.setTitle(results.getString("title"));
                book.setEditionNumber(results.getInt("editionNumber"));
                book.setCopyright(results.getString("copyright"));
```

```
                book.setPublisherId(results.getInt("publisherID"));
                book.setImageFile(results.getString("imageFile"));
                book.setPrice(results.getFloat("price"));
                titlesList.add(book);        //将图书 Bean 添加到集合类中
            }
        }
        catch (SQLException exception) {exception.printStackTrace();}
        finally {                             //释放资源
            DBcon.closeResultSet(results);
            DBcon.closeStatement(titlesQuery);
            DBcon.closeConnection(connection);
        }
        return titlesList;
    }
    //在图书表 titles 中插入新记录,将给定的图书 Bean 添加到图书表 titles 中
    public int add(Title titlebean) {
        int result = 0;
        try {
            connection = DBcon.getConnection();
            String sql = "insert into titles(isbn,title,editionNumber,";
            sql += "copyright,publisherID,imageFile,price) values(?,?,?,?,?,?,?)";
            titlesQuery = connection.preparedStatement(sql);
            titlesQuery.setString(1, titlebean.getIsbn());
            titlesQuery.setString(2, titlebean.getTitle());
            titlesQuery.setInt(3, titlebean.getEditionNumber());
            titlesQuery.setString(4, titlebean.getCopyright());
            titlesQuery.setInt(5, titlebean.getPublisherId());
            titlesQuery.setString(6, titlebean.getImageFile());
            titlesQuery.setFloat(7, titlebean.getPrice());
            result = titlesQuery.executeUpdate();
        } catch (Exception e) {
            e.printStackTrace();
        }
        //释放资源
        finally {
            DBcon.closeResultSet(results);
            DBcon.closeStatement(titlesQuery);
            DBcon.closeConnection(connection);
        }
        return result;
    }
    //根据图书 ISBN 删除记录
    public int delete(String isbn) {
        int result = 0;
        try {
            connection = DBcon.getConnection();
            String sql = "delete from titles where isbn = '" + isbn + "'";
            titlesQuery = connection.preparedStatement(sql);
            result = titlesQuery.executeUpdate();
        } catch (Exception e) {
            e.printStackTrace();
        }
        //释放资源
        finally {
            DBcon.closeResultSet(results);
            DBcon.closeStatement(titlesQuery);
            DBcon.closeConnection(connection);
        }
```

```
            return result;
        }
        //根据图书 Bean 更新图书表 titles 中的图书记录
        public int update(Title titlebean) {
            int result = 0;
            try {
                connection = DBcon.getConnection();
                String sql = "update titles set title = ?, editionNumber = ?, ";
                sql += "copyright = ?,publisherID = ?,imageFile = ?,price = ? where isbn = ?";
                titlesQuery = connection.preparedStatement(sql);
                titlesQuery.setString(1, titlebean.getTitle());
                titlesQuery.setInt(2, titlebean.getEditionNumber());
                titlesQuery.setString(3, titlebean.getCopyright());
                titlesQuery.setInt(4, titlebean.getPublisherId());
                titlesQuery.setString(5, titlebean.getImageFile());
                titlesQuery.setFloat(6, titlebean.getPrice());
                titlesQuery.setString(7, titlebean.getIsbn());
                result = titlesQuery.executeUpdate();
            } catch (Exception e) {
                e.printStackTrace();
            }
            //释放资源
            finally {
                DBcon.closeResultSet(results);
                DBcon.closeStatement(titlesQuery);
                DBcon.closeConnection(connection);
            }
            return result;
        }
        //根据 ISBN 查找图书,返回找到的图书 Bean
        public Title findByIsbn(String isbn) {
            Title book = null;
            try {
                connection = DBcon.getConnection();
                String sql = "SELECT * FROM titles where isbn = '" + isbn + "'";
                titlesQuery = connection.preparedStatement(sql);
                results = titlesQuery.executeQuery();
                if (results.next()) {
                    book = new Title();     //每次创建一个封装类的实例
                    //将数据表中的一条记录数据添加到封装类中
                    book.setIsbn(results.getString("isbn"));
                    book.setTitle(results.getString("title"));
                    book.setEditionNumber(results.getInt("editionNumber"));
                    book.setCopyright(results.getString("copyright"));
                    book.setPublisherId(results.getInt("publisherID"));
                    book.setImageFile(results.getString("imageFile"));
                    book.setPrice(results.getFloat("price"));
                }
            } catch (Exception e) {
                e.printStackTrace();
            } finally {
                DBcon.closeResultSet(results);
                DBcon.closeStatement(titlesQuery);
                DBcon.closeConnection(connection);
            }
            return book;
        }
    }
```

在这个业务类中提供了针对数据库 books 中图书表 titles 的常用操作，其中 getTitles 方法返回了图书表 titles 中的所有图书数据，并将这些图书数据封装在一个 List 集合中，这个类之所以能将图书数据封装在 List 中，就是因为有了封装图书数据的 JavaBean 类 Titles。方法 add(Titles title)实现添加图书功能，方法 delete(String isbn)实现根据图书 ISBN 删除图书功能，方法 update(Titles title)实现修改图书属性功能，方法 findByIsbn(String isbn)实现根据 ISBN 查找图书的功能，找到的图书也以图书 Bean 的数据封装形式返回。

扫一扫

视频讲解

6.2 在 JSP 中使用 JavaBean

使用 JavaBean 的最大好处之一就是可以实现代码的复用。对于在 JavaBean 中的代码，读者完全可以将它们直接在 JSP 页面程序中以 JSP 代码段的形式使用，但是，如果将这些代码组织为 JavaBean 的形式，就可以在很大程度上保持这些代码的可重用性和可维护性，对于规模较大的项目，这种感觉将尤为明显。

因此，在编写 JSP 文件时，对于一些常用的复杂功能，通常将它们的共同功能抽象出来，组织为 JavaBean。当需要在某个页面中使用该功能时，只要调用该 JavaBean 中的相应方法，而不必在每个页面中都编写实现这个功能的详细代码，这样就实现了代码的重用。当需要进行修改时，只需要修改这个 JavaBean 就可以了，无须再去修改每一个调用该 JavaBean 的页面，这样一来，就实现了良好的可维护性。

在 JSP 页面中，通常使用<jsp:useBean>、<jsp: setProperty>和<jsp: getProperty>三个 JSP 动作元素使用 JavaBean。下面对此逐一进行介绍。

6.2.1 <jsp:useBean>

<jsp:useBean>动作用于在 JSP 页面中实例化一个或多个 JavaBean 组件，这些被实例化的 JavaBean 对象可以在 JSP 页面中被调用。它的语法格式为：

```
<jsp:useBean id = "name" class = "classname" scope = "page|request|session|application"/>
```

其中属性含义如下。

- id：用来声明所创建的 JavaBean 实例的名称，在页面中可以通过 id 的值来引用 JavaBean。
- class：指定需要实例化的 JavaBean 的完整路径和类名。
- scope：指定 JavaBean 实例对象的生命周期。其值可以是 page、request、session 和 application 之一。

(1) page 范围的 JavaBean 仅仅在创建它们的页中才能访问。一个 page 范围的 JavaBean 经常用于单一实例计算和事务，而不需要进行跨页计算的情况。

(2) request 范围的 JavaBean 在客户端的一次请求响应过程中均有效。在这个请求过程中，并不一定只在一个页面有效。当一个页面提交以后，响应它的过程可以经过一个或一系列页面，也就是说，可以由响应它的页面再经<jsp:forward>转发指令或<jsp:include>包含指令转到其他页面进行处理，最后所有页面都处理完返回客户端，整个过程都是在一次请求过程中，共享 request 范围的 JavaBean。

(3) session 范围的 JavaBean 在客户端的同一个 session 过程中均有效，服务器会为新访问的用户创建 HttpSession 对象，这也是在其中存储 session 范围的 JavaBean 的地方。

(4) application 范围内的 JavaBean 一旦建立，除非调用代码将其撤销，或服务器重新启动，否则此 JavaBean 的实例将一直驻留在服务器内存中。

<jsp:useBean>除了 id、scope 和 class 属性以外，还有其他两种可供使用的属性：type 和 beanName。<jsp:useBean>属性及说明如表 6-1 所示。

表 6-1 <jsp:useBean>属性及说明

属性	说明
id	指定 id 参数，以方便在指定范围内加以引用。这个变量是大小写敏感的。在载入 JSP 页面时，如果第一次发现在某个范围内某个 id 的<jsp:useBean>动作，则服务器会实例化一个新的 JavaBean 对象。如果在此范围内已经有相同 id 的 JavaBean 的引用，则使用已经实例化的对象。这样就可以在一定范围内共享一个 JavaBean 的实例。需要注意的是，即便是 JavaBean Scope 和 class 不同，也不能在同一个页面中使用相同的 id 命名两个不同的 JavaBean
class	指定 Bean 所在的包名和类名
scope	限定了 Bean 的有效范围。该属性可以有 4 种选项：page、request、session 和 application。默认值是 page
type	type 属性的值必须和类名或父类名或者类所实现的接口名相匹配。注意，该属性的值是经由 id 属性设置的
beanName	给 Bean 设定名称，据此来实例化相应的 Bean。允许同时提供 type 和 beanName 属性而忽略 class 属性

6.2.2 <jsp:setProperty>

在 JSP 页面中设置和获取 JavaBean 的属性，除了调用 JavaBean 的 setXxx 和 getXxx 方法外，还可以使用 JSP 动作指令<jsp:setProperty>和<jsp:getProperty>，特别是在接收表单参数时后者尤为方便。

使用<jsp:setProperty>设定 Bean 的属性值的语法形式分三种情况，以图书 bean(Title.java)为例说明如下。

(1) 当表单对象中的参数名称与 Bean 的属性名称一致时，可采用如下简便的形式，将表单对象中的参数值赋给 JavaBean 的同名属性：

```
<jsp:useBean id = "title" class = "bean.Title" scope = "page"/>
<jsp:setProperty name = "title" property =  " * "/>
```

name="title"的意思是 JavaBean 对象的名称，指明了将对哪个 JavaBean 对象的属性设值，因为有时在一个 JSP 页面中可能有多个 JavaBean 存在。JavaBean 对象的名称是由<jsp:useBean>动作指令的 id 属性确定的。

property = " * "的意思是接收来自表单输入的所有与属性名相同的参数值，它会自动匹配 Bean 中的属性，要保证 JavaBean 的属性名必须和 request 对象的参数名一致。如果 request 对象的参数值中有空值，那么对应的 JavaBean 属性将不会设定任何值。同样，如果 JavaBean 中有某些属性没有与之对应的 request 参数值，那么这些属性也不会设定。这种方式简称"一一映射"。

(2) 当表单对象中的参数名称与 Bean 的属性名称不一致时，则需要逐个设定属性值，而且要通过 param 指明属性值来自表单的哪个参数。具体语法形式如下：

```
<jsp:useBean id = "title" class = "bean.Title" scope = "page"/>
<jsp:setProperty name = "title" property =  "isbn"   param = "parameterIsbn"/>
```

这里由于表单参数与 JavaBean 的属性名不一致，表示将表单参数 parameterIsbn 的值赋给名称为 title 的 JavaBean 的属性 isbn。

这种情况使用 request 中的指定的参数值来设定 JavaBean 中的指定属性值，不要求参数名称与 Bean 对象的属性名称一致。在这个语法中，property 指定 Bean 的属性名，param 指定 request 中的参数名。如果 Bean 属性与 request 参数的名字不同，那么在指定 property 的同时还必须指定 param；如果它们同名，只需要指明 property 就行了。如果参数值为空(或未初始化)，那么对应的 Bean 属性不被设定。

(3) 使用<jsp:setProperty>动作指令，用 value 指定的任意值给 JavaBean 的属性赋值，语句如下：

```
<jsp:useBean id = "title" class = "bean.Title" scope = "page"/>
<jsp:setProperty name = "title" property = "title"  value = "{string}" />
<jsp:setProperty name = "title" property = "isbn"  value = "{ <% = expression %>}"/>
```

使用 value 指定的属性值可以是字符串，也可以是表达式。如果是字符串，那么它就会被转换成 Bean 属性的类型。如果它是一个表达式，那么它的类型就必须和它将要设定属性值的类型一致。如果参数值为空，那么对应的属性也不会被设定。

<jsp:setProperty>指令标记的属性意义如表 6-2 所示。

表 6-2　<jsp:setProperty>属性及说明

属　　性	说　　明
name	指明需要对哪一个 Bean 设定属性。该值已经预先由<jsp:useBean>中的 id 设定，且<jsp:useBean>必须出现在<jsp:setProperty>之前
property	指明了对指定 Bean 的哪一个属性赋值。如果属性名为"*"，则表明所有与 Bean 属性名字匹配的 request 参数都将其值传递给 JavaBean 相对应的属性(注意，并非是 JavaBean 类中的类属性，而是 set 和 get 方法对应的属性)
param	指明了需要从哪个 request 参数获取属性值，并将该值赋予 property 指定的 JavaBean 属性。如果 request 对象没有这样的属性，则不会进行任何操作。但是系统不允许设置该值为 null，因此，可以直接使用默认值，只有在确定需要时才用相应的 request 参数进行覆盖。例如，以下代码片段设置 cpuType 属性值为"Cpu"参数中的值(如果"Cpu"参数存在的话)，否则不发生任何事件 <jsp:setProperty name = "ComputerBean" property = "cpuType" param = "Cpu" /> 如果同时省略了 value 和 param 属性，则等价于设置 param 属性值和 property 属性值一致。可以采用以下所述方式自动实现 request 参数和 property 属性值相匹配，即设置 property 值为"*"并同时省略 value 和 param。在这种设置下，系统会将可行的 property 值和 request 参数自动匹配
value	该属性为可选，设定了属性的值。该属性具有数据类型自动转换功能

6.2.3　<jsp:getProperty>

<jsp:getProperty>与<jsp:setProperty>对应，用于从 JavaBean 中获取指定的属性值。这个动作元素相对比较容易，只需要指定 name 参数和 property 参数。name 即为在<jsp:useBean>动作指令中定义的表示 JavaBean 对象名称的 id 属性，property 属性则指定了想要获取的 JavaBean 的属性名，其语法结构为：

```
<jsp:getProperty name = "beanInstanceName" property = "propertyName" />
```

例如：

```
< jsp:useBean id = "title" class = "bean.Title" scope = "page" />
< jsp:getProperty name = "title" property = "isbn" />
< jsp:getProperty name = "title" property = "title" />
```

注意：在使用<jsp:getProperty>动作指令之前，务必保证已经存在指定的JavaBean实例，而且要保证该实例对象中存在property指定的属性，否则，如果在该Bean中不存在property指定的属性，则会抛出NullPointerException异常。

<jsp:useBean>经常和<jsp:setProperty>以及<jsp:getProperty>动作一起使用。<jsp:setProperty>可以对JSP页面的Bean的属性赋值，而<jsp:getProperty>可以将JSP页面中的Bean的属性值显示出来。下面通过一个例子来说明这三个JSP动作的使用方法。

【例6-4】 通过表单向JSP页面传递参数，JSP页面中使用JavaBean接收参数。inputProperty.jsp程序中给了两个表单，分别输入参数，第1个表单提交给bean_test1.jsp，表单中的参数名称与JavaBean的属性名称不一致；第2个表单提交给bean_test2.jsp，表单中的参数名称与JavaBean的属性名称一致。阅读程序时，注意斜体部分，理解JavaBean两种设置属性值的方法有何不同。

程序(/bookstore项目/WebRoot/test/inputProperty.jsp)的清单：

```
<%@ page language = "java" import = "java.util.*" pageEncoding = "utf-8" %>
<%
String path = request.getContextPath();
String basePath = request.getScheme() + "://" + request.getServerName() + ":" + request.
        getServerPort() + path + "/"; %>
<html>
<head>
        <base href = "<% = basePath %>">
        <title>输入JavaBean的属性</title>
</head>
<body>
            提交给bean_test1.jsp的表单： <br>
        <form action = "test\bean_test1.jsp" Method = "post"><p>
                输入ISBN:<input type = text name = "paramisbn"><p>
                输入书名： <input type = text name = "paramtitle">
                <input type = submit value = "提交">
        </form>  <hr><p>
            提交给bean_test2.jsp的表单:<br>
        <form action = "test\bean_test2.jsp" Method = "post"><p>
                输入ISBN:<input type = text name = "isbn"><p>
                输入书名： <input type = text name = "title">
                <input type = submit value = "提交">
        </form>
</body>
</html>
```

程序(/bookstore项目/WebRoot/test/bean_test1.jsp)的清单：

```
<%@ page language = "java" import = "java.util.*" pageEncoding = "utf-8" %>
<jsp:useBean id  =  "title" class  =  "bean.Title" scope  = "page"/>
<%
String path = request.getContextPath();
String basePath = request.getScheme() + "://" + request.getServerName() + ":" +
                request.getServerPort() + path + "/";
```

```
%>
<html>
  <head>
    <base href="<%=basePath%>">
  </head>
  <body>
   逐个设置 Bean 对象属性的测试结果：<br>
   <% request.setCharacterEncoding("utf-8"); %>
   <jsp:setProperty name = "title" property = "isbn" param = "paramisbn"/>
   <jsp:setProperty name = "title" property = "title" param = "paramtitle"/>
   <jsp:setProperty name = "title" property = "copyright" value = "98780010-18-1"/>
      书号：<jsp:getProperty name = "title" property = "isbn"/><br>
      书名：<jsp:getProperty name = "title" property = "title"/><br>
      版权号：<jsp:getProperty name = "title" property = "copyright"/>
  </body>
</html>
```

程序(/bookstore 项目/WebRoot/test/bean_test2.jsp)的清单：

```
<%@ page language="java" import="java.util.*" pageEncoding="utf-8"%>
<jsp:useBean id = "title" class = "bean.Title" scope = "page"/>
<%
String path = request.getContextPath();
String basePath = request.getScheme()+"://"+request.getServerName()+":"+
        request.getServerPort()+path+"/";
%>
<html>
  <head>
    <base href="<%=basePath%>">
  </head>
  <body>
      自动获取表单参数并设置 Bean 对象属性的测试结果：<br>
       <% request.setCharacterEncoding("utf-8"); %>
       <jsp:setProperty name = "title" property = "*"/>
      书号：<jsp:getProperty name = "title" property = "isbn"/><br>
      书名：<jsp:getProperty name = "title" property = "title"/><br>
    </body>
  </body>
</html>
```

程序运行结果如图 6-3 所示。

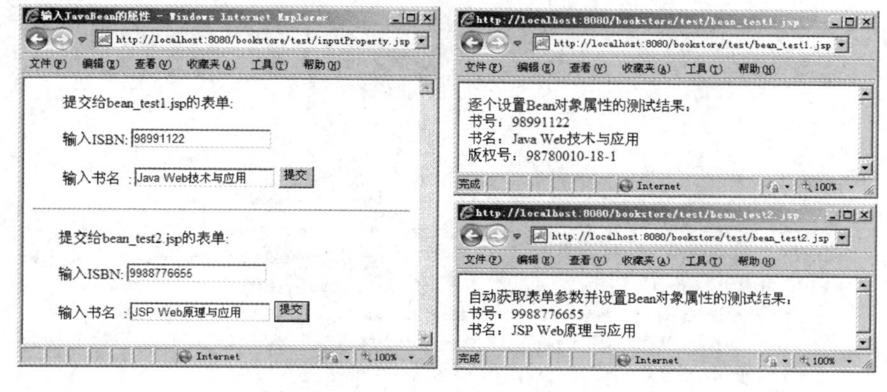

图 6-3　JSP 页面表单参数传递结果

6.3 项目案例2——网上书店用户登录设计

本节完成网上书店项目用户登录部分的程序设计。用户从登录页面 index. html 的表单中输入用户名和密码，提交给验证页面 checkUser. jsp 对用户进行验证。在验证页面 checkUser. jsp 程序中使用 JavaBean 访问数据库，查询用户信息。

扫一扫

视频讲解

【例 6-5】 网上书店项目中用户登录部分的程序设计实例，用户登录界面如图 6-4 所示。该部分主要包含 index. html、checkUser. jsp、style. css、left. jsp、right. jsp 等程序的设计，程序代码清单如下。

图 6-4 网上书店登录界面

程序(/bookstore 项目/WebRoot/index. html)的清单：

```
<html>
<head>
<title>网上书店项目实训</title>
<script language = "javascript" type = "">
    function RegisterSubmit(){     //对用户名和密码文本框进行不为空的校验函数
        with(document.Register){  //为下面语句块中的变量指明所属对象
            //相当于 var user =  document.Register.loginName.value;
            var user = loginName.value;
            var pass = password.value;
            if(user == null || user == ""){alert("请填写用户名");}
                else if(pass == null || pass == ""){alert("请填写密码");}
                else submit();
            }
        }
</script>
</head>
    <body>
      <table>
        <tr><td><img SRC = images/top.jpg ></img></td></tr>
        <tr><td align = "center"><p>
          <font color = "red" size = "5"   style = "font - family:simhei">请登录: </font><p>
          <form method = "post" name = "Register" action = "checkUser.jsp" target = "_blank"><p>
            用户名:<input type = "text" name = "loginName" size = "20"><p >
            密码:<input type = "password" name = "password" size = "20"><p >
          <input type = "button" value = "提交" name = "B1" onclick = "RegisterSubmit()">
          <input type = "reset" value = "重置" name = "B2">
      </form>
    </td></tr>
```

```
  </table>
 </body>
</html>
```

以上为用户登录页面，页面中利用JavaScript函数对两个文本框进行了数据有效性检验，保证提交到服务器的数据不为空。这是在工程中经常使用的方法。

其中，使用with语句为语句块设定默认对象。有了with语句，在存取对象属性和方法时就不用重复指定参考对象了。在with语句块中，凡是JavaScript不识别的属性和方法都和该语句块指定的对象有关。

在表单中输入用户名和密码后，就提交给checkUser.jsp页面进行数据库用户验证。checkUser.jsp程序中，使用前面已设计用于连接数据库的JavaBean(Dbcon.java)来获取数据库连接对象，以将连接数据库的业务处理与JSP程序分离，使得程序结构更为清晰。

程序(/bookstore项目/WebRoot/checkUser.jsp)的清单：

```
<%@ page language="java" import="java.sql.*" contentType="text/html; charset=utf-8" %>
<jsp:useBean id="db" class="bean.DBcon" scope="request"/>
<html>
<head>
      <title>登录验证页面[checkUser.jsp]</title>
</head>
<body>
<%
    request.setCharacterEncoding("GBK");                //解决post提交的中文乱码
    String name = request.getParameter("loginName");
    String password = request.getParameter("password");
%>
      你输入的用户名是:<% = name %><br><br>
<%
    Connection con  = db.getConnection();
    Statement stmt  =  con.createStatement();
    String sql = "select * from userinfo";              //查询userinfo表中的用户信息
    sql += " where loginname = '" + name + "' and password = '" + password + "'";
    ResultSet rs  =  stmt.executeQuery(sql);
    if (rs.next())                                       //验证通过
     { session.setAttribute("userName",name);            //将用户名保存到session中
        response.sendRedirect("main.jsp");
     }
    else {                                               //验证未通过
        out.print("无此用户或密码有误,登录失败!<br><br>");
        out.print("<a href = 'index.html'>重新登录<//a>");
     }
  %>
</body>
</html>
```

验证成功后，转到主页main.jsp，该页面采用div-css样式布局。其中，<iframe>属于HTML标签，是内嵌浮动的框架。

下面是与主页面main.jsp相关的程序代码。style.css文件用于DIV+CSS样式布局，left.jsp和right.jsp分别作为框架布局的资源文件。

程序(/bookstore项目/WebRoot/css/style.css)的清单：

```
body {margin:0 px; text-align:center;background:#ffffff;}
#container {width:800px; height:600px; background:yellow; margin:auto 0px;}
```

```
#header{float:left;width:800px; height:100px;margin:auto 0px;clear:both;background:red;}
.nav{width:800px;height:5px;line-height:5px;margin:auto 0px;clear:both;background:#ff;}
.left_main{margin:0px;float:left;width:180px;height:425px;background:#66ddff;clear:right;}
.right_main{margin:0px;float:right;width:620px;height:425px;background:yellow;clear:right;}
```

程序（/bookstore 项目/WebRoot/main.jsp）的清单：

```
<%@ page contentType="text/html; charset=utf-8" %>
<html>
<head> <title>网上书店项目实训</title>
        <link rel="stylesheet" type="text/css" href="css/style.css"/>
</head>
<body>
    <div id="container">
        <div id="header"><img SRC=images/top.jpg ></img> </div>
        <div class="nav">.</div>
        <div class="left_main" >
          <iframe width=180px  height=425px  SRC=left.jsp></iframe>
        </div>
        <div class="right_main" >
          <iframe name="main" width=620px height=425px  SRC=right.jsp></iframe>
        </div>
    </div>
</html>
```

主页面中涉及两个框架子页面 left.jsp 和 right.jsp。

程序（/bookstore 项目/WebRoot/left.jsp）的清单：

```
<%@ page language="java" import="java.util.*" pageEncoding="utf-8"%>
<% String path = request.getContextPath();
 String basePath = request.getScheme()+"://"+request.getServerName()+":"+request.
        getServerPort()+path+"/";
%>
<html>
<body>
 <font color="blue" size="3">当前用户:
    <%=request.getSession().getAttribute("userName") %></font><hr>
    <font color="red" size="4" style="font-family:simhei">前台系统</font><hr>
    <a href=viewBook.jsp target=main>浏览图书</a><br><br>
    <font color="red" size="4" style="font-family:simhei">后台系统</font> <hr>
   <a href=listBook.jsp target=main>书架维护</a>
</body>
</html>
```

程序（/bookstore 项目/WebRoot/right.jsp）的清单：

```
<%@ page language="java" import="java.util.*" pageEncoding="utf-8"%>
<html>
  <body>
    <font size=4>
     网上书店系统技术要点:<br>
     1. 登录时,页面有非空验证; 验证时,采用 JavaBean 访问数据库。<br>
     2. 后台系统提供书架的后台维护(Servlet+JSP)。<br>
     3. 前台系统提供读者查看、选购图书(Servlet+JSP)。<br>
     4. 可扩展其他功能: 用户管理、销售报表。<br>
  </font>
 </body>
</html>
```

登录验证成功后的运行结果如图 6-5 所示，其中的“浏览图书”与“书架维护”的设计将在学习 Servlet 后完成。

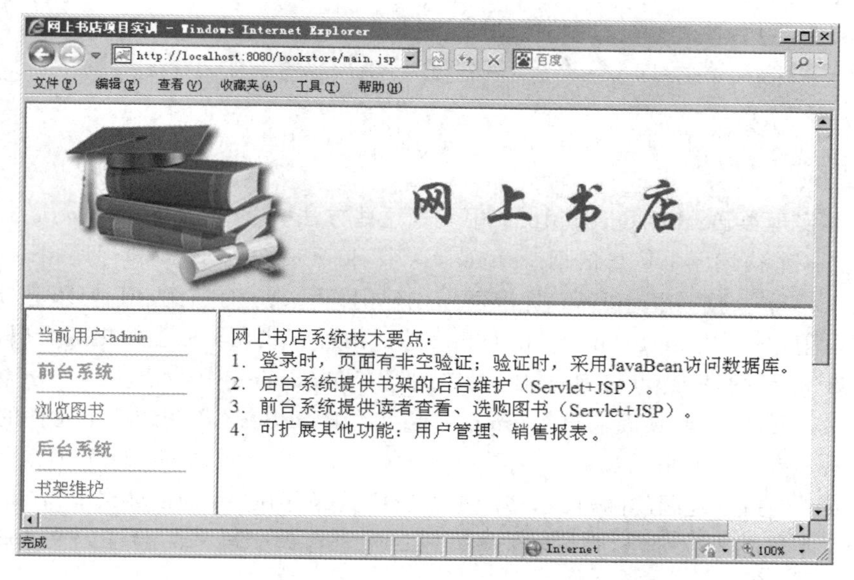

图 6-5 网上书店的主页面效果

习题 6

1. JavaBean 一般需要符合哪些条件？
2. JavaBean 中的属性可以分为哪 4 类？
3. 在 JSP 中使用 JavaBean 有什么好处？
4. 不同范围的 JavaBean 的生命周期有什么不同，分别是在什么时机初始化的？
5. 在使用 Tomcat 的情况下，JavaBean 编译后的类文件应该放在什么位置？
6. 已知图书数据库 books 的订单表(bookOrder)结构如表 6-3 所示。

表 6-3 订单表(bookOrder)

字 段	类 型	说 明
ordered	Integer	订单 ID
userName	Varchar(20)	用户名
zipcode	Varchar(8)	邮编
phone	Varchar(20)	电话
creditcard	Varchar(20)	卡号
total	double	金额

根据以上表结构创建一个 BookOrderBean，要求包含表中的 6 个属性和相应的 set、get 方法。

7. 编写数据库连接类 ConnectionManager，在此基础上创建第 6 题中表 bookOrder 数据库操作类 BookOrderDaoImpl，该类需实现 BookOrderDao 接口。BookOrderDao 接口代码：

```
public interface BookOrderDao {
    public List getBookOrderList();
}
```

要求在其实现类 BookOrderDaoImpl 中给出 getBookOrderList 方法的具体实现，查询数据库得到订单列表。

8. 编写一个 JSP 页面 bookOrderList.jsp，页面以表格形式显示数据库 bookOrder 表中的所有数据。要求用 useBean 标准动作创建 BookOrderDaoImpl 的实例。

9. 在第 7 题的基础上，向 BookOrderDao 接口添加以下两个方法：

```
public int add(BookOrder bookOrder);      //添加订单
public int del(int id);                   //删除订单
```

要求在其实现类 BookOrderDaoImpl 中实现这些方法。

10. 建立一个描述图书信息的 BookBean，这个 Bean 有书号 isbn 和标题 title 两个属性。编写一个 book.jsp 页面，用 useBean 标准动作创建 BookBean 的实例，用 setProperty 为 Bean 的两个属性赋值，分别用 getProperty 和 JSP 表达式两种方式在页面上输出两个属性的值。

11. 在第 10 题的基础上，将 BookBean 实例保存在 session 中，通过 forward 标准动作转发到 book1.jsp 页面，在此页面输出 session 中保存的 BookBean 实例的两个属性的值。

12. 为 6.3 节的网上书店编程示例的登录页面 index.jsp 添加验证码功能。实现思路：Random 类可产生指定范围的随机数，将产生的随机数保存在 session 对象中，在 index.jsp 页面添加一个文本框输入验证码，在 checkUser.jsp 页面将提交过来的验证码文本框中的值与保存在 request 对象中的值进行比较。

第7章

Servlet基础知识

本章学习目标

- 掌握Servlet的概念、作用与设计方法。
- 掌握Servlet的常用接口和类。
- 掌握Servlet在验证码和文件上传等实际项目中的应用。
- 掌握Servlet在网上书店前、后台设计中的应用。
- 熟悉JSP设计模式。

7.1 Servlet概念及设计步骤

7.1.1 Servlet基本概念

Servlet是Java Web技术的核心基础，掌握Servlet的工作原理是成为一名合格的Java Web技术开发人员的基本要求。

Servlet是遵循Java Servlet规范的Java类，由Web服务器端的JVM执行，被用来扩展Web服务器的功能，是在Web服务器端的符合"请求-响应"访问模式的应用程序，可以接收来自Web浏览器或其他HTTP客户程序的请求，并将响应结果返回给客户端。Servlet通常用于在服务器端完成访问数据库、调用JavaBean等业务性操作。

Servlet类的继承关系如下：

```
java.lang.Object
      javax.servlet.GenericServlet
          javax.servlet.http.HttpServlet
              org.apache.jasper.runtime.HttpJspBase
```

由JSP程序转换的Servlet，都是HttpJspBase类的子类。

Servlet的核心方法是service。每当一个客户请求一个HttpServlet对象，该对象的service方法就要被调用，而且系统会自动传递给这个service方法一个ServletRequest(请求对象，即JSP中的request)和一个ServletResponse(响应对象，即JSP中的response)作为参数。其中ServletRequest对象实现了HttpServletRequest接口，它封装了浏览器向服务器发送的请求；而ServletResponse则实现了HttpServletResponse接口，它封装了服务器向浏览器返回的信息。这两个类都是实现了javax.Servlet包中的顶层接口的类。默认的service服务功能是调用与HTTP请求方法相应的doGet或doPost。如果HTTP请求方法为GET，则默认情况下调用doGet；如果HTTP请求方法为POST，则默认情况下调用doPost。由于service方法会自动调用与请求方法相对应的doGet或doPost，所以，在实际编程中，不需要编写 service 方法，只需编写相应的 doGet 和 doPost。整个请求过程如图 7-1 所示。

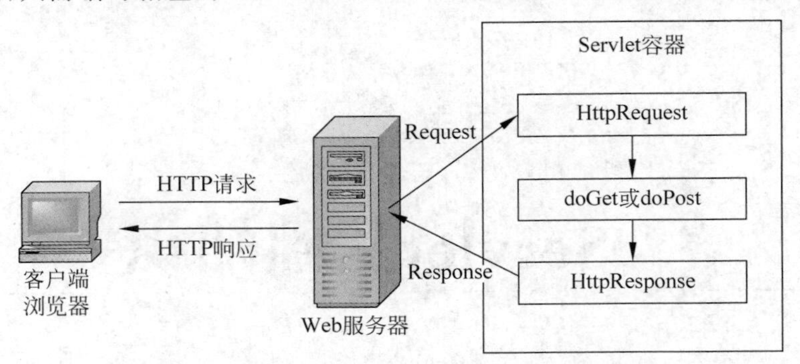

图 7-1　HttpServlet 类处理 HTTP 请求过程

7.1.2　Servlet 设计步骤

1. 使用向导创建 Servlet 模板

MyEclipse 提供了创建 Servlet 的模板，可以很方便地创建 Servlet。设计 Servlet 的步骤如下。

（1）创建 Servlet 类，该类继承自 javax. servlet. http. HttpServlet。

（2）写 doGet 和 doPost。

（3）在 web. xml 文件中注册 Servlet，这一注册工作也可由 Servlet 创建向导自动完成。

下面通过一个简单的例子说明在 MyEclipse 中利用向导创建 Servlet 的设计步骤。

【例 7-1】 在 Hello. jsp 页面中输入一个用户的名字，然后提交给 HelloServlet，在页面上输出字符串“你好！欢迎使用 Servlet”。设计步骤如下：

在工程项目的 src 目录下，新建包 servlettest。在包名 servlettest 上右击，在弹出的快捷菜单中选择“新建(new)”→Servlet 命令。弹出 Servlet 创建向导，如图 7-2 所示。

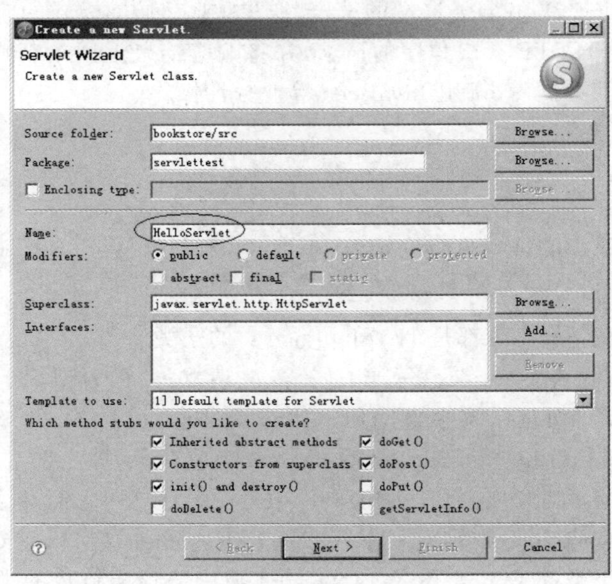

图 7-2　创建 Servlet 向导添加类名

这里将 Servlet 类名定义为 HelloServlet，所在的包为 servlettest。然后单击 Next 按钮出现如图 7-3 所示的界面。

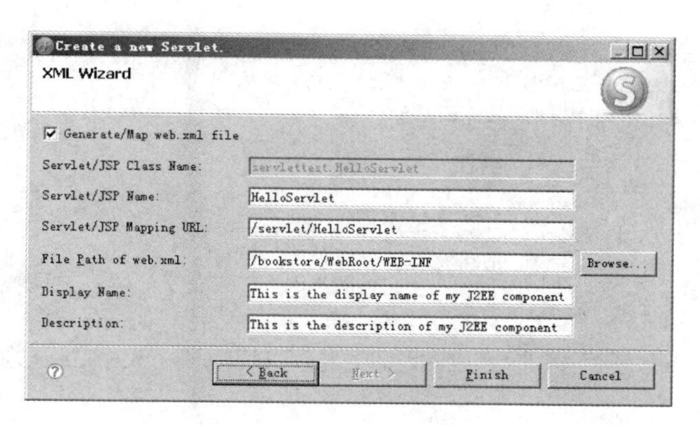

图 7-3 创建 Servlet 向导配置 Servlet

2. 设置 web. xml 注册信息

File Path of web. xml 文本框的内容指示配置文件 web. xml 的路径,使用默认值即可。

Servlet/JSP Class Name、Servlet/JSP Name、Servlet/JSP Mapping URL 等文本框信息将由 Servlet 生成向导自动在配置文件 web. xml 中进行注册。

Servlet/JSP Mapping URL 设置了访问此 Servlet 时的相对 URL 映射路径,它决定了 Servlet 的访问路径,必须以斜杠"/"起始,这个起始的斜杠"/"表示项目的根路径。需要注意的是,这里的 Mapping URL 地址不代表 Servlet 的实际存储路径,只是表示访问这个 Servlet 时使用的相对路径,有时会根据实际需要对此修改。

用户可以像请求 JSP 一样直接请求服务器上的 Servlet,而 Servlet 的完整访问路径是由项目根路径(即 Servlet 的相对基准路径)与 Servlet 的相对映射 URL"合成"而得的。Servlet 的相对映射 URL 路径是由 web. xml 文件中"< url-pattern > </url-pattern >"配置项决定的。

图 7-3 中的 Mapping URL 设置的内容为/servlet/HelloServlet,因此访问该 Servlet 时,将项目的根路径/servlet/HelloServlet 与这个相对映射 URL http://localhost:8080/bookstore/合成,即得到访问这个 Servlet 的目标 URL 为 http://localhost:8080/bookstore/servlet/HelloServlet。

如果将 Mapping URL 修改为/abc/HelloServlet,也是可以访问该 Servlet 的,只是要在浏览器地址栏输入 http://localhost:8080/bookstore/abc/HelloServlet。可见,Mapping URL 的设置决定了访问这个 Servlet 的 URL 地址,而与该 Servlet 的存储位置无关。Servlet 的存储位置由< servlet-class > servlettest. HelloServlet </servlet-class >配置项描述。

在 JSP 页面中通过链接语句访问此 Servlet 时,要注意最终生成的目标 URL 必须与 Servlet 的访问路径一致,否则,会因找不到目标而失败。

向导生成后,也可以直接在 web. xml 配置文件中通过修改< url-pattern >的内容来改变 Mapping URL 相对映射地址。

单击 Finish 按钮后,就在 servlettest 包中由向导自动创建了一个 HelloServlet. java,同时,自动在 web. xml 中将该 Servlet 进行了注册,打开 WEB-INF\web. xml 文件可以看到 HelloServlet 的注册信息已经添入其中。

web. xml 文件中的< servlet ></servlet >这段代码定义了 Servlet 的名称及其对应的 Servlet 类路径。< servlet-mapping > </servlet-mapping >这段代码定义了访问这个 Servlet 的 URL 映射路径。

HelloServlet 在 web. xml 文件中的注册信息如下:

```
<servlet>
    <description>This is the description of my J2EE component</description>
```

```
        <display-name>This is the display name of my J2EE component</display-name>
        <servlet-name>HelloServlet</servlet-name>
        <servlet-class>servlettest.HelloServlet</servlet-class>
    </servlet>
        ⋮
    <servlet-mapping>
        <servlet-name>HelloServlet</servlet-name>
        <url-pattern>/servlet/HelloServlet</url-pattern>
    </servlet-mapping>
```

至此，HelloServlet 已经初步建成，此时，观察 HelloServlet.java 类由向导自动生成的 doGet 方法代码如下：

```
public void doGet(HttpServletRequest request, HttpServletResponse response)
            throws ServletException, IOException {
        response.setContentType("text/html");
        PrintWriter out = response.getWriter();
        out.println("<!DOCTYPE HTML PUBLIC\"-//W3C//DTD HTML 4.01 Transitional//EN\">");
        out.println("<HTML>");
        out.println("  <HEAD><TITLE>A Servlet</TITLE></HEAD>");
        out.println("  <BODY>");
        out.print("    This is ");
        out.print(this.getClass());
        out.println(", using the GET method");
        out.println("  </BODY>");
        out.println("</HTML>");
        out.flush();
        out.close();
    }
```

在使用 Servlet 时，必须确认该 Servlet 已经在服务器的配置文件 web.xml 中做了相应配置。

在浏览器地址栏中输入 http://localhost:8080/bookstore/servlet/HelloServlet，即可访问到 Helloservlet。Helloservlet 自动调用 doGet 方法对请求进行响应。

从以上代码可以看出 Servlet 就是一个 Java 类，而与一般 Java 类不同的是，它具有 Web 服务功能。Servlet 程序中使用 PrintWriter 对象 out 拼写完整的 HTML 文件，作为对客户请求的响应。这里拼写的 HTML 文件在 Servlet 向浏览器响应后，可在浏览器菜单栏中的“查看”→“源文件”中查看到。

3. 业务逻辑设计

接下来，要完善 doGet 和 doPost，重写此方法来完成自己的业务逻辑，一般只要重写其中的一个方法，如重写 doGet，而 doPost 直接调用 doGet 即可。除非 Servlet 对于 GET 请求和 POST 请求的处理方式不一致。

程序(/bookstore 项目/src/servlettest/HelloServlet.java)的清单：

```
package servlettest;
import java.io.IOException;
import java.io.PrintWriter;
import javax.servlet.ServletException;
import javax.servlet.http.HttpServlet;
import javax.servlet.http.HttpServletRequest;
import javax.servlet.http.HttpServletResponse;
public class HelloServlet extends HttpServlet {
```

```
    public HelloServlet() {
        super();
    }
    public void destroy() {
        super.destroy();   }
    public void doGet(HttpServletRequest request, HttpServletResponse response)
            throws ServletException, IOException {
        request.setCharacterEncoding("utf-8");
        response.setContentType("text/html;charset=utf-8");
        PrintWriter out = response.getWriter();
        out.println("<HTML>");
        out.println("  <HEAD><TITLE>A Servlet</TITLE></HEAD>");
        out.println("  <BODY>");
        String name = request.getParameter("name");
        out.print(" 你好!欢迎" + name + "使用 servlet!<br>");
        out.print(" 你请求的 servlet 是: " + this.getClass());
        out.println("</BODY>");
        out.println("</HTML>");
        out.flush();
        out.close();
    }
    public void doPost(HttpServletRequest request, HttpServletResponse response)
            throws ServletException, IOException {
        doGet(request, response);
      }
    public void init() throws ServletException {
      }
}
```

4. 使用 Servlet

编写一个 JSP 程序，用户在 JSP 页面的表单中输入姓名，提交给服务器上 Servlet 处理，再由该 Servlet 动态生成对用户的响应。

程序(/bookstore 项目/WebRoot/test/servletTest.jsp)的清单：

```
<%@ page contentType="text/html;charSet=utf-8" pageEncoding="utf-8"%>
<html>
    <head><title>第一个 Servlet 示例</title></head>
    <body>
        <form method="post" action="../servlet/HelloServlet"><p align="left">
            请输入姓名: <input type="text" name="name" size="20"></p>
                        <input type="submit" value="提交">
        </form>
    </body>
</html>
```

JSP 页面访问 Servlet 时所采用的是相对地址，最终生成的目标 URL 必须与 Servlet 所固有的访问路径一致。而 Servlet 所固有的访问路径由 web.xml 中的<url-pattern>配置项决定。

本例的 servletTest.jsp 页面的相对基准地址为 http://localhost:8080/bookstore/test/。

语句 action="../servlet/HelloServlet"给出目标的相对 URL。其中"../"表示当前的 JSP 所在路径的上一级路径，最终生成的访问 Servlet 的目标 URL 由当前 JSP 页面的相对基准 URL 路径与链接中的相对路径"合成"而得，即为 http://localhost:8080/bookstore/servlet/HelloServlet。

如果使用下列语句利用< base href >标签设定了页面基准路径：

```
<%
    String path = request.getContextPath();
    String basePath = request.getScheme() + "://" + request.getServerName() + ":" +
                     request.getServerPort() + path + "/";
%>
<base href = "<% = basePath %>">
```

此时，JSP 页面中链接的相对基准路径变为项目的根路径，action 中的相对 URL 就要做相应修改，修改成如下形式：

```
<form method = "post" action = "./servlet/HelloServlet">
```

程序运行结果如图 7-4 所示。

图 7-4 程序 servletTest.jsp 的运行结果

7.2 Servlet 的生命周期

Servlet 的生命周期从 Web 服务器启动运行时开始，以后会不断处理来自浏览器的访问请求，并将响应结果通过 Web 服务器返回给客户端，直到 Web 服务器停止运行，Servlet 才会被清除。

Servlet 接收客户端请求，生成动态 Web 内容的工作过程如图 7-5 所示。

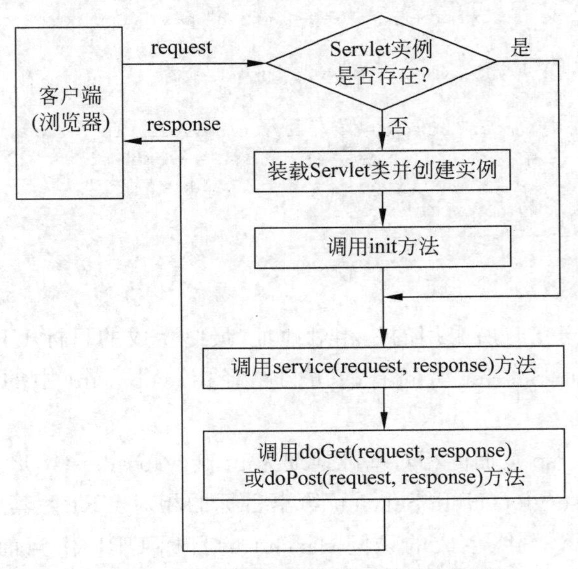

图 7-5 Servlet 接收客户端请求处理过程

Servlet 的生命周期主要有加载和初始化阶段、Servlet 服务阶段和 Servlet 结束阶段。

1. 加载和初始化阶段

当 Web 服务器启动时，Servlet 容器首先到发布目录的 WEB-INF 下查找配置文件 web.xml。这个配置文件中有相关的 Servlet 的配置信息，主要是定义 Servlet 和定义 Servlet 的代表这个应用在 Tomcat 中的访问路径 URL 请求映射。有时，还在 web.xml 文件中为 Servlet 设置了< load-on-startup >元素。例如：

```
<servlet>
    <servlet-name> HelloServlet </servlet-name>
    <servlet-class> servlet.HelloServlet </servlet-class>
    <load-on-startup> 0 </load-on-startup>
</servlet>
<servlet-mapping>
    <servlet-name> HelloServlet </servlet-name>
    <url-pattern> /HelloServlet </url-pattern>
</servlet-mapping>
```

其中，< load-on-startup >元素表示 Servlet 容器是否在启动时就加载这个 Servlet。当值为 0 或大于 0 时，表示容器在应用启动时就加载这个 Servlet；当值是一个负数或没有指定时，则表示容器在该 Servlet 被客户端请求时才加载。正数的值越小，启动该 Servlet 的优先级越高。

Servlet 容器根据 web.xml 配置信息加载 Servlet 类，Servlet 容器使用 Java 类加载器加载 Servlet 的 Class 文件。注意，Servlet 只需要被加载一次，然后将会实例化该类的一个实例或多个实例，在默认情况下，Servlet 实例在第一个请求到来时创建，以后复用。

当 Servlet 被实例化后，Servlet 容器将调用 Servlet 的 init(ServletConfig config)方法来为实例进行初始化，在 Servlet 的生命周期中，该方法执行一次。

用户写的 Servlet 类都是 HttpServlet 的子类，而 HttpServlet 类又是抽象类 GenericServlet 的子类。GenericServlet 类里面有成员变量 ServletConfig 和成员方法 init(ServletConfig)与 init()。

其中，init(ServletConfig)是供 Servlet 容器(如 Tomcat)调用的，ServletConfig 对象包含了初始化参数和容器环境的信息，并负责向 Servlet 传递信息，在初始化时，将会读取配置信息，完成相关工作，init()对于一个 Servlet 只可以被调用一次。如果用户需要做些 Servlet 的初始化工作，可在 init()中完成。

事实上，Servlet 从被 web.xml 中解析到完成初始化，这个过程非常复杂，中间有很多过程，包括各种容器状态转化引起监听事件的触发、各种访问权限的控制和一些不可预料错误发生的判断行为等。这里只对一些关键环节进行阐述，以便有一个总体脉络。

2. Servlet 服务阶段

Servlet 被初始化以后，该 Servlet 实例就处于能响应请求的就绪状态，可以被服务器用来服务客户端的请求并生成响应。当 Web 服务器接收到浏览器的访问请求后，Web 服务器会调用该实例的 service(ServletRequest request, ServletResponse response)方法，request 对象和 response 对象由服务器创建并传给 Servlet 实例。request 对象封装了客户端发往服务器端的信息；response 对象封装了服务器发往客户端的信息。一个 Servlet 实例能够同时服务于多个客户端请求，即 service 方法运行在多线程的环境下。

在 service 方法内，对客户端的请求方法进行判断，如果是以 GET 方法提交的，则调用 doGet 方法处理请求，如果以 POST 方法提交的，则调用 doPost 方法处理请求，用 HttpServletResponse

对象生成 HTTP 响应数据。

3. Servlet 结束阶段

Servlet 实例是由 Servlet 容器创建的，所以实例的销毁也是由容器来完成。当 Servlet 容器不再需要某个 Servlet 实例时，容器会调用该 Servlet 的 destroy 方法，在这个方法内，Servlet 会释放所有在 init()内申请的资源，如数据库连接等。一旦 destroy 方法被调用，容器就不会再向该实例发送任何请求。如果容器需要再使用该 Servlet，则必须创建新的实例。destroy 方法完成后，容器必须释放 Servlet 实例以便能够被回收。

在特殊情况下，如系统资源过低或一个 Servlet 很长时间没有被使用时，Servlet 容器也会释放这个 Servlet。

7.3 Servlet API 层次结构

Servlet API 包含于两个包中，即 javax. servlet 和 javax. servlet. http。

1. javax. servlet 包

javax. servlet 包的主要的类和接口如图 7-6 所示。

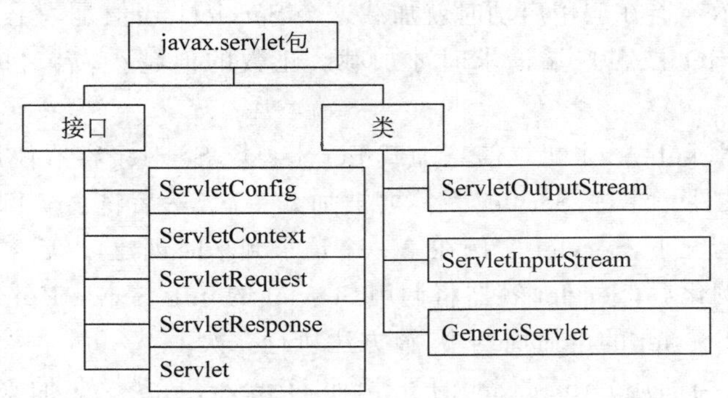

图 7-6 javax. servlet 包

javax. servlet 包所包含的接口和类的含义如下。

- interface Servlet：定义了所有 Servlet 必须实现的方法。
- interface ServletResponse：定义了由 Servlet 用于向客户端发送的响应。
- interface ServletRequest：定义了用于向 Servlet 容器传递客户请求的信息。
- interface ServletContext：定义了 Servlet 与其运行环境通信的一系列方法。
- Interface ServletConfig：此接口由 Servlet 引擎用在 Servlet 初始化时，向 Servlet 传递信息。
- class GenericServlet：此类实现了 Servlet 接口，定义了一个通用的、与协议无关的 Servlet。
- class ServletInputStream：此类定义了一个输入流，用于由 Servlet 从中读取客户请求的二进制数据。
- class ServletOutputStream：此类定义了一个输出流，用于由 Servlet 向客户端发送二进制数据。

2. javax. servlet. http 包

javax. servlet. http 包所包含的接口和类如图 7-7 所示。

javax. servlet. http 包所包含的接口和类的含义如下。

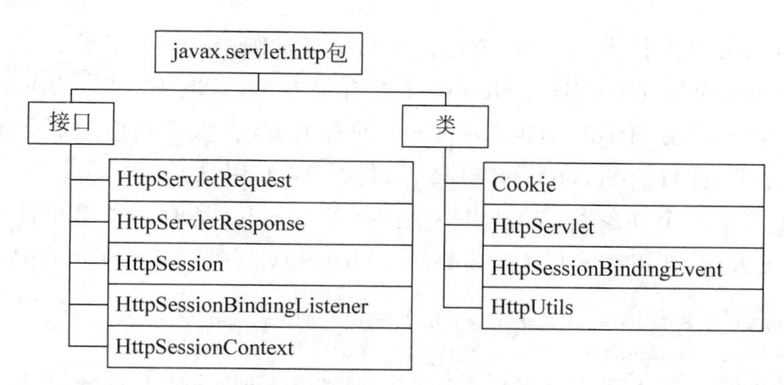

图 7-7　javax. servlet. http 包

- interface HttpServletRequest：继承了 ServletRequest 接口，为 HTTPServlet 提供请求信息。
- interface HttpServletResponse：继承了 ServletResponse 接口，为 HTTPServlet 输出响应信息提供支持。
- interface HttpSession：为维护 HTTP 用户的会话状态提供支持。
- interface HttpSessionBindingListener：使得某对象在加入一个会话或从会话中删除时能够得到通知。
- interface HttpSessionContext：由 Servlet 2.1 定义，该对象在新版本已不被支持。
- class Cookie：用在 Servlet 中使用 Cookie 技术。
- class HttpServlet：定义了一个抽象类，继承 GenericServlet 抽象类，应被 HTTPServlet 继承。
- class HttpSessionBindingEvent：定义了一种对象，当某一个实现了 HttpSessionBindingListener 接口的对象被加入会话或从会话中删除时，会收到该类对象的一个句柄。
- class HttpUtils：提供了一系列便于编写 HTTPServlet 的方法。

7.4　主要 Servlet API 介绍

Javax. servlet. http 包是 javax. servlet 包的扩展，Servlet 主要应用于 HTTP 方面编程，因此 javax. servlet. http 包内的很多类、接口都是在 javax. servlet 包相对应接口的基础上添加对 HTTP 1.1 的支持而成的。HttpServlet 类是其中最主要的类，如果理解了 HttpServlet 类和接口 HttpServletRequest、HttpServletResponse 之间的关系也就理解了 Servlet 的工作过程。

7.4.1　HttpServlet 类

HttpServlet 类是 Servlet 容器中最重要的一个类，其主要功能是处理 Servlet 请求和回应处理结果。HttpServlet 首先必须读取 HTTP 请求的内容。Servlet 容器负责创建 HttpServlet 对象，并把 HTTP 请求直接封装到 HttpServlet 对象中，这样大大简化了 HttpServlet 解析请求数据的工作量。HttpServlet 容器响应 Web 用户请求流程如下。

(1) Web 用户向 Servlet 容器发出 HTTP 请求。

(2) Servlet 容器解析 Web 用户的 HTTP 请求。

(3) Servlet 容器创建 HttpServletRequest 对象，在这个对象中封装 HTTP 请求信息。

(4) Servlet 容器创建一个 HttpServletResponse 对象。

(5) Servlet 容器调用 HttpServlet 的 service 方法，把 HttpServletRequest 和

HttpServletResponse 对象作为 service 方法的参数传给 HttpServlet 对象。

（6）HttpServlet 调用 HttpServletRequest 的有关方法，获取 HTTP 请求信息。

（7）HttpServlet 调用 HttpServletResponse 的有关方法，生成响应数据。

（8）Servlet 容器把 HttpServlet 的响应结果传给 Web 用户。

HttpServlet 类是一个抽象类，当创建一个具体的 Servlet 类时必须继承此类，同时要覆盖 HttpServlet 的部分方法，如覆盖 doGet 或 doPost。HttpServlet 类的 doGet 和 doPost 的原型如下：

```
public void doGet(HttpServletRequest request,HttpServletResponse response)
        throws ServletException,IOException { … }
public void doPost(HttpServletRequest request,HttpServletResponse response)
        throws ServletException,IOException { … }
```

从以上代码中可以看到方法中的两个形参，一个是 HttpServletRequest 的实例，另一个是 HttpServletResponse 的实例。这两个参数都是由 Servlet 容器对数据进行封装后传递过来的，一个用来处理请求，另一个用来处理回应。表 7-1 列举了 HttpServlet 类的主要方法。

表 7-1　HttpServlet 类的主要方法

方　法	说　明
protected void doDelete(HttpServletRequest request,HttpServletResponse response) throws ServletException,IOException;	被这个类的 service 方法调用，用来处理一个 HTTP DELETE 操作。这个操作允许客户端请求从服务器上删除 URL 指定的资源。这一方法的默认执行结果是返回一个 HTTP BAD_REQUEST 错误。当需要处理 DELETE 请求时，必须重载这一方法
protected void doGet(HttpServletRequest request,HttpServletResponse response) throws ServletException,IOException;	被这个类的 service 方法调用，用来处理一个 HTTP GET 操作。这个操作仅允许客户端从一个 HTTP 服务器获取资源。这个 GET 操作不能修改存储的数据，改变数据的请求需要使用其他方法。对这个方法的重载将自动地支持 HEAD 方法。这一方法的默认执行结果是返回一个 HTTP BAD_REQUEST 错误
protected void doHead(HttpServletRequest request,HttpServletResponse response) throws ServletException,IOException;	被这个类的 service 方法调用，用来处理一个 HTTP HEAD 操作。默认的情况是，这个操作会按照一个无条件的 GET 方法来执行，该操作不向客户端返回任何数据，而仅仅是返回包含内容长度的头信息 与 GET 操作一样，这个操作应该是安全且没有负面影响的。这个方法的默认执行结果是自动处理 HTTP HEAD 操作，它不需要被一个子类执行
protected void doOptions(HttpServletRequest request,HttpServletResponse response) throws ServletException,IOException;	被这个类的 service 方法调用，用来处理一个 HTTP OPTION 操作。这个操作自动地决定支持哪一种 HTTP 方法。例如，在一个 HttpServlet 的子类中重载了 doGet 方法，doOptions 会返回下面的头：GET，HEAD、TRACE、OPTIONS。一般不需要重载这个方法
protected void doPost(HttpServletRequest request,HttpServletResponse response) throws ServletException,IOException;	这个方法用来处理一个 HTTP POST 操作。这个操作包含了请求体的数据，Servlet 可以按照这些请求进行操作，如对数据进行修改、对数据进行换算等。这一方法的默认执行结果是返回一个 HTTP BAD_REQUEST 错误。当需要处理 POST 操作时，必须在 HttpServlet 的子类中重载这一方法

续表

方　　法	说　　明
protected void doPut(HttpServletRequest request, HttpServletResponse response) throws ServletException,IOException;	这个方法用来处理一个 HTTP PUT 操作。这个操作类似于通过 FTP 发送文件,它可能会对数据产生影响。这一方法的默认执行结果是返回一个 HTTP BAD_REQUEST 错误。当需要处理 PUT 操作时,必须在 HttpServlet 的子类中重载这一方法
protected void doTrace(HttpServletRequest request,HttpServletResponse response) throws ServletException,IOException;	被这个类的 service 方法调用,用来处理一个 HTTP TRACE 操作。这个操作的默认执行结果是产生一个响应,这个响应包含反映 trace 请求中发送的所有头域的信息
protected long getLastModified (HttpServletRequest request);	返回这个请求实体的最后修改时间。为了支持 GET 操作,必须重载这一方法,以精确地反映最后的修改时间。这将有助于浏览器和代理服务器减少服务器和网络资源的装载量,从而有助于服务器更加有效地工作。返回的数值是自 1970-1-1 日(GMT)以来的毫秒数。默认的执行结果是返回一个负数,这标志着最后修改时间未知

7.4.2　HttpServletRequest 接口

HttpServletRequest 接口继承自 ServletRequest 接口,ServletRequest 接口中定义了一些获取请求信息的方法。

ServletRequest 接口主要有以下一些方法。

- public Enumeration getAttributeNames():该方法可以获取当前 HTTP 请求过程中所有请求变量的名字。
- public String getCharacterEncoding():该方法用于获取客户端请求的字符编码。
- public String getContentType():该方法用于获取 HTTP 请求的类型,返回值是 MIME 类型的字符串,如 text/html。
- public void setAttribute(String name,Object o):该方法用于设定当前 HTTP 请求过程请求变量的值,第一个参数是请求变量的名称,第二个参数是请求变量的值,如果已经存在同名的请求变量,它的值将会被覆盖。
- public Object getAttribute(String name):该方法用于获取当前请求变量的值,参数是请求变量的名称。
- public ServletInputStream getInputStream():该方法可以获取客户端的输入流。
- public String getParameter(String name):该方法可以获取客户端通过 HTTP POST/GET 方式传递过来的参数的值。getParameter 方法的参数是客户端所传递参数的名称,这些名称在 HTML 文件< form >标记中使用 name 属性指定。
- public String[] getParameterValues(String name):如果客户端传递过来的参数中,某个参数有多个值(如复选框),可通过该方法获得一个字符串数组。
- public String getRemoteAddr():该方法返回当前会话中客户端的 IP 地址。
- public String getScheme():该方法用于获取客户端发送请求的模式,返回值可以是 HTTP、HTTPS、FTP 等。
- public String getServerName():该方法用于获取服务器的名称。

- public int getServerPort()：该方法用于获取服务器响应请求的端口号。

以上是 ServletRequest 接口中的主要方法，除此以外还有很多其他方法，在此不一一介绍，有兴趣的读者可以查看 Servlet API 帮助文档。

HttpServletRequest 接口自然继承了 ServletRequest 接口中的所有方法。

在 HttpServletRequest 接口和 ServletRequest 接口基础上增加了以下一些方法。

- public Cookie[] getCookies()：该方法可以获取当前会话过程中所有的存在 Cookie 对象，返回值是一个 Cookie 类型的数组。
- public String getHeader(String name)：该方法可以获取特定的 HTTP Header 的值。
- public String getMethod()：该方法返回客户端发送 HTTP 请求所有的方式，返回值一般是 GET 或 POST 等。
- public String getServletPath()：该方法获得当前 Servlet 程序的真实路径。

7.4.3 HttpServletResponse 接口

HttpServletResponse 接口继承自 ServletResponse 接口，ServletResponse 接口可以发送 MIME 编码数据到客户端，服务器在 Servlet 程序初始化以后，会创建 ServletResponse 接口对象，作为参数传递给 service 方法。

ServletResponse 接口主要有以下方法。

- public String getCharacterEncoding()：该方法可以获取向客户端发送数据的 MIME 编码类型，如 text/html 等。
- public ServletOutputStream getOutputStream()：该方法返回 ServletOutputStream 对象，此对象可用于向客户端输出二进制数据。
- public PrintWriter getWriter()：该方法可以打印各种数据类型到客户端。
- public void setContentType(String type)：该方法指定向客户端发送内容的类型，如“setContentType("text/html");”。

HttpServletResponse 接口在 ServletResponse 接口基础上增加了以下一些方法。

- public void addcookie(Cookie cookie)：该方法的作用是添加一个 Cookie 对象到当前会话中。
- public void sendRedirect(String location)：该方法的作用是使当前的页面重定向到另一个 URL。

7.4.4 ServletContext 接口

每个 Web 应用只有一个 ServletContext 实例(Servlet 的环境对象)，通过此接口实例可以访问 Web 应用的所有资源，也可以用于不同的 Servlet 间的数据共享，但不能与其他 Web 应用交换信息。ServletContext 类的主要方法如表 7-2 所示。

表 7-2 ServletContext 类的主要方法

方　法	说　明
public Object getAttribute(String name)	返回 Servlet 环境对象中指定的属性对象。如果该属性对象不存在，则返回空值。这个方法可以访问有关这个 Servlet 引擎的在该接口的其他方法中未提供的附加信息
public Enumeration getAttributeNames()	返回一个 Servlet 环境对象中可用的属性名的列表

续表

方　法	说　明
public ServletContext getContext(String uripath)	返回一个Servlet环境对象，这个对象包含特定URL路径的Servlet和资源。如果该路径不存在，则返回一个空值。URL路径格式是/dir/dir/filename.ext。出于安全考虑，如果通过这个方法访问一个受限制的Servlet的环境对象，会返回一个空值
public int getMajorVersion()	返回Servlet引擎支持的Servlet API的主版本号。例如，对于2.1版，这个方法会返回一个整数2
public int getMinorVersion()	返回Servlet引擎支持的Servlet API的次版本号。例如，对于2.1版，这个方法会返回一个整数1
public String getMimeType(String file)	返回指定文件的MIME类型，如果这种MIME类型未知，则返回一个空值。MIME类型是由Servlet引擎的配置决定的
public String getRealPath(String path)	一个符合URL路径格式指定的虚拟路径的格式是/dir/dir/filename.ext。用这个方法，可以返回与一个符合该格式与虚拟路径相对应的真实路径String。这个真实路径的格式应该适用于运行这个Servlet引擎的计算机(包括其相应的路径解析器)。如果这一从虚拟路径转换成实际路径的过程不能执行，该方法将会返回一个空值
public URL getResource(String uripath)	返回一个URL对象，该对象表明一些环境变量的资源。这些资源位于给定的URL地址(格式为/dir/dir/filename.ext)的Servlet环境对象。如果给定路径的Servlet环境没有已知的资源，该方法会返回一个空值。这个方法和java.lang.Class的getResource方法不同。java.lang.Class的getResource方法通过装载类来寻找资源，而这个方法允许服务器生成环境变量并分配给任何资源的任何Servlet
public InputStream getResourceAsStream(String uripath)	返回一个InputStream对象，该对象引用指定URL的Servlet环境对象的内容。如果没找到Servlet环境变量，则返回空值。这个方法是一个通过getResource方法获得URL对象的方便的途径。注意，当使用这个方法时，meta-information(如内容长度、内容类型)会丢失
public RequestDispatcher getRequestDispatcher(String uripath)	如果这个指定的路径下能够找到活动的资源(如一个Servlet、JSP页面、CGI等)就返回一个特定URL的RequestDispatcher对象；否则，就返回一个空值，Servlet引擎负责用一个request dispatcher对象封装目标路径。这个request dispatcher对象可以用来完成请求的传送
public String getServerInfo()	返回一个String对象，该对象至少包括Servlet引擎的名字和版本号
public void log(String msg); public void log(String msg, Throwable t)	把指定的信息写到一个Servlet环境对象的log文件中。被写入的log文件由Servlet引擎指定，但是通常这是一个事件log。当这个方法被一个异常调用时，log中将包括堆栈跟踪。这种用法将被废弃
public void setAttribute(String name, Object o)	给Servlet环境对象中的对象指定一个名称
public void removeAttribute(String name)	从指定的Servlet环境对象中删除一个属性

下面通过例子说明以上方法的使用。

【例 7-2】 通过 ServletContext 输出 Web 服务的资源列表和服务器的根目录。

程序(bookstore 项目/src/servlettest/ServletContextSample.java)的清单：

```
package servlettest;
import java.io.IOException;
import java.io.PrintWriter;
import java.util.Iterator;
import javax.servlet.ServletContext;
import javax.servlet.ServletException;
import javax.servlet.http.HttpServlet;
import javax.servlet.http.HttpServletRequest;
import javax.servlet.http.HttpServletResponse;
public class ServletContextSample extends HttpServlet {
    public ServletContextSample() {
        super();
    }
    public void destroy() {
        super.destroy();
    }
    public void doGet(HttpServletRequest request,HttpServletResponse response)
            throws ServletException, IOException {
        response.setContentType("text/html;charset = gbk");
        PrintWriter out = response.getWriter();
        ServletContext context = getServletContext();
         //迭代当前 Web 下的所有资源
        Iterator resources = context.getResourcePaths("/").iterator();
        out.println("<!DOCTYPE HTML PUBLIC \" - //W3C//DTD HTML 4.01 Transitional//EN\">");
        out.println("<HTML>");
        out.println(" <HEAD><TITLE>A Servlet</TITLE></HEAD>");
        out.println("<BODY>");
        out.print(" Web 资源列表:</p> ");
        while (resources.hasNext()){
              out.print("</p>" + (String)resources.next() + "</p>");
           }
        out.println(context.getRealPath("/"));
        out.println(" </BODY>");
        out.println("</HTML>");
        out.flush();
        out.close();
    }
    public void doPost(HttpServletRequest request, HttpServletResponse response)
            throws ServletException, IOException {
        doGet(request, response);
    }
    public void init() throws ServletException {
    }
}
```

在 web.xml 中添加如下代码：

```
<servlet>
   <servlet-name>ServletContextSample</servlet-name>
   <servlet-class>servlettest.ServletContextSample</servlet-class>
</servlet>
<servlet-mapping>
   <servlet-name>ServletContextSample</servlet-name>
   <url-pattern>/servlet/ServletContextSample</url-pattern>
</servlet-mapping>
```

在浏览器地址栏中输入 http://localhost:8080/bookstore/servlet/ServletContextSample。

程序运行结果如图 7-8 所示。

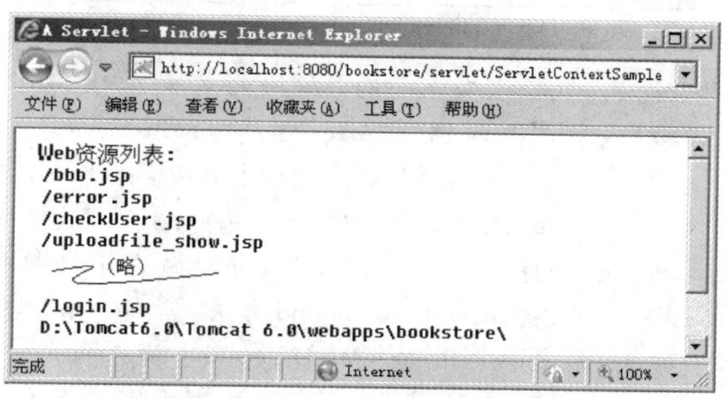

图 7-8 程序 ServletContextSample.java 的运行结果

结果分析：除了最后一行以外，其他都是发布 Web 服务根目录下的子目录和文件名字，这是由 context.getResourcePaths("/")获取的资源列表输出的结果。最后一行是发布的 Web 服务在服务器上的真实目录，是由 out.println(context.getRealPath("/"))输出的。

7.4.5 HttpSession 接口

除 ServletContext 接口外，另一个比较重要的接口是 HttpSession 接口，这个接口被 Servlet 引擎用来建立浏览器客户端和 HTTP 会话两者之间的连接。这种连接一般会在多个请求中持续一段给定的时间。表 7-3 给出了 HttpSession 接口的主要方法及其说明。

表 7-3 HttpSession 接口的主要方法及其说明

方 法	说 明
public long getCreationTime()	返回建立 session 的时间，这个时间表示为自 1970-1-1 日(GMT)以来的毫秒数
public String getId()	返回分配给这个 session 的标识符。一个 HTTP session 的标识符是一个由服务器来建立和维持的唯一字符串
public long getLastAccessedTime()	返回客户端最后一次发出与这个 session 有关的请求的时间，如果这个 session 是新建立的，则返回－1。这个时间表示为自 1970-1-1 日(GMT)以来的毫秒数
public int getMaxInactiveInterval() throws IllegalStateException	返回一个秒数，这个秒数表示客户端在不发出请求时，session 被 Servlet 维持的最长时间。在这个时间之后，session 可能被 Servlet 引擎终止。如果这个 session 不会被终止，则这个方法返回－1。当 session 无效后再调用这个方法会抛出一个 IllegalStateException
public Object getValue(String name) throws IllegalStateException	返回一个标识为 name 的对象，该对象必须是一个已经绑定到 session 上的对象。如果不存在这样的绑定，返回空值。当 session 无效后再调用这个方法会抛出一个 IllegalStateException
public String[] getValueNames() throws IllegalStateException	以一个数组返回绑定到 session 上所有数据的名称。当 session 无效后再调用这个方法会抛出一个 IllegalStateException
public void invalidate()	这个方法会终止这个 session。所有绑定在这个 session 上的数据都会被清除，并通过 HttpSessionBindingListener 接口的 valueUnbound 方法发出通告
public boolean isNew() throws IllegalStateException	返回一个布尔值以判断这个 session 是不是新的。如果一个 session 已经被服务器建立但是还没有收到相应客户端的请求，这个 session 将被认为是新的。这意味着，这个客户端还没有加入会话或没有被会话公认。在它发出下一个请求时还不能返回适当的 session 认证信息。当 session 无效后再调用这个方法会抛出一个 IllegalStateException

续表

方　法	说　明
public void putValue（String name, Object value）throws IllegalStateException	绑定给定名字的对象到 session 中。已存在的同名的绑定会被重置，这时会调用 HttpSessionBindingListener 接口的 valueBound 方法。当 session 无效后再调用这个方法会抛出一个 IllegalStateException
public void removeValue（String name）throws IllegalStateException	取消给定名字的对象在 session 上的绑定。如果未找到给定名字的绑定的对象，这个方法什么也不会做，这时会调用 HttpSessionBindingListener 接口的 valueUnbound 方法。当 session 无效后再调用这个方法会抛出一个 IllegalStateException
public int setMaxInactiveInterval（int interval）	设置一个秒数，这个秒数表示客户端在不发出请求时，session 被 Servlet 维持的最长时间
public HttpSessionContext getSessionContext()	返回 session 在其中得以保持的环境变量。这个方法已经被取消了

7.4.6 ServletConfig 类

在 Servlet 的初始化中，使用的参数就是 ServletConfig。init 方法将保存这个对象，以便能够用方法 getServletConfig 返回。每一个 ServletConfig 对象对应着一个唯一的 Servlet。

ServletConfig 类的主要方法及其说明如表 7-4 所示。

表 7-4　ServletConfig 类的主要方法及其说明

方　法	说　明
public String getInitParameter(String name)	这个方法返回一个包含 Servlet 指定的初始化参数的 String。如果这个参数不存在，则返回空值
public Enumeration getInitParameterNames()	这个方法返回一个列表 String 对象，该对象包括 Servlet 的所有初始化参数名。如果 Servlet 没有初始化参数，该方法会返回一个空的列表
public ServletContext getServletContext()	返回这个 Servlet 的 ServletContext 对象

7.5 Servlet 应用举例

扫一扫

视频讲解

7.5.1 利用 Servlet 实现验证码功能

验证码的主要目的是强制人机交互，以抵御来自机器的自动化攻击，有效地防止黑客对注册用户采用特定程序暴力破解方式进行不断的登录尝试。

验证码是将一串随机产生的数字或符号，生成一幅图片，图片里加上一些干扰像素（防止 OCR），由用户肉眼识别其中的验证码信息，输入表单提交验证，验证成功后才能使用某项功能。因为验证码是一个混合了数字或符号的图片，人眼看起来都费劲，机器识别起来就更为困难。例如，百度贴吧在登录发帖前，要输入验证码，这样就可以防止大规模匿名回帖的发生。

【例 7-3】 在例 4-21 的基础上增加了验证码功能，其中的验证码的生成由 Servlet 实现。例子中有两个 JSP 文件和一个生成验证码的 Servlet 文件，login.jsp 为登录页面，用于输入用户登录的信息，如果登录名为 admin，密码为 123，则将登录名和用户输入的验证码存入 session 中，跳转到 checkUser.jsp 页面。验证码程序设计原理如图 7-9 所示。图中，故意将验证码输错，以便理解数据关系。

首先设计生成验证码的 Servlet。该 Servlet 首先生成随机数，再使用了 awt 图形包中相

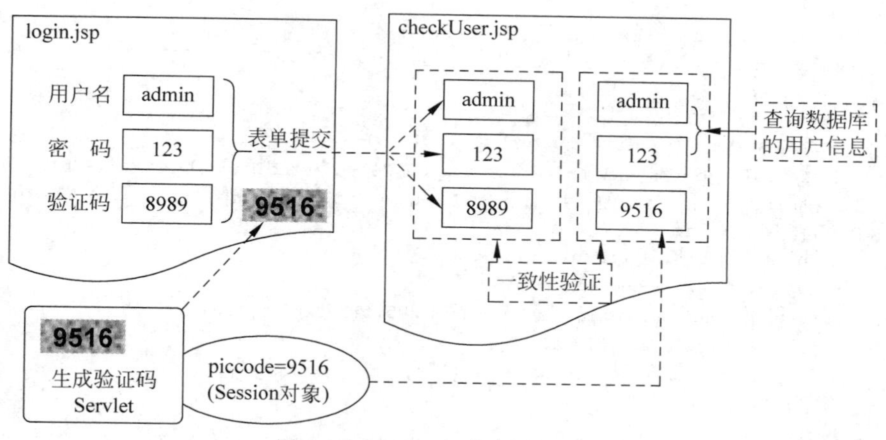

图 7-9 Servlet 实现验证码原理

应类将随机数绘制成图形向 JSP 页面输出，同时将生成的验证码数据保存在 session 中，供程序将其与用户输入的验证码比对验证。

程序中使用了 java. awt. image. BufferedImage 类生成图片，BufferedImage 是抽象类 Image 的子类，它在 Image 基础上增加了缓存功能，由 BufferedImage 类生成的图片在内存里有一个图像缓冲区，利用这个缓冲区可以很方便地操作这个图片，通常用来做图片修改操作，如大小变换、图片变灰、设置图片透明或不透明等。

BufferedImage 的构造方法为：

```
BufferedImage(int width, int height, int imageType)
```

其中，width 为生成图片的宽度，height 为生成图片的高度，imageType 为图片颜色类型常量。

代码(/jspweb 项目/src/util/ImageServlet. java)的清单：

```
package util;
import java.awt.Color;
import java.awt.Font;
import java.awt.Graphics;
import java.awt.image.BufferedImage;
import java.io.IOException;
import java.util.Random;
import javax.imaeio.ImageIO;
import javax.servlet.ServletException;
import javax.servlet.http.HttpServlet;
import javax.servlet.http.HttpServletRequest;
import javax.servlet.http.HttpServletResponse;
import javax.servlet.http.HttpSession;
public class ImageServlet extends HttpServlet {
    public ImageServlet() {
        super();
    }
    @Override
    public void destroy() {
        super.destroy();
    }
    @Override
    public void doGet(HttpServletRequest request, HttpServletResponse response)
```

```
            throws ServletException, IOException {
        response.setContentType("text/html;charset = UTF - 8");
        int width = 78;
        int height = 20;
        //创建对象
        BufferedImage bim = new BufferedImage(68,20,BufferedImage.TYPE_INT_RGB);
        /* 获取图片对象 bim 的图形上下文对象 g,这个 g 的功能如同一支绘图笔,程序中使用这支笔
来绘制、修改图片对象 bim */
        Graphics g = bim.getGraphics();
        Random rm = new Random();
        g.setColor(new Color(rm.nextInt(100),205,rm.nextInt(100)));
        g.fillRect(0, 0, width, height);
        StringBuffer sbf = new StringBuffer("");
        //输出数字
        for(int i = 0;i < 4;i++){
            g.setColor(Color.black);
            g.setFont(new Font("华文隶书",Font.BOLD|Font.ITALIC,22));
            int n = rm.nextInt(10);
            sbf.append(n);
            g.drawString("" + n, i * 15 + 5, 18);
        }
        //生成的验证码保存到 session 中
        HttpSession session = request.getSession(true);
        session.setAttribute("piccode", sbf);
        //禁止缓存
        response.setHeader("Prama","no - cache");
        response.setHeader("Coche - Control","no - cache");
        response.setDateHeader("Expires",0);
        response.setContentType("image/jpeg");
        //将 bim 图片以"JPG"格式返回给浏览器
        ImageIO.write(bim, "JPG", response.getOutputStream());
        response.getOutputStream().close();
    }
    @Override
    public void doPost(HttpServletRequest request, HttpServletResponse response)
            throws ServletException, IOException {
        doGet(request, response);
    }
    @Override
    public void init() throws ServletException {
    }
}
```

该 Servlet 在 web.xml 文件中的注册信息如下：

```
<servlet>
    <servlet-name>ImageServlet</servlet-name>
    <servlet-class>util.ImageServlet</servlet-class>
</servlet>
<servlet-mapping>
    <servlet-name>ImageServlet</servlet-name>
    <url-pattern>/ImageServlet</url-pattern>
</servlet-mapping>
```

下面的 JSP 程序，在用户登录页面中增加了调用 ImageServlet 生成验证码功能，用户输入的验证码和程序生成的验证码均转交给 logok.jsp 页面显示。

程序(/jspweb 项目/ch07/login.jsp)的清单：

```
<%@ page language="java" import="java.util.*" pageEncoding="gbk"%>
<%
String path = request.getContextPath();
String basePath = request.getScheme()+"://"+request.getServerName()+":"+
       request.getServerPort()+path+"/";
%>
<html>
<script type="text/javascript">
   function reloadImage(t){ t.src="./ImageServlet?flag="+Math.random();
             }
</script>
<head>  <base href="<%=basePath%>"> </head>
<body>  <center>
    <form  action="ch07/checkUser.jsp"  method="post">
      <table>
        <tr><td colspan="2" align="center">用户登录</td></tr>
        <tr><td>登录名:</td><td><input type="text" name="user"></td></tr>
        <tr><td>密码 </td>
             <td><input type="password" name="password">  </td></tr>
        <tr><td>验证码</td>
           <td><input type="text" name="checkcode">
               <img src="./ImageServlet" align="middle" alt="看不清,点击这里!"
                     onclick="reloadImage(this)"></td></tr>
        <tr><td colspan="2" align="center">
                <input type="submit" value="登录"></td></tr>
        </table>
      </form></center>
   </body>
</html>
```

程序(/jspweb 项目/ch07/checkUser.jsp)的清单：

```
<%@ page language="java" import="java.sql.*" contentType="text/html;charset=utf-8"%>
<jsp:useBean id="db" class="bean.DBcon" scope="request"/>
<html>
<head><title>登录验证页面[checkUser.jsp]</title></head>
<body>
<%
    request.setCharacterEncoding("utf-8");                    //解决 post 提交的中文乱码
    String username=request.getParameter("user");
    String password=request.getParameter("password");
    String checkcode=request.getParameter("checkcode");
    String piccode=request.getSession().getAttribute("piccode").toString();
%>
        你输入的验证码是:<%=checkcode %><br>
        由 Servlet 生成的验证码是:<%=piccode%><br><br>
        你输入的用户名是:<%=username %><br>
        你输入的密码是:<%=password%><br><hr>
<%                                          //到 books 数据库的 userinfo 表中核对用户信息
    Connection con = db.getConnection();
    Statement stmt = con.createStatement();
    String sql="select * from userinfo";                    //对 userinfo 表的查询
    sql+= " where loginname='"+username+"' and password='"+password+"'";
    ResultSet rs = stmt.executeQuery(sql);
    if (checkcode.equals(piccode) && rs.next())             //验证通过
    {   session.setAttribute("userName",username);          //将用户名保存到 session 中
```

```
            out.print("<font color=green>恭喜你,通过验证!</font><br><br>");
            out.print("<a href='main.jsp'>转向主页面<//a>");
            //response.sendRedirect("main.jsp");         //或直接转向主页面
        }
      else {                                             //验证未通过
            out.print("<font color=red>遗憾!验证码错误或无此用户或密码有误,登录失败!</font>
<br>");
            out.print("<a href='login.jsp'>重新登录<//a>");
        } %>
    </body>
</html>
```

程序运行结果如图 7-10 所示。

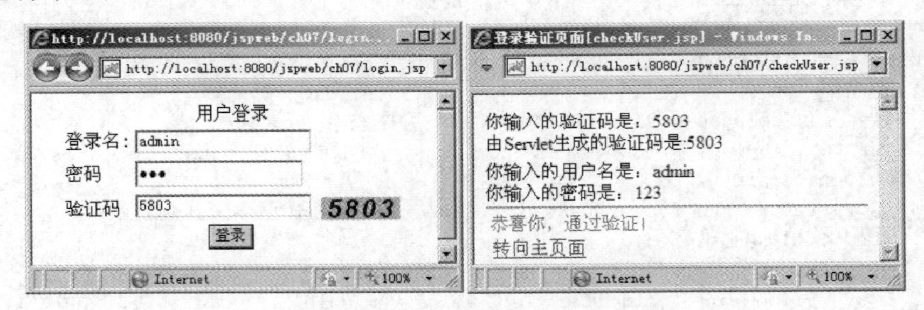

图 7-10　验证码程序的运行结果

7.5.2　利用 Servlet 实现文件上传、下载功能

在许多 Web 应用中都需要为用户提供通过浏览器上传文档资料的功能，如上传邮件附件、个人相片、共享资料等。对文件上传功能，在浏览器端提供了较好的支持，只要将 FORM 表单的 enctype 属性设置为 multipart/form-data 即可；但在 Web 服务器端如何获取浏览器上传的文件，需要进行复杂的编程处理。为了简化和帮助 Web 开发人员接收浏览器上传的文件，一些公司和组织专门开发了文件上传组件。这里以 commons-fileupload 为例，分析 Apache 文件上传组件的设计思路和实现方法。

Apache 文件上传组件可以用来接收浏览器上传的文件，该组件由多个类共同组成，但是，对于使用该组件来实现文件上传功能的应用开发来说，只需要了解和使用其中的三个类：DiskFileUpload、FileItem 和 FileUploadException。

可以从 http://jakarta.apache.org/commons/fileupload 下载 Apache 文件上传组件的二进制发行包，文件名为 commons-fileupload-1.3.zip。从 commons-fileupload-1.0.zip 压缩包中解压出 commons-fileupload-1.3.jar 文件。用该组件可实现一次上传一个或多个文件，并可限制文件大小。在 MyEclipse 开发环境中将 commons-fileupload-1.3.jar 复制到项目工程的 WebRoot\WEB-INF\lib\中。

下面介绍 Apache 文件上传组件的 DiskFileUpload、FileItem 和 FileUploadException 这三个类。

1. DiskFileUpload 类

DiskFileUpload 类是 Apache 文件上传组件的核心类。DiskFileUpload 类中的几个常用的方法如下。

1）setSizeMax 方法

setSizeMax 方法用于设置允许浏览器上传文件的大小限值，以防止客户端故意通过上传

特大文件来塞满服务器端的存储空间，单位为字节。其完整语法定义如下：

```
public void setSizeMax(long sizeMax)
```

如果请求消息中的实体内容的大小超过了 setSizeMax 方法的设置值，该方法将会抛出 FileUploadException 异常。

2）setSizeThreshold 方法

Apache 文件上传组件在解析和处理上传内容时，需要临时保存解析出的数据。因为 Java 虚拟机默认可以使用的内存空间是有限的(一般不大于 100MB)，超出限制时将会发生 java.lang.OutOfMemoryError 错误，如果上传的文件很大，如上传 800MB 的文件，在内存中将无法保存该文件内容，Apache 文件上传组件将用临时文件来保存这些数据。但如果上传的文件很小，如上传 10KB 的文件，显然将其直接保存在内存中更加有效。setSizeThreshold 方法用于设置是否使用临时文件保存解析出的数据的那个临界值，该方法传入的参数的单位是字节。其完整语法定义如下：

```
public void setSizeThreshold(int sizeThreshold)
```

3）setRepositoryPath 方法

setRepositoryPath 方法用于设置 setSizeThreshold 方法中提到的临时文件的存放目录，这里要求使用绝对路径。其完整语法定义如下：

```
public void setRepositoryPath(String repositoryPath)
```

如果不设置存放路径，那么临时文件将被储存在 java.io.tmpdir 这个 JVM 环境属性所指定的目录中，tomcat 将这个属性设置为“{tomcat 安装目录}/temp/”目录。

4）parseRequest(HttpServletRequest req)方法

这是 DiskFileUpload 类的重要方法，它对 HTTP 请求消息进行解析，如果请求消息中的实体内容的类型不是 multipart/form-data，该方法将抛出 FileUploadException 异常。parseRequest 方法解析出 FORM 表单中每个字段的数据，并将它们分别包装成独立的 FileItem 对象，然后将这些 FileItem 对象加入一个 List 类型的集合对象中返回。parseRequest 方法的完整语法定义如下：

```
public List parseRequest(HttpServletRequest req)
```

parseRequest 方法还有一个重载方法，该方法集中处理上述所有方法的功能，其完整语法定义如下：

```
parseRequest(HttpServletRequest req, int sizeThreshold, long sizeMax, String path)
```

这两个 parseRequest 方法都会抛出 FileUploadException 异常。

5）isMultipartContent 方法

该方法用于判断请求中的内容是否是 multipart/form-data 类型，是则返回 true，否则返回 false。isMultipartContent 方法是一个静态方法，不用创建 DiskFileUpload 类的实例对象即可被调用，其完整语法定义如下：

```
public static final boolean isMultipartContent(HttpServletRequest req)
```

6）setHeaderEncoding 方法

对于浏览器上传给 Web 服务器各个表单字段的描述头内容，Apache 文件上传组件都需要将它们转换成字符串形式返回，setHeaderEncoding 方法用于设置转换时所使用的字符集编码。setHeaderEncoding 方法的完整语法定义如下：

```
public void setHeaderEncoding(String encoding)
```

其中，encoding 参数用于指定将各个表单字段的描述头内容转换成字符串时所使用的字符集编码。注意，如果在使用 Apache 文件上传组件时遇到了中文字符的乱码问题，一般都没有正确调用 setHeaderEncoding 方法。

2. FileItem 类

FileItem 是一个接口，在应用程序中使用的实际上是该接口一个实现类，该实现类的名称并不重要，程序可以采用 FileItem 接口类型来对它进行引用和访问，为了便于讲解，这里将 FileItem 实现类称为 FileItem 类。FileItem 类用来封装单个表单字段元素的数据，一个表单字段元素对应一个 FileItem 对象，通过调用 FileItem 对象的方法可以获得相关表单字段元素的数据。对于 multipart/form-data 类型的 FORM 表单，浏览器上传的实体内容中的每个表单字段元素的数据之间用字段分隔界线进行分割，两个分隔界线间的内容称为一个分区，每个分区中的内容可以被看作两部分，一部分是对表单字段元素进行描述的描述头；另外一部分是表单字段元素的主体内容，主体部分有两种可能性，要么是用户填写的表单内容，要么是文件内容。FileItem 类对象实际上就是对一个分区数据进行封装的对象，它内部用了两个成员变量来分别存储描述头和主体内容，其中保存主体内容的变量是一个输出流类型的对象。当主体内容小于 DiskFileUpload. setSizeThreshold 方法设置的临界值时，这个流对象关联到一片内存，主体内容将会被保存在内存中。当主体内容超过 DiskFileUpload. setSizeThreshold 方法设置的临界值大小时，这个流对象关联到硬盘上的一个临时文件，主体内容将被保存到该临时文件中。临时文件的存储目录由 DiskFileUpload. setRepositoryPath 方法设置，临时文件名的格式为 upload_00000005(8 位或 8 位以上的数字). tmp 这种形式，FileItem 类内部提供了维护临时文件名中的数值不重复的机制，以保证了临时文件名的唯一性。

FileItem 类中的几个常用的方法如下。

1）isFormField 方法

isFormField 方法用于判断 FileItem 类对象封装的数据是属于一个普通表单字段，还是属于一个文件表单字段，如果属于普通表单字段则返回 true，否则返回 false。isFormField 方法的完整语法定义如下：

```
public boolean isFormField()
```

2）getName 方法

getName 方法用于获得文件上传字段中的文件名。如果 FileItem 类对象对应的是普通表单字段，getName 方法将返回 null。getName 方法的完整语法定义如下：

```
public String getName()
```

注意：如果用户使用 Windows 系统上传文件，浏览器将传递该文件的完整路径；如果用户使用 Linux 或 UNIX 系统上传文件，浏览器将只传递该文件的名称部分。

3）getFieldName 方法

getFieldName 方法用于返回表单字段元素的 name 属性值，也就是返回各个描述头部分中的 name 属性值。getFieldName 方法的完整语法定义如下：

```
public String getFieldName()
```

4）write 方法

write 方法用于将 FileItem 对象中保存的主体内容保存到某个指定的文件中。如果 FileItem 对象中的主体内容是保存在某个临时文件中，该方法顺利完成后，临时文件有可能会被清除。该方法也可将普通表单字段内容写到一个文件中，但它的主要用途是将上传的文件内容保存在本地文件系统中。write 方法的完整语法定义如下：

```
public void write(File file)
```

5）getString 方法

getString 方法用于将 FileItem 对象中保存的主体内容作为一个字符串返回。它有两个重载的定义形式：

```
public java.lang.String getString()
public java.lang.String getString(java.lang.String encoding)
```

前者使用默认的字符集编码将主体内容转换成字符串；后者使用参数指定的字符集编码将主体内容转换成字符串。如果在读取普通表单字段元素的内容时出现了中文乱码现象，可以调用第二个 getString 方法，并为之传递正确的字符集编码名称。

6）getContentType 方法

getContentType 方法用于获得上传文件的类型。如果 FileItem 类对象对应的是普通表单字段，该方法将返回 null。getContentType 方法的完整语法定义如下：

```
public String getContentType()
```

7）isInMemory 方法

isInMemory 方法用来判断 FileItem 类对象封装的主体内容是存储在内存中，还是存储在临时文件中，如果存储在内存中则返回 true，否则返回 false。isInMemory 方法的完整语法定义如下：

```
public boolean isInMemory()
```

8）delete 方法

delete 方法用来清空 FileItem 类对象中存放的主体内容，如果主体内容被保存在临时文件中，delete 方法将删除该临时文件。尽管 Apache 组件使用了多种方式来尽量及时清理临时文件，但系统出现异常时，仍有可能造成有的临时文件被永久保存在硬盘中。在有些情况下，可以调用这个方法来及时删除临时文件。delete 方法的完整语法定义为：

```
public void delete()
```

3. FileUploadException 类

在文件上传过程中，可能发生各种各样的异常，如网络中断、数据丢失等。为了对不同异常进行合适的处理，Apache 文件上传组件还开发了 4 个异常类，其中 FileUploadException 是其他异常类的父类，其他几个类只是被间接调用的底层类，对于 Apache 组件调用人员来说，只需对 FileUploadException 异常类进行捕获和处理即可。

下面的例子中，使用 Apache 文件上传组件，采用 JSP＋Servlet 技术实现文件上传、下载功能。首先，将 commons-fileupload-1.3.jar 复制到 WebRoot\WEB-INF\lib\中。在 d 盘新建文件夹 upfile，上传的文件保存在服务器上的“d:/upfile”文件中。

首先，设计一个 Servlet（FileUploadServlet.java）类，该 Servlet 接收浏览器传来的文件，并保存到服务器上指定的文件夹中。

代码（jspweb 项目/src/servlet/FileUploadServlet.java）的清单：

```
package servlettest;
import java.io.File;
import java.io.IOException;
import java.io.PrintWriter;
import java.util.Iterator;
import java.util.List;
import javax.servlet.ServletException;
import javax.servlet.http.HttpServlet;
import javax.servlet.http.HttpServletRequest;
import javax.servlet.http.HttpServletResponse;
import org.apache.commons.fileupload.DiskFileUpload;
import org.apache.commons.fileupload.FileItem;
import org.apache.commons.fileupload.FileUploadException;
public class FileUploadServlet extends HttpServlet {
    public FileUploadServlet() {
        super();
    }
    public void destroy() {
        super.destroy();
    }
    public void doGet(HttpServletRequest request, HttpServletResponse response)
            throws ServletException, IOException {
        response.setContentType("text/html;charset = utf - 8");
        PrintWriter out = response.getWriter();
        //设置保存上传文件的目录
        String uploadDir = "d:/upfile";     //文件上传后的保存路径
        out.println("上传文件存储目录!" + uploadDir);
        File fUploadDir = new File(uploadDir);
        if(!fUploadDir.exists()){
           if(!fUploadDir.mkdir()){
                out.println("无法创建存储目录 d:/upfile!");
                return;
            }
         }
        if (!DiskFileUpload.isMultipartContent(request)){
           out.println("只能处理 multipart/form - data 类型的数据!");
           return;
         }
        DiskFileUpload fu = new DiskFileUpload();
        fu.setSizeMax(1024 * 1024 * 200);     //最多上传 200MB 数据
        fu.setSizeThreshold(1024 * 1024);     //超过 1MB 的数据采用临时文件缓存
        //fu.setRepositoryPath(...);          //设置临时文件存储位置(如不设置,则采用默认位置)
        fu.setHeaderEncoding("UTF - 8");      //设置上传的文件字段的文件名所用的字符集编码
        List fileItems = null;                //创建文件集合,用于保存浏览器表单传来的文件
        try
         {
            fileItems = fu.parseRequest(request);
         }
```

```
            catch(FileUploadException e)
            {
            out.println("解析数据时出现如下问题:");
            e.printStackTrace(out);
            return;
            }
        //下面通过迭代器逐个将集合中的文件取出,并保存到服务器上
        Iterator it = fileItems.iterator();        //创建迭代器对象 it
        while (it.hasNext())
        {
            FileItem fitem = (FileItem) it.next(); //由迭代器取出文件项
            if (!fitem.isFormField())              //忽略其他不属于文件域的那些表单信息
              try{
                  String pathSrc = fitem.getName();
                    //文件名为空的文件项不处理
                  if(pathSrc.trim().equals(""))continue;
                    //确定最后的"\"位置,以此获取不含路径的文件名
                  int start = pathSrc.lastIndexOf('\\');
                    //获取不含路径的文件名
                  String fileName = pathSrc.substring(start + 1);
                  File pathDest = new File(uploadDir, fileName);  //构建目标文件对象
                  fitem.write(pathDest);             //将文件保存到服务器上
                }
              catch (Exception e)
              {
                  out.println("存储文件时出现如下问题:");
                  e.printStackTrace(out);
                  return;
              }
            finally                                  //总是立即删除保存表单字段内容的临时文件
            {
            fitem.delete();
            }
        }
      response.sendRedirect("../test/fileupload_list.jsp");
    }
    public void doPost(HttpServletRequest request, HttpServletResponse response)
            throws ServletException, IOException{
        doGet(request,response);
    }
    public void init() throws ServletException {
    }
}
```

web.xml 中 Servlet 配置信息如下：

```
<servlet>
    <servlet-name>FileUploadServlet</servlet-name>
    <servlet-class>servlettest.FileUploadServlet</servlet-class>
</servlet>
<servlet-mapping>
    <servlet-name>FileUploadServlet</servlet-name>
    <url-pattern>/servlet/FileUploadServlet</url-pattern>
  </servlet-mapping>
```

设计一个 Servlet(DownloadFileServlet.java)类，该 Servlet 将服务器上指定文件夹中的文件，通过文件流的方式下载到用户的计算机中。

代码(jspweb 项目/src/servlet/DownloadFileServlet.java)的清单：

```
package servlet;
import java.io.BufferedInputStream;
import java.io.BufferedOutputStream;
import java.io.File;
import java.io.FileInputStream;
import java.io.IOException;
import java.io.InputStream;
import java.io.OutputStream;
import java.io.PrintWriter;
import java.net.URLDecoder;
import java.net.URLEncoder;
import javax.servlet.ServletException;
import javax.servlet.http.HttpServlet;
import javax.servlet.http.HttpServletRequest;
import javax.servlet.http.HttpServletResponse;
public class DownloadFileServlet extends HttpServlet {
    public DownloadFileServlet() {
        super();
    }
    public void destroy() {
        super.destroy();
    }
    /**
     * download()方法用于下载服务器 Tomcat 上的文件,path_filename 是带全路径的文件名
     * @param path
     * @param response
     * @return
     */
    public HttpServletResponse download(String path_filename, HttpServletResponse response) {
      try {
            File file = new File(path_filename);
            String filename = file.getName();          // 取得文件名
          // 以下语句可取得文件的后缀名
          //String ext = filename.substring(filename.lastIndexOf(".") + 1).toUpperCase();
          // 以流的形式下载文件
          InputStream fis = new BufferedInputStream(new FileInputStream(path_filename));
          byte[] buffer = new byte[fis.available()];
          fis.read(buffer);
          fis.close();
          response.reset();                            // 清空 response
        //处理文件名的中文乱码问题(对中文进行编码转换即可)
            filename = URLEncoder.encode(filename,"gbk");
            filename = URLDecoder.decode(filename, "ISO8859_1");
            // 设置 response 的 Header
            response.addHeader("Content-Disposition", "attachment;filename=" + filename);
            response.addHeader("Content-Length", "" + file.length());
            //从 response 对象获得文件输出流
            OutputStream ostoClient = new BufferedOutputStream(response.getOutputStream());
            //输出到浏览器的内容为数据流
            response.setContentType("application/octet-stream");
            ostoClient.write(buffer);
            ostoClient.flush();
            ostoClient.close();
        } catch (Exception ex) { //ex.printStackTrace();
            }finally{
              //  File f = new File(path_filename); //删除服务器上已下载的文件
              //  f.delete();
```

```
            }
          return response;
        }
    public void doGet(HttpServletRequest request, HttpServletResponse response)
            throws ServletException, IOException {
            doPost(request, response);
        }
    public void doPost(HttpServletRequest request, HttpServletResponse response)
              throws ServletException, IOException {
          request.setCharacterEncoding("utf-8");
          response.setContentType("text/html;charset=utf-8");
          PrintWriter out = response.getWriter();
          String filename = request.getParameter("filename");
          String fn = URLDecoder.decode(filename, "UTF-8"); //在服务器端对正文文件名进行解码
          //下载文件的物理路径
        String dounloadfilename = "d:/upfile/" + fn;
          //将全路径文件名传递给采用文件流下载文件方法 download()
        this.download(dounloadfilename, response);
    }
    public void init() throws ServletException {
        // Put your code here
    }
}
```

设计一个 JSP(fileupload.jsp)文件,用于向服务器传送文件。

代码(jspweb 项目/WebRoot/ch07/fileupload.jsp)的清单:

```
<%@ page language="java" %>
<%@ page contentType="text/html;charset=gb2312" %>
<html>
  <head><title>文件上传</title></head>
  <body bgcolor="#FFFFFF" text="#000000" leftmargin="0" topmargin="40"
       marginwidth="0" marginheight="0">
     <center><h1>文件上传</h1>
     <form name="uploadform" method="POST" action="..\servlet\FileUploadServlet"
           ENCTYPE="multipart/form-data">
       <table border="3" width="450" cellpadding="4"
             cellspacing="2" bordercolor="#9BD7FF">
       <tr><td colspan="2">
             文件 1:<input type="file" name="file1" size="40"></td></tr>
       <tr><td colspan="2">
             文件 2:<input type="file" name="file2" size="40"></td></tr>
       <tr><td colspan="2">
             文件 3:<input type="file" name="file3" size="40"></td></tr>
          </table><br><br>
          <table>
             <tr><td ALIGN="CENTER">
                  <input type="submit" name="submit" value="开始上传"/></td></tr>
              </table>
          </form></center>
    </body>
</html>
```

设计一个用于显示文件上传结果的 JSP(fileupload_list.jsp)文件。

代码(jspweb 项目/WebRoot/ch07/fileupload_list.jsp)的清单:

```
<%@ page contentType="text/html; charset=utf-8"
    import="java.io.*,java.net.URLEncoder,java.net.URLDecoder" %>
```

```
<html>
<head>
    <title>文件目录</title>
</head>
<body>
    <font size=5 color=red>已上传的文件目录列表</font><br>
    <font size=5 color=blue>
    <%
      String path = "d:/upfile";
        File fl = new File(path);
        File filelist[] = fl.listFiles();
        out.println("服务器上上传文件的保存路径:" + path + "<br><br>");
        //文件显示时不带下载超链接
        out.println(path + "文件夹中已经上传的文件的列表(只可查看,不可下载):<br>");
        for(int i = 0; i < filelist.length; i++)
        {
          out.println((i + 1) + ":" + filelist[i].getName() + "  <br>");
          //如果是图片文件,可用以下语句显示图片
          //out.println("<img src = images\\" + filelist[i].getName() + "><br><br>");
        }
        //文件显示时带有下载超链接
        out.println("<br><hr>" + path + "文件夹中已经上传的文件的列表(提供下载功能):<br>");
            for(int i = 0; i < filelist.length; i++)
        {
        /*
        在客户端使用 URLEncoder.encode("中文参数","UTF-8")对中文参数进行编码,在服务器端
需要进行解码 this.setName(java.net.URLDecoder.decode(name, "UTF-8"));
        */
        String fn = URLEncoder.encode(filelist[i].getName(),"UTF-8");
         out.print((i + 1) + ":" + filelist[i].getName() + "<a href = '../DownloadFileServlet?
filename = " + fn + "'>下载</a><br>");
        }
    %>
</body>
</html>
```

程序运行效果如图 7-11 所示。

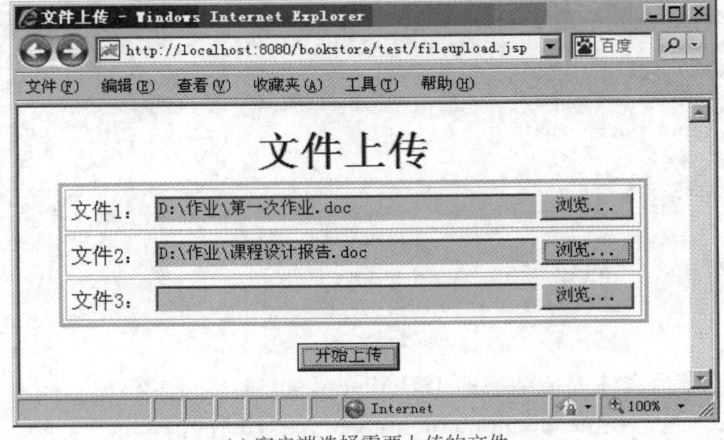

(a) 客户端选择需要上传的文件

图 7-11 文件的上传、下载

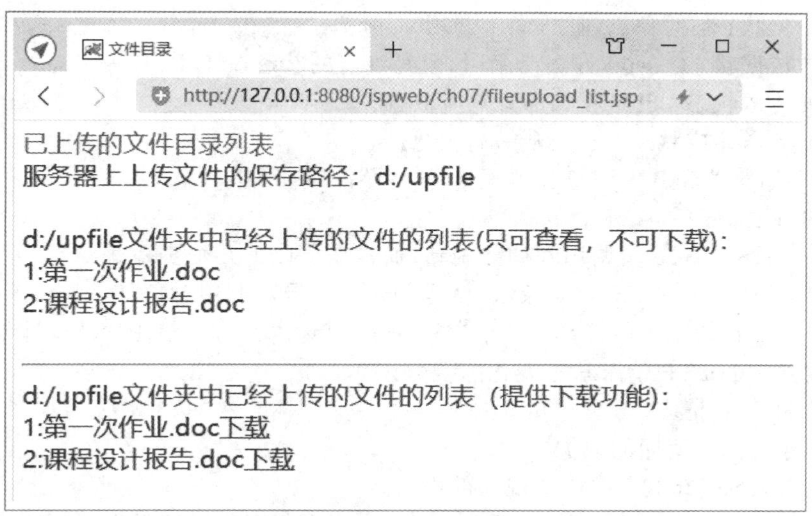

(b) 服务器显示成功已上传的文件列表

(c) 点击“下载”按钮，从服务器下载文件到用户的计算机中

图 7-11(续)

7.5.3 利用 Servlet 结合 Ajax 实现无刷新页面更新功能

Ajax(Asynchronous JavaScript and XML)是异步的 JavaScript 和 XML。Ajax 最大的优点是在不重新加载整个页面的情况下，可以与服务器交换数据并更新部分网页内容，Ajax 不需要任何浏览器插件，但需要用户允许 JavaScript 在浏览器上执行。

Ajax 技术的核心是 XMLHttpRequest 对象，可以通过使用 XMLHttpRequest 对象获取服务器的数据，然后通过 DOM 将数据在页面中呈现。虽然名字中包含 XML，但 Ajax 与数据格式无关，所以这里的数据格式可以是字符串、XML 或 JSON 等格式。

Ajax 的工作原理简单地说，是通过 XmlHttpRequest 对象来向服务器发送异步请求，从服务器获得数据，然后用 Javascript 来操作 DOM 从而更新页面。其中最关键的一步就是从服务器获得请求数据。

XMLHttpRequest 对象具有如下属性。

- onreadystatechange：每次状态改变所触发事件的事件处理程序。
- responseText：从服务器进程返回数据的字符串形式。
- responseXML：从服务器进程返回的 DOM 兼容的文档数据对象。
- status：从服务器返回的数字代码，例如常见的 404(未找到)和 200(已就绪)。
- statusText：伴随状态码的字符串信息。
- readyState：对象状态值，取值含义如下。

  0 未初始化状态：对象已建立，但是尚未初始化(尚未调用 open 方法)。

1 初始化状态：对象已建立，尚未调用 send 方法。

2 发送数据状态：send 方法已调用，但是当前的状态及 HTTP 头未知。

3 数据传送状态：已经收到部分响应数据。

4 数据传送完成状态：收到全部响应数据。

由于在 IE 浏览器和其他浏览器之间存在差异，所以创建一个 XMLHttpRequest 对象需要使用不同的方法。

完整实现一个 Ajax 异步调用和局部刷新，通常需要以下几个步骤。

(1) 创建 XMLHttpRequest 对象，也就是创建一个异步调用对象。

(2) 创建一个新的 HTTP 请求，并指定该 HTTP 请求的方法、URL 及验证信息。

(3) 设置响应 HTTP 请求状态变化的函数。

(4) 发送 HTTP 请求。

(5) 获取异步调用返回的数据。

(6) 使用 JavaScript 和 DOM 实现局部刷新。

下面程序示例的功能是利用 Ajax 和 Servlet 实现多行表格页面无刷新更新操作。这是一个多行的表格，在表格的某一列填写数据，由 XMLHttpRequest 对象将该数据提交给服务器上的 Servlet。Servlet 接受用户数据，进行业务处理，处理完毕后向浏览器返回字符串信息。浏览器监视 XMLHttpRequest 对象的 readyState 状态，通过 responseText 获取来自服务器返回的字符串数据信息，使用 Javascript 来操作 DOM，将收到的字符串填写到当前行的另一列中，实现无刷新更新页面的功能。

代码(/jspweb 项目/src/util/TableajaxServlet.java)的清单：

```
package util;
import java.io.IOException;
import java.io.PrintWriter;
import javax.servlet.ServletException;
import javax.servlet.http.HttpServlet;
import javax.servlet.http.HttpServletRequest;
import javax.servlet.http.HttpServletResponse;
public class TableajaxServlet extends HttpServlet {
    public TableajaxServlet() {
        super();
    }
    public void destroy() {
        super.destroy();
    }
    public void doGet(HttpServletRequest request, HttpServletResponse response)
        throws ServletException, IOException {
        doPost(request, response);
        }
    public void doPost(HttpServletRequest request, HttpServletResponse response)
        throws ServletException, IOException {
        response.setContentType("text/html");
        response.setCharacterEncoding("gbk");
        PrintWriter out = response.getWriter();
        String value = request.getParameter("value");
          //后台其他业务处理(略)
        out.print(value); //向浏览器返回字符串
        out.flush();
        out.close();
        }
    public void init() throws ServletException {
        }
    }
```

代码(jspweb/WebRoot/ch07/table_ajax.jsp)的清单：

```
<%@ page language = "java" import = "java.util.*" pageEncoding = "UTF-8" %>
<!DOCTYPE HTML PUBLIC "-//W3C//DTD HTML 4.01 Transitional//EN">
<html>
  <head>
    <title>无刷新多行表格操作示例</title>
  </head>
  <script language = "javascript">
    var xmlhttp;       //XMLHttpRequest 对象
    var value;         //用户在表格某列输入的值
    var myid;          //表格某列输入域的 ID
    function createXMLHttpRequest() {//声明创建 XMLHttpRequest 对象的方法
        if (window.ActiveXObject) {
            xmlhttp = new ActiveXObject("Microsoft.XMLHTTP");
        } else {
            xmlhttp = new XMLHttpRequest();
        }
    }
    function startRequest(id) {
      myid = id;
      value = document.getElementById(myid + "c").value; //获取第 c 列输入的值
        if (value == "") {
            alert("value 不能为空哦!");
            return false;
        }
        var url = "../TableajaxServlet?value = " + value;
        createXMLHttpRequest();                              //创建 XMLHttpRequest 对象 xmlhttp
        //设置状态改变时所调用的函数,注意这里只能是方法名
        xmlhttp.onreadystatechange = stateChange;
        xmlhttp.open("GET", url, true);                      //设置请求参数
        xmlhttp.send(null);                                  //向服务器 Servlet 发送请求
    }
    //定义 XMLHttpRequest 对象的 readyState 状态改变时所调用的函数 stateChange()
   function stateChange() {
        if (xmlhttp.readyState == 4) {
        if (xmlhttp.status == 200) {
         document.getElementById(myid + "b").innerHTML = xmlhttp.responseText;
         }
    }
     }
  </script>
<body>
<div align = "center">
<font color = "blue" size = "6">无刷新多行表格操作示例</font>
<table class = "table table-hover" border = "1px">
  <tr>
    <td> 标题 A </td><td> 标题 B </td><td> 标题 C </td>
<%
  for(int i = 0;i < 70;i++){
%>
  <tr>
    <td id = "<% = i %> a"> <% = i %>列 A</td>
    <td id = "<% = i %> b"> <% = i %>列 B</td>
    <td>请输入:<input type = "text" maxlength = "10" size = "10" id = "<% = i %> c" >
        <input type = "submit" value = "提交" onclick = startRequest(<% = i %>)>
    </td>
  <%} %>
  </table>
  </div>
 </body>
</html>
```

本例中，给表格的所有行的列都添加了 id 属性，使用序号加字母组合作为 id，不同列的 id 由序号数字加 a、b、c 作区分。服务器上的 Servlet 以字符串形式返回一个值。浏览器端利用 Ajax 技术，使用 xmlhttp. responseText 方法获取服务器返回的数据，并将该数据“无刷新”地写入到 b 列中。如果要从服务器获取多个值，则 Servlet 以 XML 组织数据，用户端采用 xmlhttp. responseXML 方法获取。程序运行结果如图 7-12 所示。

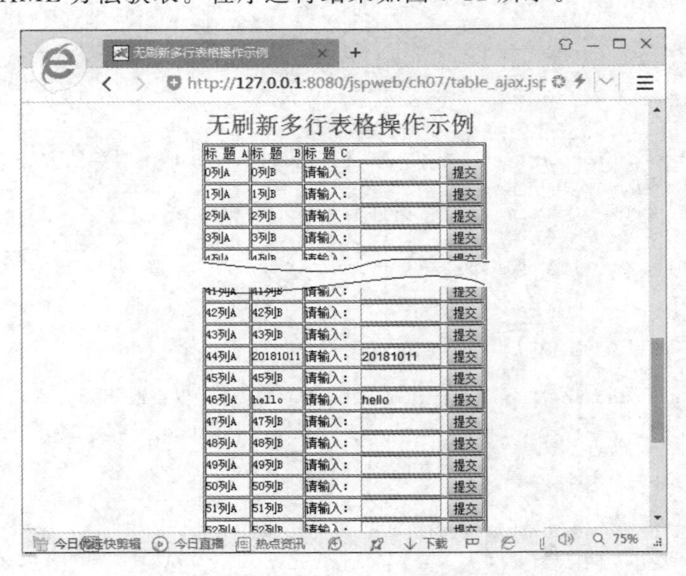

图 7-12　无刷新多行表格操作的运行结果

扫一扫
视频讲解

7.6　项目案例 3——网上书店后台设计

网上书店项目主要分前台设计和后台设计两大部分。实际应用中一般将前、后台分开设计和发布，前台部分供客户浏览图书、选购图书等操作；后台部分供书店系统管理员对图书数据进行增、删、改、查、统计管理等方面的操作。为了便于学习，这里将前、后台整合在一起讨论。这里先讨论后台部分的设计。

下面讨论网上书店后台设计实例。

网上书店后台操作要实现的功能是对后台数据的各种维护工作。

在实际工程项目开发中，设计的原则是尽量采用将表现层与逻辑代码分开的设计方式，也就是尽可能地将业务处理放入 JavaBean 或 Servlet 中完成。

在本系统中，图书信息采用封装数据的 JavaBean(Title. java)存储，数据库连接由封装业务的 JavaBean(DBcon. java)实现，对于图书表的增、删、改、查等底层数据库操作，采用封装业务的 JavaBean(TitleDao. java)来实现。图书表的业务层面的各种操作由 Servlet 实现，这种将业务逻辑处理代码与 JSP 页面表现分开，使得程序的结构更加清晰明了，易于系统的维护。网上书店后台操作涉及 JavaBean、Servlet 及 JSP 等文件的设计。

7.6.1　图书实体类设计

该图书实体类(封装数据的 JavaBean)设计的实例用于封装图书信息。

代码(bookstore 项目/src/bean/ Title. java)的清单：

```
//数据 Bean,用于封装图书表 Titles 中的一本图书记录
package bean;
```

```
public class Title {
    private String isbn;          //ISBN
    private String title;         //书名
    private String copyright;     //版权
    private String imageFile;     //封面图像文件名称
    private int editionNumber;    //版本号
    private int publisherId;      //出版商 ID
    private float price;          //价格
    public String getIsbn() {return isbn;}
    public void setIsbn(String isbn) {this.isbn = isbn;}
    public String getTitle() {return title;}
    public void setTitle(String title) {this.title = title;}
    public String getCopyright() {return copyright;}
    public void setCopyright(String copyright) {this.copyright = copyright;}
    public String getImageFile() {return imageFile;}
    public void setImageFile(String imageFile) {this.imageFile = imageFile;}
    public int getEditionNumber() {return editionNumber;}
    public void setEditionNumber(int editionNumber){this.editionNumber = editionNumber;}
    public int getPublisherId() {return publisherId;}
    public void setPublisherId(int publisherId) {this.publisherId = publisherId;}
    public float getPrice() {return price;}
    public void setPrice(float price) {this.price = price;}
}
```

7.6.2　数据库底层操作业务类设计

对于图书表数据库底层操作业务，采用封装业务的JavaBean来实现。首先设计包含操作图书表的各种方法的接口类（TitleDao.java），再完成它的实现类（TitleDaoImpl.java），以后对图书表的底层访问操作均调用该业务类的相关方法。

代码（bookstore项目/src/bean/TitleDao.java）的清单：

```
//图书表底层访问操作接口类设计
package bean;
import java.util.List;
public interface TitleDao
{
    public List<Title> getTitles();           //获得图书列表的方法声明
    public int add(Title titlebean);          //添加图书的方法声明
    public int delete(String isbn);           //删除图书的方法声明
    public int update(Title titlebean);       //修改图书的方法声明
    public Title findByIsbn(String isbn);     //根据图书 ISBN 查找图书的方法声明
}
```

代码（bookstore项目/src/bean/TitleDaoImpl.java）的清单：

```
//图书表底层操作类设计,这是接口 TitleDao 的实现类,实现了接口中声明的 5 个方法
package bean;
import java.sql.Connection;
import java.sql.PreparedStatement;
import java.sql.ResultSet;
import java.sql.SQLException;
import java.util.ArrayList;
import java.util.*;
public class TitleDaoImpl implements TitleDao {    //接口 TitleDao 的实现类
private Connection connection;
private PreparedStatement titlesQuery;
```

```
    private ResultSet results;
    //实现 getTitles 方法,返回 BookBeans 列表集合
    public List < Title > getTitles() {
         //新建图书列表集合类 titlesList,用于保存查询到的全部图书
         List < Title > titlesList  =  new ArrayList < Title >();
         //通过连接类访问数据库,获取书籍数据集 ResultSet results
         try {
            connection  =  DBcon.getConnection();
            titlesQuery = connection.preparedStatement("select isbn,title,
                        editionNumber,copyright,publisherID,imageFile,price
                        from titles order by title");
            ResultSet results  =  titlesQuery.executeQuery();
             //循环读取结果集中的每行记录,封装为图书 Bean,添加到图书列表(titlesList)集合中
            while (results.next()) {
                Title book  =  new Title();      //对每行数据创建一个图书封装类的实例
                book.setIsbn(results.getString("isbn"));
                book.setTitle(results.getString("title"));
                book.setEditionNumber(results.getInt("editionNumber"));
                book.setCopyright(results.getString("copyright"));
                book.setPublisherId(results.getInt("publisherID"));
                book.setImageFile(results.getString("imageFile"));
                book.setPrice(results.getFloat("price"));
                //将图书 Bean(book)添加到 List 集合类(titlesList)中
                titlesList.add(book);
                }
            }
            catch (SQLException exception) {
                exception.printStackTrace();
            }
            finally {
                DBcon.closeResultSet(results);
                DBcon.closeStatement(titlesQuery);
                DBcon.closeConnection(connection);
            }
            return titlesList;
        }
        //实现 add 方法,将给定的图书 Bean 添加到数据库图书表中
        public int add(Title titlebean) {      //利用封装类的实例向表 titles 中插入记录
            int result  =  0;
            try {
                connection  =  DBcon.getConnection();
                String sql  =  "insert into titles(isbn, title, editionNumber, ";
                sql  +=  "copyright, publisherID, imageFile, price) values(?,?,?,?,?,?,?)";
                titlesQuery  =  connection.preparedStatement(sql);
                titlesQuery.setString(1, titlebean.getIsbn());
                titlesQuery.setString(2, titlebean.getTitle());
                titlesQuery.setInt(3, titlebean.getEditionNumber());
                titlesQuery.setString(4, titlebean.getCopyright());
                titlesQuery.setInt(5, titlebean.getPublisherId());
                titlesQuery.setString(6, titlebean.getImageFile());
                titlesQuery.setFloat(7, titlebean.getPrice());
                result  =  titlesQuery.executeUpdate();
              } catch (Exception e) {
                    e.printStackTrace();
            }
           finally {
                DBcon.closeResultSet(results);
                DBcon.closeStatement(titlesQuery);
```

```
            DBcon.closeConnection(connection);
        }
        return result;
    }
    //实现 delete 方法,将数据库图书表中给定书号的图书删除
    public int delete(String isbn) {              //根据图书 ISBN 删除记录
        int result = 0;
        try {
            connection = DBcon.getConnection();
            String sql = "delete from titles where isbn = '" + isbn + "'";
            titlesQuery = connection.preparedStatement(sql);
            result = titlesQuery.executeUpdate();
        } catch (Exception e) {
            e.printStackTrace();
        }
        finally {
            DBcon.closeResultSet(results);
            DBcon.closeStatement(titlesQuery);
            DBcon.closeConnection(connection);
        }
        return result;
    }
    //实现 update 方法,利用给定的图书 Bean,更新图书信息
    public int update(Title titlebean) {         //利用封装类的实例更新表 titles 中记录
        int result = 0;
        try {
            connection = DBcon.getConnection();
            String sql = "update titles set title = ?, editionNumber = ?, ";
            sql += "copyright = ?,publisherID = ?,imageFile = ?,price = ? where isbn = ?";
            titlesQuery = connection.preparedStatement(sql);
            titlesQuery.setString(1, titlebean.getTitle());
            titlesQuery.setInt(2, titlebean.getEditionNumber());
            titlesQuery.setString(3, titlebean.getCopyright());
            titlesQuery.setInt(4, titlebean.getPublisherId());
            titlesQuery.setString(5, titlebean.getImageFile());
            titlesQuery.setFloat(6, titlebean.getPrice());
            titlesQuery.setString(7, titlebean.getIsbn());
            result = titlesQuery.executeUpdate();
        } catch (Exception e) {
            e.printStackTrace();
        }
        finally {
            DBcon.closeResultSet(results);
            DBcon.closeStatement(titlesQuery);
            DBcon.closeConnection(connection);
        }
        return result;
    }
    //实现 findByIsbn 方法,根据给定的图书 ISBN 查找某一图书,返回图书 Bean
    public Title findByIsbn(String isbn) {       //根据图书 ISBN 查找图书
        Title book = null;
        try {
            connection = DBcon.getConnection();
            String sql = "SELECT * FROM titles where isbn = '" + isbn + "'";
            titlesQuery = connection.preparedStatement(sql);
            results = titlesQuery.executeQuery();
            if (results.next()) {
              //创建一个图书 Bean 封装类的实例(book),封装图书信息
                book = new Title();
```

```
                book.setIsbn(results.getString("isbn"));
                book.setTitle(results.getString("title"));
                book.setEditionNumber(results.getInt("editionNumber"));
                book.setCopyright(results.getString("copyright"));
                book.setPublisherId(results.getInt("publisherID"));
                book.setImageFile(results.getString("imageFile"));
                book.setPrice(results.getFloat("price"));
            }
        } catch (Exception e) {   e.printStackTrace();
        } finally {
            DBcon.closeResultSet(results);
            DBcon.closeStatement(titlesQuery);
            DBcon.closeConnection(connection);
        }
        return book;     //返回找到的图书 Bean(book)
    }
}
```

7.6.3 逻辑处理业务类设计

与 JavaBean 不同,Servlet 能像 JSP 一样接收用户请求,独立地完成业务层面的逻辑处理功能。这里设计了如下几个 Servlet,配合 JSP 完成有关后台业务操作。

1. 逻辑设计

1) ToEditTitle.java

从数据库中获取所要编辑的图书信息的 Servlet,程序的具体功能包含如下几方面。

- 从 request 对象中获取需要编辑的书号,到数据库中查找该图书的实体信息。
- 将查找到的图书实体存入 request 对象中。
- 将请求转发到图书信息编辑页面 editTitle.jsp。

2) DoSaveEditTitle.java

将修改后的图书信息保存到数据库的 Servlet,程序的具体功能包含如下几方面。

- 从 request 对象中获取修改后的图书信息。
- 将图书信息封装成图书实体 titlebean。
- 调用数据库底层操作工具类 TitleDao 的 update(Title titlebean)方法,将修改后的图书实体 titlebean 更新到数据库的图书表中。

3) DoAddTitle.java

将新增图书保存到数据库的 Servlet,程序的具体功能包含如下几方面。

- 从 request 对象中获取表单传来的新增图书信息。
- 将图书信息封装成图书实体 Bean(titlebean)。
- 调用数据库底层操作工具类 TitleDao 的 add(Title titlebean)方法,将新增的图书实体 titlebean 添加到数据库的图书表中。

4) DoDeleteTitle.java

从数据库的图书表中删除指定书号的图书的 Servlet,具体功能如下。

- 从 request 对象中获取书号。
- 调用数据库底层操作业务类 TitleDao 的 delete(String isbn)方法,删除图书表中指定书号的图书。

5) SaveUploadFile.java

上传文件的 Servlet,具体接收浏览器传来的图书封面图像文件,并保存到服务器上的文件夹中的功能。

2. 代码设计

下面完成这几个 Servlet 的代码设计。

1）ToEditTitle. java 设计

该 Servlet 的主要功能是从数据库中获取所要编辑的图书信息，doPost 方法中的业务处理内容如下。

（1）从请求对象 request 中获取书号。

（2）调用图书表操作业务 JavaBean（TitleDaoImpl）的 findByIsbn（isbn）方法，到数据库中找到该图书，返回图书的实体信息。

（3）再将图书实体 Bean 存入 request 对象中。

（4）将请求转发到图书信息编辑页面 editTitle. jsp。

代码（bookstore 项目/src/servlet/ToEditTitle. java）的清单：

```
package servlet;
import bean. * ;
import java. io. IOException;
import javax. servlet. ServletException;
import javax. servlet. http. HttpServlet;
import javax. servlet. http. HttpServletRequest;
import javax. servlet. http. HttpServletResponse;
public class ToEditTitle extends HttpServlet {
    public ToEditTitle() {
        super();
    }
    public void destroy() {
        super. destroy();
    }
    public void doGet(HttpServletRequest request, HttpServletResponse response)
            throws ServletException, IOException {
    doPost(request, response);
    }
    public void doPost(HttpServletRequest request, HttpServletResponse response)
            throws ServletException, IOException {
        response. setContentType("text/html");
        String isbn = request. getParameter("isbn");
        TitleDao titleDao = new TitleDaoImpl();
        Title title = titleDao. findByIsbn(isbn);
        //将图书信息保存在 request 对象中,转发到图书信息编辑页面
        request. setAttribute("title", title);
        request. getRequestDispatcher("editTitle. jsp"). forward(request, response);
        }
    public void init() throws ServletException {
    }
}
```

2）DoSaveEditTitle. java 设计

该 Servlet 的主要功能是将修改后的图书信息更新到数据库中，doPost 方法中的具体业务处理内容如下。

（1）从 request 对象中获取表单传来的修改后的图书信息。

（2）将图书信息封装成图书实体 titlebean。

（3）调用数据库图书表操作业务类 TitleDao 的 update（Title titlebean）方法，将修改后的

图书实体 titlebean 更新到数据库的图书表中。

代码(bookstore 项目/src/servlet/DoSaveEditTitle. java)的清单：

```
package servlet;
import java.io.IOException;
import javax.servlet.ServletException;
import javax.servlet.http.HttpServlet;
import javax.servlet.http.HttpServletRequest;
import javax.servlet.http.HttpServletResponse;
import bean.TitleDao;
import bean.TitleDaoImpl;
import bean.Title;
public class DoSaveEditTitle extends HttpServlet {
    public DoSaveEditTitle() {
        super();
    }
    public void destroy() {
        super.destroy();
    }
    public void doGet(HttpServletRequest request, HttpServletResponse response)
            throws ServletException, IOException {
        doPost(request,response);
    }
    public void doPost(HttpServletRequest request, HttpServletResponse response)
            throws ServletException, IOException {
        response.setContentType("text/html");
        //获取表单传来的图书编辑信息
        String isbn = request.getParameter("isbn");                    //ISBN
        String title = request.getParameter("title");                  //书名
        //title = new String(title.getBytes("ISO - 8859 - 1"),"GBK");
        String copyright = request.getParameter("copyright");          //版权
        String imageFile = request.getParameter("imageFile");          //封面图像文件名称
        int editionNumber = Integer.parseInt(request.getParameter("editionNumber"));  //版本号
        int publisherId = Integer.parseInt(request.getParameter("publisherId"));
        float price = Float.parseFloat(request.getParameter("price"));  //价格
        //将数据添加进封装类中
        Title titlebean = new Title();
        titlebean.setIsbn(isbn);
        titlebean.setCopyright(copyright);
        titlebean.setEditionNumber(editionNumber);
        titlebean.setImageFile(imageFile);
        titlebean.setPrice(price);
        titlebean.setPublisherId(publisherId);
        titlebean.setTitle(title);
        //调用数据库操作类执行更新操作
        TitleDao titleDao = new TitleDaoImpl();
        int n = titleDao.update(titlebean);
        if(n > 0)
            response.sendRedirect("listBook.jsp");
        else
            response.sendRedirect("error.jsp");
    }
    public void init() throws ServletException {
    }
}
```

3) DoAddTitle. java 设计

该 Servlet 的主要功能是将新增的图书实体 titlebean 添加到数据库的图书表中，doPost

方法中的具体业务处理内容如下。

(1) 从 request 对象中获取由表单传来的新增图书的属性参数。

(2) 将获得的图书信息封装成图书实体 titlebean。

(3) 调用数据库图书表操作业务类 TitleDao 的 add(Title titlebean)方法，将新增的图书实体 titlebean 添加到数据库的图书表中。

代码(bookstore 项目/src/servlet/DoAddTitle.java)的清单：

```
package servlet;
import java.io.IOException;
import javax.servlet.ServletException;
import javax.servlet.http.HttpServlet;
import javax.servlet.http.HttpServletRequest;
import javax.servlet.http.HttpServletResponse;
import bean.TitleDao;
import bean.TitleDaoImpl;
import bean.Title;
public class DoAddTitle extends HttpServlet {
    public DoAddTitle() {
        super();
    }
    public void destroy() {
        super.destroy();
    }
    public void doGet(HttpServletRequest request, HttpServletResponse response)
            throws ServletException, IOException {
        doPost(request,response);
    }
    public void doPost(HttpServletRequest request, HttpServletResponse response)
            throws ServletException, IOException {
        response.setContentType("text/html");
        //获取表单传来的新增的图书属性参数
        String isbn = request.getParameter("isbn");                    //ISBN
        String booktitle = request.getParameter("title");              //书名
        //booktitle = new String(booktitle.getBytes("ISO - 8859 - 1"),"GBK");
        String copyright = request.getParameter("copyright");      //版权
        String imageFile = request.getParameter("imageFile");      //封面图像文件名称
        int editionNumber = Integer.parseInt(request.getParameter("editionNumber"));  //版本号
        int publisherId = Integer.parseInt(request.getParameter("publisherId"));
        float price = Float.parseFloat(request.getParameter("price"));              //价格
        //将数据添加进封装类中
        Title titlebean = new Title();
        titlebean.setIsbn(isbn);
        titlebean.setCopyright(copyright);
        titlebean.setEditionNumber(editionNumber);
        //title.setImageFile(imageFile);
        titlebean.setImageFile(isbn + ".jpg");
        titlebean.setPrice(price);
        titlebean.setPublisherId(publisherId);
        titlebean.setTitle(booktitle);
        //调用数据库操作类执行插入操作
        TitleDao titleDao = new TitleDaoImpl();
        int n = titleDao.add(titlebean);
        if(n > 0)
            response.sendRedirect("listBook.jsp");
        else
            response.sendRedirect("error.jsp");
    }
```

```
    public void init() throws ServletException {
    }
}
```

执行添加业务的 Servlet(DoAddTitle.java)代码和执行更新业务的 Servlet(DoSaveEditTitle.java)代码基本相同，唯一不同的是调用 TitleDao 的方法不同，一个是 add(Title titlebean)方法，另一个是 update(Title titlebean)方法。

4）DoDeleteTitle.java 设计

该 Servlet 的主要功能是删除图书表中指定书号的图书，doPost 方法中的具体业务处理内容如下。

（1）从 request 对象中获取书号参数。

（2）调用数据库图书表操作业务类 TitleDao 的 delete(String isbn)方法，删除图书表中指定书号的图书。

代码（bookstore 项目/src/servlet/DoDeleteTitle.java）的清单：

```
package servlet;
import java.io.IOException;
import javax.servlet.ServletException;
import javax.servlet.http.HttpServlet;
import javax.servlet.http.HttpServletRequest;
import javax.servlet.http.HttpServletResponse;
import bean.TitleDao;
import bean.TitleDaoImpl;
public class DoDeleteTitle extends HttpServlet {
    public DoDeleteTitle() {
        super();
    }
    public void destroy() {
        super.destroy();
    }
    public void doGet(HttpServletRequest request, HttpServletResponse response)
            throws ServletException, IOException {
        doPost(request,response);
    }
    public void doPost(HttpServletRequest request, HttpServletResponse response)
            throws ServletException, IOException {
        response.setContentType("text/html");
        String isbn = request.getParameter("isbn");
        TitleDao titleDao = new TitleDaoImpl();
        int n = titleDao.delete(isbn);
        if(n > 0) response.sendRedirect("listBook.jsp");
        else  response.sendRedirect("error.jsp");
    }
    public void init() throws ServletException {   }
}
```

5）SaveUploadFile.java 设计

该 Servlet 的主要功能是接收从浏览器传过来的图书封面图像文件，保存到服务器上项目路径的"\images"文件夹中（对应于"WebRoot\images"文件夹）。这里使用了 Apache Commons FileUpload 文件上传 jar 包，使用时先下载三个 jar 文件（commons-fileupload-1.2.1.jar、commons-io-1.4.jar、cos.jar），并将这三个 jar 文件放入项目的 lib 中。

代码（bookstore 项目/src/servlet/SaveUploadFile.java）的清单：

```
package servlet;
import java.io.IOException;
import java.sql.Connection;
import java.sql.SQLException;
import java.sql.Statement;
import java.util.*;
import java.io.*;
import org.apache.commons.fileupload.*;
import javax.servlet.ServletException;
import javax.servlet.http.HttpServlet;
import javax.servlet.http.HttpServletRequest;
import javax.servlet.http.HttpServletResponse;
import bean.DBcon;
public class SaveUploadFile extends HttpServlet {
    public SaveUploadFile() {
        super();
    }
    public void destroy() {
        super.destroy();
    }
    public void doGet(HttpServletRequest request, HttpServletResponse response)
            throws ServletException, IOException {
        doPost(request,response);
    }
    public void doPost(HttpServletRequest request, HttpServletResponse response)
            throws ServletException, IOException {
        String isbn = request.getParameter("isbn");
        String path = request.getContextPath();
         //封面图像文件保存在 WebRoot 下的"images"文件夹中
        String realpath = request.getRealPath("images");
        String basePath = request.getScheme() + "://" + request.getServerName() + ":"
+ request.getServerPort() + path + "/";
        System.out.println("path = " + path);
        System.out.println("request.getRealPath('images') = " + realpath);
        System.out.println("basePath = " + basePath);
        System.out.println("isbn = " + isbn);
        DiskFileUpload fu = new DiskFileUpload();
        fu.setSizeMax(1024 * 1024);            //设置允许用户上传文件大小,单位:字节
        fu.setRepositoryPath(realpath);
          /* 以下接收 request 对象中从浏览器中传来封面图像文件,重新以书号命名,
             保存到"\images"文件夹中 */
         try{  List fileItems = fu.parseRequest(request);
               Iterator iter = fileItems.iterator();
                while (iter.hasNext())         //依次处理每个上传的文件
                {
                  FileItem item = (FileItem) iter.next();
                  if (!item.isFormField())     //忽略其他不是文件域的所有表单信息
                   { /* 以下为文件名处理,上传的图书封面文件名与书号相同,
                          保存在"/images"文件夹下 */
                File savedFile = new File(realpath, isbn + ".jpg");
                item.write(savedFile);
              }
            }
         }
         catch(Exception e){}
         response.sendRedirect("uploadfile_show.jsp?isbn = " + isbn);
    }
  public void init() throws ServletException { }
}
```

7.6.4 后台功能模块设计

下面利用前面已经准备好的能够实现相关业务处理功能的 Servlet，完成后台部分中的具有“书架维护”功能的列表显示图书信息模块设计。通过在图书列表页面（listBook.jsp）中加入超链接将修改图书信息、删除图书、新增图书等操作融为一体。

代码（bookstore 项目/WebRoot/listBook.jsp）的清单：

```
<%@ page language="java" contentType="text/html; charset=gbk" pageEncoding="gbk" %>
<%@page import="bean.*, java.util.*" %>
<jsp:useBean id="dao" class="bean.TitleDaoImpl" scope="request"/>
<html>
  <head><title>书架维护</title></head>
<body>
<h1 align="center">书架维护</h1>
 <table  bgcolor=lightgrey>
<tr><td>ISBN</td><td>书名</td><td>版本</td><td>发布时间</td><td>价格</td></tr>
<%   List list=dao.getTitles();    //添加图书列表至集合类 list 中
     Title titles=null;
     for(int i=0;i<list.size();i++){
        //从 list 中得到的是一个 Object 对象,要强制转换为 titles 对象
        titles=(Title)list.get(i);
%>
    <tr  bgcolor=cyan>
    <td><a href="./ToEditTitle?isbn=<%=titles.getIsbn() %>" title="单击进入编辑">
      <%=titles.getIsbn() %></a></td>
     <td> <%=titles.getTitle() %> </td>
     <td><%=titles.getEditionNumber() %></td>
     <td><%=titles.getCopyright() %></td>
     <td><%=titles.getPrice() %>        </td>
     <td><a href="./DoDeleteTitle?isbn=<%=titles.getIsbn() %>">删除</a></td>
    </tr>
 <%  } %>
</table><br>
  <a href="addTitle.jsp">添加图书</a><br>
 </body>
</html>
```

图书列表页面（listBook.jsp）运行结果如图 7-13 所示。

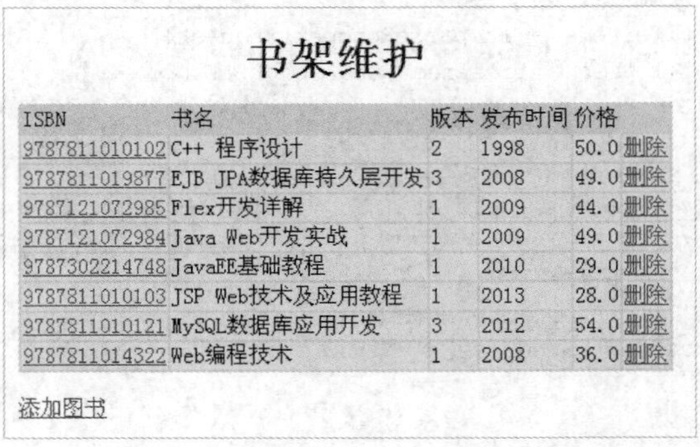

书架维护

ISBN	书名	版本	发布时间	价格	
9787811010102	C++ 程序设计	2	1998	50.0	删除
9787811019877	EJB JPA数据库持久层开发	3	2008	49.0	删除
9787121072985	Flex开发详解	1	2009	44.0	删除
9787121072984	Java Web开发实战	1	2009	49.0	删除
9787302214748	JavaEE基础教程	1	2010	29.0	删除
9787811010103	JSP Web技术及应用教程	1	2013	28.0	删除
9787811010121	MySQL数据库应用开发	3	2012	54.0	删除
9787811014322	Web编程技术	1	2008	36.0	删除

添加图书

图 7-13 图书列表页面（listBook.jsp）的运行结果

在 listBook.jsp 中为图书 ISBN 列添加了一个链接，当单击某一本书的 ISBN 时，链接到 ToEditTitle，这是一个 Servlet，负责提取这本书的详细信息并转发到图书信息编辑界面。注意，在 JSP 页面中是如何将书号参数动态传递给 Servlet 的。在 JSP 页面中可以通过这种方式

传递参数：

```
<a href = "./ToEditTitle?isbn = <% = titles.getIsbn() %>">
```

其中，isbn是传递的变量的名称；JSP表达式<%=titles.getIsbn()%>是变量isbn的值（等于所选的书号），这个变量的值在Servlet中可以通过request.getParameter("isbn")得到。如果传递多个参数可以用"&"作为分隔符。删除链接也是通过以上的方式将书号(isbn)传递给DoDeleteTitle，这也是一个Servlet，负责从图书表titles中删除数据，然后转发页面。添加图书链接直接跳转到addTitle.jsp页面。

通过<jsp:useBean id="dao" class="bean.TitleDaoImpl" scope="request"/>，将封装访问图书表数据业务的TitleDaoImpl类导入JSP页面，数据库的连接和数据库操作的Java代码在JSP页面中没有出现，唯一要处理的是存放图书Bean的列表集合list，页面中访问图书表的操作均由该JavaBean(dao对象)完成。这种设计方法逻辑清晰，使用方便，页面整洁。可以想象，如果不采用这种方式操作数据库，JSP代码将要复杂得多，这就是JavaBean的优点。

下面分别介绍"修改图书""添加图书""删除图书""上传图书封面"等功能模块的设计方法。

1. "修改图书"功能模块设计

"修改图书"功能所涉及的主要文件有listBook.jsp、Servlet(ToEditTitle.java)、editTitle.jsp、Servlet(DoSaveEditTitle.java)。

"修改图书"功能模块设计流程如图7-14所示。

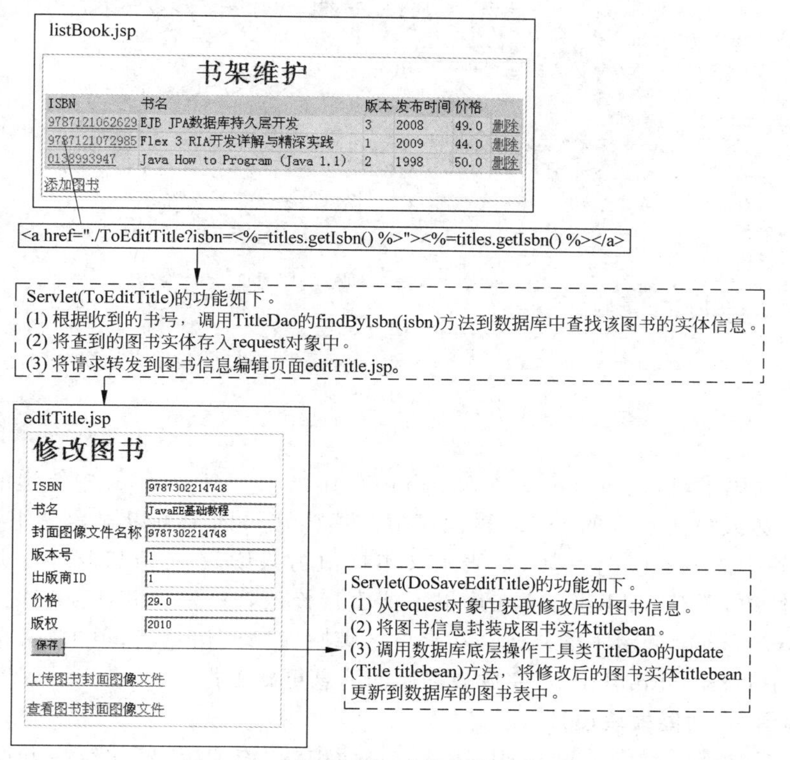

图7-14 "修改图书"功能模块设计流程

在图书列表页面(listBook.jsp)中单击某图书的书号，经Servlet(ToEditTitle)到数据库获取图书信息，转到editTitle.jsp，完成图书编辑功能。

代码（bookstore 项目/WebRoot/editTitle.jsp）的清单：

```
<%@ page language = "java" import = "bean. * " pageEncoding = "gbk" %>
<html>
  <head>
    <title>修改图书页面</title>
    <%   //从 request 对象中取出属性 title 的值
        Title title = (Title)request.getAttribute("title");
     %>
  </head>
  <body>
    <h1>修改图书</h1>
    <form method = "post" action = ".\DoSaveEditTitle">
    <table>
      <tr><td> ISBN </td>
          <td><input type = "text" name = "isbn" readOnly = "true"
                    value = "<% = title.getIsbn() %>"/></td></tr>
     <tr><td>书名</td>
        <td><input type = "text" name = "title"
                    value = "<% = title.getTitle() %>"/></td></tr>
     <tr><td>封面图像文件名称</td>
        <td><input type = "text" name = "imageFile"
                    value = "<% = title.getImageFile() %>"/></td></tr>
     <tr><td>版本号</td>
          <td><input type = "text" name = "editionNumber"
                    value = "<% = title.getEditionNumber() %>"/></td></tr>
     <tr><td>出版商 ID </td>
          <td><input type = "text" name = "publisherId" readOnly = "true"
                    value = "<% = title.getPublisherId() %>"/></td></tr>
     <tr><td>价格</td>
          <td><input type = "text" name = "price"
                    value = "<% = title.getPrice() %>"/></td></tr>
     <tr><td>版权</td>
          <td><input type = "text" name = "copyright"
                    value = "<% = title.getCopyright() %>"/></td></tr>
     <tr><td><input type = "submit" value = "保存"/></td></tr>
    </table>
   </form><br>
       <a href = "uploadfile.jsp?isbn = <% = title.getIsbn() %>">
           上传图书封面图像文件
       </a>
     <br><br> <a href = "uploadfile_show.jsp">查看图书封面图像文件</a>
  </body>
</html>
```

在上面的代码中，通过 request.getAttribute("titles")得到 Servlet 中传递的图书属性值，再利用 JSP 表达式为文本框的 value 属性赋值。这样在页面中可以显示图书的原有记录内容。input 标签中的 readOnly="true"表示文本框值为只读，在 editTitle.jsp 页面中，isbn 是表的键，不能修改，还有 publisherId 在这里不能直接修改，它是 publisher 表的外键，因此，它们的 readOnly="true"表示不能修改。在表单中填写完修改信息后，单击“保存”按钮将表单提交给 Servlet(DoSaveEditTitle)，完成数据库的信息更新工作。

2. “添加图书”功能模块设计

“添加图书”功能的操作是从 listBook.jsp 页面中的“添加图书”超链接开始，该超链接的语句为：

```
<a href = "addTitle.jsp">添加图书</a>
```

通过“添加图书”超链接将请求转发到添加图书页面 addTitle.jsp，在 addTitle.jsp 页面中填写新增图书信息的表单，通过“添加”按钮将表单提交给 Servlet(DoAddTitle)，由该 Servlet 完成数据库中新增图书的操作。该 Servlet 从 request 对象中获取由表单传来的新增图书的属性参数，将获得的图书信息封装成图书实体 titlebean，调用数据库图书表底层操作业务类 TitleDao 的 update(Title titlebean)方法，将新增的图书实体 titlebean 添加到数据库的图书表中。“添加图书”的编辑界面如图 7-15 所示。

图 7-15　“添加图书”的编辑界面

代码(bookstore 项目/WebRoot/addTitle.jsp)的清单：

```
<%@ page language="java"  pageEncoding="GBK"  contentType="text/html;charset=gbk"%>
<html>
  <head> <title>添加图书页面</title> </head>
  <body>
   <h1>添加图书</h1>
   <form method="post" action="./DoAddTitle">
<table>
      <tr><td>ISBN</td><td><input type="text" name="isbn"/></td></tr>
     <tr><td>书名</td><td><input type="text" name="title"/></td></tr>
     <tr><td>封面图像文件名称</td><td><input type="text" name="imageFile"/></td></tr>
     <tr><td>版本号</td><td><input type="text" name="editionNumber"/></td></tr>
     <tr><td>出版商 ID</td><td><input type="text" name="publisherId"/></td></tr>
     <tr><td>价格</td><td><input type="text" name="price"/></td></tr>
     <tr><td>版权</td><td><input type="text" name="copyright"/></td></tr>
     <tr><td><input type="submit" value="添加"/></td></tr>
   </table>
  </form>
 </body>
</html>
```

添加页面与修改页面基本相同，只是在修改页面中要将当前编辑的记录的值提取并在页面上显示。此时涉及如何从 Servlet 中将数据传递到 JSP 页面，可以利用 request.setAttribute 和 request.getAttribute 结合起来，实现数据在 JSP 和 Servlet 之间进行传递。

3. “删除图书”功能模块设计

“删除图书”功能的操作是从 listBook.jsp 页面中的“删除”超链接开始，该超链接的语句为：

```
<a href="./DoDeleteTitle?isbn=<%=titles.getIsbn()%>">删除</a>
```

通过超链接将书号传递给 Servlet(DoDeleteTitle.java)，该 Servlet 调用底层 titles 表操作工具类(TitleDao.java)的 delete 方法将指定书号的图书删除。

代码(bookstore 项目/src/servlet/DoDeleteTitle.java)的清单：

```
package servlet;
import java.io.IOException;
import javax.servlet.ServletException;
import javax.servlet.http.HttpServlet;
import javax.servlet.http.HttpServletRequest;
import javax.servlet.http.HttpServletResponse;
import bean.TitleDao;
import bean.TitleDaoImpl;
public class DoDeleteTitle extends HttpServlet {
    public DoDeleteTitle() {
        super();
    }
    public void destroy() {
```

```
        super.destroy();
    }
    public void doGet(HttpServletRequest request, HttpServletResponse response)
            throws ServletException, IOException {
        doPost(request,response);
    }
    public void doPost(HttpServletRequest request, HttpServletResponse response)
            throws ServletException, IOException
        {
        response.setContentType("text/html");
        String isbn = request.getParameter("isbn");
        TitleDao titleDao = new TitleDaoImpl();
        int n = titleDao.delete(isbn);
        if(n > 0)
            response.sendRedirect("listBook.jsp");
        else
            response.sendRedirect("error.jsp");
     }
    public void init() throws ServletException {
    }
}
```

4. “上传图书封面”功能模块设计

“上传图书封面”图像文件的设计主要包含客户端的文件上传页面(uploadfile.jsp)和服务器端保存文件的 Servlet 设计，Servlet 接收浏览器传来的文件并保存到服务器，上传的图书封面图像文件以书号为文件名保存。上传图书封面图像文件操作界面如图 7-16 所示。

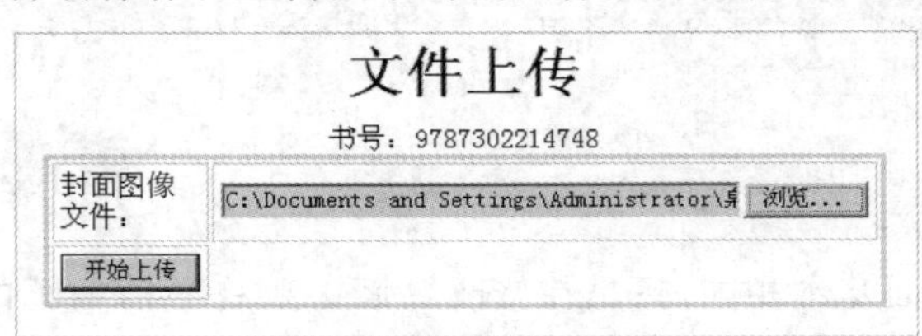

图 7-16 上传图书封面图像文件的界面

代码(bookstore 项目/WebRoot/uploadfile.jsp)的清单：

```
<%@ page language = "java" %>
<%@ page contentType = "text/html;charset = gb2312" %>
<html>
    <head><title>文件上传</title></head>
    <body bgcolor = "#FFFFFF" text = "#000000" leftmargin = "0" topmargin = "40"   marginwidth =
"0" marginheight = "0">
    <center>  <h1>文件上传</h1>
    <form name = "uploadform" method = "POST"
    action = ".\SaveUploadFile?isbn = <% = request.getParameter("isbn") %>" ENCTYPE = "multipart/
form-data">
         书号:<% = request.getParameter("isbn") %>
    <table border = "3" width = "450" cellpadding = "4" cellspacing = "2"
            bordercolor = "#9BD7FF">
        <tr><td width = "40%">封面图像文件:</td>
            <td><input name = "file1" size = "30" type = "file"></td></tr>
        <tr><td align = "center" colspan = "2">
            <input type = "submit" name = "submit" value = "开始上传"/></td></tr>
            </table>
          </form></center>
    </body>
</html>
```

代码(bookstore 项目/WebRoot/uploadfile_show.jsp)的清单：

```
<%@ page contentType = "text/html; charset = GB2312" import = "java.io.*" %>
<html>
<head><title>文件目录</title></head>
<body>
<font size = 4 color = red>已上传的图书封面图像文件</font><br>
<font size = 3 color = blue>
  <% String path = request.getRealPath("images");
     File fl = new File(path);
     File lst[] = fl.listFiles();
     out.println("服务器上传文件保存路径: " + path + "<br><br>");
     out.println("封面图像文件名: " + request.getParameter("isbn") + ".jpg<br>");
     out.println("<img width = '80' height = '120' src = images\\" +
                 request.getParameter("isbn") + ".jpg><br><br>");
  %>
</font><br>
<a href = "listBook.jsp">返回图书信息编辑页面</a>
</body>
</html>
```

程序运行结果如图 7-17 所示。

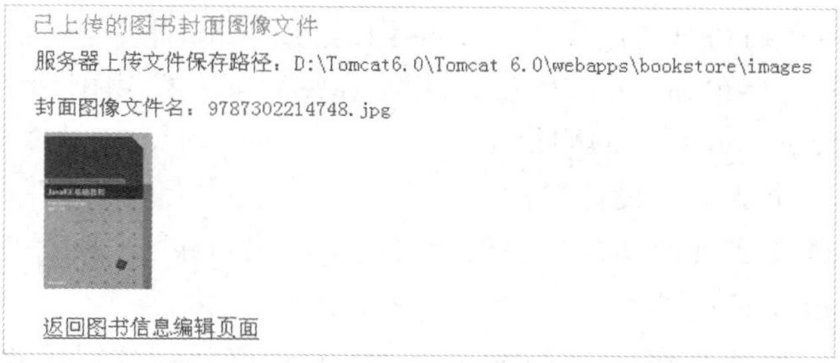

已上传的图书封面图像文件
服务器上传文件保存路径：D:\Tomcat6.0\Tomcat 6.0\webapps\bookstore\images
封面图像文件名：9787302214748.jpg
返回图书信息编辑页面

图 7-17　显示成功上传图书封面图像文件

网上书店后台部分操作涉及的文件如表 7-5 所示。

表 7-5　网上书店后台部分操作涉及的文件

文 件 名	文 件 类 别	实 现 功 能
Titles.java	JavaBean	图书表实体类,封装图书信息
TitleDao.java	TitleDao 接口	数据库图书表底层操作接口
TitleDaoImpl.java	TitleDao 接口实现类	数据库图书表底层操作实现类
ToEditTitle.java	Servlet	根据 listBook.jsp 传来的书号，调用 TitleDao 的 findByIsbn(String isbn)方法获取图书实体信息,转发给图书信息编辑页面 editTitle.jsp
DoSaveEditTitle.java	Servlet	获取 editTitle.jsp 传来的修改过的图书表单信息,封装成图书实体对象 titlebean，调用 TitleDao 的 update (Title titlebean)方法,将修改后的图书实体 titlebean 更新到数据库的图书表中
DoDeleteTitle.java	Servlet	根据接收到的书号，调用 TitleDao 的 delete(String isbn)方法,删除指定书号的图书
DoAddTitle.java	Servlet	将 addTitle.jsp 传来的图书表单信息封装成图书实体对象 titlebean,调用 TitleDao 的 add(Title titlebean)方法,将新增加的图书实体 titlebean 添加到数据库的图书表中

续表

文 件 名	文件类别	实现功能
SaveUploadFile.java	Servlet	将 uploadfile.jsp 页面传来的封面图像文件保存到服务器中
listBook.jsp	JSP 页面	图书书架维护的界面
editTitle.jsp	JSP 页面	修改图书信息的界面
addTitle.jsp	JSP 页面	添加图书信息的界面
uploadfile.jsp	JSP 页面	上传图书封面图像文件的界面

扫一扫

视频讲解

7.7 项目案例4——网上书店前台设计

网上书店前台部分面对的是普通用户,也就是广大读者,主要功能是浏览图书、查看图书详细信息、添加购物车和结账的功能。

用户网上购书的流程通常是登录网上书店首页,浏览图书目录,选中一本图书,查看图书的详细信息,如果喜欢就添加到购物车,继续浏览,重复以上过程,最后查看购物车并结账,到此一个购书过程结束。

与后台相比,前台部分增加了购物车的设计。购物车其实就是一个集合类容器,HttpSession 对象常用在购物车的应用中,一般用 List 或 Map 等集合类对象作为购物车的数据容器模型,将购物车保存在 Session 对象中,用户在浏览同一购物网站的各个 JSP 页面时都可以使用保存在各自 Session 对象的购物车。

下面详细讨论网上书店前台设计实例。

网上书店前台操作要实现的功能是提供读者浏览图书目录、查看图书详细信息、添加到购物车、查看购物车,继续浏览或结账。

图书信息仍然采用封装数据的 JavaBean(Title.java)存储,数据库连接也由封装业务的 JavaBean(DBcon.java)实现,对于图书表的底层数据库业务操作,仍然可以采用封装业务的 JavaBean(TitleDao.java)来实现。

网上书店前台购书流程如图 7-18 所示。

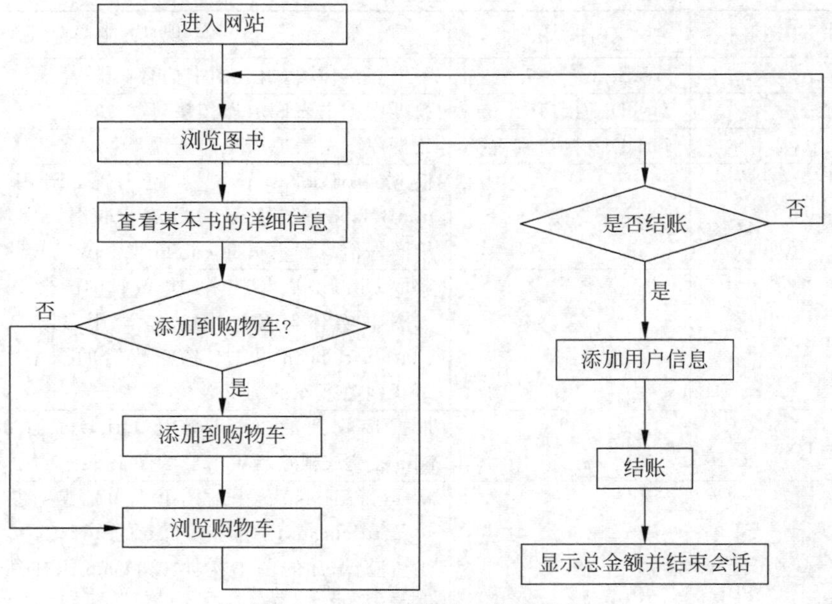

图 7-18 网上书店前台购书流程

前台部分从用户浏览图书页面(viewBook.jsp)开始,用户单击图书的书号链接,可查看图书详细信息,若需要购买,单击“放入购物车”按钮,将该书放入购物车,并浏览购物车信息,单击“继续购物”按钮,则返回浏览图书页面,重复上述购书过程。

网上书店前台设计中,JSP 与 Servlet 相互配合,完成购物流程。JSP 与 Servlet 相互之间的业务关系如图 7-19 所示。

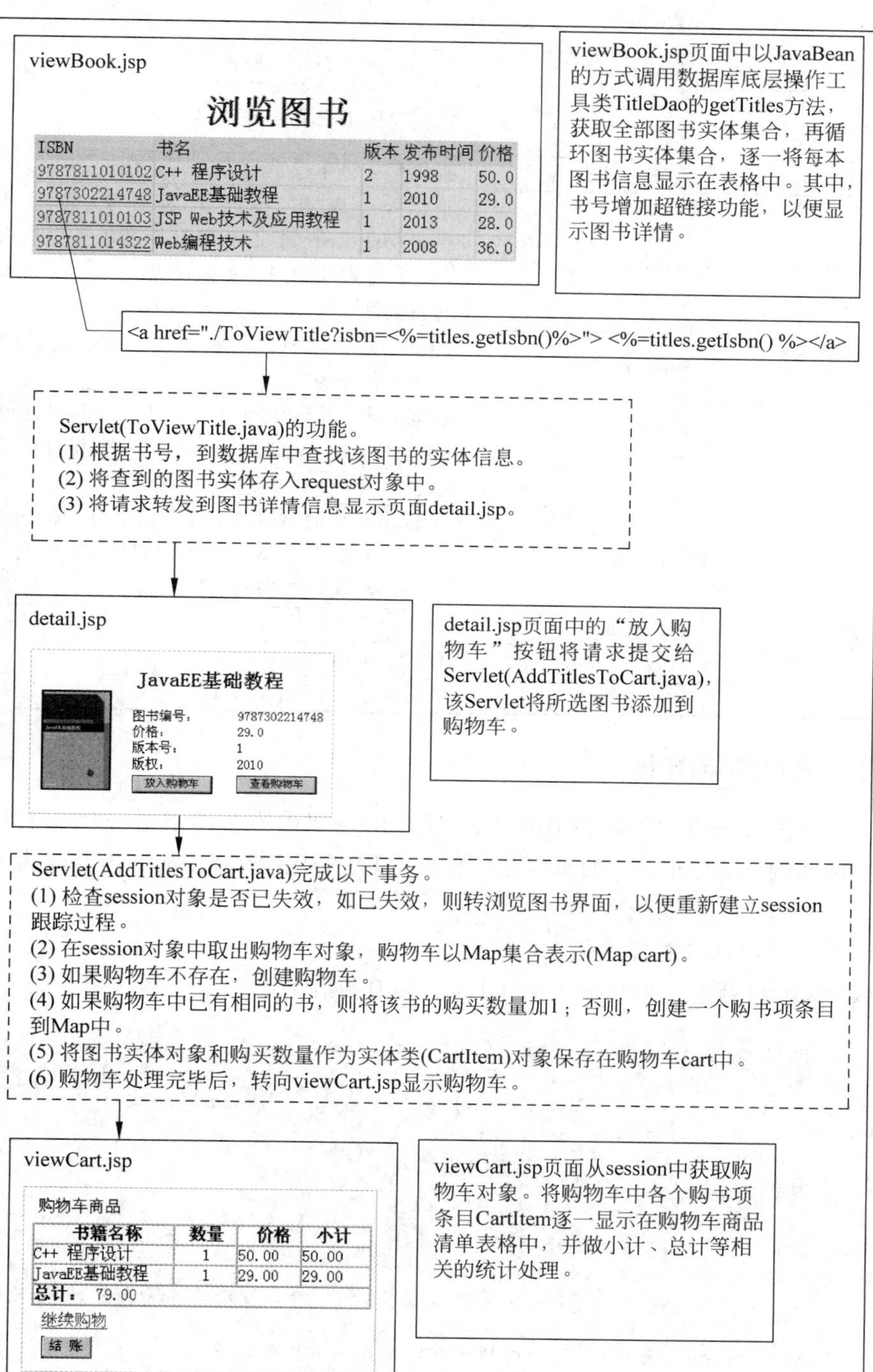

图 7-19 网上书店前台设计逻辑关系

网上书店前台操作涉及的文件如表7-6所示。

表7-6　网上书店前台操作涉及的文件

文　件　名	文件类别	实现功能
Titles. java	JavaBean	图书表实体类，封装图书信息
CartItem. java	JavaBean	包含Titles对象和购买数量，作为购物车中的图书购买项
TitleDao. java	TitleDao接口	数据库图书表底层操作接口
TitleDaoImpl. java	TitleDao接口实现类	数据库图书表底层操作实现类
OrderOperation. java	业务JavaBean	提供保存订单信息的方法saveOrder
ToViewTitle. java	Servlet	根据viewBook. jsp传来的书号，调用TitleDao的findByIsbn(String isbn)方法到数据库中获取图书实体信息；将查到的图书实体存入request对象中；将请求转发到图书详情信息显示页面detail. jsp
AddTitlesToCart. java	Servlet	AddTitlesToCart Servlet主要完成将所选图书添加到购物车的任务
Dorder. java	Servlet	获取order. html传来的用户信息，调用订单表操作类OrderOperation的saveOrder方法，将订单信息存入订单表
detail. jsp	JSP页面	detail. jsp页面显示图书详细信息，页面中的"放入购物车"按钮将请求提交给AddTitlesToCart Servlet，该Servlet将所选图书添加到购物车
viewCart. jsp	JSP页面	显示购物车的信息
order. html	HTML页面	登记下单用户的联系信息
bye. jsp	JSP页面	显示订单信息，结束会话

7.7.1　用户浏览图书

用户进入网站首先看到的是图书的列表，显示的主要内容是图书的ISBN、书名、作者、出版社。这和前面的listBook. jsp的页面是一样的，只是ISBN的链接显示内容改为所选图书的详细信息。

用户浏览图书信息页面程序如下。

程序(bookstore项目/WebRoot/viewBook. jsp)的清单：

```
<%@ page language="java" contentType="text/html; charset=utf-8" pageEncoding="utf-8"%>
<%@page import="bean.*,java.util.*" %>
<jsp:useBean id="dao" class="bean.TitleDaoImpl" scope="request"/>
<html>
<head>
  <title>浏览图书</title>
</head>
<body><h1 align="center">浏览图书</h1>
  <table align="center" bgcolor=lightgrey>
   <tr><td>ISBN</td><td>书名</td><td>版本</td><td>发布时间</td><td>价格</td></tr>
  <%
   List list=dao.getTitles();   //得到图书列表
    Title titles=null;
    for(int i=0;i<list.size();i++){
     //从list中得到的是一个Object对象,要强制转换为Titles对象
```

```
        titles = (Title)list.get(i);
      %>
        <tr bgcolor = cyan>
        <td><a href = "./ToViewTitle?isbn = <% = titles.getIsbn() %>"title = "图书详情">
            <% = titles.getIsbn() %></a></td>
        <td><% = titles.getTitle() %></td>
        <td><% = titles.getEditionNumber() %></td>
        <td><% = titles.getCopyright() %></td>
        <td><% = titles.getPrice() %>  </td>
        </tr>
      <%
        }
      %>
    </table>
  </body>
</html>
```

以上代码中用到了 JSP 动作指令<jsp:useBean>,在当前页面上创建了 TitleDaoImpl 类的一个实例名字为 dao。在页面中,单击某一图书的 ISBN 会将链接提交给名字为 toViewTitle 的一个 Servlet,在这个链接的后面通过 URL 重定向功能将这本书的 ISBN 一同提交给 toViewTitle。

7.7.2 显示图书详细信息

用户浏览图书时,单击某一图书的 ISBN 可查看此图书的详细信息。这个功能是由一个 Servlet(ToViewTitle.java)和一个 JSP(detail.jsp)页面一同完成的。对应于 ISBN 链接的是一个 Servlet,其对应的是 ToViewTitle 类。

程序(bookstore 项目/src/servlet/ToViewTitle.java)的清单:

```
package servlet;
import bean.*;
import java.io.IOException;
import javax.servlet.ServletException;
import javax.servlet.http.HttpSession;
import javax.servlet.http.HttpServlet;
import javax.servlet.http.HttpServletRequest;
import javax.servlet.http.HttpServletResponse;
public class ToViewTitle extends HttpServlet {
    public ToViewTitle() {
        super();
    }
    public void destroy() {
        super.destroy();
    }
    public void doGet(HttpServletRequest request, HttpServletResponse response)
            throws ServletException, IOException {
        response.setContentType("text/html");
        String isbn = request.getParameter("isbn");
        TitleDao titleDao = new TitleDaoImpl();
        Title titles = titleDao.findByIsbn(isbn);          //根据 ISBN 查找图书
        HttpSession session = request.getSession();        //获取当前会话的 session 对象
         //将图书对象 titles 保存在 session 对象中,保存属性名为 titles
        session.setAttribute("titles",titles);
        //转发显示详细信息页面
        request.getRequestDispatcher("detail.jsp").forward(request, response);
```

```
    }
    public void doPost(HttpServletRequest request, HttpServletResponse response)
            throws ServletException, IOException {
        doGet(request,response);
    }
    public void init() throws ServletException {
        //Put your code here
    }
}
```

以上代码中根据传递的ISBN，调用TitleDaoImpl类的findByIsbn方法在数据库中查找，返回一个Titles类的实例titles，并将此实例对象保存在会话对象Session中。然后转发到detail.jsp页面显示图书详细信息。在detail.jsp页面中通过JSP语句<% Titles titles=(Titles) session.getAttribute("titles"); %>从Session中取出图书实例对象titles，再使用JSP表达式将图书实例titles中的信息显示出来。

程序(bookstore项目/WebRoot/detail.jsp)的清单：

```
<%@ page language = "java" import = "java.util.*,bean.*" pageEncoding = "utf-8" %>
<html>
<head>
   <title>书籍信息</title>
<%
    //从 session 中取出属性名为 titles 的值,要进行强制转换为 Titles 类型,与保存时类型一致
      Title titles = (Title) session.getAttribute("titles");
%>
</head>
<body>
   <TABLE style = "TEXT - ALIGN:center"cellSpacing = "0" cellPadding = "0" width = "590" border =
"0">
   <tr height = "100">
      <td colspan = "3"><h2><% = titles.getTitle() %></h2></td>
  </tr>
  <tr>
    <td rowspan = "5">
    <img style = "border: thin solid black" width = "80" height = "120"
         src = "images/<% = titles.getIsbn()/* titles.getImageFile() */ %>.jpg"
         alt = "<% = titles.getTitle() %>:<% = titles.getIsbn() %>.jpg" />
   </td>
   <td class = "bold" align = "left">图书编号: </td>
   <td align = "left"><% = titles.getIsbn() %></td> </tr>
  <tr align = "left">
   <td class = "bold" align = "left">价格: </td>
   <td align = "left"><% = titles.getPrice() %></td></tr>
  <tr align = "left">
        <td class = "bold">版本号: </td> <td><% = titles.getEditionNumber() %></td></tr>
  <tr align = "left">
   <td class = "bold">版权: </td>  <td><% = titles.getCopyright() %></td></tr>
 <tr align = "left">
   <td> <form method = "post" action = "./AddTitlesToCart"><p>
              <input type = "submit" value = "放入购物车" /></p>
     </form>  </td>
     <td> <form method = "get" action = "viewCart.jsp"><p>
              <input type = "submit" value = "查看购物车" /></p>
         </form></td>
   </tr>
  </table>
 </body>
</html>
```

程序运行结果如图 7-20 所示。

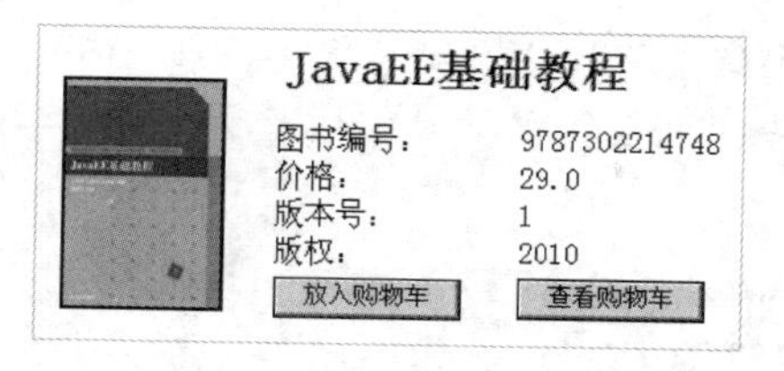

图 7-20　显示某一图书的详细信息

7.7.3　图书添加到购物车并显示购物车信息

在图 7-20 中，当单击"放入购物车"按钮时，提交给处理购物车的 Servlet 类 AddTitlesToCart。

首先，设计购物车中的购书项类(CartItem.java)，这里的购书项类是对图书的进一步封装，以方便购物车中存放所选购图书的管理。虽然在 Titles 类中封装了图书的相关信息，但没有表示图书购买数量的属性，为此构建这个购书项 CartItem 类，购书项类拥有图书对象和选购数量两个属性，它不但可以存放图书的相关信息，同时还可以存放图书的选购数量。用户添加图书到购物车时，只需更新相应购书项对象的选购数量。

程序(bookstore 项目/src/bean/CartItem.java)的清单：

```
package bean;
public class CartItem {
    private Title title;
    private int quantity;
    public Title getTitles() {
         return title;
     }
    public void setTitles(Title titles) {
        this.title = titles;
     }
    public int getQuantity() {
        return quantity;
     }
    public void setQuantity(int quantity) {
        this.quantity = quantity;
     }
}
```

在购物车中(HashMap 对象 cart)的键必须是唯一的，而图书的 ISBN 是不会有重复的，所以可以将 ISBN 作为购物车(Map cart)中的键，购物车中的值就是相应的购书项(CartItem)对象。购物车的结构模型如图 7-21 所示。

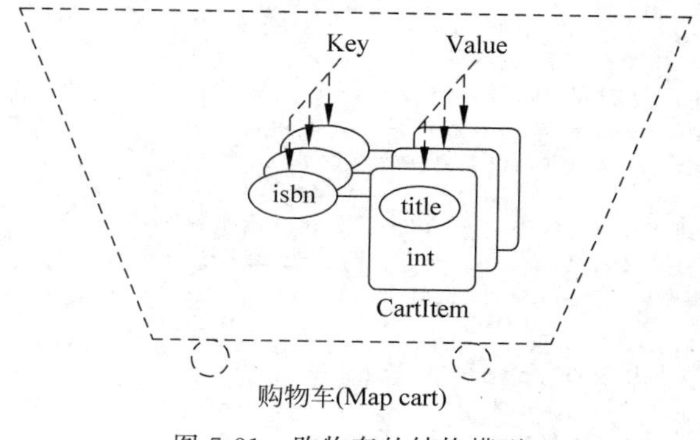

图 7-21　购物车的结构模型

将所选图书添加到购物车的操作由 Servlet 类(AddTitlesToCart.java)完成。

程序(bookstore 项目/src/servlet/AddTitlesToCart.java)的清单：

```
package servlet;
import bean.*;
import java.util.*;
import java.io.IOException;
import javax.servlet.http.HttpSession;
import javax.servlet.http.HttpServlet;
import javax.servlet.http.HttpServletRequest;
import javax.servlet.http.HttpServletResponse;
import javax.servlet.RequestDispatcher;
import javax.servlet.ServletException;
public class AddTitlesToCart extends HttpServlet {
public AddTitlesToCart() {
        super();
    }
public void destroy() {
        super.destroy();
    }
public void doGet(HttpServletRequest request, HttpServletResponse response)
            throws ServletException, IOException {
        doPost(request,response);
    }
  public void doPost(HttpServletRequest request, HttpServletResponse response)
            throws ServletException, IOException {
        HttpSession session = request.getSession(false);
        RequestDispatcher dispatcher;
        //如果 session 不存在,转到浏览图书(viewBook.jsp)页面
        if (session == null) {
            dispatcher = request.getRequestDispatcher("/viewBook.jsp");
            dispatcher.forward(request, response);
        }
        //从 session 中取出购物车(cart)和要添加的图书对象(titles)
        Map cart = (Map) session.getAttribute("cart");
        Title titles = (Title) session.getAttribute("titles");
        //如果购物车不存在,创建购物车
        if (cart == null) {
            cart = new HashMap();
            //将购物车存入 session 之中
            session.setAttribute("cart", cart);
          }
        //从购物车对象中根据图书书号取出相应的购书项对象
        CartItem cartItem = (CartItem) cart.get(titles.getIsbn());
        if (cartItem != null)              //如果购物车中已有购书项对象,则更新其选购数量
            cartItem.setQuantity(cartItem.getQuantity() + 1);
        else{                              //否则,创建一个购书项对象条目到购物车(Map cart)中
            CartItem cartItem1 = new CartItem();
            cartItem1.setTitles(titles);
            cartItem1.setQuantity(1);
            cart.put(titles.getIsbn(), cartItem1);
        }
        //成功添加到购物车后,转向 viewCart.jsp 显示购物车
        dispatcher = request.getRequestDispatcher("/viewCart.jsp");
        dispatcher.forward(request, response);
  }
  public void init() throws ServletException {
  }
}
```

上面的代码中用到了会话技术和 Java 集合类。程序中 request.getSession(false)的含义是若存在会话，则返回该会话，否则返回 null。如果不存在会话，则将页面转到浏览图书页面；如果存在会话，则从 Session 中取出购物车，也是一个 HashMap 集合类对象 cart。如果是第一次添加商品，则购物车为空，此时创建一个 HashMap 对象 cart，并将其存入 Session 中，保存购物车的命令为 session.setAttribute("cart",cart)。在添加一种图书之前，要在购物车 cart 中查找这本图书是否已经存在，这实际上是在购物车 cart 中查找是否存在与要添加图书的 ISBN 有相同键值的购书项对象，语句(CartItem) cart.get(titles.getIsbn())完成此功能。

将图书添加进了购物车后，转发到 viewCart.jsp 页面显示购物车的信息。

程序(bookstore 项目/WebRoot/viewCart.jsp)的清单：

```
<%@ page language="java" session="true" pageEncoding="utf-8"%>
<%@ page import="bean.*,java.util.*,java.text.*"%>
<html>
<body>
        购物车商品
    <%
        Map cart = (Map) session.getAttribute("cart");
        double total = 0;
        if (cart == null || cart.size() == 0)  out.println("<p>购物车当前为空.</p>");
        else {
            //创建用于显示内容的变量
            Set cartItems = cart.keySet();          //获得购物车中所有购书项的书号集合
            Object[] isbn = cartItems.toArray();    //将书号集合转为 isbn 数组
            Title book;                             //图书 JavaBean(book)
            CartItem cartItem;
            int quantity;
            double price, subtotal;
    %>
        <table cellSpacing=0 cellPadding=0 width=490 border=1>
            <thead>
                <tr align="center">
                    <th>  书籍名称</th><th>数量</th><th>价格</th><th>小计</th>
                </tr>
            </thead>
            <%
             int i = 0;
               while (i < isbn.length) {                    //根据 ISBN,逐一找出购书项进行结算处理
                 cartItem=(CartItem)cart.get((String) isbn[i]);         //根据 key,取得 Value
                 book = cartItem.getTitles();                   //从购书项中获得图书对象
                 quantity = cartItem.getQuantity();             //从购书项中获得购买数量
                 price = book.getPrice();                       //从图书对象中获得图书单价
                 subtotal = quantity * price;                   //小计
                 total += subtotal;                             //累加总和
                 i++;
            %>
            <tr>
                <td><%=book.getTitle()%></td>
                <td align="center"><%=quantity%></td>
                <td class="right"><%=new DecimalFormat("0.00").format(price)%>  </td>
                <td class="bold right"><%=new DecimalFormat("0.00").format(subtotal)%>
</td>
            </tr>
            <% } %>
            <tr>
                <td colspan="4" class="bold right">
                    <b>总计:</b><%=new DecimalFormat("0.00").format(total)%>
```

```
                </td>
            </tr>
        </table>
        <%  session.setAttribute("total", new Double(total));
            }
         %>
        <a href = "viewBook.jsp">继续购物</a>
        <form method = "get" action = "order.html">
            <input type = "submit" value = "结 账" />
        </form>
    </body>
</html>
```

代码可以分为三个阶段：第一个阶段从购物车 cart 中取出所有图书的 ISBN，即购物车的键；第二阶段根据 ISBN 从 cart 中取出所有的 CartItem 对象，即图书商品信息，并计算商品的金额；第三阶段利用 JSP 表达式显示购物车的详细信息，同时将总金额保存在 session 中，以备将来结账时用。在代码中用到一个类 DecimalFormat，这是一个用来格式化小数的类，这个类可以先定义模板，并根据模板样式输出小数。viewCart.jsp 运行结果如图 7-22 所示。

购物车商品

书籍名称	数量	价格	小计
C++程序设计	1	52.00	52.00
JavaEE基础教程	2	29.00	58.00
总计： 110.00			

继续购物

结 账

图 7-22 购物车的详细信息页面

7.7.4 添加订单信息并结账

在图 7-22 中单击“结账”按钮则提交给 order.html 页面，这个页面可输入用户的相关信息，如图 7-23 所示。

程序（bookstore 项目/WebRoot/order.html）的清单：

图 7-23 输入用户详细信息页面

```
<html>
<head>
  <title>提交图书订单</title>
   <script language = "javascript" type = "">
    function RegisterSubmit(){
     with(document.order){
        var user = username.value;
        var cart = creditcard.value;
        if(user == null || user == ""){alert("请填写用户名");  }
          else if(cart == null || cart == ""){  alert("请填写信用卡号码");  }
          else document.order.submit();
         }
      }
  </script>
</head>
<body>  <center>
  <form method = "POST" name = "order" action = "./DoOrder">
     <table style = "TEXT - ALIGN: center" cellSpacing = 1 cellPadding = 1
width = 260 border = 1 >
       <!--    显示内容开始   -->
       <tr><td colspan = "2"><font size = 4 >订单处理 请输入如下信息：
</font></td></tr>
```

```
        <tr><td colspan="2"> </td> </tr>
        <tr><td>用户名:</td>
          <td><div align="left">
              <input type="text" name="username" size="25" /></div></td></tr>
        <tr><td colspan="2"> </td>  </tr>
        <tr><td>邮编:</td>
            <td><div align="left">
              <input type="text" name="zipcode" size="25" />  </div></td></tr>
        <tr><td colspan="2"> </td></tr>
        <tr><td>电话:</td>
            <td><div align="left">
            <input type="text" name="phone" size="25" /></div>  </td></tr>
        <tr><td colspan="2"> </td></tr>
        <tr><td>信用卡:</td>
            <td><div align="left">
            <input type="text" name="creditcard" size="25" /></div></td></tr>
        <tr><td colspan="2"> </td></tr>
        <tr><td><input type="button" value="提交" name="B1" onclick="RegisterSubmit()"/>
</td>
          <td align="center">
          <input type="reset" value="重置" name="B2"/></td></tr>
          <!-- 显示内容结束  -->
      </table>
    </form>
 </center>
 </body>
</html>
```

order.html 中的语句：

```
<form method="POST" name="order" action="./DoOrder">
```

表示将表单提交到 DoOrder 的 Servlet，由这个 Servlet(DoOrder.java)对用户提交的图书订单进行处理。

程序(bookstore 项目/src/servlet/DoOrder.java)的清单：

```
package servlet;
import java.io.IOException;
import bean.BookOrder;
import bean.OrderOperation;
import javax.servlet.ServletException;
import javax.servlet.http.HttpServlet;
import javax.servlet.http.HttpServletRequest;
import javax.servlet.http.HttpServletResponse;
import javax.servlet.http.HttpSession;
public class DoOrder extends HttpServlet {
    public DoOrder() {
        super();
    }
    public void destroy() {
        super.destroy();
    }
    public void doGet(HttpServletRequest request, HttpServletResponse response)
            throws ServletException, IOException {
        doPost(request,response);
    }
    public void doPost(HttpServletRequest request, HttpServletResponse response)
```

```
            throws ServletException, IOException {

        BookOrder bookorderbean = new BookOrder();      //创建订单实体类对象
        request.setCharacterEncoding("utf-8");         //处理中文输入
        HttpSession session = request.getSession();    //获取 session
        //获取输入的表单数据,封装订单实体类对象
        bookorderbean.setUsername(request.getParameter("username"));
        bookorderbean.setZipcode(request.getParameter("zipcode"));
        bookorderbean.setPhone(request.getParameter("phone"));
        bookorderbean.setCreditcard(request.getParameter("creditcard"));
        bookorderbean.setTotal(((Double)session.getAttribute("total")).doubleValue());
        //表单信息保存在 session 中,供 bye.jsp 使用
        session.setAttribute("order",bookorderbean);
        OrderOperation op = new OrderOperation();      //创建保存订单的操作类对象
        op.saveOrder(bookorderbean);                   //将订单信息保存到数据库
        //转显示订单信息页面
        request.getRequestDispatcher("bye.jsp").forward(request,response);
    }
    public void init() throws ServletException {
    }
}
```

在DoOrder类中引用了OrderOperation类的实例。OrderOperation类与Titles表的操作类TitlesOperation相似,OrderOperation类是bookorder表的操作类,该类的saveOrder方法可将订单数据存入数据库的bookorder表中,这里的bookorder表保存的是用户账户信息,实际项目中还应该将订单详细信息进行保存。OrderOperation类程序如下。

程序(bookstore项目/src/bean/OrderOperation.java)的清单:

```
package bean;
import java.sql.Connection;
import java.sql.PreparedStatement;
public class OrderOperation {
    private Connection conn;
    private PreparedStatement pstmt;
    public void saveOrder(BookOrder bookoder)
    {                                    //利用封装类的实例向表 bookorder 中插入记录
     try {
            conn = DBcon.getConnection();
            String sql = "insert into bookorder(username,zipcode, phone, ";
            sql += "creditcard,total) values(?,?,?,?,?)";
            pstmt = conn.preparedStatement(sql);
            pstmt.setString(1, bookoder.getUsername());
            pstmt.setString(2, bookoder.getZipcode());
            pstmt.setString(3, bookoder.getPhone());
            pstmt.setString(4, bookoder.getCreditcard());
            pstmt.setDouble(5, bookoder.getTotal());
            pstmt.executeUpdate();
        } catch (Exception e) {
            e.printStackTrace();
        }
        //释放资源
        finally {
            DBcon.closeStatement(pstmt);
            DBcon.closeConnection(conn);
        }
    }
    public BookOrder qurry(){
        return null;
    }
}
```

在 DoOrder 类中处理订单完成后转发到 bye.jsp 页面。bye.jsp 页面运行结果如图 7-24 所示。

订书成功！本次购书订单详细信息如下

书籍名称	数量	价格	小计
C++程序设计	1	52.00	52.00
J2EE基础教程	2	29.00	58.00
总计：110.00			

用户账户信息如下：
用户名：admin
邮编：226019
电话：18071607000
信用卡号：458064668899
购书总额：110.0
本书店将及时发货，请注意查收。欢迎再次光临网上书店，谢谢！

图 7-24　bye.jsp 页面运行结果

程序(bookstore 项目/WebRoot/bye.jsp)的清单：

```
<%@ page language="java"  pageEncoding="utf-8"%>
<%@ page import="bean.*,java.util.*,java.text.*,bean.BookOrder"%>
<html>
    <head><title>订单信息</title></head>
    <body>
     <% BookOrder bookOrder = (BookOrder) session.getAttribute("order"); %>
       订书成功!本次购书订单详细信息如下：<br>
    <% Map cart = (Map) session.getAttribute("cart");
      double total = 0;
    if (cart == null || cart.size() == 0)
       out.println("<p>购物车当前为空!</p>");
    else {
       //创建用于显示内容的变量
       Set cartItems = cart.keySet();
       Object[] isbn = cartItems.toArray();
       Title book;
       CartItem cartItem;
       int quantity;
          double price, subtotal;
      %>
      <table cellSpacing=0 cellPadding=0 width=490 border=1>
         <thead>
            <tr align="center">
               <th>书籍名称</th><th>数量</th><th>价格</th><th>小计</th>
            </tr>
         </thead>
         <%  int i = 0;
            while (i < isbn.length) {
               //计算总和
               cartItem = (CartItem) cart.get((String) isbn[i]);
               book = cartItem.getTitles();
               quantity = cartItem.getQuantity();
               price = book.getPrice();
               subtotal = quantity * price;
               total += subtotal;
               i++;
          %>
         <tr>
            <td><%=book.getTitle()%></td>
            <td align="center"><%=quantity%></td>
            <td class="right"><%=new DecimalFormat("0.00").format(price)%></td>
            <td class="bold right">  <%=new DecimalFormat("0.00").format(subtotal)%>
            </td>
         </tr>
         <% } %>
         <tr>
```

```
                <td colspan = "4" class = "bold right">
                    <b>总计: </b><% = new DecimalFormat("0.00").format(total) %>
                </td>
            </tr>
        </table>
        <% } %>
        <br>用户账户信息如下:<br>
        用户名:<% = bookOrder.getUsername() %><BR>
        邮编:<% = bookOrder.getZipcode() %><BR>
        电话:<% = bookOrder.getPhone() %><BR>
        信用卡号:<% = bookOrder.getCreditcard() %><BR>
        购书总额:<% = bookOrder.getTotal() %>
        <BR>
        本书店将及时发货,请注意查收.欢迎再次光临网上书店,谢谢!<br>
        <%   session.invalidate(); %>
    </body>
</html>
```

扫一扫

视频讲解

7.8 JSP 设计模式

目前 JSP Web 开发有两种常见模式:ModelⅠ和 ModelⅡ。ModelⅠ采用 JSP+JavaBean 模式,ModelⅡ采用 MVC 模式,在大型企业级开发中以 MVC 模式居多。

7.8.1 ModelⅠ体系结构

ModelⅠ就是 JSP+JavaBean 体系结构,如图 7-25 所示。在这种体系结构中,JSP 直接处理 Web 浏览器送来的请求,并辅以 JavaBean 处理相关的业务逻辑。这种结构实现起来比较简单,容易实现。JSP 页面负责接收客户端提交的数据,同时调用 JavaBean 中的方法。JavaBean 可以访问数据库,并进行一些数据处理,并将处理结果返回 JSP 页面。最终由 JSP 将处理结果返回给客户端浏览器。

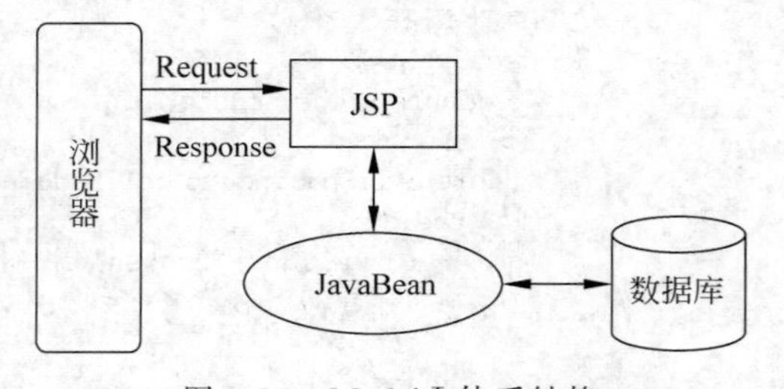

图 7-25 ModelⅠ体系结构

ModelⅠ把所有的代码都放在 JSP 中或抽取部分业务逻辑代码放于 JavaBean 中。这样做的好处是原理简单、易于实现,适用于小型系统开发。而缺点是 JSP 页面中含有大量的用<% %>标示的 Java 代码段,使得整个 JSP 页面显得非常混乱,代码重用性低,可读性差,难以维护。

在网上书店项目中的 listBook.jsp 就是 ModelⅠ的一个典型应用。它的任务很繁重,它需要知道 TitleDaoImple 对象的方法定义,并调用相应方法获取数据。JSP 页面获取数据后还负责将数据显示出来。实际上,JSP 只是设计用来显示数据的,不应该知道底层类的调用。

在早些时候的 JSP 说明书里面提倡两种 JSP 的使用方式,分别是 JSP Model Ⅰ和 JSP Model Ⅱ,两者的本质上的区别在于请求的处理,ModelⅠ这种 JSP+JavaBean 模式已经体现出把显示和内容进行分离设计的思想,对于小型的应用来说是一种完美的架构。但是,由于 Model Ⅰ中显示和内容分离还不够彻底,它在 JSP 页面中仍然混杂了大量的业务逻辑,甚至有些 JSP 页面纯粹是用来做数据处理,然后转发页面,没有向浏览器输出任何数据。由于 JSP 页面中嵌入大量的 Java 代码,当业务逻辑复杂时,使用此模式会带来副作用,程序难以维护。

因此在大型项目中,很少采用这种模式。

7.8.2 ModelⅡ体系结构

ModelⅡ架构把显示层和内容层进行分离,如图 7-26 所示。ModelⅡ也可以看作是设计模式 MVC(Model-View-Controller)即"模型-视图-控制器"模式的一种实现形式。MVC 是 Xerox PARC 在 20 世纪 80 年代为编程语言 Smalltalk-80 发明的一种软件设计模式,至今已被广泛使用。最近几年被推荐为 Sun 公司 J2EE 平台的设计模式,并且受到越来越多的使用者和开发者的欢迎。

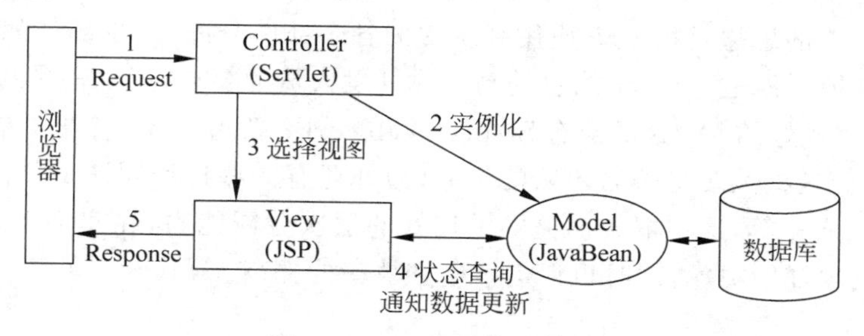

图 7-26 ModelⅡ体系结构

ModelⅡ的工作原理是:所有的请求都被发送给作为控制器的 Servlet,Servlet 接收请求,并根据请求信息将它们分发给相应的 JSP 页面来响应;同时 Servlet 还根据 JSP 的需求生成相应的 JavaBean 对象并传输给 JSP,JSP 通过直接调用方法或利用 useBean 的自定义标签,得到 JavaBean 中的数据。

这里,Servlet 扮演了一个控制器的角色,负责生成 JSP 页面所要用到的 JavaBean 对象,并且控制流程的处理,根据不同的请求来决定转发到哪个 JSP 页面。这样做的好处在于,JSP 专门用于表现数据而无须进行其他操作,使得 JSP 页面没有或只含很少的 Java 代码。使得页面清晰,提高了可读性,便于维护。

设计模式有两层、三层和多层之分,直接决定着项目的应用、部署和实际开发设计。

ModelⅡ将 JSP 程序的功能分为三层:Model(模型)层、View(视图)层、Controller(控制)层。

具体实现时,JavaBean 作为模型层,Servlet 作为控制层,JSP 作为视图层。每层的作用如下。

(1) JavaBean 作为模型层,负责存储与应用程序相关的数据,实现各个具体应用的业务逻辑功能。

(2) JSP 作为视图层,用于用户界面的显示。它主要通过信息共享,从 JavaBean 中取出数据,插入到 HTML 页面中。

(3) Servlet 作为控制层,负责处理 HTTP 请求,包括对输入数据的检查和转换、通过 JavaBean 访问数据库、初始化 JSP 页面中要用到的 JavaBean 或对象、根据处理中不同的分支和结果决定转向哪个 JSP 等。

这种设计模式通过 Servlet 和 JavaBean 的合作来实现交互处理,很好地实现了表示层、事务逻辑层和数据的分离。

从以上对两种模型的说明来看,ModelⅠ(JSP+JavaBean)模型和 ModelⅡ(JSP+JavaBean+Servlet)模型的整体结构都比较清晰,易于实现。它们的基本思想都是实现表示层、事务逻辑层和数据层的分离。这样的分层设计便于系统的维护和修改。两种模型的主要区别如下。

(1) 处理流程的主控部分不同。ModelⅠ利用 JSP 作为主控部分,将用户的请求、JavaBean 和响应有效地链接起来。ModelⅡ利用 Servlet 作为主控部分,将用户的请求、

JavaBean 和响应有效地链接起来。

(2) 实现表示层、事务逻辑层和数据层的分离程度不同。ModelⅡ比ModelⅠ有更好的分离效果。当事务逻辑比较复杂、分支较多或需要涉及多个JavaBean组件时,ModelⅠ常常会导致JSP文件中嵌入大量的脚本或Java代码。特别是大型项目开发中,由于页面设计和逻辑处理分别由不同的专业人员承担,如果JSP有相当一部分处理逻辑和页面描述混在一起,就有可能引起分工不明确,不利于两个部分的独立开发和维护,影响项目的施工和管理。在ModelⅡ中,由Servlet处理HTTP请求,JavaBean承担事务逻辑处理,JSP仅负责生成网页的工作,所以表现层的混合问题比较轻,适合于不同专业的专业人员独立开发Web项目中的各层功能。

MVC设计模式的思想是把B/S应用系统中的各个部件分离,减少部件间的耦合度,以方便系统的开发、维护。但是,分层结构也提高了对开发人员的要求,产生较多的文件,增加了文件管理的难度。比较好的MVC框架有Struts、Webwork;新兴的MVC框架有Spring MVC、Tapestry、JSF等。这些大多是著名团队的作品,另外还有一些边缘团队的作品,也相当出色,如Dinamica、VRaptor等,这些框架都提供了较好的层次分隔能力,在实现MVC分隔的基础上,提供一些现成的辅助类库,同时也促进了生产效率的提高。

习题7

1. HttpServlet中的doGet和doPost的原型是什么?
2. Servlet实例是什么时候创建的?什么时候销毁的?
3. 简述JSP与Servlet的关系。
4. 通过哪个对象可以获取Web容器的相关信息?
5. 如何通过HttpServletRequest对象在JSP和Servlet之间或Servlet之间传递数据?
6. 简述getServletContext和getServletConfig的区别。
7. 已知用户表(userinfo)的结构如表7-7所示。

表7-7 用户表(userinfo)

字　段	类　型	说　明
userId	int	用户ID
loginname	Varchar(20)	登录名
password	Varchar(20)	密码

要求:

(1) 为用户表userinfo创建一个数据封装类UserInfo。

(2) 为用户表userinfo创建一个数据操作接口UserDao和实现类UserDaoImpl。UserDao接口如下:

```
public interface UserDao{
        public UserInfo doLogin(String name,String password);
}
```

(3) 创建一个登录页面index.jsp,输入用户名和密码,提交给DoUser类,这是一个Servlet。

(4) 在DoUser类中获取页面提交的数据,并调用UserDaoImpl类的login方法对用户的合法性进行验证。如果是合法用户则将用户信息保存在Session中,并转发到成功页面success.jsp,在此页面中将保存在Session中的信息输出;如果不是合法用户则重定向到登录页面。

8. 简述ModelⅡ与ModelⅠ有何不同。

第8章

过 滤 器

本章学习目标

- 掌握过滤器的定义、作用与设计方法。
- 熟悉过滤器的体系结构。
- 掌握使用过滤器解决常见问题。

扫一扫

视频讲解

8.1 Servlet 过滤器简介

Servlet 过滤器是可插入的 Web 组件，实现 Web 应用程序中的预处理和后期处理逻辑。过滤器支持 Servlet 和 JSP 页面的基本请求处理功能，如日志记录、性能、安全、会话处理、XSLT 转换等。Servlet 过滤器是小型的 Web 组件，拦截请求和响应，以便查看、提取或以某种方式操作正在客户机和服务器之间交换的数据。

Filter 的基本工作原理：当在 web.xml 中注册了一个 Filter 来对某个 Servlet 程序进行拦截处理时，这个 Filter 就成了 Servlet 容器与该 Servlet 程序的通信线路上的一道关卡。该 Filter 可以对 Servlet 容器发送给 Servlet 程序的请求和 Servlet 程序回送给 Servlet 容器的响应进行拦截，可以决定是否将请求继续传递给 Servlet 程序，以及对请求和响应信息是否进行修改。在一个 Web 应用程序中可以注册多个 Filter 程序，每个 Filter 程序都可以对一个或一组 Servlet 程序进行拦截。若有多个 Filter 程序对某个 Servlet 程序的访问过程进行拦截，当针对该 Servlet 的访问请求到达时，Web 容器将把这些 Filter 程序组合成一个 Filter 链（过滤器链）。Filter 链中各个 Filter 的拦截顺序与它们在应用程序的 web.xml 中映射的顺序一致。

Servlet 过滤器的工作过程如图 8-1 所示。

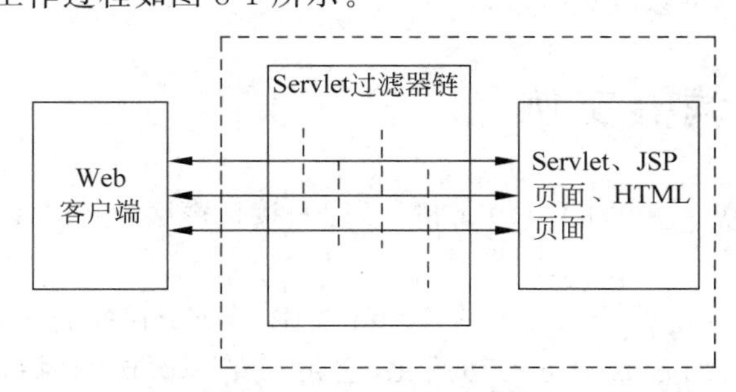

图 8-1　Servlet 过滤器的工作过程

Servlet 过滤器能够对 Servlet 容器的请求和响应对象进行检查和修改。Servlet 过滤器本身并不生成请求和响应对象，只提供过滤作用。Servlet 过滤器能够在调用请求的 Servlet 之前检查 Request 对象，修改 Request Header 和 Request 对象本身的内容；阻止资源调用，转到其他资源，返回一个特定的状态码或生成替换输出。在 Servlet 被调用之后检查 Response 对象，修改 Response Header 和 Response 内容。Servlet 过滤器过滤的资源可以是 Servlet、JSP 和 HTML 等。

过滤器主要有以下几方面应用。

- 权限检查：根据请求过滤非法用户。
- 记录日志：记录指定的日志信息。
- 解码：对非标准的请求解码。
- 解析 XML：和 XSLT 结合生成 HTML。
- 设置字符集：解决中文乱码问题。

8.2 Servlet 过滤器体系结构

Servlet 过滤器用于拦截传入的请求和传出的响应，并监视、修改正通过的数据流。过滤器是自包含的组件，可以在不影响 Web 应用程序的情况下添加或删除它们。一个过滤器可以过滤任意多个资源，一个资源也可以被任意多个过滤器过滤，如果 Filter 有多个，则过滤顺序与在 web.xml 中配置的顺序一致。Web 资源 S 和过滤器 f 的关系如图 8-2 所示。

其中，S1、S2、S3 分别代表资源，f1、f2、f3 分别代表过滤器。它们的关系如下。

- 过滤器 f1 被关联到资源 S1、S2、S3。
- f1、f2、f3 将依次作用于资源 S2。
- f1、f3 将依次作用于 S1。
- f1 只作用于 S3。

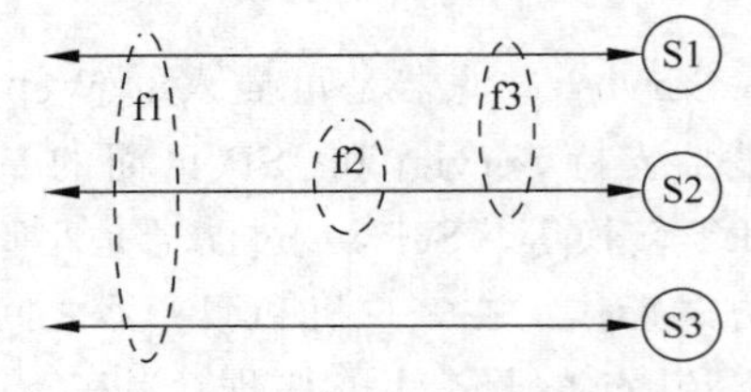

图 8-2　Web 资源 S 与过滤器 f 的关系

以资源 S2 为例分析过滤器的工作原理。用户要访问资源 S2，就要依次经过过滤器 f1、f2 和 f3，最后才能访问资源 S2。用户的请求信息必须经过每个过滤器的处理，如果有一个过滤器不能通过，则请求信息将无法到达资源 S2。在请求信息到达资源 S2 后，S2 要送回一个响应信息，响应信息返回过程中也要通过过滤器，请求信息经过几个过滤器，回应信息也要经过几个过滤器，只是回应信息经过过滤器的次序与请求信息的正好相反。S2 的响应信息首先经过 f3，然后是 f2 和 f1。

由此可见，一个 Web 资源（Servlet、JSP、HTML）可以配置一个过滤器，或由多个过滤器组成的过滤器链，当然也可以没有过滤器。

8.3 Servlet 过滤器实例

过滤器必须实现 javax.servlet.Filter 接口，这一接口声明 init、doFilter 和 destroy 三个方法。它们作用如下。

init(FilterConfig config)：init 方法在 Filter 生命周期中仅执行一次，这个方法在容器实例化过滤器时被调用，并对过滤器进行初始化，它是在第一次访问时被执行的。Web 容器在调用 init 方法时，会传递一个包含 Filter 的配置和运行环境的 FilterConfig 对象。利用 FilterConfig 对象可以得到 ServletContext 对象，以及在 web.xml 文件中指定的过滤器初始化参数。在这个方法中，可以抛出 ServletException 异常，通知容器该过滤器不能正常工作。通过这个方法可以获取初始化参数。

doFilter(ServletRequset request,ServletResponse response,FilterChain chain):过滤器的自定义行为主要在这里完成,过滤器执行 doFilter 方法时,会自动获得过滤器链(FilterChain)对象,使用该对象的 doFilter 方法可继续调用下一级过滤器。

destroy():在停止使用过滤器前,由容器调用过滤器的这个方法,完成必要的清除和释放资源的工作。

【例 8-1】 设计一个 IP 地址过滤器。只有在指定范围的 IP 地址才能登录,而不在此范围的 IP 地址则拒绝登录。可以将起始 IP 地址和终止 IP 地址写在 web. xml 配置文件中,本例中为了方便地将读取到的起止 IP 地址存放到 request 对象中,以便比对过滤结果,将从 web. xml 中读取起止 IP 地址的语句安排在 doFilter 方法中,实际项目一般是在过滤器的 init 方法中读取这些配置信息。当有用户请求资源时,首先获取用户的 IP 地址,并将用户的 IP 与读取配置文件的 IP 地址进行比较,如果用户 IP 在有效范围内,则允许登录,否则拒绝登录。

扫一扫

视频讲解

程序(jspweb 项目/src/filter/FilterIP. java)的清单:

```
package filter;
import java.io.IOException;
import javax.servlet.Filter;
import javax.servlet.FilterChain;
import javax.servlet.FilterConfig;
import javax.servlet.ServletException;
import javax.servlet.ServletRequest;
import javax.servlet.ServletResponse;
import javax.servlet.http.HttpServletRequest;
import javax.servlet.http.HttpServletResponse;
public class FilterIP implements Filter {
    private FilterConfig filterConfig;
    private int startIp;       //起始 IP 地址
    private int endIp;         //结束 IP 地址
    public void destroy() {
    }
    public void doFilter(ServletRequest arg0, ServletResponse arg1,
            FilterChain arg2) throws IOException, ServletException {
        //将 ServletRequest 转换为 HttpServletRequest
        HttpServletRequest request = (HttpServletRequest) arg0;
        //将 ServletResponse 转换为 HttpServletResponse
        HttpServletResponse response = (HttpServletResponse) arg1;
        //从 web.xml 中读取初始化参数 startIP
        String strstartIp = filterConfig.getInitParameter("startIp");
        //从 web.xml 中读取初始化参数 endIP
        String strendIp = filterConfig.getInitParameter("endIp");
        request.setAttribute("strstartIp",strstartIp);
        request.setAttribute("strendIp",strendIp);
        //将起始 IP 地址中的"."去掉,再转为整型量,如 127.0.0.1 变为 127001
        startIp = Integer.parseInt(strstartIp.replace(".", ""));
        endIp = Integer.parseInt(strendIp.replace(".", ""));
        String reqIP = request.getRemoteHost();          //获取客户端的 IP 地址
        request.setAttribute("reqIP",reqIP);
        reqIP = reqIP.replace(".", "");       //将 IP 地址中的"."去掉,如 127.0.0.1 变为 127001
        //request.getRequestDispatcher("/ch08/filtIp.jsp").forward(request, response);
        //request.getRequestDispatcher("error.jsp").forward(request, response);
        int ip = Integer.parseInt(reqIP);                //将字符串转为 int 型数据
          //如果用户的 IP 不在允许范围内则转发到 error.jsp 页面
          if(ip < startIp || ip > endIp) {
        request.getRequestDispatcher("/ch09/filtIp.jsp").forward(request, response);
        }
```

```
            System.out.println("这是对 request 的过滤");
            arg2.doFilter(arg0, arg1);        //调用下一个 Filter 或调用资源
            System.out.println("这是对 response 的过滤");
        }
        public void init(FilterConfig arg0) throws ServletException {
            this.filterConfig = arg0;
        }
}
```

在 init()中，FilterConfig 对象的 getInitParameter 方法可以一次读取 web.xml 文件中的配置信息，利用 request 对象的 getRemoteHost 方法可以获取客户端的 IP 地址，将客户端的 IP 地址与配置文件中的 IP 地址范围比较，实现对登录用户的控制。

程序(jspweb 项目/WebRoot/ch08/filtIp.jsp)的清单：

```
<%@ page language="java" import="java.util.*" pageEncoding="utf-8"%>
<html>
  <head>
      <title>显示过滤器拦截结果</title>
  </head>
  <body>
        对不起,你的 IP 地址是:<%=request.getAttribute("reqIP") %><br>
        不在服务范围内!<hr>
        web.xml 设置的合法地址范围是:<br>
        xml 设置的 startIp=<%=request.getAttribute("strstartIp") %><br>
        xml 设置的 endIp=<%=request.getAttribute("strendIp") %><br>
  </body>
</html>
```

在 web.xml 中要对过滤器进行配置，配置代码如下：

```
<filter>
    <filter-name>filterIp</filter-name>
    <filter-class>filter.FilterIP</filter-class>
    <init-param>
      <param-name>startIp</param-name>
      <param-value>127.0.0.2</param-value>
  </init-param>
  <init-param>
      <param-name>endIp</param-name>
      <param-value>127.0.0.5</param-value>
  </init-param>
 </filter>
<filter-mapping>
    <filter-name>filterIp</filter-name>
    <url-pattern>/*</url-pattern>
</filter-mapping>
```

在上面的配置中，<filter>元素配置了过滤 IP 地址的过滤器，过滤器的名字是 filterIp，实现类的完整类名是 filter.FilterIp，其中的<init-param>子元素定义了两个初始化参数 startIp 和 endIp，分别表示 IP 的起始地址和终止地址；<filter-mapping>元素定义了 filterIp 过滤器对哪些资源的访问进行过滤，这里设置为/*，表示对所有资源都要过滤。在“WebRoot\ch09\”文件夹下建立一个 JSP 文件 filtIp.jsp。当访问 Web 服务下的任何一个资源，这个过滤器都会起作用。

为了调试程序时能够在控制台上显示 Filter.java 中的 System.out.println()语句的输出

内容，必须在 MyEclipse 工具栏上开启 Tomcat，再在 MyEclipse 工具栏上开启内置浏览器，在浏览器地址栏中输入 http://localhost:8080/jspweb/，则出现如图 8-3 所示的运行结果。其中，控制台上输出了过滤器过滤作用前后的输出信息，从输出信息表明，过滤器可以在请求对象到达资源之前进行过滤处理，也可以对服务器输出的响应对象进行过滤处理。

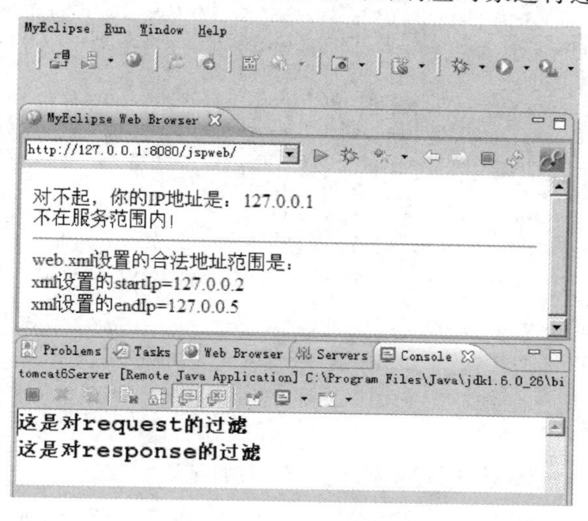

图 8-3　index. jsp 页面

因为来自本机请求的 IP 地址是 127.0.0.1，而 web. xml 配置文件中的可访问起止地址是 127.0.0.2～127.0.0.5，用户的 IP 地址不在允许范围内，请求被过滤器拦截，转发到 filtIp. jsp 页面，不能到达请求资源 index. jsp 页面。

如果改变 web. xml 文件中的 startIp 的值为 127.0.0.0，重启 tomcat 服务器，访问与上面同样的网址，则可以请求 index. jsp 页面。这是因为请求的 IP 地址在允许范围内。

【例 8-2】 这是本书提供的网上书店实例项目中的一个实际应用的过滤器。该过滤器有两个功能，一是通过配置参数 encoding 指明使用何种字符集编码来获取请求对象的参数，以便对所有请求统一处理表单参数的中文问题；二是不允许未经登录的用户访问站点中的其他任何资源，实现这一功能的原理是在过滤器中检查 Session 对象中是否保存有用户名以便判断用户是否已登录，如果未经登录而直接访问 http://localhost:8080/bookstore/下的任何其他资源，都会强制返回登录页面 index. html。

扫一扫

视频讲解

程序(bookstore 项目/src/filter/CharacterEncodingFilter. java)的清单：

```
package filter;
import java.io.IOException;
import javax.servlet.Filter;
import javax.servlet.FilterChain;
import javax.servlet.FilterConfig;
import javax.servlet.ServletException;
import javax.servlet.ServletRequest;
import javax.servlet.ServletResponse;
import javax.servlet.http.HttpServletRequest;
import javax.servlet.http.HttpServletResponse;
public class CharacterEncodingFilter implements Filter {
    public void destroy() {
    }
    public void doFilter(ServletRequest request, ServletResponse response,
            FilterChain chain) throws IOException, ServletException {
```

```
        request.setCharacterEncoding("utf-8");          //设置获取请求参数时所使用的编码集合
        HttpServletRequest req = (HttpServletRequest) request;
        HttpServletResponse res = (HttpServletResponse) response;
        String basePath = req.getScheme() + "://" + req.getServerName() + ":" +
req.getServerPort() + req.getContextPath() + "/";      //获得项目基准路径
        String url = req.getRequestURL().toString();  //从 Request 对象中获取访问资源 URL
        String str = (String) req.getSession().getAttribute("userName");  //从 Session 中取得用户名
        //如果已登录或请求的是登录页面中的相关资源,则放行
      if (str != null || url.equals(basePath + "index.html")
                      || url.equals(basePath + "images/top.jpg")
                      || url.equals(basePath + "checkUser.jsp"))
            {
              chain.doFilter(request, response);
            } else {     //否则(即未经登录却试图访问非登录页面的其他页面或资源),强制转到登录页面
              res.sendRedirect("/bookstore/index.html");//这种目标路径的表示方法与当前路径无关
          }
      }
      public void init(FilterConfig arg0) throws ServletException {
      }
}
```

在 web.xml 中要对过滤器进行配置，配置代码如下：

```
<filter>
    <filter-name>character</filter-name>
     <filter-class>filter.CharacterEncodingFilter</filter-class>
  </filter>
  <filter-mapping>
     <filter-name>character</filter-name>
     <url-pattern>/*</url-pattern>
  </filter-mapping>
```

【例 8-3】 设计一个过滤器，用来跟踪一个用户的 Web 请求（页面处理）所花费的大致时间。

程序（jspweb 项目/src/filter/TimeTrackFilter.java）的清单：

```
package filter;
import javax.servlet.*;
import java.util.*;
import java.io.*;
public class TimeTrackFilter implements Filter {
        private FilterConfig filterConfig = null;
        public void init(FilterConfig filterConfig)
        throws ServletException {
                this.filterConfig = filterConfig;
        }
        public void destroy(){
                this.filterConfig = null;
        }
public void doFilter( ServletRequest request,ServletResponse response,FilterChain chain )
        throws IOException,ServletException {
                Date startTime,endTime;
                double totalTime;
                startTime = new Date();
                chain.doFilter(request,response);
                endTime = new Date();
                totalTime = endTime.getTime() - startTime.getTime();
```

```
            StringWriter sw = new StringWriter();           //创建一个新字符流
            PrintWriter writer = new PrintWriter(sw);       //构建 sw 的写入对象 writer
            writer.println();
            writer.println("===============");
            writer.println("页面处理所用时间: " + totalTime + "毫秒." );
            writer.println("===============");
            writer.flush();
            //在控制台上通过日志 log 输出 sw
            filterConfig.getServletContext().log(sw.getBuffer().toString());
        }
    }
```

在 web.xml 中要对过滤器进行配置，配置代码如下：

```
<filter>
  <filter-name>timefilter</filter-name>
  <filter-class>filter.TimeTrackFilter</filter-class>
</filter>
<filter-mapping>
  <filter-name>timefilter</filter-name>
  <url-pattern>/*</url-pattern>
</filter-mapping>
```

配置好过滤器后，在浏览器地址栏中输入 http://127.0.0.1:8080/jspweb/index.jsp，程序运行结果如图 8-4 所示。

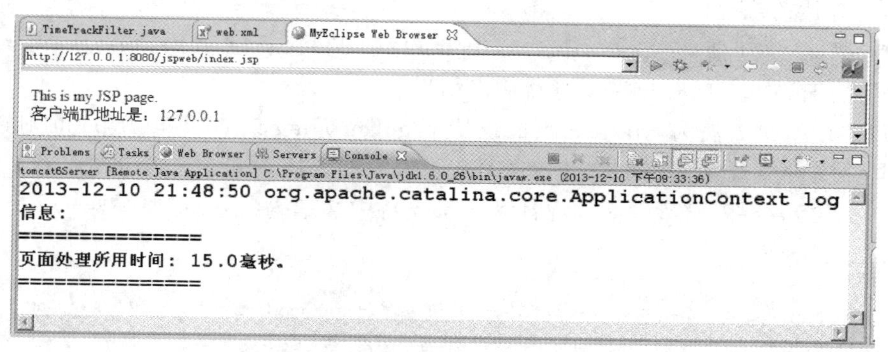

图 8-4　过滤器 TimeTrackFilter.java 的运行结果

还可以使用过滤器禁止浏览器缓存当前页面。有 3 个 HTTP 响应头字段可以禁止浏览器缓存当前页面，它们示例代码如下：

```
response.setDateHeader("Expires", -1);
response.setHeader("Cache-Control","no-cache");
response.setHeader("Pragma","no-cache");
```

并不是所有的浏览器都能完全支持上面的 3 个响应头，因此，最好是同时使用上面的 3 个响应头。

8.4　JSP 中文乱码问题

由于 Java 语言内部采用 UNICODE 编码，所以在程序运行时，就存在着一个从 UNICODE 编码和对应操作系统及浏览器支持的编码格式转换输入输出的问题。在这个转换过程中有一系列的步骤，如果其中任何一步出错，则输出就会出现乱码。这就是常见的中文乱码问题。在Web开发中遇到的中文编码问题主要有JSP页面显示、表单提交和数据库应用等。

1. JSP页面显示中文乱码问题

在JSP页面中输出中文时乱码，这是因为字符编码不正确所导致。JSP页面的编码方式有两个地方需要设置：

```
<%@ page language = "java" import = "java.util.*" pageEncoding = "utf-8" %>
<%@ page contentType = "text/html;charset = utf-8" %>
```

其中，pageEncoding是指JSP文件本身在本地保存时的编码方式，contentType的charset是指服务器发送网页内容给客户端时所使用的编码。

从第一次访问一个JSP页面开始，到这个页面被发送到客户端，这个JSP页面要经过三次编码转换。

(1) 根据pageEncoding的设定字符编码读取JSP生成Servlet(.java)，结果生成的Servlet的编码是统一的UTF-8，如果pageEncoding设定错误或没有设定，就会出现中文乱码。

(2) 由JAVAC编译指令将Java源码编译为Java字节码，不论读取JSP设定的是什么编码方案，经过这个阶段的结果全部是按UTF-8编码的。JAVAC用UTF-8编码读取Java源码，编译成UTF-8编码的字节码(即class)，这是JVM对常数字串在二进制码(Java Encoding)内表达的规范。

(3) Tomcat(或其他的application container)载入和执行字节码，根据contentType的charset设定的编码方案向客户端浏览器输出结果。

所以最终的解决方法为：在JSP页面设置pageEncoding或contentType的charset其中一个为支持中文的编码格式(如UTF-8、GBK、GB2312)。因为设置一个的话，另一个默认会和它一样。如果两个都设置，则必须保证两个都支持中文编码(不一定要一样)。

最佳建议设置如下：

```
<%@ page language = "java" import = "java.util.*" pageEncoding = "utf-8" %>
<%@ page contentType = "text/html;charset = utf-8" %>
```

2. 表单提交乱码问题

在JSP页面中提交表单时(用POST方法或GET方法)，使用request.getParameter方法获取表单控件值时出现乱码。出现这种现象的原因是在Tomcat中处理参数时，采用默认的字符集为ISO-8859-1，而这个字符集是不包含中文的，所以出现乱码。在Tomcat中由于对POST方法和GET方法提交数据处理方式不同，因此解决中文乱码方法也不相同。

在网上书店的程序设计过程中，对提交数据中文乱码的解决方法是，首先获取字符串的字节码，然后再转换为相应的字符编码，命令为：

```
new String(s.getBytes("ISO - 8859 - 1"),"GBK");  //s为要转换的字符串变量
```

在程序中只要有提交中文数据的地方都要用这个命令去转换，同样的代码分布在大部分的JSP页面和Servlet中，这显然不符合面向对象设计的基本思想，如何解决这个问题呢？

对于GET方法提交的表单，要在Tomcat的HOME主目录中的CONF目录下的server.xml中进行配置。在<TOMCAT_HOME>\conf目录下的server.xml文件中，找到

对8080端口进行服务的Connector组件的设置部分，给这个Connector组件添加一个属性URIEncoding="GBK"。修改后的Connector组件的设置代码如下：

```
<Connector port = "8080" protocol = "HTTP/1.1"
           connectionTimeout = "20000"
           redirectPort = "8443"
           URIEncoding = "GBK" />
```

修改后，重启Tomcat服务器就可以正确处理GET方法提交的请求数据了。

对POST方法提交的表单数据可以通过编写过滤器的方法解决，过滤器在用户提交的数据被处理之前被调用，可以在这里改变请求参数的编码方式。只要在过滤器中设置一个命令：

```
request.setCharacterEncoding("gbk");
```

这个命令可以解决POST请求字符串带来的字符乱码问题。字符编码过滤器程序片段如下，假定过滤器文件名为filter.SetCharacterEncodingFilter.java。

```
public class SetCharacterEncodingFilter implements Filter {
  protected FilterConfig filterConfig;
  protected String encodingName;
  public void init(FilterConfig filterConfig) throws ServletException {
    this.filterConfig = filterConfig;
   //读取web.xml文件中参数encoding的值
    encodingName = filterConfig.getInitParameter("encoding");
  }
  public void doFilter(ServletRequest request, ServletResponse response, FilterChain chain)
throws IOException, ServletException {
     request.setCharacterEncoding(encodingName); //设置请求对象的字符编码
     chain.doFilter(request, response);
    response.setCharacterEncoding(encodingName); //设置回应信息的字符编码
  }
  public void destroy() {
  }
}
```

在web.xml文件中添加如下配置信息：

```
<filter>
        <filter-name>SetCharacterEncodingFilter</filter-name>
        <filter-class>filter.SetCharacterEncodingFilter</filter-class>
        <init-param>
            <param-name>encoding</param-name>
            <param-value>GBK</param-value>
        </init-param>
</filter>
<filter-mapping>
        <filter-name>SetCharacterEncodingFilter</filter-name>
        <url-pattern>/*</url-pattern>
</filter-mapping>
```

在配置文件中定义了一个encoding参数，其值为GBK，过滤器中就是根据这个参数设置的字符集。这样做的好处是更改字符集时不需要更改源程序，只需要修改配置文件即可。在过滤器中添加了这个设置以后，会对所有的请求资源进行字符转换，程序中不再需要将ISO-8859-1字符转换为GBK了，可以将程序中的所有new String(s.getBytes("ISO-8859-1"),"GBK")语句去掉。

习题 8

1. 简述过滤器的设计要点。

2. 简述过滤器的体系结构。

3. 简述过滤器与Servlet有何不同？

4. 编写示例程序，添加过滤器，实现在控制台上打印登录用户名和登录的时间。

5. 编写示例程序，添加过滤器，实现登录IP地址控制，只允许IP地址192.168.1.1～192.168.1.10的用户登录，不在此范围内的用户拒绝登录。

6. 编写示例程序，添加过滤器，统一处理请求参数的中文字符编码。

第9章

EL与JSTL

本章学习目标

- 掌握 EL 表达式的意义与使用方法。
- 掌握 JSTL 核心标签库的含义及使用方法。
- 掌握 EL 和 JSTL 在 JSP 项目中的应用方法。

9.1 EL 表达式基础知识

EL(Expression Language)是 JSP 2.0 中引入的一种计算和输出 Java 对象的简单语言，提供了在 JSP 中进行数据表达的另一种简便方法。

EL 表达式用美元符号“$”定界，内容包含在一对花括号“{}”中，如 ${expression}。

EL 表达式语法很简单，它最大的特点就是使用方便。

1. EL 表达式特点

(1) 在 EL 表达式中可以获得命名空间(PageContext 对象，是页面中所有其他内置对象最大范围的集成对象，通过它可以访问其他内置对象)。

(2) EL 表达式可以访问一般变量，还可以访问 JavaBean 类中的属性以及嵌套属性和集合对象。

(3) 在 EL 表达式中可以执行关系、逻辑和算术等运算。

(4) 扩展函数可以与 Java 类的静态方法进行映射。

(5) 在 EL 表达式中可以访问 JSP 的作用域(request、session、application 和 page)。

在 JSP 2.0 之前，程序员只能使用下面的代码访问系统作用域的值：

```
<% = session.getAttribute("name") %>
```

或使用下面的代码调用 JavaBean 中的属性值或方法：

```
<jsp:useBean id = "dao" scope = "page" class = "com.UserInfoDao"></jsp:useBean>
<% dao.name; %>         <!-- 调用 UserInfoDao 类中 name 属性 -->
<% dao.getName(); %>  <!-- 调用 UserInfoDao 类中 getName 方法 -->
```

在 EL 表达式中允许程序员使用简单语法访问对象。例如，使用下面的代码访问系统作用域的值：

```
${name}
```

其中，${name}为访问 name 变量的表达式，而通过 EL 表达式调用 JavaBean 中的属性值或方法的代码如下：

```
<jsp:useBean id = "dao" scope = "page" class = "com.UserInfoDao"></jsp:useBean>
${dao.name}          <!-- 调用 UserInfoDao 类中 name 属性 -->
${dao.getName()}     <!-- 调用 UserInfoDao 类中 getName 方法 -->
```

2. EL 表达式获取变量值的方法

使用 EL 表达式时，默认会以一定的顺序搜索 4 个作用域，并显示最先找到的变量值。例如，对于 EL 表达式“${username}”，它会按照如下作用域顺序依次查找变量 username：

```
pageContext.getAttribute("username")→request.getAttribute("username")→
session.getAttribute("username")→application.getAttribute("username")
```

一旦在某一作用域找到变量 username 的值则立刻返回，否则返回 null。使用 EL 表达式显示值时，如果得到的值为空，则不显示任何内容，也不会显示 null。

如果在不同的域空间中有同名的变量，如 pageContext 和 request 中有同名变量，但是想要取得 request 中的变量，就需要在 EL 表达式指明作用域。例如：

```
${pageScope.username}或${requestScope.username}。
```

下面是 EL 表达式使用到的变量作用域范围的名称。

- page 范围：在 EL 表达式中使用名称 pageScope。
- request 范围：在 EL 表达式中使用名称 requestScope。
- session 范围：在 EL 表达式中使用名称 sessionScope。
- application 范围：在 EL 表达式中使用名称 applicationScope。

【例 9-1】 使用 EL 表达式获取 request 域空间的变量值。

程序(jspweb 项目/WebRoot/ch09/el_1.jsp)的清单：

```
<%@ page language = "java" import = "java.util.*" pageEncoding = "utf-8" %>
<html>
    <% String s1 = "Hello!";
       request.setAttribute("s1",s1);
       String s2 = "Hello!";              //未将 s2 放入域空间,EL 表达式将无法获取
    %>
  <body>
      <% = "${s1}" %> = ${s1}   <br>
      <% = "${s2}" %> = ${s2}   <br>
  </body>
</html>
```

程序运行结果如图 9-1 所示。本例中，由于数组 s2 未放入 request 等域空间，所以，EL 表达式无法获取 s2 变量数据，第 2 行的等号右侧也就不会显示任何内容。

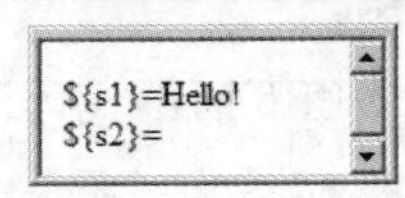

图 9-1　程序 el_1.jsp 的运行结果

3. EL 表达式利用“[ ]”与“.”操作符取数据

EL 表达式提供“[ ]”和“.”两种操作符来取数据。[ ]可以访问域空间中集合或数组的元素、Bean 的属性。

下列两者所代表的意思是一样的，但是需要保证要取得对象的那个属性有相应的 setXxx 和 getXxx 才行。例如：

```
${sessionScope.user.name}等于${sessionScope.user["name"]}
```

当属性名含有“-”“.”等非字母的字符时，只能使用“[ ]”操作符取数据。例如，${pageScope["content-type"]}不能写成${pageScope.content-type}，因为JSP无法解析连字符“-”，会出现错误。

在EL表达式中，字符串既可以使用"abc"，也可以使用'abc'。

EL表达式统一了对点号和方括号操作符的处理，因此${customer.name}与${customer["name"]}是等价的。

EL表达式获取JavaBean属性和集合类元素的基本用法如表9-1所示。

表9-1　JSP EL的基本用法

类　　型	实　　例	基本调用方法
JavaBeans	${user.username} ${user["username"]} ${user['username']}	user.getUsername()
数组	${sport[1]} ${sport["1"]} ${sport['1']}	sport[1]
List	${phone[2]} ${phone["2"]} ${phone['2']}	phone.get(2)
Map	${phone.home} ${phone["home"]} ${phone['home']}	phone.get("home")

【例9-2】 EL表达式点号和方括号操作符示例。

程序(jspweb项目/ch09/EL_example.jsp)的清单：

```
<%@ page language="java" import="java.util.*" pageEncoding="utf-8" %>
<html>
    <head>
        <title>EL获取变量数据示例</title>
    </head>
   <% char[] ch = { '1', '2' };
     request.setAttribute("ch", ch);      //将字符数组变量ch置于requestScope域,以便EL可以访问
     String s1 = "Hello,how are you!";
     request.setAttribute("s1", s1);
     List<String> list = new ArrayList<String>();
     list.add("first");
     list.add("second");
     request.setAttribute("list", list);
     HashMap<Long, String> map1 = new HashMap<Long, String>();
     map1.put(0L, "天翼");
     map1.put(1L, "翼支付");
     request.setAttribute("map1", map1);
    %>
    <body>
        s1 = ${s1}<br>
        字符数组:<% = "${ch[1]}" %>= ${ch[1]}  <br>
        List集合:<% = "${list[1]}" %>= ${list[1]}<br>
        Map集合:<% = "${map1[1]}" %>= ${map1[1]}  <br>
    </body>
    </html>
```

程序运行结果如图9-2所示。

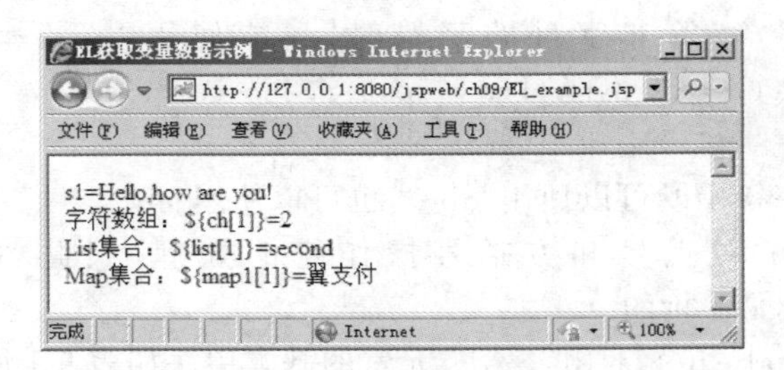

图 9-2 程序 EL_example.jsp 的运行结果

4. EL 表达式中的数据类型

EL 表达式中可以使用的数据类型如表 9-2 所示。

表 9-2 可在 EL 表达式中使用的数据类型

数据类型	数据表达式的值
boolean	true 和 false。例如：${false}的值为 false，再如：语句<%="${isfalse}"%>=${isfalse}显示结果为${isfalse}= 。这是因为${isfalse}的值为空，所以等号右边不显示任何内容
int	可以包含任何正数或负数，如${34}，${-45}
float	可以包含任何正的或负的浮点数，如${-1.8E-1+2}的值为 1.82
String	任何由单引号或双引号限定的字符串。对于单引号、双引号和反斜杠，使用反斜杠字符作为转义序列。必须注意，如果在字符串两端使用双引号，则单引号不需要转义。例如，${"你说\"大家好！\""}的值为“你说"大家好！"”
null	对于结果为 null 的 EL 表达式，不会显示任何内容，也不会显示“null”

5. EL 表达式中的运算符

EL 表达式可以使用表 9-3 所示的运算符，其中大部分是 Java 中常用的运算符。

表 9-3 EL 表达式中常用的运算符

运算符类型	运算符及含义
算术型	+、-（二元）、*、/或 div、%或 mod、-（一元）
逻辑型	and 或 &&、or 或 ‖、! 或 not
关系型	==或 eq、!=或 ne、<或 lt、>或 gt、<=或 le、>=或 ge 可以与其他值进行比较，或与布尔型、字符串型、整型或浮点型文字进行比较
empty	empty 运算符是前缀操作，可用于确定值是否为空。例如：${empty 3}的值为 false
条件型	condition ?result1 :result2。根据 condition 逻辑表达式的结果来决定赋值为 result1 还是 result2，如${3>5?"yes!":"no!"}的值为"no!"

【例 9-3】 JSP EL 的基本运算实例。

程序(jspweb 项目/Webroot/ch09/ELbasic.jsp)的清单：

```
<%@ page language="java" pageEncoding="UTF-8" %>
<html>
  <head>
    <title>JSP EL 的基本运算实例</title>
  </head>
  <body>
        以下为 JSP EL 的算术运算实例<br>
    <%="${10+10}"%>=${10+10 }<br>
    <%="${10-10 }"%>=${10-10 }<br>
    <%="${10*10 }"%>=${10*10 }<br>
    <%="${10/10 }"%>=${10/10 }<br>
```

```
<%="${10 div 10 }"%>=${10 div 10 }<br>
<%="${10%10 }"%>=${10%10 }<br>
<%="${10 mod 10 }"%>=${10 mod 10 }<br>
<!-- 以下为想输入原样的表达式,需要用\或者'进行转义 -->
<%="\\${10+10 }"%>=\${10+10 }<br>
<%="'$'{10+10 }"%>='$'{10+10 }<br>
    以下为 JSP EL 的关系运算实例<br>
<%="${100>200 }"%>=${100>200 }<br>
<%="${100 gt 200 }"%>=${100 gt 200 }<br>
<%="${100<200 }"%>=${100<200 }<br>
<%="${100 lt 200 }"%>=${100 lt 200 }<br>
<%="${100>=200 }"%>=${100>=200 }<br>
<%="${100 ge 200 }"%>=${100 ge 200 }<br>
<%="${100<=200 }"%>=${100<=200 }<br>
<%="${100 le 200 }"%>=${100 le 200 }<br>
<%="${100==200 }"%>=${100==200 }<br>
<%="${100 eq 200 }"%>=${100 eq 200 }<br>
<%="${100 != 200 }"%>=${100 != 200 }<br>
<%="${100 ne 200 }"%>=${100 ne 200 }<br>
    以下为逻辑运算符的实例 <br>
<%="${(10>2) && (34>25)}"%>=${(10>2) && (34>25) }<br>
<%="${(10>2) and (34>25)}"%>=${(10>2) and (34>25) }<br>
<%="${(10>2) || (34>25)}"%>=${(10>2) || (34>25) }<br>
<%="${(10>2) or (34>25)}"%>=${(10>2) or (34>25) }<br>
<%="${!(10>2)}"%>=${!(10>2)}<br>
 empty运算符的应用,empty判断时,若对象为""或是null,则都为true<br>
<%
 pageContext.setAttribute("username",null);
 pageContext.setAttribute("password","");
 pageContext.setAttribute("city","北京");
 pageContext.setAttribute("date",new java.util.Date());
 %>
<!-- 判断username变量是否为空,以下返回true-->
<%="${empty username}"%>=${empty username }<br>
<!-- 判断password变量是否为空,以下返回true -->
<%="${empty password}"%>=${empty password }<br>
<!-- 判断city变量是否为空,以下返回false-->
<%="${empty city}"%>=${empty city }<br>
<!-- 判断date变量是否为空,以下返回false -->
<%="${empty date}"%>=${empty date }<br>
</body>
</html>
```

6. EL 表达式中的隐式对象

EL 表达式含有 11 个隐式对象,因为 EL 比 JSP 具有更多的隐式对象,所以 EL 比 JSP 能够更方便地获取数据。

隐式对象包括 session(获得当前 Web 程序的 session 值)、cookie(获得 Web 程序的 cookie 值)、header 和 headerValues(获得用户的 HTTP 数据访问头部信息)、param 和 paramValues(获得用户提交数据参数)等。

使用${隐式对象名称["元素"]}就可以获得这个值了,如${header("host")}可以显示 HTTP 头部中 host 的值,${param("username")}可以获得显示用户表单提交的用户,${empty(param("username")}可以判断用户提交表单是否为空等。可见,EL 比 JSP 中使用 request.getParamter("username")要简化和方便许多。

注意,不要将 EL 隐式对象与 JSP 隐式对象(一共有 9 个)混淆,其中只有一个对象 pageContext 是它们所共有的。这 11 个 EL 隐式对象中,pageContext 的类型是 javax.servlet.ServletContext,

其余 10 个 EL 隐式对象的类型都是 java. util. Map,如表 9-4 所示。

表 9-4　EL 隐式对象

EL 隐式对象	作　用
pageContext	JSP 页面的上下文对象。它可以用于访问 JSP 隐式对象,如请求、响应、会话、输出、servletContext 等。例如,EL 表达式 ${pageContext. request. contextPath}的作用是获取形如/jspweb 的相对路径
pageScope	访问 pageScope 范围的变量。例如,${pageScope. objectName}可以访问一个 JSP 页面范围的对象,还可以使用 ${pageScope. objectName. attributeName}访问对象的属性
requestScope	访问 requestScope 范围的变量。例如,${requestScope. objectName}可以访问一个 JSP 请求范围的对象,还可以使用 ${requestScope. objectName. attributeName}访问对象的属性。又例如,${requestScope. userlist}等价于 <%=request. getAttribute("userlist") %>
sessionScope	访问 sessionScope 范围的变量,如 ${sessionScope. name}
applicationScope	访问 applicationScope 范围的变量
param	获取 request 对象参数的单个值,对应于 request. getParameter()。表达式 $(param. loginname)相当于 request. getParameter(loginname)
paramValues	获取 request 对象参数的一个数值数组而不是单个值,对应于 request. getParameterValues()。表达式 ${paramvalues. checkboxname)相当于 request. getParamterValues(checkboxname)
header	将请求头名称映射到单个字符串头值,对应于 request. getHeader(String name)。表达式 ${header. name}相当于 request. getHeader(name)
headerValues	将请求头名称映射到一个数值数组,对应于 request. getHeaderValues(String name)。表达式 ${headerValues. name}相当于 request. getHeaderValues(name)
cookie	将 cookie 名称映射到单个 cookie 对象。对应于 request. getCookies()。如果请求包含多个同名的 cookie,则应该使用 ${headerValues. name}表达式
initParam	将上下文初始化参数名称映射到单个值,对应于调用 ServletContext. getInitParamter(String name)

尽管 JSP 和 EL 隐式对象中只有一个公共对象(pageContext),但通过 EL 也可以访问其他 JSP 隐式对象。原因是 pageContext 拥有访问其他 8 个 JSP 隐式对象的特性。实际上,这是将它包括在 EL 隐式对象中的主要理由。

可以使用 ${pageContext}取得有关用户请求的详细信息,比较常用的 EL 表达式如表 9-5 所示。

表 9-5　EL 表达式使用 ${pageContext}取得有关用户请求信息

EL 表达式	说　明
${pageContext. request. queryString}	取得请求的参数字符串
${pageContext. request. requestURL}	取得请求的 URL,但不包括请求的参数字符串,即 servlet 的 HTTP 地址
${pageContext. request. contextPath}	服务的 webapplication 的名称
${pageContext. request. method}	取得 HTTP 的方法(GET、POST)
${pageContext. request. protocol}	取得使用的协议(HTTP 1.1、HTTP 1.0)
${pageContext. request. remoteUser}	取得用户名称
${pageContext. request. remoteAddr}	取得用户的 IP 地址
${pageContext. session. new}	判断 session 是否为新的,所谓新的 session,表示刚由服务器产生而客户端尚未使用
${pageContext. session. id}	取得 session 的 ID

pageScope、requestScope、sessionScope、applicationScope 都是 Map(映射)型变量，调用其中的数据可以使用 ${pageScope.name}或 ${pageScope["name"]}的形式，这两种写法是等价的。

接下来的 4 个 EL 隐式对象也是 Map 型变量，用来获取请求参数和请求头的值。因为 HTTP 允许请求参数和请求头具有多个值，所以它们各有一对映射。每对中的第一个映射返回请求参数或头的主要值，通常是恰巧在实际请求中首先指定的那个值。每对中第二个映射允许检索参数或头的所有值。例如，${paramValues.name}得到的是一个字符串数组，如果需要获得其中某个值，还需要使用 ${paramValues.name[0]}指定数组中的索引。这些映射中的键是参数或头的名称，但这些值是 String 对象的数组，其中的每个元素都是单一参数值或头值。

cookie 隐式对象提供了对 cookie 的访问。例如，在 cookie 中有一个名称为 userCountry 的值，那么可以使用 ${cookie.userCountry}来取得它。

最后一个 EL 隐式对象 initParam，用于获取 web.xml 中初始的参数值。web.xml 部署描述符文件位于应用程序的 WEB-INF 目录中。例如，web.xml 中的参数设置语句如下：

```
<context-param>
    <param-name>repeat</param-name>
    <param-value>100</param-value>
</context-param>
```

JSP 页面可用 EL 表达式 ${initParam.repeat}获取 repeat 参数。

对于一个单个 JSP 页面，可以使用 page 指令<%@ page isELIgnored="true|false" %>来设置 JSP 页面是否支持 EL。默认是支持 EL，如果要页面不支持 EL，则设置为 isELIgnored="true"，这种情况的 JSP 中的 EL 表达式被当成字符串处理。例如：

```
<body>
    <% = "${17 % 3}" %> = ${17 % 3}
</body>
```

在 isELIgnored="true"时，输出为字符串"${17%3} = ${17%3}"，而 isELIgnored="false"时，输出为"${17%3}=2"。

9.2 EL 表达式的应用示例

扫一扫

视频讲解

【例 9-4】 创建一个 Person 类，这个类有两个属性 name 和 age，在 JSP 页面 simpleBeanEL.jsp 中，标准动作 userBean 创建 JavaBean 实例，setProperty 为 JavaBean 的属性赋值，EL 表达式输出属性的值。

程序(jspweb 项目/src/bean/Person.java)的清单：

```
package bean;
public class Person {
    private String name;
    private int age;
    public String getName() {return name;  }
    public void setName(String name) {this.name = name;  }
    public int getAge() {return age;  }
    public void setAge(int age) {this.age = age;}
}
```

程序(jspweb 项目/WebRoot/ch09/simpleBeanEL.jsp)的清单：

```
<%@page contentType = "text/html; charset = utf - 8" %>
<% request.setCharacterEncoding("utf - 8"); %>
<jsp:useBean id = "person" class = "bean.Person" scope = "request">
<jsp:setProperty name = "person" property = " * "/> <!-- 将页面中控件的值赋值给同名的 JavaBean
的属性变量 -->
</jsp:useBean>
<html>
    <head><title>EL与简单的 JavaBean</title></head>
    <body>
        <h2>EL 与简单的 JavaBean   </h2>
        ${person.name}<br>      <!-- 输出 person 实例中属性名为 name 的变量的值 -->
        ${person.age}  <br>     <!-- 输出 person 实例中属性名为 age 的变量的值 -->
        <form action = "simpleBeanEL.jsp" method = "post">
            用户名: <input type = "text" name = "name" /><br>
            年 龄:  <input type = "text" name = "age" /><br>
            <input type = "submit" value = "提交查询" />  <br>
        </form>
    </body>
</html>
```

在浏览器地址栏中输入 http://localhost:8080/jspweb/ch09/simpleBeanEL.jsp，得到如图 9-3 所示的页面。单击“提交查询”按钮后得到如图 9-4 所示的页面。

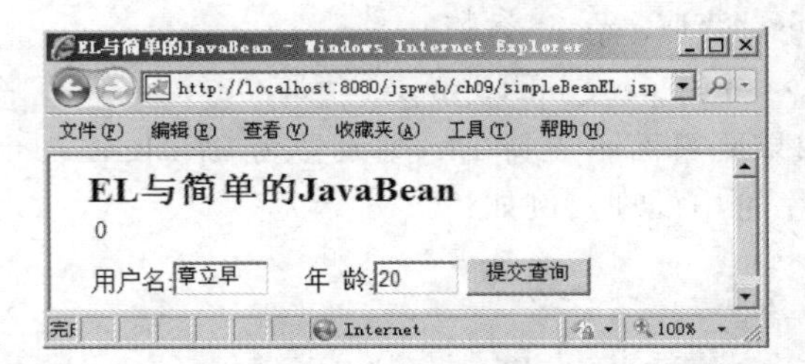

图 9-3 程序 simpleBeanEL.jsp 的运行界面

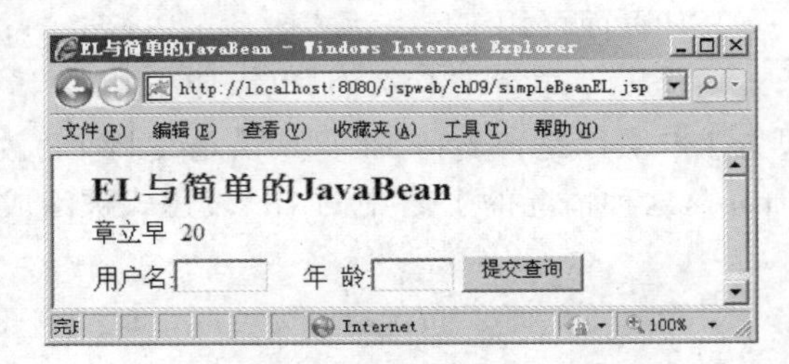

图 9-4 提交查询后的界面

在上面的例子中，表单控件的值提交给了自己，<jsp:setProperty name="person" property="*"/>标准动作负责将表单控件变量的值赋给 person 实例同名属性变量，即 person 实例中的 name 和 age 属性。页面中 person 实例属性的值是通过${person.name}和${person.age}输出的，相当于 JSP 表达式<%=person.getName()%>和<%=person.getAge()%>。

下面的例子演示如何用 EL 表达式获取隐式对象变量的值。

【例 9-5】 这个例子演示了如何用 EL 表达式中的 sessionScope 获取 session 对象，requestScope 获取 request 对象中的变量的值，如何在 EL 表达式中调用 request 请求对象的相关方法以及 EL 表达式中 param 对象获取表单控件的值。

程序(jspweb 项目/WebRoot/ch09/implicitEL.jsp)的清单：

```
<%@page contentType = "text/html; charset = utf - 8" %>
<% request.setCharacterEncoding("utf - 8"); %>
<jsp:useBean id = "sessionperson" class = "bean.Person" scope = "session"/>
<jsp:useBean id = "requestperson" class = "bean.Person" scope = "request"/>
<jsp:setProperty name = "requestperson" property = " * "/>
<jsp:setProperty name = "sessionperson" property = " * "/>
<html>
```

```
    <head>
        <title>JSP EL 隐式对象</title>
    </head>
  <body>
  <h2>JSP EL 隐式对象</h2>
  <table border="1">
    <tr>  <td>概念</td> <td>代码</td>  <td>输出</td> </tr>
    <tr>
      <td> pageContext </td>
      <td> ${'${'}pageContext.request.requestURI}</td>
  <td> ${pageContext.request.requestURI}</td>
    </tr>
    <tr>
      <td> sessionScope </td>
      <td> ${'${'}sessionScope.sessionperson.name}</td>
  <td> ${sessionScope.sessionperson.name}</td>
    </tr>
    <tr>
      <td> requestScope </td>
      <td> ${'${'}requestScope.requestperson.name}</td>
  <td> ${requestScope.requestperson.name}</td>
    </tr>
    <tr>
      <td> param </td>
      <td> ${'${'}param.name}</td> <td> ${param.name}</td>
    </tr>
    <tr>
      <td> paramValues </td>
      <td> ${'${'}paramValues.multi[1]}</td> <td> ${paramValues.multi[1]}</td>
    </tr>
  </table>
  <hr>
  <form action="implicitEL.jsp" method="post">
    name=<input type="text" name="name"/><br>
    喜欢的运动项目(请至少选两个才能测试):
    <input type="checkbox" name="multi" value="足球">足球
    <input type="checkbox" name="multi" value="篮球">篮球
    <input type="checkbox" name="multi" value="排球">排球<br>
    <input type="submit" value="提交"/>
  </form>
  </body>
  </html>
```

在浏览器地址栏中输入 http://localhost:8080/jspweb/ch09/implicitEL.jsp，并且在文本框中输入内容提交后，得到如图 9-5 所示的页面。

从页面显示看到了客户端请求的 URI 信息，EL 表达式 ${pageContext.request.requestURI}与 JSP 表达式<%=request.getRequestURI()%>的作用是等价的。pageContext 对象可以用于访问 JSP 隐式对象，如请求、响应、会话、输出、servletContext 等。

EL 表达式 ${sessionScope.sessionperson.name}输出 sessionperson 实例变量的 name 属性的值，EL 表达 ${requestScope.requestperson.name}输出 requestperson 实例变量 name 属性的值。

EL 表达式中的 param 对象可以直接读取页面提交的控件变量的多个值，如 ${param.name}可直接输出文本框的值。

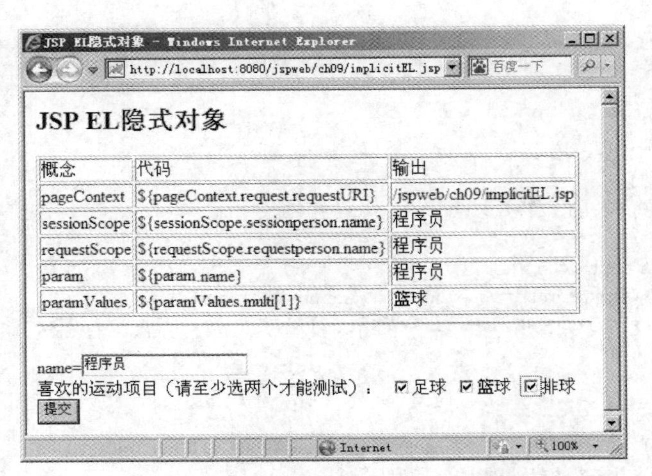

图 9-5　程序 implicitEL.jsp 的运行界面

EL 表达式中的 paramValues 对象可以直接读取页面提交的控件变量的多个值。例如，${paramValues.multi[1]}相当于下面的 JSP 脚本：

```
<% String multi[] = request.getParameterValues("multi"); out.println(multi[1]); %>
```

可见，EL 表达式与 JSP 相比，要少写很多代码，这也是 EL 表达式受欢迎的原因。

【例 9-6】 用 EL 表达式重写图书显示页面。

第 7 章的 viewBook.jsp 是在 JSP 中使用 for 循环读取 List 中的数据，并用 JSP 表达式实现输出图书的详细信息。下面用 JSTL 和 EL 表达式重写第 7 章的 viewBook.jsp。重写后的 viewBook.jsp 代码在 bookstore 项目的 test 文件夹下。

程序（bookstore 项目\test\viewBook.jsp）的清单：

```
<%@ page language = "java" contentType = "text/html; charset = utf - 8"    pageEncoding = "utf -
8" %>
<%@ taglib uri = "http://java.sun.com/jsp/jstl/core" prefix = "c" %>
<html>
<head>
<title>图书列表</title>
<!-- 使用 userBean 动作创建 TitleDaoImpl 的实例,实例的名字为"dao",作用域为"request" -->
<jsp:useBean id = "dao" class = "bean.TitleDaoImpl" scope = "request"/>
</head>
<body><h1 align = "center">浏览图书</h1>
 <table align = "center" bgcolor = lightgrey>
<tr><td> ISBN </td><td>书名</td><td>版本</td><td>发布时间</td><td>价格</td>
</tr>
<c:forEach var = "titles" items = "${requestScope.dao.titles}" >
   <tr  bgcolor = cyan><td><a href = "../toViewTitle1?isbn = ${titles.isbn }" title = "单击显
示详细信息">
        ${titles.isbn}</a></td>
       <td>${titles.title}</td>
       <td>${titles.editionNumber}</td>
       <td>${titles.copyright}</td>
       <td>${titles.price} </td>
     </tr>
   </c:forEach>
</table>
</body>
</html>
```

程序运行结果如图 9-6 所示。

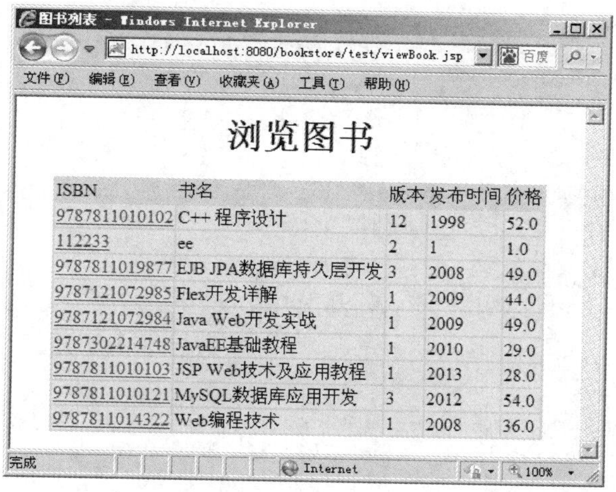
图书列表 - Windows Internet Explorer
http://localhost:8080/bookstore/test/viewBook.jsp
文件(F) 编辑(E) 查看(V) 收藏夹(A) 工具(T) 帮助(H)
浏览图书
ISBN 书名 版本 发布时间 价格
9787811010102 C++程序设计 12 1998 52.0
112233 ee 2 1 1.0
9787811019877 EJB JPA数据库持久层开发 3 2008 49.0
9787121072985 Flex开发详解 1 2009 44.0
9787121072984 Java Web开发实战 1 2009 49.0
9787302214748 JavaEE基础教程 1 2010 29.0
9787811010103 JSP Web技术及应用教程 1 2013 28.0
9787811010121 MySQL数据库应用开发 3 2012 54.0
9787811014322 Web编程技术 1 2008 36.0
完成
Internet
100%

图 9-6 程序 viewBook.jsp 的运行结果

程序中用 JSTL 和 EL 表达式重写了代码，其中语句 items="${requestScope.dao.titles}"的含义是：调用前面用 useBean 标准动作创建的实例 dao 的方法 getTitles，该方法的返回值是一个 List，并将这个集合类的实例赋值给了迭代标签 forEach 的 items 属性。语句 Var="titles"表示在每次迭代过程中数组中的一个元素赋值给了 titles 变量，实际上 titles 是一个 Titles 类的实例。

用 JSTL 标签编写的 JSP 页面明显较之前的代码要简洁得多。从代码中看不到一行 Java 代码，取而代之的是 JSTL 标签，这样非常有利于美工人员对界面进行美化。

同样，也可用 EL 表达式重写显示图书详细信息页面 details.jsp，新文件名为 details_el.jsp。测试时修改 ToViewTitle.java 中的显示详细信息页面的转发语句即可。

程序(bookstore 项目/WebRoot/Details_el.jsp)的清单：

```
<%@ page language="java" import="java.util.*,bean.*" pageEncoding="utf-8"%>
<html>
<head>
<title>书籍信息</title>
<%
     //从 session 中取出属性 titles 的值,强制转换为 Titles 类型,保持与保存时变量类型一致
    Title titles = (Title) session.getAttribute("titles");
%>
</head>
<body>
<TABLE style="TEXT-ALIGN: center" cellSpacing="0" cellPadding="0"
    width="590" border="0">
<tr height="100">
    <td colspan="3"><h2>${sessionScope.titles.title}</h2></td>
</tr>
<tr>
    <td rowspan="5">
    <img style="border: thin solid black" width="80" height="120"
        src="images/${sessionScope.titles.imageFile}"
        alt="${sessionScope.titles.title}" />
    </td>
    <td class="bold" align="left">图书编号:</td>
    <td align="left">${sessionScope.titles.isbn}</td>
```

```
    </tr>
    <tr align="left">
        <td class="bold" align="left">价格:</td>
        <td align="left">${sessionScope.titles.price}</td>
    </tr>
    <tr align="left">
        <td class="bold">版本号:</td>
        <td>${sessionScope.titles.editionNumber}</td>
    </tr>
    <tr align="left">
        <td class="bold">版权:</td>
        <td>${sessionScope.titles.copyright}</td>
    </tr>
    <tr align="left">
        <td>
        <form method="post" action="./AddTitlesToCart"><p>
            <input type="submit" value="放入购物车" /></p>
        </form>
        </td>
        <td>  <form method="get" action="viewCart.jsp"><p>
              <input type="submit" value="查看购物车" /></p>
            </form></td>
      </tr>
    </table>
  </body>
</html>
```

由此可见，用EL表达式获取page、request、session和application范围内的变量非常方便，可以减少代码量，降低代码复杂度，便于维护JSP页面。

扫一扫

视频讲解

9.3 JSTL简介

JSTL(JSP Standard Tag Library)是JSP标准标签库，将许多JSP应用程序通用的核心功能封装为简单的标记，它实现的功能包括迭代和条件判断、数据管理格式化、XML操作与数据库访问、国际化和对本地化信息敏感的格式化标记以及SQL标记。如果在JSP页面中使用JSP脚本和表达式，将会使得页面代码比较繁杂，不易阅读和维护，而JSTL可以很好地解决这些问题。

要在JSP页面中使用JSTL，必须将JSTL标签库添加到Web应用的classpath中，对于JSTL1.1版本有两个文件：jstl.jar和standard.jar。在MyEclipse中创建Web工程时可添加对JSTL的支持，如图9-7所示。如果选择J2EE 1.4版本，则可选中下面的复选框，添加对JSTL支持；如果选择Java EE 5.0时，则不需再单独添加JSTL。

在JSP页面中使用JSTL标签之前，必须用taglib指令将标签库导入JSP页面，命令如下：

```
<%@taglib uri="http://java.sun.com/jsp/jstl/core" prefix="c" %>
```

其中，c为自定义前缀，在页面中可通过这个前缀引用标签库中的标签。

JSTL提供了5个主要的标签库：核心标签库、国际化(I18N)与格式化标签库、XML标签库、SQL标签库、函数标签库，其结构如图9-8所示。

JSTL中5个标签库的作用如下。

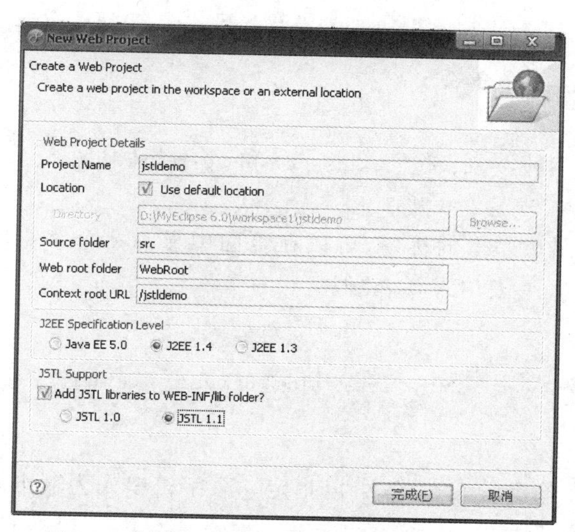

图 9-7 创建 Web 工程时添加对 JSTL 的支持

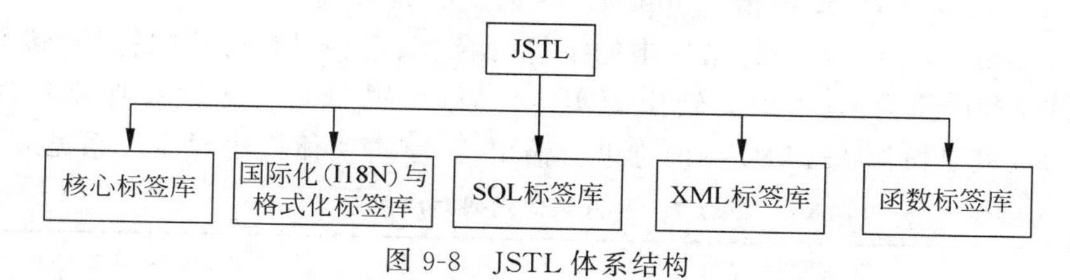

图 9-8 JSTL 体系结构

(1) 核心标签库:为日常任务提供通用支持,如显示和设置变量,重复使用一组项目,测试条件以及其他操作(如导入和重定向 Web 页面等)。

(2) 国际化(I18N)与格式化标签库:支持多种语言的引用程序。

(3) SQL 标签库:对访问和修改数据库提供标准化支持。

(4) XML 标签库:对 XML 文件处理和操作提供支持,包括 XML 节点的解析,迭代,基于 XML 数据的条件评估以及可扩展样式语言转换(Extensible Style Language Transformations, XSLT)的执行。

(5) 函数标签库:通过在 EL 表达式中调用函数标签库中的函数来实现特定的操作,如 ${fn:contains(string,substring)}的功能是判断 string 字符串中是否包含 substring 字符串。

在 JSP 页面中 5 个标签库对应的 taglib 指令的 URI 及前缀 prefix 设置方法如表 9-6 所示。

表 9-6 JSTL 中的 5 个标签库

标 签 库	URI	前 缀	使 用 模 式
核心标签库	http://java.sun.com/jstl/core	c	<c:tagname…>
国际化(I18N)与格式化标签	http://java.sun.com/jstl/fmt	fmt	<fmt:tagname…>
SQL 标签库	http://java.sun.com/jstl/sql	sql	<sql:tagname…>
XML 标签库	http://java.sun.com/jstl/xml	x	<x:tagname…>
函数标签库	http://java.sun.com/jstl/functions	fn	<fn:tagname…>

9.4 JSTL 核心标签库

本节主要介绍核心标签库,如果读者对其他标签库有兴趣,可以查阅相关资料。

JSTL 核心标签库主要由三部分组成:通用标签、流程控制标签和迭代标签。通用标签用于操作JSP页面中创建的变量，条件标签用于对JSP页面中的代码进行条件判断和处理，迭代标签用于循环遍历一个对象集合。

1. 通用标签

常用的通用标签有三种：<c:out>、<c:set>和<c:remove>。

1）<c:out>标签

这是核心标签库中最为基本的标签，可以在页面中显示一个字符串或一个EL表达式的值，其功能与JSP中的<%=表达式%>类似。

标签格式为：

```
<c:out value = "object" escapeXml = "true|false" default = "defaultValue"/>
```

其中：

- value：指定将要输出的表达式，可以指定一个字符串作为输出内容，也可以指定为EL表达式，如${3+5}。
- default：表示当value的值为null时，将输出的默认值。
- escapeXml：确定是否应将结果中的字符（如<、>、&、'、"等特殊的符号）转换为字符实体代码，默认值为true，即要转换为实体代码（设置为true就是按照字符原样进行输出，false就是按照HTML标识符进行输出）。字符实体代码对应关系见表9-7所示。

表9-7　字符实体代码对应关系

字　　符	字符实体代码	字　　符	字符实体代码
<	<	'	'
>	>	"	"
&	&		

2）<c:set>标签

set标签用来设置某个范围（request、session或application）内变量的值，或设置某个对象的属性值。

（1）<c:set>标签使用形式1：

```
<c:set var = "varName" value = "value" cope = " page|request|session|application"/>
```

其中的属性说明如下。

- var：指定创建变量的名称，以存储标签中指定的value值。
- value：指定表达式。
- scope：指定变量的生命周期，默认值为page。

（2）<c:set>标签使用形式2：

```
<c:set property = "propertyName" target = "target" value = "value"/>
```

它用于设置某一个特定对象的属性。

该标签中的各属性说明如下：

- value：指定对象中某个属性的值，可以是一个表达式。
- target：设置属性的对象，它必须是JavaBean或者java.util.Map对象。
- property：设置对象中的一个属性。

<c:set>标签例句如下：

```
a. <c:set var = "flag" value = "yes" scope = "request"/>
b. <c:set var = "price" scope = "session"> body content </c:set>
c. <c:set value = "liky" target = "user" property = "name"/>
d. <c:set target = "user" property = "pwd" > body content </c:set>
```

【例 9-7】 JSTL 核心标签使用示例,用 JSTL 标签输出变量的值。

程序(jspweb 项目/ch09/jstlCore1.jsp)的清单:

```
<%@ page contentType = "text/html;charset = utf - 8" %>
<%@ taglib uri = "http://java.sun.com/jsp/jstl/core" prefix = "c" %>
<html>
    <head>
        <title> JSTL_c_set </title>
    </head>
    <body>
        <c:set var = "username" value = "www" />
        变量 username 的值 = <c:out value = " ${username}" /><br>
        <c:set var = "bodyc" scope = "session"> body content </c:set>
        变量 bodyc 的值 = <c:out value = " ${bodyc}" />  <br>
        <jsp:useBean id = "userbean" class = "bean.Person"></jsp:useBean>
        <c:set target = " ${userbean}" property = "name" value = "china" />
        bean 中属性 name 的值 = <c:out value = " ${userbean.name}" /><br>
        <c:set target = " ${userbean}" property = "name"> chinese </c:set>
        bean 中属性 name 的值 = <c:out value = " ${userbean.name}" />
        <br>
    </body>
</html>
```

在浏览器地址栏中输入 http://127.0.0.1:8080/jspweb/ch09/jstlCore1.jsp,程序运行结果如图 9-9 所示。

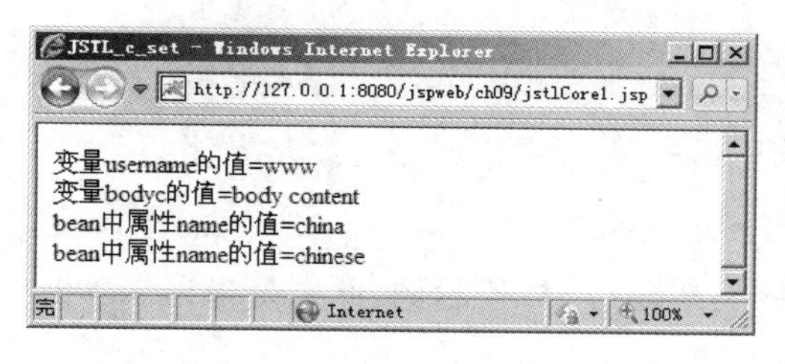

图 9-9 程序 jstlCore1.jsp 的运行结果

3) <c:remove>标签

<c:remove>标签一般和<c:set>标签配套使用,两者是相对应的,<c:remove>标签用于删除某个变量或属性,使用格式如下:

```
<c:remove var = "varName" [scope = "page|request|session|application"]/>
```

- scope:需要删除的变量的所在范围。
- var:需要删除的变量或者对象属性的名称。

如果没有 scope 属性,即采用默认值,就相当于调用 PageContext.removeAttribute(varName)方法,如果指定了变量所在范围,那么系统会调用 PageContext.removeAttribute(varName,scope)方法。

2. 流程控制标签

流程控制标签包括 <c:if>、<c:choose>、<c:when>、<c:otherwise>等。

流程控制标签根据其 test 属性值决定是否执行其标签体中的内容。

1）<c:if>标签

<c:if>标签用于有条件地执行代码，如果 test 属性值为 true，则会执行其标签体。该标签与 Java 中的 if 语句作用相同，用于判断条件语句。其语法格式为：

```
<c:if test = "testCondition"var = "varName"scope = "page|request|session|application">
  body content
</c:if>
```

其中：

- test：指定条件。
- var：用于保存 test 条件表达式判断所返回的 true 或 false 值。
- scope：指定 var 的范围。

2）<c:choose>标签

<c:choose>标签类似于 Java 语言的 switch 语句，用于执行多条件选择的情况。在<c:choose>标签中嵌入了多个<c:when>子标签，每个<c:when>子标签中有一个 test 属性，如果 test 的值为 true 则执行<c:when>标签体。其中的<c:when>和<c:otherwise>子标签相当于 Java 中 switch 语句的 case 和 default。其语法格式为：

```
<c:choose>
  <c:when test = "logic_expression1">
       Body content
  </c:when>
  <c:when test = "logic_expression2">
       Body content
  </c:when>
  ⋮
  <c:otherwise>
     Body content
  </c:otherwise>
</c:choose>
```

【例 9-8】 <c:if>和<c:choose>标签示例，此例是根据文本框中输入的成绩，在页面上显示相应的等级。

程序(jspweb 项目/ch09/jstlCore2.jsp)的清单：

```
<%@ page language = "java" import = "java.util.*" pageEncoding = "UTF-8" %>
<%@ taglib uri = "http://java.sun.com/jsp/jstl/core" prefix = "c" %>
<html>
    <head>
        <title>JSTL 通用标签演示程序 2 </title>
    </head>
    <body> <!-- 将文本框的值赋给变量 X -->
        <c:set var = "x" value = "${param.score}" />
        <c:if test = "${x<0 }"> 成绩不能为负</c:if>
          你输入的成绩是${x},等级为:   <!-- 根据变量 x 的值输出相应的等级 -->
        <c:choose>
            <c:when test = "${x> = 90 }">优秀</c:when>
            <c:when test = "${x> = 80 }">良好</c:when>
            <c:when test = "${x> = 70 }">中</c:when>
            <c:when test = "${x> = 60 }">及格</c:when>
```

```
            <c:when test = "${x<60&&x>0}">不及格</c:when>
        </c:choose>
        <form action = "">
            请输入成绩:<input type = "text" name = "score" />  <br>
            <input type = "submit" value = "提交" />
        </form>
    </body>
</html>
```

在浏览器地址栏中输入 http://127.0.0.1:8080/jspweb/ch09/jstlCore2.jsp，在文本框中输入成绩，程序运行结果如图 9-10 所示。

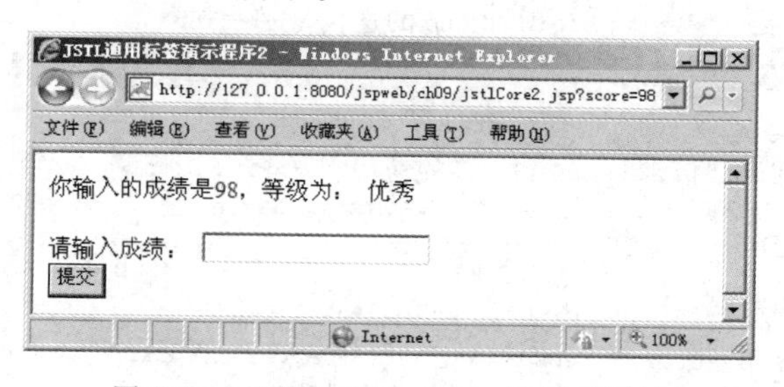

图 9-10 程序 jstlCore2.jsp 的运行结果

3. 迭代标签

迭代标签有两种<c:forEach>和<c:forTokens>。<c:forEach>标签允许遍历一个对象集合，支持的集合类型包括 java.util.Collection 和 java.util.Map 的所有实现。<c:forTokens>标签用来对使用分隔符分开的记号集合进行遍历。

1) <c:forEach>标签

该标签用来对一个 collection 集合中的一系列对象进行迭代输出，并且可以指定迭代次数，一般的使用格式如下：

```
<c:forEach items = "collection" var = "varName" [varStatus = "varStatusName"]
    [begin = "begin"] [end = "end"] [step = "step"] >
    Body content
</c:forEach>
```

<c:forEach>标签的属性含义如下。

- items：将要迭代的集合类名。
- var：是保存在 collection 集合类中的对象名称。
- varStatus：存储迭代的状态信息，可以访问到迭代自身的信息。
- begin：如果指定了 begin 值，就表示从 items[begin]开始迭代；如果没有指定 begin 值，则从集合的第一个值开始迭代。
- end：表示迭代到集合的 end 位时结束，如果没有指定 end 值，则表示一直迭代到集合的最后一位。
- step：指定迭代的步长。

【例 9-9】 <c:forEach>标签程序示例。程序中首先创建一个数组 list，并添加了 4 个元素，然后将数组保存到当前的 session 中。在迭代标签<c:forEach>中输出数组的值，其中 ${state.count}表示输出的是第几行。

程序(jspweb 项目/ch09/forEach.jsp)的清单：

```
<%@ page language="java" import="java.util.*" pageEncoding="utf-8"%>
<%@ taglib uri="http://java.sun.com/jsp/jstl/core" prefix="c"%>
<html>
    <head><title>forEach标签演示</title>  </head>
    <body>
        <%  List<String> list = new ArrayList<String>();
            list.add("第一个元素");
            list.add("第二个元素");
            list.add("第三个元素");
            list.add("第四个元素");
            session.setAttribute("list", list);
        %>
    <B><c:out value="不指定 begin 和 end 的迭代:" /><br>
    <c:forEach var="emp" items="${list}" varStatus="state">${state.count}行的值为:
${emp}<br>
        </c:forEach><p>
    <B><c:out value="指定 begin 和 end 的迭代:" /><B><br>
     <c:forEach var="listItem" items="${list}" begin="1" end="3" step="1">
         <c:out value="${listItem}" /><br>
        </c:forEach><p>
    <c:out value="输出元素的相关信息: " />  <B><br>
    <c:forEach var="listItem" items="${list}" begin="2" end="3" step="1" varStatus="s">
        <c:out value="${listItem}" />的四种属性:<br>
          所在位置即索引: <c:out value="${s.index}" /><br>
          总共已迭代的次数: <c:out value="${s.count}" /><br>
          是否为第一个位置: <c:out value="${s.first}" /><br>
          是否为最后一个位置: <c:out value="${s.last}" /><br>
    </c:forEach>
  </body>
</html>
```

代码说明：s.index 用来获取计数器的值，s.count 用来获取这是第几次循环，s.first 用来获取是否是循环开始的第一次，s.last 用来获取是否是循环的最后一次，first 和 last 都返回 boolean 值。

在浏览器地址栏中输入 http://127.0.0.1:8080/jspweb/ch09/forEach.jsp，程序运行结果如图 9-11 所示。

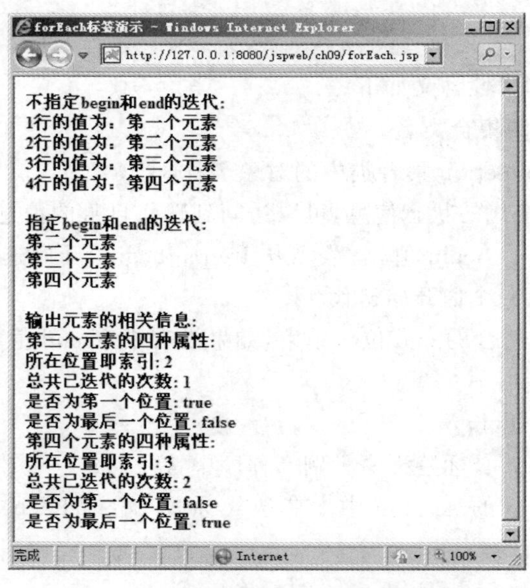

图 9-11 程序 forEach.jsp 的运行结果

当使用<c:forEach>循环一个 java.util.Map 时，<c:forEach>的属性 items="${map}"，var="entry"，var 中命名的变量 entry 的类型就是 java.util.Map.Entry，因为 Map.Entry 对象提供了 getKey 和 getValue，所以可用表达式 ${entry.key}取得键名，用表达式 ${entry.value}得到每个 entry 的值。

【例 9-10】 用<c:forEach>循环一个 Map 集合。程序中首先定义一个 JavaBean 类，再新建 Map 集合对象，在 map 中保存两个 JavaBean 对象，使用<c:forEach>循环输出 map 的 JavaBean 对象属性值。

程序(jspweb 项目/ch09/forEach_map.jsp)的清单：

```
<%@ page language="java" import="java.util.*" pageEncoding="utf-8"%>
<%@ taglib prefix="c" uri="http://java.sun.com/jsp/jstl/core" %>
<html>
<head><title>forEach 标签读取 MAP 的演示</title>  </head>
<%!
  public static class Customer{
  private String num;
  private String license;
  private String address;
  public Customer(String num,String license,String address){
     this.num  = num;
     this.license = license;
     this.address = address;
    }
  public String getNum(){
   return num;  }
  public String getLicense(){
   return license;  }
  public String getAddress(){
   return address;  }
}
%>
<%
Map map  =  new LinkedHashMap();
   map.put("大华软件",new Customer("3206001","苏 00111","啬园路 9 号"));
map.put("华东网络",new Customer("3810028","苏 00222","园林路 8 号"));
request.setAttribute("map",map);
%>
<body>
直接显示 Map 的键和值<br>
<c:forEach items="${map}" var="item">
${item.key}, ${item.value.num}, ${item.value.license}, ${item.value.address}<br/>
</c:forEach><br>
列表显示 Map 的键和值<br>
<select id="selectAllList" name="selectAllList" style="width:250px" multiple="true">
<c:if test="${!empty map}">
<c:forEach items="${map}" var="item">
<option value="${item.key}" title=" 编码: ${item.value.num }, 许可证号: ${item.value.
license },联系地址: ${item.value.address }">
${item.key}
 </option>
</c:forEach>
</c:if>
</select>
</body>
</html>
```

item 内保存的是 java. util. Map. Entry 对象，这个对象有 getKey、setKey、getValue、setValue 等方法，这样就可以在 forEach 内部使用 map 的 key 和 value 了。

在浏览器地址栏中输入 http://127.0.0.1:8080/jspweb/ch09/forEach_map.jsp，程序运行结果如图 9-12 所示。

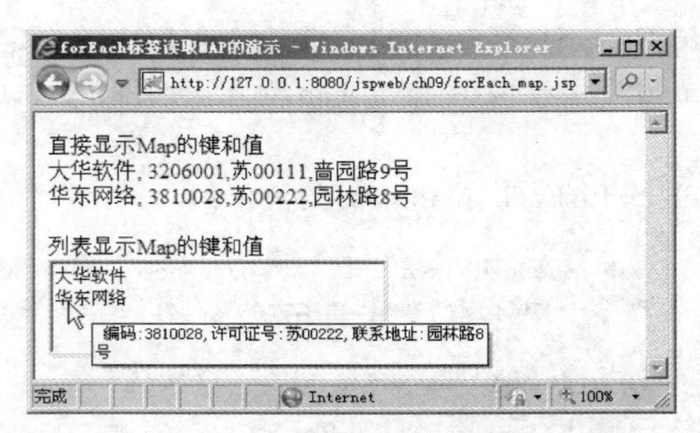

图 9-12　程序 forEach_map.jsp 的运行结果

2）<c:forTokens>标签

这个标签的作用和 Java 中的 StringTokenizer 类的作用非常相似，通过 items 属性来指定一个特定的字符串，然后通过 delims 属性指定一种分隔符（可以同时指定多个），通过指定的分隔符把 items 属性指定的字符串进行分组。与 forEach 标签一样，forTokens 标签也可以指定 begin 和 end 以及 step 属性值。

使用格式如下：

```
<c:forTokens items = "stringOfTokens" delims = "delimiters" var = "varName"
    [varStatus = "varStatusName"] [begin = "begin"] [end = "end"] [step = "step"]>
    Body content
</c:forTokens>
```

标签中的各个属性说明如下。

- var：进行迭代的参数名称。
- items：指定的进行标签化的字符串。
- varSatus：每次迭代的状态信息。
- delims：使用这个属性指定的分隔符来分隔 items 指定的字符串。
- begin：开始迭代的位置。
- end：迭代结束的位置。
- step：迭代的步长。

【例 9-11】 <c:forTokens>标签演示示例。

程序（jspweb 项目/ch09/forTokensExample.jsp）的清单：

```
<%@ page language = "java" import = "java.util.*" pageEncoding = "utf-8" %>
<%@ taglib uri = "http://java.sun.com/jsp/jstl/core" prefix = "c" %>
<html>
  <head>
    <title> forTokens 标签示例</title>
  </head>
  <body>
  <% String names = "C++程序设计;Java 程序设计|Visual Basic 程序设计;C# 程序设计";
     request.setAttribute("names",names);  //将 names 保存在 request 对象中
```

```
    %>
    原始字符串 = ${names}<br>
    <h3>使用";"作为分隔符,将字符串分解为数组,结果如下:</h3>
    <c:forTokens items = "${names }" delims = ";" var = "currentName">
     ${currentName}<br>
    </c:forTokens>
    <h3>使用";"和"|"作为分隔符,将字符串分解为数组,结果如下:</h3>
    <c:forTokens items = "${names }" delims = "|;" var = "currentName">
     ${currentName}<br>
    </c:forTokens>
  </body>
</html>
```

代码中字符串变量 names 中保存了 4 种编程语言,每种编程语言之间用";"或"|"作为分隔符。forTokens 标签可以根据 delims 属性设置的分隔符来循环提取字符串。

在浏览器地址栏中输入 http://127.0.0.1:8080/jspweb/ch09/forTokensExample.jsp,程序运行结果如图 9-13 所示。

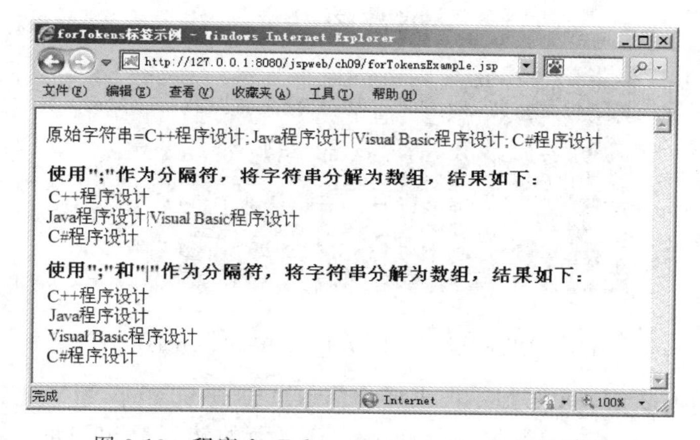

图 9-13　程序 forTokensExample.jsp 的运行结果

9.5　利用 EL 和 JSTL 重写网上书店前台页面

在第 7 章的网上书店中是在 JSP 脚本中使用 for 循环读取 List 中的数据,并用 JSP 表达式实现输出图书的详细信息。下面用 JSTL 和 EL 表达式重写第 7 章的网上书店前台页面,运行效果如图 9-14 所示。

重写后的 viewBook.jsp 代码在 bookstore 项目的 test 文件夹下。

程序(bookstore 项目\test\viewBook.jsp)的清单:

```
<%@ page language = "java" contentType = "text/html; charset = utf - 8" pageEncoding = "utf - 8" %>
<%@ taglib uri = "http://java.sun.com/jsp/jstl/core" prefix = "c" %>
<html>
<head>
<title>图书列表</title>
<jsp:useBean id = "dao" class = "bean.TitleDaoImpl" scope = "request"/>
</head>
<body>
<h1 align = "center">浏览图书</h1>
  <table align = "center" bgcolor = lightgrey>
```

```
<tr><td>ISBN</td><td>书名</td><td>版本</td><td>发布时间</td><td>价格</td></tr>
<c:forEach var="titles" items="${requestScope.dao.titles}">
   <tr bgcolor=cyan><td><a href="../ToViewTitle?isbn=${titles.isbn}" title="单击显示
详细信息">
        ${titles.isbn}</a></td>
        <td>${titles.title}</td>
        <td>${titles.editionNumber}</td>
        <td>${titles.copyright}</td>
        <td>${titles.price} </td>
     </tr>
   </c:forEach>
</table>
</body>
</html>
```

图书列表

http://localhost:8080/bookstore/test/viewBook.jsp

浏览图书

ISBN	书名	版本	发布时间	价格
9787121072985	Flex 3 RIA开发详解与精深实践	1	2009	44.0
9787811010103	Java How to Program	2	1998	50.0
9787121072984	Java Web整合开发与项目实战	1	2009	49.0
9787811010101	JavaEE编程技术	1	2002	38.0
9787811010121	The Complete C++ Training Course	3	2001	54.0
9787811014322	Web编程技术	1	2008	36.0
9787121072986	精通EJB3.0	2	2006	64.0
9787811078661	精通JavaEE项目案例	1	2007	70.0

图 9-14　利用 EL 和 JSTL 设计 viewBook.jsp 的运行效果

同样，也可用 EL 表达式重写显示图书详细信息页面 details.jsp，新文件名为 details_el.jsp。测试时修改 ToViewTitle.java 中的显示详细信息页面的转发语句即可，运行效果如图 9-15 所示。

图 9-15　用 EL 重写显示图书详细信息页面 details.jsp 的运行效果

程序（bookstore 项目/WebRoot/details_el.jsp）的清单：

```
<%@ page language="java" import="java.util.*,bean.*" pageEncoding="utf-8"%>
<html>
<head>
<title>书籍信息</title>
</head>
<body>
<table style="TEXT-ALIGN: center" cellSpacing="0" cellPadding="0" width="590" border="0">
<tr height="100">
    <td colspan="3"><h2>${titles.title}</h2></td>
```

```
  </tr>
  <tr>
      <td rowspan="5">
      <img style="border: thin solid black" width="80" height="120"
          src="images/${titles.imageFile}"
          alt="${titles.title}" />
      </td>
      <td class="bold" align="left">图书编号:</td>
      <td align="left">${titles.isbn}</td>
      </tr>
      <tr align="left">
          <td class="bold" align="left">价格:</td>
          <td align="left">${titles.price}</td>
      </tr>
      <tr align="left">
          <td class="bold">版本号:</td>
          <td>${sessionScope.titles.editionNumber}</td>
      </tr>
      <tr align="left">
          <td class="bold">版权:</td>
          <td>${sessionScope.titles.copyright}</td>
      </tr>
      <tr align="left">
          <td>
          <form method="post" action="./AddTitlesToCart"><p>
              <input type="submit" value="放入购物车" /></p>
          </form>
          </td>
          <td>
          <form method="get" action="viewCart_el.jsp"><p>
              <input type="submit" value="查看购物车" /></p>
          </form>
          </td>
      </tr>
      </table>
      </body>
</html>
```

利用EL和JSTL标签实现查看网上书店购物车：viewCart_el.jsp。测试时修改“查看购物车”的显示购物车详细信息的转向语句即可，运行效果如图9-16所示。

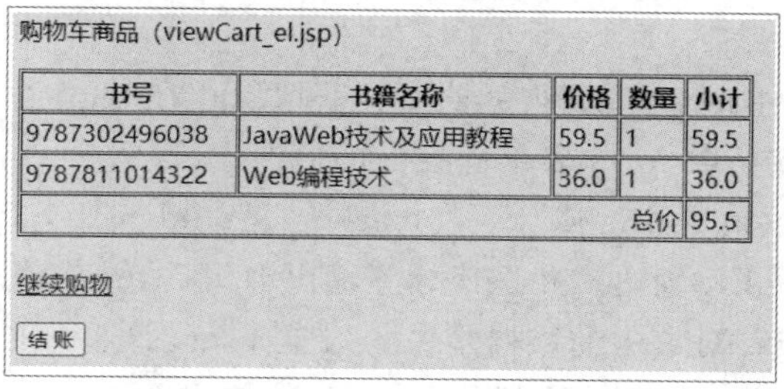

购物车商品 (viewCart_el.jsp)

书号	书籍名称	价格	数量	小计
9787302496038	JavaWeb技术及应用教程	59.5	1	59.5
9787811014322	Web编程技术	36.0	1	36.0
			总价	95.5

继续购物

结账

图9-16 利用EL和JSTL设计查看购物车viewCart_el.jsp的运行效果

程序(bookstore项目/WebRoot/viewCart_el.jsp)的清单：

```
<%@ page language="java" session="true" pageEncoding="utf-8" %>
<%@ page import="bean.*,java.util.*,java.text.*" %>
<%@ taglib prefix="c" uri="http://java.sun.com/jsp/jstl/core" %>
```

```
<html>
<body>
    购物车商品(viewCart_el.jsp)<p>
    <table cellSpacing = 1 cellPadding = 2 width = 490 border = 1 >
        <thead>
            <tr align = "center">
                <th>书号</th><th>书籍名称</th><th>价格</th><th>数量</th><th>小计</th>
            </tr>
     </thead>
    <c:if test = "${empty cart}" >
        <tr colspan = "4" align = "center">购物车当前为空</tr>
    </c:if>
    <c:if test = "${not empty cart}" >
     <c:set var = "total" value = "0" />
       <c:forEach items = "${cart}" var = "item">
        <tr>
                <td>${item.value.titles.isbn}      </td>
                <td>${item.value.titles.title}      </td>
                <td>${item.value.titles.price}      </td>
                <td>${item.value.quantity}      </td>
            <td>${item.value.quantity * item.value.titles.price}    </td>
        </tr>
     <c:set var = "total" value = "${total + item.value.quantity * item.value.titles.price}" />
     </c:forEach>
         <td colspan = "4" align = "right">总价 </td><td>${total} </td>
    </c:if>
</table><br>
<a href = "viewBook.jsp">继续购物</a><p>
    <form method = "get" action = "order.html">
        <input type = "submit" value = "结 账" />
    </form>
</body>
</html>
```

显然，充分利用EL和JSTL标签编写的JSP页面明显较之前的代码要简洁很多。从代码中看不到一行Java代码，取而代之的是EL和JSTL标签，也非常有利于美工人员对界面进行美化。

习题9

1. 简述在JSP页面中如何用EL表达式直接获取保存在request或session中的数据。

2. 如何用EL表达式获取form表单中控件的值？

3. 如果定义了一个数组String s1[]={"teacher","student"}，并将此数组保存在request对象中。在JSP页面中用EL表达式和迭代标签输出数组s1所有元素的值。

4. 如果保存在request对象中的数据是一个对象user，而这个对象有一个方法getName返回的是一个字符串，给出在JSP页面中用EL表达式输出getName值的表达式。

5. 创建一个JSP页面，包含一个10行5列的表格，用JSTL的迭代标签和EL表达式实现表格奇数行背景色为红色，偶数行背景色为白色。

第10章

JSP自定义标签

本章学习目标

- 掌握 JSP 自定义标签的含义。
- 掌握 Tag 接口及其实现类 TagSupport 与 BodyTagSupport。
- 掌握 JSP 自定义标签的开发过程及使用方法。

JSP 技术提供了一种封装其他动态类型的机制——自定义标签，取代了 JSP 中的 Java 程序，并且可以重复使用，方便不熟悉 Java 编程的网页设计人员。

自定义标签通常发布在标签库中，该库定义了一个自定义标签集并包含实现标签的对象。一些功能可以通过自定义标签来实现，包括对隐含对象的操作、处理表单、访问数据库及其他企业级服务，如 E-mail、目录服务、处理流控制。

自定义标签的分类如下。

(1) 简单标签，如< mytag：helloworld/>。

(2) 带属性标签，如< imytag：checkinput dbname="< myBean. getDBName()>"/>。

(3) 带标签体的标签。

例如：

```
< mytag: checkinput dbname = "< myBean.getDBName()>">
    < mytag:log message = "Table Name">
< mytag: checkinput />
```

在自定义标签的起始和结束标签之间的部分为标签体。标签体的内容可以是 JSP 中的标准标签，也可以是 HTML、脚本语言或其他的自定义标签。

(4) 可以被 Scriptlet 使用的标签。

例如：

```
< mytag: connection id = "oraDB" type = "DataSource" name = "Oracle">
< % oraDB.getConnection(); % >
```

定义了 id 和 type 属性的标签可以被标签后面的 Scriptlet 使用。

10.1 JSP 自定义标签简介

从 JSP1.1 规范开始，JSP 支持在 JSP 文件中使用自定义标签。通过使用自定义 JSP 标签可以对复杂的逻辑运算和事务进行封装，使得 JSP 页面代码更加简洁。自定义标签和 JSTL 中的标签从技术上看没有任何区别，可以将这些标签统称为 JSP 标签。JSP 标签在 JSP 页面中通过 XML 语法格式被调用，当 JSP 引擎将 JSP 页面翻译成 Servlet 时，就将这些 JSP 标签

调用转换成执行相应的Java代码。也就是说，JSP标签实际上就是调用了某些Java代码，只是在JSP页面中以另外一种形式（XML语法格式）表现出来。用户可以把可重用的、复杂的逻辑运算和事务或特定的数据表示方式定义到自定义JSP标签中，提高代码的简洁性和可重用性。

自定义标签在功能逻辑上与JavaBean类似，都是对Java代码的封装，都是可重用的组件代码。自定义标签易于使用，且与XML样式标签类似，允许开发人员为复杂的操作提供逻辑名称。

开发自定义JSP标签的基本步骤如下。

（1）标签处理程序类：这是自定义标签的核心。一个标签处理类将会引用其他的资源（包括自定义的JavaBean）和访问JSP页面的指定信息。JSP页面可以通过自定义标签将标签的属性或标签体中的内容传送给标签处理类进行处理，标签处理类还可将处理的结果输出到JSP页面。

（2）标签库的描述文件（tld文件）。这是一个简单的XML文件，记录标签处理程序类的属性和位置。JSP容器通过这个文件来得知自定义标签处理程序的信息。

（3）Web应用的web.xml文件。web.xml文件是Web应用的初始化文件，定义了Web应用中用到的自定义标签，以及标签库描述文件的位置。

（4）自定义标签的使用。在JSP页面中首先用taglib指令声明，然后就可以在JSP页面中任何位置使用此自定义标签。

扫一扫

视频讲解

10.2 开发JSP自定义标签

标签库提供了建立可重用代码的简单方式，需要JavaBean组件的支持。本节以随机数生成的验证码为例来讲述自定义标签的开发过程。

10.2.1 创建标签处理类

创建和使用一个Tag Library的基本步骤。

（1）创建标签的处理类。

（2）创建标签库描述文件。

（3）在web.xml文件中配置元素。

（4）在JSP文件中引入标签库。

首先要创建标签的处理类，用来告诉JSP程序遇到这个标签后应该做什么。这个类必须实现javax.servlet.jsp.tagext.Tag接口。Tagext包中有两个Tag接口的默认实现类，即TagSupport和BodyTagSupport。在实际开发中，标签处理类只需通过继承TagSupport或BodyTagSupport这两个类，重新定义那些需要自定义的行为的方法，从而简化了标签处理程序的开发。

TagSupport与BodyTagSupport的区别主要是标签处理类是否需要对标签体处理，如果不需要处理标签体就用TagSupport，否则就用BodyTagSupport。对标签体处理就是标签处理类要读取标签体的内容和改变标签体返回的内容。用TagSupport实现的标签，都可以用BodyTagSupport来实现，因为BodyTagSupport继承了TagSupport。

1. TagSupport 类

TagSupport 类的主要属性如下。

- parent 属性：代表嵌套了当前标签的上层标签的处理类。
- pageContext 属性：代表 Web 应用中的 javax. servlet. jsp. PageContext 对象。

JSP 容器在调用 doStartTag 或 doEndTag 前，会先调用 setPageContext 和 setParent，设置 pageContext 和 parent。因此在标签处理类中可以直接访问 pageContext 变量。

TagSupport 类提供了以下处理标签的方法。

- int doStartTag：JSP 页面遇到自定义标签的起始标志时执行。doStartTag 方法返回一个整数值，用来决定程序的后续流程。如果用户希望在处理主体内容和结束标签之前进行其他处理，则可以重写该方法。返回 SKIP_BODY，表示标签之间的内容被忽略，也即不会显示标签间的文字。返回 EVAL_BODY_INCLUDE，表示标签之间的内容被正常执行，也即显示标签间的文字，但绕过 setBodyContent()和 doInitBody()。返回 EVAL_BODY_BUFFERED，表示标签之间的内容被正常执行，也即显示标签间的文字，它首先会执行 setBodyContent()和 doInitBody()。EVAL 是 evaluate 的缩写，本身的意思是评价、估计、求值，在这里的返回值中表示“执行”的意思。
- int doEndTag：JSP 页面遇到自定义标签的结束标志时，就会调用 doEndTag 方法。doEndTag 方法也返回一个整数值，用来决定程序后续流程。返回 SKIP_PAGE 表示不处理接下来的 JSP 网页，也即立刻停止执行网页，网页上未处理的静态内容和 JSP 程序均被忽略，任何已有的输出内容立刻返回到客户的浏览器上。返回 Tag_EVAL_PAGE 表示按照正常的流程继续执行 JSP 网页。
- int doAfterBody：在处理完标签的主体之后调用，也即在显示完标签间文字之后执行。允许用户有条件地重新处理标签的主体。如果标签没有主体，则不会调用 doAfterBody()方法。其返回值有 EVAL_BODY_AGAIN 与 SKIP_BODY，前者会再显示一次标签间的文字，后者则继续执行标签处理的下一步。

2. BodyTagSupport 类

BodyTagSupport 类实现 BodyTag 接口，扩展 TagSupport 类。BodyTagSupport 在 TagSupport 类的基础上又增加了以下两个方法。

- setBodyContent：设置标签体的内容。在执行 doInitBody 方法之前执行此方法。
- doInitBody：用于准备处理页面主体。在 setBodyContent 方法之后被调用。

下面的例子创建自定义标签，此标签产生小于 10 000 的整型随机数，该随机数也可作为验证码使用。

程序(jspweb 项目/src/util/TagRandom. java)的清单：

```
package util;
import java.util.Random;
import java.io.*;
import javax.servlet.jsp.*;
import javax.servlet.jsp.tagext.BodyContent;
import javax.servlet.jsp.tagext.BodyTagSupport;
public class TagRandom extends BodyTagSupport {
    public int doStartTag() throws JspException{
        java.util.Random r = new java.util.Random();
```

```
        int n = r.nextInt(10000);                  //生成小于 10000 的整型随机数
        try {
            pageContext.getOut().print(n);     //输出随机数
          } catch (IOException e) {
              e.printStackTrace();
            }
          return EVAL_BODY_INCLUDE;
    }
}
```

这个标签处理类继承自 BodyTagSupport 类，由于此标签功能较简单，只是重写了 doStartTag 方法，而没有对标签体内容的处理。在 doStartTag 方法中调用 Random 类的实例生成一个小于 10 000 的随机数，并通过 pageContext 对象获得输出流，将随机数输出到页面上。

10.2.2 创建标签库描述文件 TLD

TLD 文件是一个 XML 文件，为 JSP 引擎提供有关自定义标签及其实现位置的元信息。TLD 文件的扩展名必须为 tld，文件保存在 WEB-INF 目录或它的子目录中。TLD 文件可以有多个元素，其中主要有三大类。

- taglib：标签库元素，是 TLD 文件的根元素。
- tag：标签元素，用于定义标签库中某个具体的标签。
- attribute：属性元素，指定某个标签的属性。

程序（jspweb 项目/WEB-INF/tagrandom.tld）的清单：

```
<!DOCTYPE taglib  PUBLIC "-//Sun Microsystems, Inc.//DTD JSP Tag Library 1.2//EN"
   "http://java.sun.com/dtd/web-jsptaglibrary_1_2.dtd">
<taglib xmlns = "http://java.sun.com/JSP/TagLibraryDescriptor">
  <tlib-version>1.0</tlib-version>
  <jsp-version>1.2</jsp-version>
  <short-name>Simple Tags</short-name>
  <tag>
    <name>tagrandom</name>
    <tag-class>util.TagRandom</tag-class>
    <body-content>empty</body-content>
  </tag>
</taglib>
```

上面 TLD 文件中定义了一个标签 tagrandom，标签的处理类为 util.TagRandom，这个标签没有标签体。

10.2.3 在 JSP 中使用自定义标签

已经定义好了标签处理类和标签库描述文件以后，就可以在 JSP 文件中使用自定义标签了。

程序（jspweb 项目/ch10/tagExample.jsp）的清单：

```
<%@ page language = "java" import = "java.util.*" pageEncoding = "utf-8" %>
<%@taglib uri = "/WEB-INF/tagrandom.tld" prefix = "trd" %>
  <html>
  <head>
      <title>自定义标签示例</title>
```

```
    </head>
  <body>
    自定义标签产生的验证码为：<trd:tagrandom/> <br>
  </body>
</html>
```

第二行 taglib 指令将自定义标签库文件导入 JSP 文件中，并声明其前缀为 trd，以便于在 JSP 页面中引用。当 JSP 程序运行至自定义标签< trd:tagrandom />时，调用标签处理类将运行结果（一个随机数）输出在 JSP 页面上。在浏览器地址栏中输入 http://127.0.0.1:8080/jspweb/ch10/tagExample.jsp，程序运行结果如图 10-1 所示。每次刷新都会得到一个不同的值。

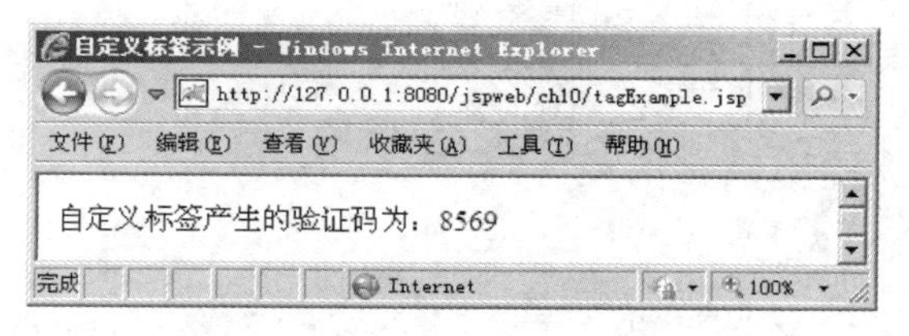

图 10-1　自定义标签的运行结果

扫一扫

视频讲解

10.3　自定义分页标签示例

利用自定义标签对网上书店项目实例的 viewBook.jsp 页面实现分页功能。实现分页后的页面如图 10-2 所示。

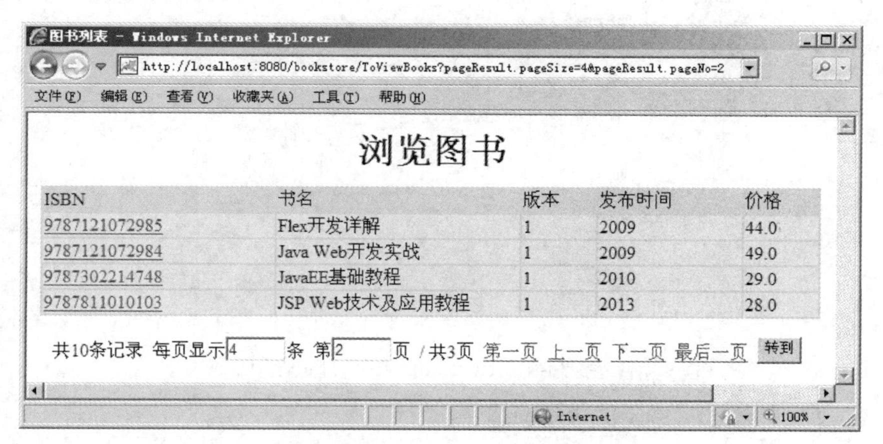

图 10-2　ToviewBooks 分页效果

1. 分页标签处理类

创建标签处理类之前需要一个辅助的 JavaBean，用这个 JavaBean 存放有关分页每一页的相关信息，如一共有多少条记录、一共有多少页、当前是第几页、每页有多少条记录等信息。

程序（bookstore 项目/src/tag/PageResult.java）的清单：

```
package tag;
import java.util.ArrayList;
import java.util.List;
public class PageResult<E> {
```

```java
    private List<E> list = new ArrayList<E>();      //查询结果
    private int pageNo = 1;                         //实际页号
    private int pageSize = 4;                       //每页记录数
    private int recTotal = 0;                       //总记录数

    public List getList() {
        return list;
    }
    public void setList(List<E> list) {
        this.list = list;
    }
    public int getPageNo() {
        return pageNo;
    }
    public void setPageNo(int pageNo) {
        this.pageNo = pageNo;
    }
    public int getPageSize() {
        return pageSize;
    }
    public void setPageSize(int pageSize) {
        this.pageSize = pageSize;
    }
    public int getRecTotal() {
        return recTotal;
    }
    public void setRecTotal(int recTotal) {
        this.recTotal = recTotal;
    }
    public int getPageTotal() {                     //根据记录数计算总的页数
        int ret = (this.getRecTotal() - 1) / this.getPageSize() + 1;
        ret = (ret<1)?1:ret;
        return ret;
    }
    public int getFirstRec()                        //计算第一页的记录数
    {
        int ret = (this.getPageNo() - 1) * this.getPageSize();   //+ 1;
        ret = (ret < 1)?0:ret;
        return ret;
    }
}
```

程序（bookstore项目/src/tag/PaginationTag.java）的清单：

```java
package tag;
import javax.servlet.jsp.JspWriter;
import javax.servlet.jsp.tagext.TagSupport;
public class PaginationTag extends TagSupport {
   private static final long serialVersionUID = -5904339614208817088L;
   public int doEndTag() {
    try { PageResult pageResult = null;
    pageResult = (PageResult) pageContext.getRequest().getAttribute("pageResult");
    if (pageResult!= null){
    StringBuffer sb = new StringBuffer();
    sb.append("<div style=\"text-align:right;padding:6px 6px 0 0;\">\r\n")
      .append("共" + pageResult.getRecTotal() + "条记录  \r\n")
      .append("每页显示<input name=\"pageResult.pageSize\" value=\"" + pageResult.
getPageSize() + "\" size=\"3\" />条  \r\n")
```

```
        .append("第< input name = \"pageResult.pageNo\" value = \"" +
  pageResult.getPageNo() + "\" size = \"3\" />页")
        .append(" / 共" + pageResult.getPageTotal() + "页 \r\n")
        .append("< a href = \"javascript:page_first();\">第一页</a> \r\n")
        .append("< a href = \"javascript:page_pre();\">上一页</a>\r\n")
        .append("< a href = \"javascript:page_next();\">下一页</a> \r\n")
        .append("< a href = \"javascript:page_last();\">最后一页</a>\r\n")
        .append("< input type = \"button\" onclick = \"javascript:page_go();\" value = \"转到\" />\r\n")
        .append("< script >\r\n")
        .append("var pageTotal  =  " + pageResult.getPageTotal() + ";\r\n")
        .append("var recTotal  =  " + pageResult.getRecTotal() + ";\r\n")
        .append("</script >\r\n")
        .append("</div >\r\n");
       sb.append("< script >\r\n");
       sb.append("function page_go()\r\n")
        .append("{\r\n")
        .append("page_validate();\r\n")
        .append("document.forms[0].submit();\r\n")
        .append("}\r\n")
        .append("function page_first()\r\n")
        .append("{\r\n")
        .append("document.forms[0].elements[\"pageResult.pageNo\"].value  =  1;\r\n")
        .append("document.forms[0].submit();\r\n")
        .append("}\r\n")
        .append("function page_pre()\r\n")
        .append("{\r\n")
        .append("var pageNo  =  document.forms[0].elements[\"pageResult.pageNo\"].value;\r\n")
        .append("document.forms[0].elements[\"pageResult.pageNo\"].value = parseInt(
 pageNo) - 1;\r\n")
        .append("page_validate();\r\n")
        .append("document.forms[0].submit();\r\n")
        .append("}\r\n")
        .append("function page_next()\r\n")
        .append("{\r\n")
        .append("var pageNo  =  document.forms[0].elements[\"pageResult.pageNo\"].value;\r\n")
        .append("document.forms[0].elements[\"pageResult.pageNo\"].value = parseInt
 (pageNo) +  ;\r\n")
        .append("page_validate();\r\n")
        .append("document.forms[0].submit();\r\n")
        .append("}\r\n")
        .append("function page_last()\r\n")
        .append("{\r\n")
        .append("document.forms[0].elements[\"pageResult.pageNo\"].value  =  pageTotal;\r\n")
        .append("document.forms[0].submit();\r\n")
        .append("}\r\n")
        .append("function page_validate()\r\n")
        .append("{\r\n")
        .append("var pageNo  =  document.forms[0].elements[\"pageResult.pageNo\"].value;\r\n")
        .append("if (pageNo < 1)pageNo = 1;\r\n")
        .append("if (pageNo > pageTotal)pageNo = pageTotal;\r\n")
        .append("document.forms[0].elements[\"pageResult.pageNo\"].value  =  pageNo;\r\n")
        .append("var pageSize  =  document.forms[0].elements[\"pageResult.pageSize\"].
 value;\r\n")
        .append("if (pageSize < 1)pageSize = 1;\r\n")
        .append("document.forms[0].elements[\"pageResult.pageSize\"].value  =  pageSize;\r\n")
        .append("}\r\n")
        .append("function order_by(field){\r\n")
        .append("document.forms[0].elements[\"pageResult.orderBy\"].value  =  field;\r\n")
```

```
    .append("page_first();\r\n")
    .append("}\r\n");
    sb.append("</script>\r\n");
    JspWriter out = pageContext.getOut();
    out.println(sb.toString());
    }
    } catch (Exception e) {
    }
    return EVAL_PAGE;
  }
}
```

PaginationTag 标签处理类继承了 TagSupport，而 pageContext 属性是在 TagSupport 中定义的，所以在类中可以直接使用这个对象。

在标签处理类 PaginationTag 中，有如下语句：

```
pageResult = (PageResult) pageContext.getRequest().getAttribute("pageResult");
```

pageContext 是上文对象，通过这个对象可以获取封装在请求对象中的信息 pageResult 对象。这个 pageResult 对象是由 ToViewBook 这个 Servlet 对象将它保存到 request 对象中的。只要得到 pageResult 对象，就可以获得有关分页的所有信息。在标签类中大部分代码是打印 HTML 页面，同时将分页的相关信息写进 HTML 中。在使用这个标签类时要注意，标签一定要放在一个表单 form 中。因为在单击"上一页"或"下一页"的链接时，实际上是提交一个请求，这个请求提交给了所在 form 的 action 所指向的服务器处理程序。为了节省篇幅这里没有给出全部的代码，其余代码可查看源程序。

PaginationTag 标签处理类中没有标签体，所以只需要重写 doEndTag 或 doStartTag 就可以，标签处理代码是写在 doEndTag 方法中的。

2. 分页标签库描述文件

标签库描述文件可以在标签处理类和标签之间建立映射关系，这样在 JSP 页面中只需要引入标签库，就可以使用标签库中声明的所有的标签。分页标签库描述文件为 pagecommon. tld。

程序（bookstore 项目/WEB-INF/pagecommon. tld）的清单：

```
<?xml version = "1.0" encoding = "UTF - 8"?>
<!DOCTYPE taglib
  PUBLIC " - //Sun Microsystems, Inc. //DTD JSP Tag Library 1.2//EN"
   "http://java.sun.com/dtd/web - jsptaglibrary_1_2.dtd">
< taglib xmlns = "http://java.sun.com/JSP/TagLibraryDescriptor">
  < tlib - version > 1.2 </tlib - version >
  < jsp - version > 1.2 </jsp - version >
  < short - name > common </short - name >
  < tag >
    < name > pager </name >
    < tag - class > tag.PaginationTag </tag - class >
    < body - content > empty </body - content >
  </tag >
</taglib >
```

标签库中只定义了一个标签 pager，对应的处理类为 tag 包中 PaginationTag 类，标签没有标签体。标签库文件保存在 WEN-INF 目录下。

3. 使用分页标签

在图书显示这个示例中，首先请求一个 Servlet，在 Servlet 中接收页面传递过来的请求参数，请求参数包括当前要显示第几页，以及每页的记录数。其次创建 PageResult 类的实例，将分页的相关信息封装在对象中，再将这个对象保存在 Request 中。处理请求的 Servlet 类为 ToViewBooks。

程序(bookstore 项目/src/tag/ToViewBooks.java)的清单：

```
package tag;
import java.io.IOException;
import java.util.List;
import javax.servlet.ServletException;
import javax.servlet.http.HttpServlet;
import javax.servlet.http.HttpServletRequest;
import javax.servlet.http.HttpServletResponse;
import bean.TitleDao;
import bean.TitleDaoImpl;
public class ToViewBooks extends HttpServlet {
    public ToViewBooks() {
        super();
    }
    public void destroy() {
        super.destroy();
    }
    public void doGet(HttpServletRequest request, HttpServletResponse response)
            throws ServletException, IOException {
        doPost(request,response);
    }
    public void doPost(HttpServletRequest request, HttpServletResponse response)
            throws ServletException, IOException {
        PageResult pageResult = new PageResult();
        TitleDao dao = new TitleDaoImpl();
        List list = dao.getTitles();                    //得到图书列表
        int pageSize = pageResult.getPageSize();        //每页显示的记录数
        int pageNo;                                     //当前页号
        if(request.getParameter("pageResult.pageNo")!= null){
         pageNo = Integer.parseInt(request.getParameter("pageResult.pageNo"));
                                                        //从请求中获取当前页号
        }
        else
            pageNo = pageResult.getPageNo();            //采用默认的页号
        if(request.getParameter("pageResult.pageSize")!= null)
         //获取请求中每页显示记录数
         pageSize = Integer.parseInt(request.getParameter("pageResult.pageSize"));
        int len = list.size();
        len = len >(pageNo) * pageSize?(pageNo) * pageSize:len;        //显示到当前页的记录数
        //将第 pageNo 页的数据从 list 中复制到 list1 数组中
        List list1 = list.subList((pageNo - 1) * pageSize,len);
        //将要显示的当前页的数据、当前页数、总记录数保存在 pageResult 对象中
        pageResult.setList(list1);
        pageResult.setPageNo(pageNo);
        pageResult.setRecTotal(list.size());
        pageResult.setPageSize(pageSize);
        request.setAttribute("pageResult",pageResult);//将 pageResult 对象保存在 request 中
    //转发到 ch18 目录中 viewBook.jsp 页面
```

```
        request.getRequestDispatcher("/test/viewBookByPageTag.jsp").forward(request,response);
        }
        public void init() throws ServletException {
        }
    }
```

在上面代码中将 pageResult 对象保存在 request 中，然后转发到 viewBook.jsp 页面。

程序(bookstore 项目/WebRoot/test/viewBookByPageTag.jsp)的清单：

```
<%@ page language="java" contentType="text/html; charset=utf-8"    pageEncoding="utf-8"%>
    <%@ taglib uri="http://java.sun.com/jsp/jstl/core" prefix="c" %>
    <%@ taglib uri="/WEB-INF/page-common.tld" prefix="page" %>
<html>
<head>
<title>图书列表</title>
</head>
<body><h1 align="center">浏览图书</h1>
<form action="./ToViewBooks">
 <table align="center" bgcolor=lightgrey width="800">
<tr><td>ISBN</td><td>书名</td><td>版本</td><td>发布时间</td><td>价格</td>
</tr>
<c:forEach var="titles" items="${requestScope.pageResult.list}" >
    <tr  bgcolor=cyan><td><a href="./ToViewTitle?isbn=${titles.isbn}" title="单击显示
详细信息">
        ${titles.isbn}</a></td>
        <td>${titles.title}</td>
        <td>${titles.editionNumber}</td>
        <td>${titles.copyright}</td>
        <td>${titles.price} </td>
        </tr>
    </c:forEach>
</table>
<table align="center">
<tr><td><page:pager/></td></tr>
 </table>
  </form>
</body>
</html>
```

这个页面与第 7 章的 viewBook.jsp 相比较，主要区别是：前一个页面是通过 useBean 标准动作创建 TitleDaoImpl 类的实例，调用类的 getTitles 方法得到图书列表；而在本章的 viewBookByPageTag.jsp 页面中是利用 EL 表达式直接从 request 对象中取得要显示的记录集合。为了使用自定义标签，要首先导入标签库：

```
<%@ taglib uri="/WEB-INF/page-common.tld" prefix="page" %>
```

这一行命令是将前面定义的标签库导入当前页面，同时定义前缀为 page。页面中 <page:pager/>这一命令调用了标签库中定义的 pager 标签，输出自定义标签的分页功能。

在浏览器地址栏中输入 http://localhost:8080/bookstore/ToViewBooks，就可看到图 10-2 中的页面。在这个页面中，当单击翻页链接时，实际上是提交给了 ToViewBooks 类，在这个 Servlet 中重新获取页面的相关数据并进行处理，并将处理结果保存在 request 对象中，然后再转发到 viewBookByPageTag.jsp 页面，最终实现了翻页功能。

习题 10

1. 简述什么是 JSTL 自定义标签。
2. 简述 JSTL 自定义标签库有哪些特点。
3. 如何编写 JSTL 自定义标签?
4. 如何使用自定义标签库?
5. 简述 taglib 指令的作用,并举例说明。
6. 自定义一个标签,实现将标签体中的小写字母转为大写字母。
7. 简述标签处理程序类的使用方法。

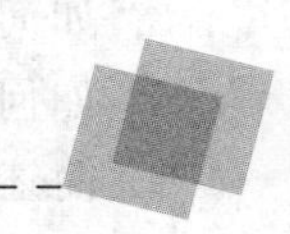

第11章 JSP Web项目实例

本章学习目标

- 掌握聊天室系统的开发方法。
- 掌握网上投票系统的开发方法。

扫一扫

视频讲解

11.1 聊天室程序设计实例

聊天室是Web开发技术中一种比较典型的实际应用。聊天室程序并不复杂,但是需要综合应用所学的JSP知识。

首先,准备项目数据库。聊天室数据库采用MySQL数据库,数据库名为chatroomdb,数据库中有聊天室用户表user,user表结构如表11-1所示。

表11-1 聊天室用户表(user)

列　名	类　型	长　度	备　注
id	smallint	10	主键
username	varchar	10	用户登录名
password	varchar	10	登录密码
name	varchar	15	用户姓名
sex	varchar	2	用户性别

创建user表的数据库脚本文件chatroomdb.sql如下。

```
SET FOREIGN_KEY_CHECKS = 0;
DROP TABLE IF EXISTS 'user';
CREATE TABLE 'user' (
       'id' smallint(10) NOT NULL auto_increment,
        'username' varchar(10) default NULL,
        'password' varchar(10) default NULL,
        'name' varchar(15) default NULL,
    'sex' varchar(2) default NULL,
    PRIMARY KEY  ('id')
   ) ENGINE = InnoDB DEFAULT CHARSET = utf8;
   INSERT INTO 'user' VALUES ('1', '101', '123', '张大侠', '男');
   INSERT INTO 'user' VALUES ('2', '102', '123', '李晓丽', '女');
   INSERT INTO 'user' VALUES ('3', '103', '123', '周晓晨', '女');
   INSERT INTO 'user' VALUES ('4', '104', '123', '王亚军', '男');
```

11.1.1　聊天室基础

1. 聊天窗口界面介绍

图 11-1 所示是本实例的聊天室界面。

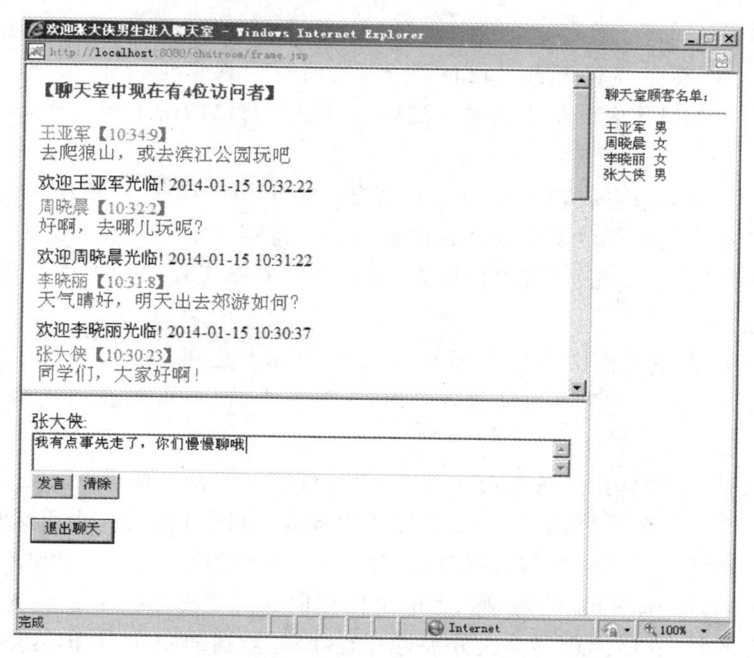

图 11-1　聊天室窗口

聊天室窗口分成三个区域。

(1) 左上部分称为 fram0 区,用于显示聊天过程及发言信息。最上面一行给出目前在聊天室中的人数。发言顺序按照自下往上排列。例如,张大侠先进入聊天室,时间是 2014 年 1 月 15 日上午 10 点 30 分 37 秒,他说"同学们,大家好啊!"。接着其他同学相继进入,每人都说了一句话。每个人进入聊天室时,网站都要表示欢迎,欢迎词中指示了进入者的姓名。

(2) 左下部分称为 fram1 区,用于显示聊天者的个性化信息,属于本聊天者专用,在不同聊天者的计算机中,这个区域中显示的内容是不同的。例如,图 11-1 中的 fram1 区显示的是张大侠,表明这是在张大侠的计算机中看到的情景,文本框中显示的"我有点事先走了,你们慢慢聊哦",是张大侠刚刚输入的发言内容,只要单击"发言"按钮,就可将这句话发出,显示在上面的 fram0 区中。在其他聊天者的计算机中,fram1 区中的名字将换成其他聊天者的名字,文本框中显示的也是相应聊天者输入的发言内容。

(3) 右侧部分称为 fram2 区,用于显示目前聊天室人员的姓名和性别。

fram0 和 fram2 是公共信息区,在所有人的聊天窗口上,这两个公共区中显示的内容都是相同的。

总之,fram0 和 fram2 中显示的是每个聊天者都能看到的信息,内容都相同。fram1 中显示的是聊天者的个性化信息,只有聊天者自己才能看得到,内容因人而异。

由于在图 11-1 中,按照发言顺序自下而上排列,所以第一行是最新的发言和信息。信息多了,放不下时,就将最下面一行信息挤出。

当然,也可以反过来排列,按照发言顺序,自上而下排列,最底下一行是最新的信息,信息多了,放不下时,就将最上面一行信息挤出。

本实例采用第一种做法，最新信息放在第一排，更加醒目。这种做法在具体实现时先要将第一行位置空出来，供最新信息使用，后面将有详细的说明。

2. 应用 session 和 application 内置对象

在聊天室设计中，采用 JSP 内置的 session 和 application 对象来分别存储个性化信息和公共信息。

使用 session 对象存放聊天者自己的姓名、性别等个人信息。在 fram1 中显示的就是 session 对象中保存的聊天者的个人信息。这些信息只在自己的聊天窗口中显示，别的聊天者是看不到的。

使用 application 对象存放聊天室的公共信息。由于访问同一个聊天室应用程序的所有用户都可以共享 application 对象中的公共信息，因此，将聊天室的所有人的发言记录、聊天室成员等公共信息存放在 application 对象中，就可以在所有聊天窗口的 fram0 和 fram2 区中显示这些公共信息。

图 11-1 中的聊天室界面中有 4 个聊天者，他们实际上是在 4 台计算机上同时上网，并且都访问这个聊天室站点。聊天者可能相隔千里，天各一方，但是可以在一起聊天，这就是网上聊天室的魅力。

在编程调试时，无须真正具备 4 台计算机，而是可以在一台计算机上模拟多台计算机参加聊天。这只需要在同一台计算机中，分多次打开浏览器，每次打开的一个聊天窗口，就可以代表一台参加聊天的计算机。每个聊天窗口都有图 11-1 所示的三个区域。其中 fram0 和 fram2 中显示的内容相同，fram1 显示的是聊天者的个性化信息。

这里要注意的是，有些浏览器多次分别打开时，服务器端的 session 仍然是相同的，这在调试时会导致聊天者的个性化信息不能完全分离。这种情况可以通过使用不同的浏览器访问聊天室站点来解决。例如，在同一台计算机上用 IE 浏览器、360 浏览器、百度浏览器等分别访问聊天室，比在同一台计算机上分三次都是使用 IE 浏览器访问聊天室来模拟多台计算机的效果要好，这是因为，采用多次打开同一种浏览器访问聊天室时，可能会由于它们的 session 相同，而导致从 session 中获取的信息相同的情况，在调试过程中遇到这种情况时要引起注意。

3. 创建登录界面

通常第一次进入聊天室时，要先进行注册，填写姓名和密码。登录时，通过核对姓名和密码，才允许进入聊天室。关于登录设计，本书前面已经介绍过相关技术，为了不让它干扰我们的主要任务，这里将注册和登录时核对姓名和密码的有关程序进行了简化。

登录时要进行数据库用户身份验证，访问数据库采用 JavaBean(Dbcon.java)实现，程序如下。

程序(chatroom 项目/src/bean/Dbcon.java)的清单：

```
package bean;
import java.sql.Connection;
import java.sql.DriverManager;
public class Dbcon {
    private static final String DRIVER_CLASS = "com.mysql.jdbc.Driver";
    private static final String DATABASE_URL =
        "jdbc:mysql://localhost:3306/chatroomdb?useUnicode = true&characterEncoding = UTF - 8";
    private static final String DATABASE_USRE = "root";
    private static final String DATABASE_PASSWORD = "123";
    public static Connection getConnection() {                    //返回连接
        Connection dbCon = null;
```

```
        try {
            Class.forName(DRIVER_CLASS);
            dbCon = DriverManager.getConnection(DATABASE_URL,
                    DATABASE_USRE, DATABASE_PASSWORD);
        } catch (Exception e) {
            e.printStackTrace();
        }
        return dbCon;
    }
}
```

该 JavaBean 定义了数据库连接参数，提供了连接数据库的方法 getConnection，供 JSP 程序连接数据库时调用。

本例提供了一个简化的登录程序 index.jsp，该程序创建了一个登录界面，如图 11-2 所示。

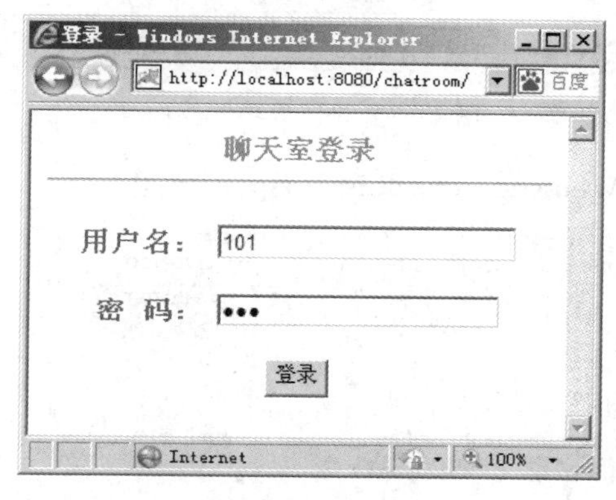

图 11-2　聊天室登录的界面

程序(chatroom 项目/WebRoot/index.jsp)的清单：

```
<%@ page import = "java.util.*" contentType = "text/html; charset = utf - 8" %>
<html>
 <Script Language = javascript>
   function fnc() {
    if (frm.loginname.value == "" || frm.password.value == "") {
        window.alert("请输入用户名与密码!");
        document.frm.elements(0).focus();
        return;
     }
     frm.submit();
   }
 </Script>
 <head><title>登录</title></head>
 <body>
    <center><font size = 4 color = red><b>聊天室登录</b></font></center><hr>
    <center>
    <form name = frm method = post action = checkuser.jsp>
      <font color = darkgreen size = 4><b>用户名: </b>   </font>
        <input type = "text" name = "loginname" size = 25><br><br>
      <font color = darkgreen size = 4><b>密 码: </b></font>
        <input type = "password" name = "password" size = 25><br><br>
        <input type = button value = '登录' onclick = "fnc()">
    </form>
    </center>
 </body>
</html>
```

在登录程序中，使用JavaScript编写一个检查表单中是否将用户名和密码输入完整的函数fnc。当聊天者输入用户名和密码，单击“提交”按钮后，会调用fnc函数进行输入完整性验证，如果用户名和密码输入不完整，则给出提示；如果用户名和密码输入完整，则提交给checkuser.jsp进行数据库用户正确性验证。在提交时会携带表示用户名和密码的loginname和password参数。验证成功出现如图11-3所示的界面。

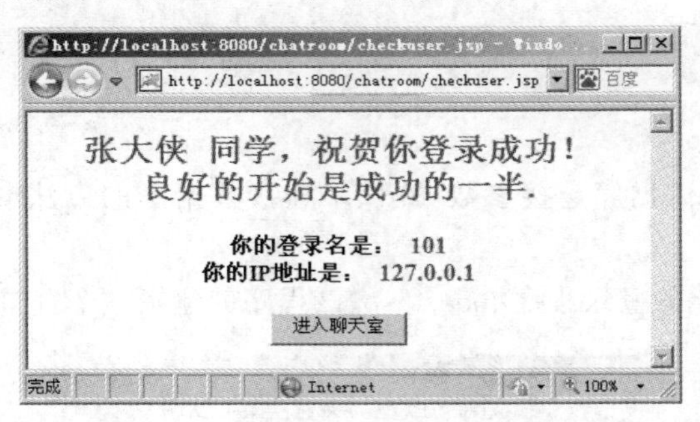

图11-3 验证成功的界面

程序(chatroom项目/WebRoot/checkuser.jsp)的清单：

```
<%@ page language="java" import="java.util.*,java.sql.*" pageEncoding="utf-8"%>
<jsp:useBean id="db" class="bean.Dbcon" scope="request"/>
<html>
<body>
<%  //登录数据库,进行用户验证
    Connection con = db.getConnection();
    Statement stmt = con.createStatement();
    ResultSet rs = stmt.executeQuery("select * from user" + " where username = '" + request.
getParameter("loginname") + "'");
    if(!rs.next())  //用户验证失败,提示重新登录
    {
%>
    <b><font size=5 color=red>
     很遗憾,数据库中没有"<%=request.getParameter("loginname")%>"这个用户!<br><br>
      <a href=index.jsp>请重新登录!</a>  </font></b>
<%
    }
    else //用户验证成功
    {
%>
     <center><b><font size=5 color=blue>
     <%= rs.getString("name") %>同学,祝贺你登录成功!<br>良好的开始是成功的一半.<br>
</font><p>
    你的登录名是:
    <font size=4 color=blue> <%=request.getParameter("loginname")%><br></font>
    你的IP地址是:
    <font size=4 color=blue> <%= request.getRemoteAddr()%><br></font></b></center>
<%
    if(session.getAttribute("name")!= null)session.removeAttribute("name");
    if(session.getAttribute("sex")!= null)session.removeAttribute("sex");
        session.setAttribute("name",rs.getString("name"));
        session.setAttribute("sex",rs.getString("sex"));
    String guestname=rs.getString("name");
    String guestsex=rs.getString("sex");
        String opwin="login.jsp?name="+guestname+"&sex="+guestsex;
%>
```

```
<script Language = javascript>
<!--
function opwinfnc(){
   window.open("<% = opwin %>","<% = guestname %>","toolbar = no, menubar = no, width = 660,
height = 520");
  self.close();
  }
-->
</script>
<br><center><input type = "button" name = "chatbutton" value = "进入聊天室"
                     onclick = "opwinfnc()"><br></center>
   <%
    }
    rs.close();
    stmt.close();
    con.close();
   %>
  </body>
</html>
```

在 checkuser.jsp 程序中，首先使用<jsp:useBean>指令创建 JavaBean 实例，用于在页面中获得数据库连接对象。接着，使用 JDBC 访问数据库，进行用户身份验证。验证成功后，显示相关提示信息，将用户姓名和性别存入 session 对象中。用户单击“进入聊天室”按钮时，触发 JavaScript 函数 opwinfuc，该函数调用 window 对象的 open 方法，该方法用指定的文件打开一个窗口。它共有三组参量：第一组为指定的文件名，第二组为窗口名，第三组表示窗口结构和尺寸。第一组参量为字符串 opwin 的值，它将问号后面的表达式 name=guestname 和 sex=guestsex 传送给文件 login.jsp。第二个参量定义了打开的窗口的名称。第三组参量规定了打开窗口的属性，这个窗口没有工具栏，没有菜单条，宽为 660，高为 520。这就是图 11-1 中的聊天窗口，也是本程序的主要窗口。

语句“self.close();”用于关闭 self 页面，也就是关闭当前正在操作的 checkuser.jsp 页面。这是因为，打开聊天窗口后，就在这个新窗口中进行聊天，原来的登录验证页面就没有用了，可以关闭了。关闭 checkuser.jsp 窗口前，会自动弹出如图 11-4 所示的对话框，单击“是”按钮即关闭该窗口；单击“否”按钮，则将保留这个窗口。

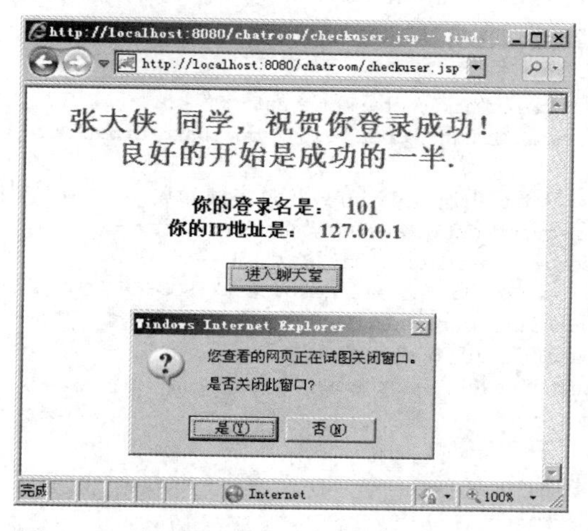

图 11-4　关闭 checkuser.jsp 窗口的确认对话框

4. 进入聊天室的准备工作

在通过 window. open 方法打开的聊天窗口中，首先载入的是 login. jsp 程序，该程序是聊天室的主要程序之一。它进行聊天室程序的个性化信息和公共信息的初始化工作，包括将聊天者的姓名和性别存入 session 对象中，还要对 application 对象中的相关数据进行初始化设置与维护。

session 对象和 application 对象中的信息存放空间规划如图 11-5 所示。session 对象的个性化信息将在聊天窗口 fram1 中显示，application 对象中的公共信息将在聊天窗口的 fram0 和 fram2 中显示。

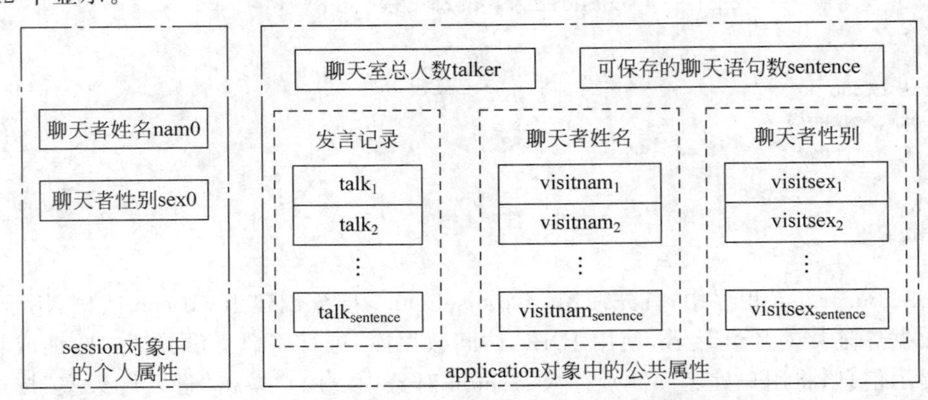

图 11-5 session 对象和 application 对象中的信息存放空间规划

如果是第一位进入聊天室的人，则设置 application 中聊天室总人数 talker＝1，同时初始化 application 中可保存聊天记录数的变量 sentence（本例设为可保存 50 句），同时，在 application 中以属性的形式创建三个均含有 sentence 个元素的字符串数组（talki，visitnami，visitsexi，i＝1～sentence），三个数组分别保存聊天记录、聊天者姓名和聊天者性别。实际设计时，这三个数组的大小可视具体情况而定。

如果聊天室已有聊天人员，则更新 application 中聊天室总人数 talker＋1，同时，将 talki、visitnami、visitsexi 三个数组各元素后移一格，三个数组的第一个元素 talk1、visitnam1、visitsex1 分别填入新进人员欢迎词和新进人员姓名和性别。显然，聊天时，如果聊天语句数超过 sentence 值，则将按先进先出的规则滚动替换。login. jsp 的代码如下。

程序（chatroom 项目/WebRoot/login. jsp）的清单：

```
<%@ page contentType="text/html; charset=utf-8" %>
<%@ page import="java.util.Date,java.text.SimpleDateFormat" %>
<%
//由于 name 和 sex 是附着在 URL 中通过 get 方式传过来的参数,因此须作编码转换,以免中文参数乱码
    String reqname = request.getParameter("name");
    String reqsex = request.getParameter("sex");
    String guestname = new String(reqname.getBytes("ISO8859-1"),"utf-8");
    String guestsex = new String(reqsex.getBytes("ISO8859-1"),"utf-8");
    session.setAttribute("nam0",guestname);
    session.setAttribute("sex0",guestsex);
    int i = 0, talker = 0;                              //talker 用于计算聊天室人数的变量
    Object talk = null;
    Object visitnam = null;
    Object visitsex = null;
    //调整聊天室的人数,talker 为聊天室人数,存于 application 对象中
     String talkerstr = (String)application.getAttribute("talker");
```

```
    if(talkerstr == null)
    {   /* 如果是第一位进入聊天室的人,则聊天室人数 talker 置 1
        同时,在 application 中设定可保存的聊天语句数 sentence 为 50 条,超出 50 条时则按先进先
出规则进行替换 */
         application.setAttribute("talker", "1");
         application.setAttribute("sentence", "50");
    }
    else
    {
         talker = Integer.parseInt(talkerstr); //否则,聊天室人数 talker + 1
         application.setAttribute("talker", String.valueOf(talker + 1));
    }
    //sentence 是在 application 中设定的可保存的聊天语句数
    String sentencestr = (String) application.getAttribute("sentence");
    int sentence = Integer.parseInt(sentencestr);
    //为保存聊天语句准备空间
    if(talker == 0)                        //如果是第一位聊天者,则初始化发言记录的整个空间
    {
         for(i = 1;i <= sentence;i++)application.setAttribute("talk" + i,"");
         for(i = 1;i <= sentence;i++)application.setAttribute("visitnam" + i,"");
         for(i = 1;i <= sentence;i++)application.setAttribute("visitsex" + i,"");
    }
    else  /* 如果已有发言,则将所有发言记录数组及姓名、性别数组向后移一格,为填入新进人员欢
迎词及新进人员姓名、性别挪出空间 */
    {
         for(i = sentence; i >= 2; i--)
         {
              talk = application.getAttribute("talk" + (i - 1));
              application.setAttribute("talk" + i, talk);
              visitnam = application.getAttribute("visitnam" + (i - 1));
              application.setAttribute("visitnam" + i, visitnam);
              visitsex = application.getAttribute("visitsex" + (i - 1));
              application.setAttribute("visitsex" + i, visitsex);
         }
    }
    //聊天记录数组的首行,填入新进人员的姓名和性别
    application.setAttribute("visitnam1", guestname);
    application.setAttribute("visitsex1", guestsex);
      //构建欢迎词,作为一条发言填入首行
    String tking = null;
    Date dat = new Date();
    SimpleDateFormat sdf = new SimpleDateFormat("YYYY - MM - DD HH:mm:ss");
    String tim = sdf.format(dat);
    tking = "<tr><td bgcolor = yellow align = left>欢迎" + guestname +
            "光临! 光临时间: " + tim + "</td></tr>";
    application.setAttribute("talk1", tking);
    //客户端跳转到聊天显示页面
    response.sendRedirect("frame.jsp");
%>
```

在 login.jsp 程序中,全部都是 Java 代码,该程序的主要任务是针对新进人员在正式聊天前进行一些准备工作,这个过程不会在界面显示任何信息。完成所有准备工作后通过语句"response.sendRedirect("frame.jsp");"转到聊天室窗口程序 frame.jsp。frame.jsp 中使用框架布局,包含 fram0、fram1 和 fram2 三个框架,通过创建的框架将界面分隔成聊天窗口的三个部分。

分析程序可见,在第一个聊天者进入聊天室之前,还不存在 talker 变量,所以 talkerstr 的

值为 null。这时设置这个变量为 1，说明聊天室中有了一个访问者。

如果 talkerstr 不是 null，表示 talker 变量已经存在，将 talkerstr 转换为 int 型变量 talker。再将 talker 的值加 1，然后转换为 String 型变量存入 application 对象中的 talker 属性中，表示这时聊天室中人数加 1。

talk 是一个 String 型变量，用来表示聊天者的发言。这里设置了 application 对象的类似数组的一系列 talk 变量，如 talk1，talk2，talk3，…，talk1 表示聊天者说的第 1 句话，依此类推。假设张三先说“大家好”，这是第一句话，就是 talk1 的内容。下面依此类推。

如果之前聊天室中没有人，talker 为 null，则使用 for 循环分别将 sentence(＝50)个空白字符串赋予 application 对象的 50 组变量 talk1、talk2、…、talk50，visitnam1、visitnam2、…、visitnam50 和 visitsex1、visitsex2、…、visitsex50，分别存放聊天发言记录和聊天者的姓名、性别。

如果 talker 不为 null，表示已经有了聊天者，则执行递减 for 循环，分别将 talki－1 的内容放到 talki 中，将 visitnami－1 的内容放到 visitnami 中，将 visitsexi－1 的内容放到 visitsexi 中。for 循环中 i 从 50 开始，到 2 结束。这样一来，老数据的 i 值不断增加，将所有数据均向后移一位，最后将第一个数据 talk1、visitnam1、visitsex1 空了出来，用以存放最新的聊天语句和姓名、性别等数据。

11.1.2 聊天室窗口框架

1. 创建聊天室窗口框架

通过程序 frame.jsp 可创建三个框架，将聊天室窗口分隔成三个子窗口，即 fram0、fram1、fram2。

程序(chatroom 项目/WebRoot/frame.jsp)的清单：

```
<%@ page contentType = "text/html; charset = utf - 8" import = "java.util.Date" %>
<%
    //取出在 login.jsp 页面存入的本人姓名和性别
1   String guestnam = (String) session.getAttribute("nam0");
2   String guestsex = (String) session.getAttribute("sex0");
%>
<html>
3   <head><title>欢迎<% = guestnam %><% = guestsex %>进入聊天室</title>
</head>
4   <frameset cols = "80 % , * " >
5     <frameset rows = "60 % , * ">
6       <frame src = "frame0.jsp" name  =  fram0 >
7       <frame src = "frame1.jsp" name  =  fram1 >
      </frameset>
8       <frame src = "frame2.jsp" name = fram2 frameborder = 0 scrolling = no >
    </frameset>
</html>
```

语句 1 和语句 2 分别将新进入的聊天者的姓名和性别从 session 对象的 nam0 和 sex0 读出，存入字符串类型变量 guestnam 和 guestsex 中，它们是在程序 login.jsp 中通过 session.setAttribute 存入 nam0 和 sex0 变量的。语句 3 将变量 guestnam 和 guestsex 的值显示在窗口标题栏中，例如“欢迎张大侠男进入聊天室”等，这取决于 guestnam 和 guestsex 的内容。

语句 4 之后开始创建窗口的三个框架。

语句 4 将窗口分为左、右两部分，左边占 80％，右边占 20％。

语句 5 将左边部分分成上、下两部分，上部分占 60％，下部分占 40％。

语句 6 创建框架 fram0，在该框架显示文件 frame0. jsp。

语句 7 创建框架 fram1，在该框架显示文件 frame1. jsp。

语句 8 创建框架 fram2，在该框架显示文件 frame2. jsp，并将它设置为一个没有滚动条和边框的框架。

2. fram0 框架

fram0 窗口显示的是保存在 application 对象中的公共信息。在 fram0 框架中加载的文件是 frame0. jsp。该程序首先从 application 对象中获取并显示聊天室人数 talker，再从其中获取并显示所有发言记录 talki。meta 标签设定了页面每隔 5 秒刷新一次，以便实时更新聊天室的相关信息。

程序(chatroom 项目/WebRoot/frame0. jsp)的清单：

```
<%@ page contentType = "text/html; charset = utf - 8" %>
<html>
<head>
1  <meta http - equiv = "refresh" content  = 5 >
</head>
<body>
<%
    //先从 application 对象中获取聊天室人数"talker"
2  String talkerstr = (String)application.getAttribute("talker");
%>
    <font color  =  midnightgreen>
3   <h4>【聊天室中现在有<% = talkerstr %>位访问者】</h4>
    </font>
    <table>
<%   //从 application 对象中获取可保存的聊天语句数 sentence
4  String sentencestr  =  (String) application.getAttribute("sentence");
5  int sentence  =  Integer.parseInt(sentencestr);
   //循环输出 application 对象中的所有聊天语句 talki
6  for(int i  =  1; i <=  sentence; i++)
   {
%>
7  <tr><% = application.getAttribute("talk"  +  i) %></tr>
<%
   }
%>
    </table>
</body>
</html>
```

语句 1 表示本网页每隔 5 秒刷新一次，用户可以根据需要设置刷新时间。由于聊天室中的情况不断变化，所以网页需要不断刷新。每次刷新相当于单击了 IE 浏览器的“查看/刷新”命令。如果设置的刷新时间太长，网页的反应速度太慢，可能会跟不上聊天的速度或聊天者进出聊天室的速度。

语句 2 获取 application 对象的 talker 变量的值。talker 表示聊天室里的人数，是一个对象类型的变量，语句 2 将 talker 转换为 String 型的变量 talkerstr。语句 3 显示这个字符串。

语句 4 和语句 5 从 application 对象中获取数据 sentence，并将它转换为能够控制循环次数的 int 型数据 sentence。本程序中将它设置为 50，也可以将它设置为其他数值。

语句 6 执行 for 循环。语句 7 显示变量 talk 中的聊天内容。随着 i 由小到大逐一显示 talk1、talk2 等发言记录。由于 i 越小表示发言越新，所以新的发言总排在上面，最久的发言则在最底下，这就是自下而上排列顺序的由来。由于 sentence 的值是 50，所以最多可保存 50 条发言记录，可通过滚动条查看全部发言记录。

因为本程序设置每隔 5 秒刷新一次，所以如果语句 7 显示的内容发生了变化，每隔 5 秒就会变化一次。

3. fram1 框架

fram1 窗口中显示的是保存在 session 对象中的聊天者的个人信息及发言表单，在 fram1 框架中显示的文件是 frame1.jsp。

程序（chatroom 项目/WebRoot/frame1.jsp）的清单：

```
<%@ page contentType = "text/html; charset = utf - 8" %>
<%
    //取出在 login.jsp 中存入的本人姓名
1   String guestnam = (String) session.getAttribute("nam0");
%>
<html>
<head>
    <script language = "javascript">
<!--
2   function chk()
    {
3     if(frm1.txttalk.value == "")return ;
      else
      {
4       frm1.submit();
5       frm1.txttalk.value = "";
      }
    }
6   function lgot()
    {
7     top.close();
    }
-->
    </Script>
</head>
<body>
8   <form name = frm1 action = "talking.jsp" method = post  target = "fram0">
9   <% = guestnam %>:<br>
    <textarea rows = 2 cols = 60 name = "txttalk"></textarea><br>
10  <input type = button value = "发言" onClick = "chk()">
    <input  name = reset1 type = reset value = 清除>  
    </form>
11  <form action = "logout.jsp" method = post name = frm2>
12  <input type = submit  value = 退出聊天 onClick = "lgot()">
    </form>
</body>
</html>
```

语句 1 获取 session 对象中存有聊天者姓名的 nam0 的值，转换为字符串变量后赋给变量 guestnam。

语句 2 定义了 chk 函数，语句 6 定义了 lgot 函数。

语句 8 开始创建第一个表单 frm1，其中有一个文本框、一个“发言”按钮和一个“清除”按钮。语句 11 创建第二个表单 frm2，其中只有一个“退出聊天”按钮。

程序运行后，语句 9 中的<%= guestnam %>显示变量 guestnam 中的聊天者姓名，这是语句1获取的session变量nam0的值。文件login.jsp中已经将聊天者姓名和性别等个性化信息保存在session中,session中的个性化信息就是为fram1准备的。这就是不同聊天者的fram1窗口中显示的内容不同的原因。

聊天发言内容在<textarea>多行文本输入框中输入。

如果单击语句10的"发言"按钮,便按照onClick属性调用chk函数。如果语句3判断txttalk为空字符串,表明尚未输入发言内容,便执行return命令,返回原处,提示输入发言内容。如果语句3判断txttalk文本框中已经输入了内容,则语句4调用fram1的submit方法提交表单,通过语句8的action属性将表单中的发言信息提交给talking.jsp处理。语句5清除txttalk文本框中的内容,为输入下一次发言内容做好准备。文件talking.jsp用于处理发言内容,后面将会详细介绍。

如果单击语句12的"退出聊天"按钮,便按照onClick属性调用lgot方法。通过语句11的action属性导向到文件logout.jsp。语句7调用top.close方法关闭窗口。

单击"退出聊天"按钮,表示某人要退出聊天室,这时需要进行以下两项工作。

(1) 导向到logout.jsp文件。该文件用于进行退出聊天、关闭聊天窗口的善后工作。

(2) 调用top.close方法关闭本人的聊天窗口。top窗口是顶层窗口,就是父窗口window或浏览器窗口,也就是本人的聊天窗口。假设张大侠要退出聊天,即关闭了他的窗口。张大侠的窗口关闭后,还有其他人在聊天,聊天程序还在继续运行。

4. fram2框架

fram2窗口中显示的是保存在application对象中的所有聊天者姓名、性别等公共信息。fram2框架中显示的文件是frame2.jsp。

程序(chatroom项目/WebRoot/frame2.jsp)的清单:

```
<%@ page contentType = "text/html; charset = utf - 8" %>
<html>
<head>
    <meta http - equiv = "refresh" content = 5 >
</head>
<body>
    <font size = 2 color = darkblue>
    聊天室顾客名单:<hr>
<%
1  String talkerstr = (String) application.getAttribute("talker");
2  int talker = Integer.parseInt(talkerstr);
3  for(int i = 1; i <= talker; i++)
    {
%>
4    <% = application.getAttribute("visitnam" + i) %>
5    <% = application.getAttribute("visitsex" + i) %><br>
<%
    }
%>
    </font>
</body>
</html>
```

语句1从application对象中获取属性talker的值,其中保存的是聊天室人数,转换为String类型后赋给变量talkerstr,这是在聊天室的人数。

语句2将talkerstr转换为int型数据存放在变量talker中。

语句 3 通过变量 talker 控制 for 循环的次数。

语句 4 从 application 对象中获取各 visitnam 变量的值，显示聊天室中所有人员的姓名。

语句 5 从 application 对象中获取各 visitsex 变量的值，显示聊天者的性别。

由于在 meta 语句中设置本程序每隔 5 秒刷新一次，所以，如果聊天室人员有增减，则语句 4 和语句 5 中变量 visitnami 和 visitsexi 的内容也会发生相应变化，显示结果将随之刷新。

11.1.3 聊天信息处理与退出机制

1. 构造聊天语句

在 fram1 框架的“发言”文本框中输入了发言内容后，单击“发言”按钮，便将含有发言信息的表单提交给 talking.jsp 对发言信息进行处理。该文件的代码如下。

程序(chatroom 项目/WebRoot/talking.jsp)的清单：

```
<%@ page import = "java.util.Date" contentType = "text/html; charset = utf - 8" %>
<%
1  String guestnam = (String) session.getAttribute("nam0");
   String talk = null;
   //整体向后移一行,本次发言填入首行; application 中的"sentence"为设定的聊天语句数
2  String sentencestr = (String) application.getAttribute("sentence");
3  int sentence = Integer.parseInt(sentencestr);
4  for(int i = sentence; i >= 2; i -- )
5  {  talk = (String)application.getAttribute("talk" + (i - 1));
6    application.setAttribute("talk" + i, talk);
   }
7  Date dat = new Date();
   String hour = String.valueOf(dat.getHours());
   String minute = String.valueOf(dat.getMinutes());
    String second = String.valueOf(dat.getSeconds());
8  String tim = hour + ":" + minute + ":" + second;
   //接收 frame1.jsp 传来的发言("txttalk"),在其前后加入姓名和时间,填入记录数组首行
9  String talking = "<td><font size = 3 color = green>" + guestnam + "【" + tim + "】<br>
<font size = 4 color = blue>" + request.getParameter("txttalk") + "</font></td>";
10  application.setAttribute("talk1", talking);
11  response.sendRedirect("frame0.jsp");
%>
```

talking.jsp 程序的结构和前面的 login.jsp 十分相似，talking.jsp 程序也全部都是 Java 代码，负责将 fram1 传过来的发言构建成含有姓名和时间的发言记录，保存到 application 对象的聊天“数组”中。

语句 1 从 session 对象中获取发言人的姓名 nam0。

语句 2 从 application 对象中获取聊天发言语句数目参数。语句 3 将它转换为可以进行循环次数控制的 int 型变量 sentence。

语句 4 开始的 for 循环中，通过语句 5 和语句 6 将 talk 中的数据逐个后移，空出第一条语句，放置最新的发言内容。

语句 7 和语句 8 构造表示发言时间的字符串 tim。

语句 9 是本程序的核心，构造发言字符串 talking，其中有发言者的姓名 guestnam、发言时间 tim 以及发言的内容 txttalk。

语句 10 将 talking 保存到 application 对象的第一条发言记录的变量 talk1 中。脚标 1 表

示该语句是在最上面的第一条语句，语句 4 的 for 循环中将所有发言记录向后移一位的目的就是为 talk1 腾出空间。

完成以上任务后，语句 11 将程序重定向到 frame0.jsp，这是在 fram0 框架中显示的文件。程序 frame0.jsp 通过 for 循环和语句：

```
<tr><% = application.getAttribute("talk" + i) %></tr>
```

逐一显示所有的发言。这些发言数据有些是用户登录程序 login.jsp 构建的欢迎词，多数则是 talking.jsp 构建的聊天发言，它们被存放在 application 对象的变量 talk1、talk2…中。

程序 frame1.jsp 的语句：

```
<form action = "talking.jsp" method = post name = frm1 target = "fram0">
```

其中的属性 target 设置为 fram0，指示文件 talking.jsp 应在 fram0 框架中运行。这一设置也是必要的，如果删除了这一设置，talking.jsp 程序将在左下部的 fram1 框架中运行，因为程序 frame1.jsp 是在 fram1 框架中运行的。

由于 talking.jsp 是在 fram0 窗口中运行的，所以程序中的语句 11 将程序导向到文件 frame0.jsp 是必要的，这样做的思路是，在 fram0 窗口中首先运行的是聊天发言处理程序 talking.jsp，再运行聊天发言显示程序 frame0.jsp。否则 fram0 窗口中运行的仍然是 talking.jsp，发言记录 talk1、talk2…就不能显示在 fram0 窗口中，因为显示发言内容是由 frame0.jsp 负责的。

2. 构造退出语句

在 fram1 框架中，还有一个退出表单 fram2，该表单中只有一个名为“退出聊天”的按钮，如图 11-6 所示。

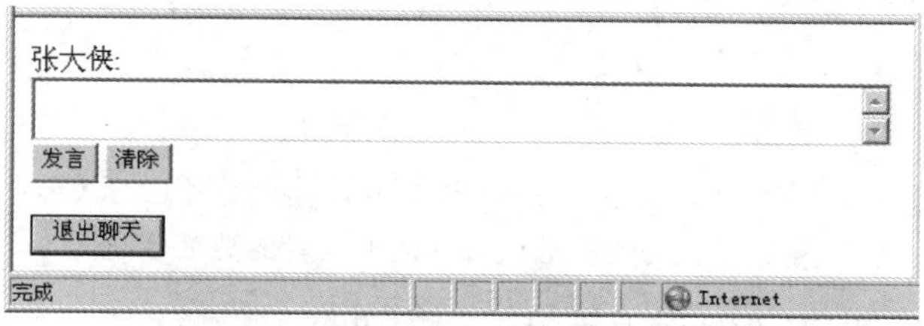

图 11-6 fram1 框架中的“退出聊天”按钮

单击“退出聊天”按钮，程序便提交给 logout.jsp 进行退出处理。

当某人退出聊天室后，聊天室中有什么变化？假设用一台计算机模拟三个人聊天，这时需三次打开 IE 浏览器，于是在计算机显示器屏幕中可以看到三个人的聊天界面，如图 11-7 所示。

假设现在周晓晨单击“退出聊天”按钮，表示周晓晨退出聊天。执行 frame1.jsp 文件 lgot 函数中的语句 8 后，周晓晨的聊天窗口关闭，剩下其他人的聊天窗口。

当周晓晨退出后，其他聊天者的界面会发生相应变化。例如，李晓丽的聊天界面的变化如图 11-8 所示，可以看到 fram0 中出现了“聊天室中现在有 2 位访问者”“谢谢周晓晨光顾，离开时间：2014-01-20 10:37:32”等字样。fram2 的访问者名单中也有相应变化。这些变化就是执行 logout.jsp 文件的结果。

文件 logout.jsp 的代码如下。

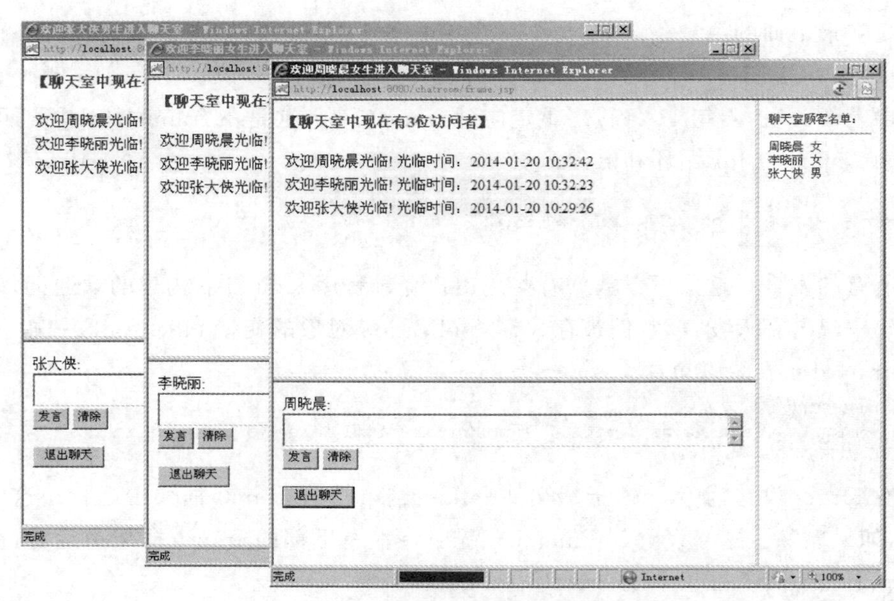

图 11-7 模拟三个人的聊天界面

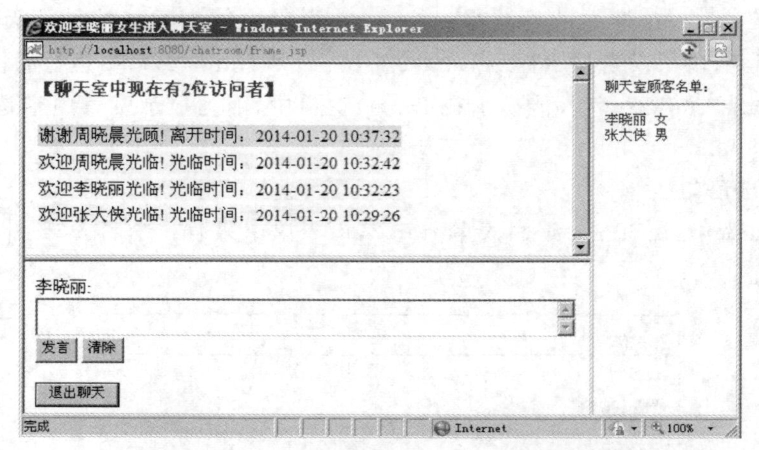

图 11-8 周晓晨退出后其他聊天者的界面变化

程序（chatroom 项目/WebRoot/logout.jsp）的清单：

```
<%@ page contentType = "text/html; charset = utf - 8"
        import = "java.util.Date, java.text.SimpleDateFormat" %>
<%
1  String guestnam = (String) session.getAttribute("nam0");
    String talk = null;
    Object visitnam = null;
    Object visitsex = null;
    String visittmp = null;
    String vnmtmp = null;
2  String sentencestr = (String) application.getAttribute("sentence");
    int sentence = Integer.parseInt(sentencestr);
    String tmp;
    int kint = 0;
3  for(int i = 1; i <= sentence; i++)
    {
4      tmp = (String)application.getAttribute( "visitnam" + i );
```

```
5       if(tmp.equals(guestnam)) kint = i;
    }
6   for(int i = kint; i <= sentence; i++)
    {
7       tmp = (String) application.getAttribute("visitnam" + (i + 1));
8       application.setAttribute("visitnam" + i,tmp);
9       tmp = (String) application.getAttribute("visitsex" + (i + 1));
10      application.setAttribute("visitsex" + i,tmp);
    }
11  application.setAttribute("visitnam" + sentence,"");
12  application.setAttribute("visitsex" + sentence,"");
13  for(int i = sentence; i >= 2; i--)
    {
        talk = (String)application.getAttribute("talk" + (i - 1));
        application.setAttribute("talk" + i, talk);
    }
14    Date dat = new Date();
    SimpleDateFormat sdf = new SimpleDateFormat("YYYY - MM - DD HH:mm:ss");
15  String tim = sdf.format(dat);
    String tking;
16  tking = "<tr><td bgcolor = cyan align = left>谢谢"
        + guestnam + "光顾! 离开时间: " + tim + "</td></tr>";
17  application.setAttribute("talk1", tking);
18  String talkerstr = (String) application.getAttribute("talker");
19  int talker = Integer.parseInt(talkerstr);
20  application.setAttribute("talker", String.valueOf(talker - 1));
%>
<html>
<head>
    <script Language = "javascript">
<!--
21  function logoutcls()
    {
22    self.close();
    }
-->
    </script>
</head>
23  <body onload = "logoutcls()"></body>
</html>
```

语句 1 从 session 对象获取变量 nam0 的值，存入字符串变量 guestnam 中，这便是要退出的聊天者的姓名。假设周晓晨要退出，那么因为是在周晓晨的浏览器中操作，session 对象变量 nam0 的值必然是周晓晨。

语句 2 从 session 对象获取变量 sentence 的属性值。

语句 3 用 sentence 控制 for 循环，通过语句 4 和语句 5 判断 visitnam1、visitnam2…中哪个人等于 guestnam，假设是第 i 个，即 guestnami＝guestnam，则令 kint＝i。

由于 visitnami 要退出聊天室，所以要将这个姓名连同性别从 application 对象中删除。删除的方法是将在它后面的姓名连同性别依次向前移一个位置。最终将退出者名单移到末尾，再用空白字符串覆盖该变量。

由于在 i 前面的人不必变动位置，所以语句 6 从 i 开始循环，语句 7～10 分别将 i 以后的姓名和性别向前移一个位置，即从位置 i＋1 移到位置 i。

语句 11 和语句 12 将最后一个姓名和性别用空字符串覆盖，这样便在 application 的 visitnami 和 visitsexi 序列中删除了离开聊天室的人。

语句13开始的循环将所有talki后移一位，留出第一个位置存放离开的话语。现在这个第一句话就是图11-8中的“谢谢周晓晨光顾，离开时间：2014-1-20 10:37:32”。

语句14和语句15构成显示时间的tim字符串。语句16构建谢谢聊天者光顾的字符串tking。语句17将tking赋予talk1，将它作为最新的发言记录，这样它将在fram0窗口中显示在所有发言记录的最上面。

语句18～20将聊天室中的人数talker减1，再存入application对象的talker属性中。

语句23的onload属性要求加载body时调用函数logoutcls。在这之前都是在head体中执行程序，当进入body时执行这一语句。logoutcls函数中只有语句22，即调用self.close方法，功能是关闭本操作窗口，退出聊天室。

11.1.4 聊天室程序小结

聊天室程序是Web程序设计的典型应用。首先创建用户数据库，在Web工程中导入JDBC数据库驱动jar包。设计过滤器CharacterEncodingFilter.java统一解决参数传递时可能出现的中文乱码问题，数据库连接使用JavaBean实现。客户的个性化信息保存在session对象中，聊天室的公共信息保存在application对象中。用户登录时要构建欢迎词，该欢迎词也视同一条发言记录保存；用户离开时要构建谢谢光临语句，该语句也视同发言记录保存。checkuser.jsp完成用户数据库身份验证。login.jsp是纯Java代码构成，主要完成用户进入聊天室之前的一系列准备工作，这些工作包括用户个性化信息设置、聊天室人数调整、application公共信息存储空间的准备、构建欢迎词等。frame.jsp是聊天室框架布局程序，该程序将聊天室分成三个框架窗口，左上部的窗口运行的是frame0.jsp，它负责显示application中存放的聊天发言语句，自动刷新，实时更新发言信息；右边窗口运行的是frame2.jsp，它负责显示application中存放的聊天室人员姓名等公共信息。在所有人的聊天中，这两个窗口中的内容都一样。左下部窗口运行的是frame1.jsp，这个窗口中的姓名信息来自session对象，窗口中有两个表单，一个表单中含有聊天发言文本输入框，该表单提交给talking.jsp构建发言记录，并存入application中，talking.jsp也是纯Java语句构成的，主要是维护application中的发言信息，供frame0.jsp显示使用；另一个表单只含有一个“退出聊天”按钮，该表单提交给logout.jsp，构建谢谢光临语句，更新application中的发言记录，修改聊天室总人数和聊天室成员信息。聊天室项目涉及的程序文件及作用如表11-2所示。

表11-2 聊天室程序文件列表

程　序	作　用
Dbcon.java	数据库连接工具类(JavaBean)
CharacterEncodingFilter.java	请求参数字符编码过滤器
index.jsp	登录入口程序
checkuser.jsp	用户数据库验证程序
login.jsp	进入聊天室之前的一系列准备工作，由纯Java代码实现，对用户透明
frame.jsp	聊天室主框架程序
frame0.jsp	公共信息显示：显示所有人的发言记录
frame1.jsp	聊天发言窗口
frame2.jsp	公共信息显示：显示聊天室成员信息
talking.jsp	发言信息处理程序，由纯Java代码实现，对用户透明
logout.jsp	退出聊天处理程序，由纯Java代码实现，对用户透明

本程序充分利用了 application 和 session 对象的特性,有关变量设置的安排如下。

session 中的变量:

- nam0 用来表示登录者姓名。
- sex0 用来表示登录者性别。

application 中的变量:

- sentence 用来控制显示发言语句数(在 application 中预留保存发言语句的变量个数)。
- talker 用来表示进入聊天室的总人数。
- visitnami 用来表示聊天者的姓名。
- visitsexi 用来表示聊天者的性别。
- talki 用来表示聊天语句。

session 对象中保存聊天者的姓名 nam0 和性别 sex0 等个性化信息,是本机用户的个人数据。

application 对象中的数据要在所有聊天者的计算机中显示,而且内容相同,如控制显示语句数 sentence、聊天室总人数 talker、聊天室成员的姓名和性别(visitnami、visitsexi)、聊天室成员的发言记录 talki 等。

如果显示的发言语句数可按聊天者要求因人而异设定,则可以将 sentence 安排在 session 中存放,并且提供设置功能。

11.2 在线投票系统设计实例

在线投票系统主要用来针对某一主题或热门话题征求用户的意见或看法。系统具有投票项目维护、用户投票及结果统计等功能,系统采用 JSP+JavaBean+MySQL 的技术架构。

MySQL 数据库脚本代码 votedb.sql 如下。

```
SET FOREIGN_KEY_CHECKS = 0;
DROP TABLE IF EXISTS 'user';
CREATE TABLE 'user' (
 'id' int(11) NOT NULL auto_increment,
 'name' varchar(255) default NULL,
 'password' varchar(255) default NULL,
 PRIMARY KEY  ('id')
) ENGINE = InnoDB DEFAULT CHARSET = utf8;
DROP TABLE IF EXISTS 'vote';
CREATE TABLE 'vote' (
 'id' int(11) NOT NULL auto_increment,
 'item' varchar(50) default NULL,
 'count' int(10) default NULL,
 PRIMARY KEY  ('id')
) ENGINE = InnoDB DEFAULT CHARSET = utf8;
INSERT INTO 'user' VALUES ('1', 'admin', 'admin');
INSERT INTO 'user' VALUES ('2', 'aa', 'aa');
INSERT INTO 'vote' VALUES ('1', '围城', '22');
INSERT INTO 'vote' VALUES ('2', '钢铁是怎样炼成的', '26');
INSERT INTO 'vote' VALUES ('3', '青春之歌', '20');
INSERT INTO 'vote' VALUES ('4', '大漠孤烟', '12');
INSERT INTO 'vote' VALUES ('5', '一江春水向东流', '35');
INSERT INTO 'vote' VALUES ('6', '红岩', '33');
```

需要通过过滤器统一处理请求参数的中文乱码。

程序（vote 项目/src/filter/CharacterEncodingFilter.java）的清单：

```
package filter;
… //import 引入相关类包
public class CharacterEncodingFilter implements Filter {
    public void destroy() {
    }
    public void doFilter(ServletRequest request, ServletResponse response,
            FilterChain chain) throws IOException, ServletException {
        request.setCharacterEncoding("UTF-8");
        chain.doFilter(request, response);
    }
    public void init(FilterConfig arg0) throws ServletException {
    }
}
```

web.xml 文件中关于过滤器的配置代码如下。

```
<filter>
        <filter-name>character</filter-name>
        <filter-class>filter.CharacterEncodingFilter</filter-class>
</filter>
<filter-mapping>
        <filter-name>character</filter-name>
        <url-pattern>/*</url-pattern>
</filter-mapping>
```

数据库连接工具类 DBcon.java 的代码如下。

程序（vote 项目/src/dbBean/DBcon.java）的清单：

```
//数据库连接类,方法: public static Connection getConnection()
//注意: 检查数据库名、用户名、密码需正确
package dbBean;
import java.sql.Connection;
import java.sql.DriverManager;
import java.sql.PreparedStatement;
import java.sql.ResultSet;
import java.sql.SQLException;
import java.sql.Statement;
public class DBcon {
    private String driverStr   = "com.mysql.jdbc.Driver";
    private String connStr = "jdbc:mysql://localhost:3306/votedb?
                              useUnicode=true&characterEncoding=utf-8";
    private static final String DATABASE_USRE = "root";
    private static final String DATABASE_PASSWORD = "123";
    private Connection conn = null;
    private Statement stmt = null;
    public DBcon()
    {
        try {   Class.forName(driverStr);
        }
        catch(ClassNotFoundException ex) {   System.out.println(ex.getMessage());
        }
    }
    public void setDriverStr(String dstr)   {
        driverStr = dstr;
    }
```

```
    public void setConnStr(String cstr){
        connStr = cstr;
    }
    public ResultSet executeQuery(String sql) {
        ResultSet rs = null;
        try {
            conn = DriverManager.getConnection(connStr,DATABASE_USRE, DATABASE_PASSWORD);
            stmt = conn.createStatement();
            rs = stmt.executeQuery(sql);
        }
        catch(SQLException ex) {
            System.out.println(ex.getMessage());
        }
        return rs;
    }
    public int executeUpdate(String sql) {
        int result = 0;
        try{
            conn = DriverManager.getConnection(connStr,DATABASE_USRE, DATABASE_PASSWORD);
            stmt = conn.createStatement();
            result = stmt.executeUpdate(sql);
        }
        catch(SQLException ex){
            System.out.println(ex.getMessage());
        }
        return result;
    }
    public void close(){
        try{   stmt.close();
            conn.close();
        }
        catch(SQLException ex){    System.out.println(ex.getMessage());
        }
    }
}
```

在线投票系统分为管理员后台管理模块和前台投票模块两部分。

管理员后台管理模块涉及管理员登录、投票项目添加、删除等。后台管理模块涉及的程序如下。

程序(vote 项目/WebRoot/login.jsp)的清单：

```
<%@ page contentType = "text/html;charset = utf-8 " %>
<html>
<head><title>管理员登录</title></head>
<body>
<center>
<h2>管理员登录</h2>
<form method = "post" action = "process.jsp">
<table border bordercolor = "#0099FF" bgcolor = '#CCFFFF'>
<tr><td width = "40 % ">用户名: </td> <td><input type = "text" name = "user"></td>
<tr><td width = "40 % ">密码: </td> <td><input type = "password" name = "pw"></td>
<tr>
    <td colspan = "2" align = "center">
        <input type = "submit" value = "登录">
        <input type = "reset" value = "清空">
    </td>
```

```
</table>
</form>
</center>
</body>
</html>
```

登录信息交由 process.jsp 进行验证处理。

程序(vote 项目/WebRoot/process.jsp)的清单：

```
<%@ page contentType = "text/html;charset = UTF - 8" import = "java.sql. * " %>
<jsp:useBean id = "db" class = "dbBean.DBcon" scope = "session"/>
<%   String user = request.getParameter("user");
    String pw = request.getParameter("pw");
    String sql = "select * from user where name = '" + user + "' and password = '" + pw + "'";
    ResultSet rs = db.executeQuery(sql);
    if(rs.next())
    {   rs.close();
        db.close();
        session.setAttribute("admin","ok");
%>
    <jsp:forward page = "manage.jsp"/>
<%
    }
    else  {
        rs.close();
        db.close();
%>
    <jsp:forward page = "login.jsp">
     <jsp:param name = "warning" value = "对不起,您的用户名或密码不正确 !"/>
    </jsp:forward>
<%
    }
%>
```

如果验证未通过，则返回 login.jsp 页面重新登录。运行结果如图 11-9 所示。

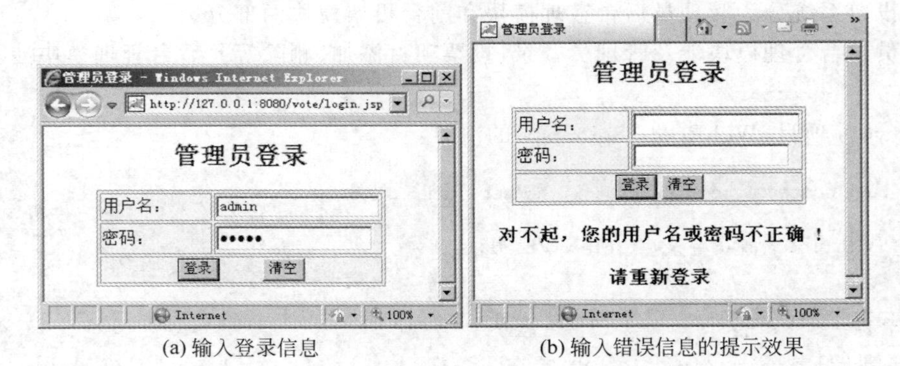

(a) 输入登录信息　　(b) 输入错误信息的提示效果

图 11-9　用户登录效果

如果 process.jsp 对 login.jsp 提交的登录信息验证通过，则通过服务器端跳转语句 <jsp:forward page="manage.jsp"/>转到 manage.jsp 后台管理页面，对投票项进行维护操作。

程序(vote 项目/WebRoot/manage.jsp)的清单：

```
<%@ page contentType = "text/html;charset = UTF - 8" import = "java.sql. * " %>
<%@ include file = "checkadmin.jsp" %>
```

```
<jsp:useBean id = "db" class = "dbBean.DBcon" scope = "session"/>
<center>
<h2>系统维护</h2>
<table border bordercolor = "#0099FF">
<tr><th colspan = "3" bgcolor = '#CCFFFF'>删除投票项</th>
<%   ResultSet rs = db.executeQuery("select * from vote");
    int i = 1;
    while(rs.next()) {
        out.println("<tr>");
        out.println("<td>" + i + "</td>");
        out.println("<td>" + rs.getString("item") + "</td>");
        out.println("<td align = 'center'><a href = 'delete.jsp?delid = " + rs.getString("id")
+ "'>删除</a></td>");
        i++;
    }
    rs.close();
    db.close();
%>
<tr><th colspan = "3" bgcolor = '#CCFFFF'>添加投票项</th>
<tr><td colspan = "3">
<form method = "post" action = "add.jsp">
内容: <input type = "text" name = "additem" size = "30">
    <input type = "submit" value = "提交">
    <input type = "reset" value = "重置">
</form></td>
<tr><td colspan = "3" align = "center" bgcolor = '#CCFFFF'><a href = "vote.jsp">返回投票页面
</a></td>
</table>
</center>
```

manage.jsp 后台管理页面运行结果如图 11-10 所示。

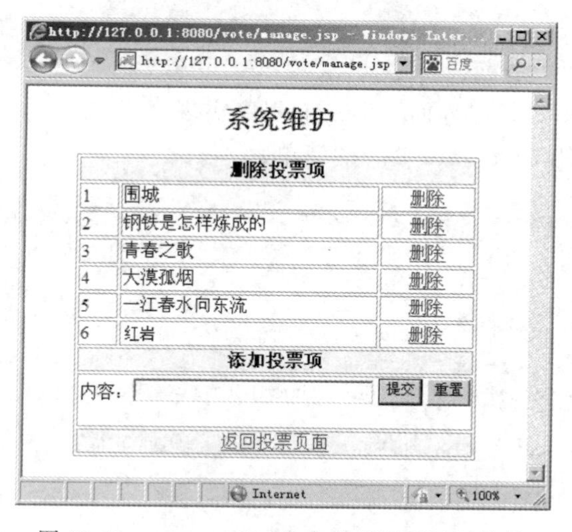

图 11-10　manage.jsp 后台管理页面运行结果

用户填写欲添加的投票项表单信息，交由 add.jsp 进行添加处理，这个过程对用户是透明的，添加工作完成后仍然通过服务器端跳转到系统维护界面 manage.jsp。

程序(vote 项目/WebRoot/add.jsp)的清单：

```
<%@ page contentType = "text/html;charset = UTF-8" import = "java.sql.*" %>
<jsp:useBean id = "db" class = "dbBean.DBcon" scope = "session"/>
```

```
<%
    String additem = request.getParameter("additem");
    if(additem!= null)
    {
        String sql = "insert into vote(item,count) values('" + additem + "'," + 0 + ")";
        db.executeUpdate(sql);
        db.close();
    }
%>
<jsp:forward page = "manage.jsp"/>
```

同样，删除投票项操作由删除程序 delete.jsp 实现，这个操作对用户也是透明的。在系统维护界面程序 manage.jsp 中会通过超链接语句

```
<a href = 'delete.jsp?delid = " + rs.getString("id") + "'>删除</a>
```

传递欲删除的 id 给 delete.jsp。在 delete.jsp 中完成删除投票项操作后，也是经服务器端跳转语句<jsp:forward page="manage.jsp"/>跳转到系统维护界面 manage.jsp。

程序（vote 项目/WebRoot/delete.jsp）的清单：

```
<%@ page contentType = "text/html;charset = UTF - 8" import = "java.sql.*" %>
<jsp:useBean id = "db" class = "dbBean.DBcon" scope = "session"/>
<%
    String delid = request.getParameter("delid");
    if(delid!= null)
    {
        db.executeUpdate("delete from vote where id = " + delid);
        db.close();
    }
  %>
  <jsp:forward page = "manage.jsp"/>
```

前台用户投票操作由投票主界面 vote.jsp 程序实现。

程序（vote 项目/WebRoot/vote.jsp）的清单：

```
<%@ page contentType = "text/html;charset = UTF - 8" import = "java.sql.*" %>
<jsp:useBean id = "db" class = "dbBean.DBcon" scope = "session" />
<html>
  <body><center>
   <h2>您最喜爱阅读的图书是:</h2>
   <form method = "post" action = "updatecount.jsp">
    <table border bordercolor = "#0066FF" bgcolor = "#CCFFFF">
    <%
    ResultSet rs = db.executeQuery("select * from vote");
    while (rs.next()) {
     out.println("<tr>");
     out.println("<td><input type = 'radio' name = 'id' value = '" + rs.getString("id") + "'>");
     out.println(rs.getString("item"));
     out.println("</td></tr>");
     }
    rs.close();
    db.close();
    session.setMaxInactiveInterval( - 1);
    %>
      <tr>
```

```
        <td align = "center"><input type = "submit" value = "投票"></td></tr>
      <tr>
        <td align = "center"><a href = "info.jsp">查看投票</a></td></tr>
     </table>
      </form>  <p>
      <a href = "manage.jsp">投票系统维护</a>
      </center>
    </body>
</html>
```

投票界面如图 11-11 所示。

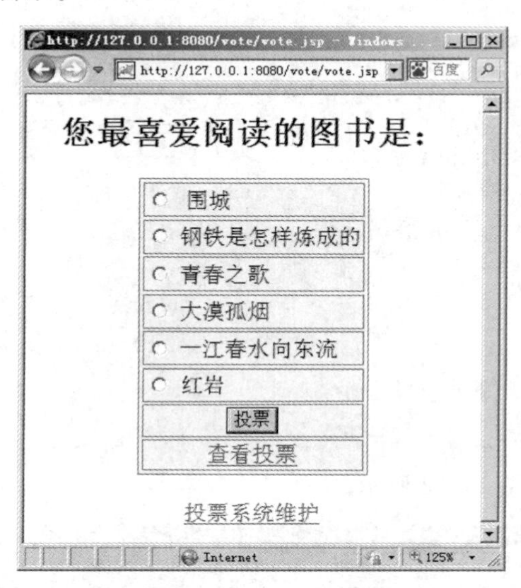

图 11-11 投票界面

投票表单信息交由 updatecount.jsp 程序处理，该程序在数据库中更新投票项计数。

程序(vote 项目/WebRoot/updatecount.jsp)的清单：

```
<%@ page contentType = "text/html;charset = UTF - 8" import = "java.sql.*" %>
<jsp:useBean id = "db" class = "dbBean.DBcon" scope = "session"/>
<% //更新投票项计数
    String id = request.getParameter("id");
    ResultSet rs = db.executeQuery("select * from vote where id = " + id);
    int num = 0;
    if(rs.next()) num = rs.getInt("count");
        num++;
        db.executeUpdate("update vote set count = " + num + " where id = " + id);
    rs.close();
db.close();
%>
<jsp:forward page = "info.jsp"/>
```

updatecount.jsp 程序完成了在数据库中更新投票项计数后，经服务器端跳转方式跳转到显示投票结果页面 info.jsp。在 info.jsp 中，首先获取总投票数，再循环获取单项投票数，并且通过语句<img src='back.gif' width='"+num*200/totalNum+"' height='8'>以动态图形方式显示投票结果。

程序(vote 项目/WebRoot/info.jsp)的清单：

```
<%@ page contentType="text/html;charset=UTF-8" import="java.sql.*"%>
<jsp:useBean id="db" class="dbBean.DBcon" scope="session"/>
<center><h2>投票结果</h2>
<table border bordercolor="#0099FF">
<tr><th bgcolor='#CCFFFF'>选项</th><th bgcolor='#CCFFFF'>得票数</th><th bgcolor=
'#CCFFFF'>比例</th>
  <% int totalNum=0;
    ResultSet rs=db.executeQuery("select sum(count) from vote");
    if(rs.next())  totalNum=rs.getInt(1);
    rs.close();
    rs=db.executeQuery("select * from vote");
    while(rs.next()&&totalNum!=0)
    {  out.println("<tr>");
       int num=rs.getInt("count");
       out.println("<td>"+rs.getString("item")+"</td>");
       out.println("<td>得:"+num+"票  共:"+totalNum+"票</td>");
       out.println("<td> 得票率:");
       out.println("<img src='back.gif' width='"+num*200/totalNum+"' height='8'>");
       out.println(num*100/totalNum+"%</td>");
    }
    rs.close();
    db.close();
%>
</table>
<p><a href="vote.jsp">返回投票页面</a>
</center>
```

投票结果显示界面如图 11-12 所示。

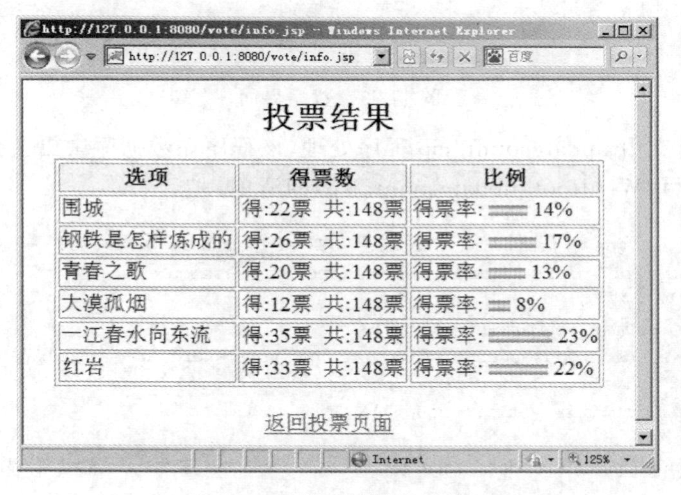

图 11-12　投票结果显示界面

目前，主要流行的动态网页开发技术有 JSP、ASP.NET、PHP。这三种技术相对来说，JSP 是一种较新的技术，国外比国内流行得更早。JSP 的优势在于它是以 Java 技术为基础，JavaBean、Servlet 等 J2EE 技术是 JSP 强大生命力之所在。对于中小型站点的开发来说，JSP、ASP.NET、PHP 并没有明显的区别，但是对于大型应用系统的开发，JSP 及 J2EE 技术无疑是广大 Web 开发人员的首选。

JSP 技术发展到现在，其应用领域和适应范围越来越广泛，有如下几方面的原因。首先是因为 JSP 技术本身是由众多厂商参与制定的标准，并开放源码，提供免费的 JSP 实现，因此 JSP 技术具备足够的发展前提和基础；其次，因为 JSP 技术具备强大的服务器端动态网页技术和跨平台特性，所以JSP技术具备足够的发展和应用空间；最后，因为应用JSP技术的团体在不断地壮大，使得JSP技术具备了强大的发展动力。由此可见，JSP技术的发展以及其对IT行业所带来的深远影响，在未来必将继续下去。

习题 11

1. 简述聊天室程序的设计思路。
2. 简述如何处理和保存公共聊天记录。
3. 叙述发表聊天内容的逻辑处理流程。
4. 简述投票系统的设计思路。
5. 依照聊天室项目，设计一个JSP学习论坛系统。
6. 仿照在线投票系统，设计一个商品展示用户评价系统。

附录A

HTML常用标记

附录 A

附录B

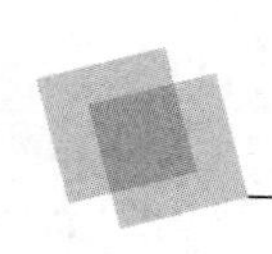

CSS属性一览表

附录 B

附录C

课程设计选题参考

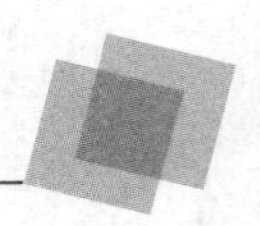

"JSP Web 技术及应用"是计算机相关专业的必修课程，其实践性、应用性都很强。课程设计环节是学生学习完理论课程后，进行的一次全面的综合训练，目的是加深对理论教学内容的理解和掌握，使学生较系统地掌握 JSP 程序设计及其在网络开发中的工程应用、基本方法及技巧。

课程设计的目的：

(1) 联系项目实践，巩固所学理论，增强独立工作能力。

(2) 掌握 JSP 编程、面向对象的基础知识。

(3) 熟练掌握 JSP 的内置对象、JavaBean、Servlet 等工作原理和编程技术。

(4) 通过课程设计使学生通过小型项目训练，达到巩固理论知识、提高动手能力的目的。

(5) 通过课程设计，进一步培养学生热爱专业的思想，同时对专业综合素质的提高起到积极的推动作用。

课程设计的选题要求用到 JSP、JavaBean、Servlet、JDBC、数据库等技术。

课题 1：新闻发布系统

实现一个新闻发布系统，主要功能包括新闻查看功能、管理员登录、发布新闻和新闻管理功能。

要求：

(1) 查看新闻功能：任何用户均可以使用查看新闻功能。通过在系统导航栏上单击"查看新闻"超链接，可以进入查看新闻页面。查看新闻功能显示所有新闻，并且使用分页显示的效果，可通过单击下方的页码或在文本框中输入页码来跳转到任意一页浏览。这里显示的所有新闻按发布的时间降序排序，以保证最新发布的新闻位于最前面，通过单击每条新闻的标题可以查看到新闻的详细内容。

(2) 管理员登录功能：当用户需要使用新闻管理功能时，需要先以管理员身份登录系统。当未登录用户单击系统导航栏上的"新闻管理"超链接时，进入管理员登录页面。用户可以在登录页面输入用户名和密码，若登录失败，则重定向到管理员登录页面等待下一次登录。

(3) 发布新闻功能：管理员通过在系统导航栏上单击"发布新闻"超链接可以进入发布新闻页面。发布新闻时，需要填写新闻的标题和内容，发布时间取当前系统时间，无须填写。

(4) 新闻管理功能：当管理员登录系统后，可以进行新闻管理操作，包括对现有新闻的修改和删除。在管理页面上，用户可通过单击每条记录右侧的"编辑"和"删除"超链接来进行操作。当管理员的本次维护工作结束后，可通过单击"管理员退出"超链接来注销管理员身份。

课题 2：小型论坛 BBS

其基本功能是让用户发表留言并查看留言。

要求：

(1) 用户注册与登录：实现用户注册，注册时用户需要输入基本的个人信息；并以此注册信息登录论坛。

(2) 发表留言：登录用户才可以发表留言，留言板的设计需要包括留言主题和内容及时间等信息。

(3) 查看留言列表：即留言列表模块，可分页显示用户留言标题，在该模块可仅列出留言标题及留言时间，并在标题上以超链接的形式链接到具体页面，实现用户阅读留言。

(4) 阅读留言：可通过链接实现某条具体留言信息的呈现，提取留言主题、内容及发表时间等。

(5) 留言管理：实现管理员对留言的管理，主要是删除操作，对不合法的留言进行删除。

课题 3：在线投票系统

投票系统主要包括前台投票、结果查看和后台管理系统三个部分。

主要包含以下模块：

(1) 投票主题显示模块：可以浏览投票主题及相关信息(投票总数、投票时间等)，可实现分页显示。

(2) 显示投票选项模块：主要是显示投票内容，即投票表单的实现。

(3) 显示投票结果模块：主要是投票选项的计数统计，可以通过文字显示各选项的票数，并通过柱状图(可以用表格或图片实现)更直观地显示各选项的票数。

(4) 后台管理模块：主要包括投票项目的增加、修改和删除，其中修改投票项目还可以包含对选项的修改和删除。禁止重复投票。

投票主题增加功能：以表单的形式增加投票主题以及选项的个数。

投票项目的删除功能：对于不需要的投票主题实现删除。

课题 4：网上书店

其主要功能包括前台用户模块和后台管理模块。

要求：

(1) 前台用户模块主要是实现注册用户浏览图书(商品)和购买图书的功能。具体包括如下：

① 用户注册模块：实现用户的注册、注册时用户需要输入基本的个人信息。

② 登录模块：实现注册用户登录此系统。

③ 在线购书：实现注册用户在线购书，包括图书列表、图书信息的查看和添加购物车等功能。

④ 购物车管理：实现用户对自己的购物车进行管理，包括商品列表、购买商品的修改、删除，提交购物车和清空购物车功能。

⑤ 查看订单：实现对订单的管理，包括订单列表，订单查看等功能。

(2) 后台管理模块主要是针对系统管理员实现其对系统的管理功能，具体如下：

① 登录模块：实现管理员登录。

② 图书管理模块：实现对图书的管理，包括图书列表查看、图书信息的添加、修改和删除等功能。

③ 订单管理模块：实现对订单的管理，包括订单列表、订单的查看、修改和删除等功能。

④ 用户管理模块：实现对用户的管理，包括用户列表、用户信息的查看、修改和删除等功能。

课题5：网络购物中心

其主要功能包括前台用户模块和后台管理模块。

要求：

(1) 前台用户模块主要是实现商品展示及销售的功能，具体包括如下：

① 用户注册模块：实现用户的注册，注册时用户需要输入基本的个人信息。

② 登录模块：实现注册用户登录此系统。

③ 商品展台：实现新品上市、特价商品及畅销商品的展示等功能。

④ 购物车管理：实现用户对自己的购物车进行管理，包括商品列表、购买商品的修改、删除，提交购物车和清空购物车功能。

⑤ 收银台：填写订单信息、结账等功能。

⑥ 查看订单：实现对订单的管理，包括订单列表、订单查看等功能。

⑦ 商品查询：实现按类别查看商品、按类别及商品名称模糊查询等功能。

(2) 后台管理模块主要是针对系统管理员实现其对系统的管理功能，具体如下：

① 登录模块：实现管理员登录。

② 商品管理模块：实现对商品的管理，包括查看商品的详细信息、商品信息的添加、修改和删除等功能。

③ 订单管理模块：实现对订单的管理，包括订单列表、订单的查看、修改和删除等功能。

④ 用户管理模块：实现对用户的管理，包括用户列表、用户信息的查看、修改和删除等功能。

⑤ 公告管理模块：实现查看公告列表、添加公告、删除公告。

⑥ 退出后台。

课题6：企业办公自动化系统

其主要功能是根据企业日常办公的需要进行管理。

要求包括十大功能模块，具体包括如下：

(1) 用户注册模块：实现用户的注册，注册时用户需要输入基本的个人信息。

(2) 登录模块：实现注册用户登录此系统。

(3) 收、发文管理模块：实现浏览发文、建立发文、删除发文等功能。

(4) 会议管理：实现查看会议信息、录入会议信息、删除会议信息等功能。

(5) 公告管理模块：实现查看公告列表、添加公告、删除公告等功能。

(6) 人力资源管理模块：实现对员工信息的浏览、修改、添加、删除等功能。

(7) 资产管理：实现办公用品和车辆管理的浏览、修改、添加、删除等功能。

(8) 文档管理：实现文件的浏览、上传、下载和删除等功能。

(9) 内部邮件管理：实现邮件的浏览、发送和删除等功能。

(10) 意见管理：实现查看意见箱、发送建议和删除建议等功能。

(11) 系统退出功能。

课题7：企业门户网站

其主要功能包括前台用户模块和后台管理模块。

要求：

(1) 前台用户模块主要是实现企业信息展示和与客户进行交流的功能，具体如下：

① 用户中心模块：实现用户的注册、登录、修改和进入后台等功能。

② 技术支持模块：实现常见问题、工具下载、补丁下载等功能。

③ 商品展台：实现产品的分类展示等功能。

④ 首页：实现网站公告、软件下载排行、友情链接、新闻热点等功能。

⑤ 留言簿：实现查看留言和发布留言等功能。

⑥ 解决方案：解决方案的详细信息。

(2) 后台管理模块主要是管理网站信息和回复留言的功能，具体如下：

① 登录模块。

② 用户查找。

③ 公告管理模块。

④ 新闻管理中心模块。

⑤ 友情链接管理。

⑥ 退出后台。

⑦ 软件类别管理。

⑧ 软件资源管理。

⑨ 解决方案管理。

⑩ 常见问题管理。

⑪ 留言簿管理。

⑫ 工具补丁下载管理。

课题 8：博客系统

其主要功能包括前台用户模块和后台管理模块。

要求：

(1) 前台用户模块主要是实现信息展示和进行交流的功能，具体如下：

① 用户中心模块：实现用户登录、修改和进入后台等功能。

② 我的文章：显示博主的所有文章及文章评论、发表文章评论。

③ 我的相册：显示博主的所有图片、发表图片评论。

④ 我的影音：显示博主的所有视频及视频评论，发表视频评论。

⑤ 给我的留言：实现查看留言和发布留言等功能。

⑥ 加为好友：提供加入好友的功能。

(2) 后台管理模块主要是管理网站信息，具体如下：

① 登录模块。

② 文章管理：能够发表及管理文章及评论。

③ 相册管理：能够上传、管理图片及评论。

④ 影音管理：能够上传、管理视频及评论。

⑤ 推荐文章：能够管理推荐的文章。

⑥ 退出后台。

⑦ 好友管理：能够管理我的好友。

⑧ 友情链接：能够管理友情链接。

课题9：新闻网

其主要功能包括前台用户模块和后台管理模块。

要求：

(1) 前台以分类形式显示新闻的详细信息，满足了用户浏览新闻网时分类查看新闻信息的要求，同时提供新闻信息查询功能，方便用户快速查找相关的新闻信息，具体如下：

① 新闻标题分类显示：能够分别列出各个栏目以及该栏目中最新的新闻，还应该提供按栏目查看该栏目下全部新闻信息的功能。

② 查看新闻详细内容：在选择要查看的新闻之后，应该可以显示该新闻的全部详细信息。

③ 相关新闻显示：当用户查看新闻详细内容时，可以浏览与该新闻相关的新闻列表，方便用户查看。

④ 新闻评论：查看对新闻的评论，查看评论的信息数，同时能够添加对新闻的评论。

⑤ 站内公告：信息公告查询。

(2) 后台管理模块主要是通过"管理员设置"和"管理员添加"等模块对网站管理员进行管理，具体如下：

① 登录模块：实现管理员登录。

② 新闻管理：实现对新闻的管理，包括新闻的查看、添加、修改和删除等功能。

③ 栏目管理模块：实现对栏目的查看、添加、修改和删除等功能。

④ 公告管理模块：实现查看公告列表、添加公告、删除公告。

⑤ 退出后台。

课题10：学生信息管理系统

其主要功能是学生信息与成绩查询。

要求：

(1) 班级学生信息查询：实现按班级查询学生基本信息。

(2) 学生详细信息查询：可按学生学号查询学生详细信息等功能。

(3) 学生成绩查询：实现学生可以按学期或针对某一门课程来查询该课程的成绩等功能。

(4) 系统管理：实现用户管理和退出系统及修改密码等功能。

(5) 学生管理：实现学生资料的添加和修改、所在系部资料的添加和修改、所在学院资料的添加和修改。

(6) 课程管理模块：实现对课程资料的修改、添加、删除等功能。

(7) 成绩管理：实现学生成绩的浏览、修改、添加、删除等功能。

(8) 班级资料管理：实现班级的修改、添加、删除等功能。

(9) 系统退出功能。

按课题要求完成以下相关内容：

(1) 需求分析，根据课题写出用户基本需求。

(2) 根据需求对系统进行分析与设计，并画出系统的结构图。

(3) 对系统中设计的关键算法进行设计，找出可行性算法，并画出算法流程图。

(4) 程序实现关键代码。

(5) 准备足够的数据对设计的系统进行测试。

撰写报告应简明扼要，文理通顺，章节层次分明，图表清晰准确，篇幅为5～10页A4纸。

参考文献

[1] 史胜辉,王春明,沈学华. JavaEE基础教程[M]. 北京:清华大学出版社,2011.
[2] 史斌星,史佳. Java基础及应用教程[M]. 北京:清华大学出版社,2007.
[3] Budi Kurniawan. Servlet和JSP学习指南[M]. 崔毅,译. 北京:机械工业出版社,2013.

图书资源支持

感谢您一直以来对清华版图书的支持和爱护。为了配合本书的使用，本书提供配套的资源，有需求的读者请扫描下方的“书圈”微信公众号二维码，在图书专区下载，也可以拨打电话或发送电子邮件咨询。

如果您在使用本书的过程中遇到了什么问题，或者有相关图书出版计划，也请您发邮件告诉我们，以便我们更好地为您服务。

我们的联系方式：

地　　址：北京市海淀区双清路学研大厦 A 座 714

邮　　编：100084

电　　话：010-83470236　010-83470237

客服邮箱：2301891038@qq.com

QQ：2301891038（请写明您的单位和姓名）

资源下载：关注公众号“书圈”下载配套资源。

资源下载、样书申请

书圈

图书案例

清华计算机学堂

观看课程直播